W0252672

POUSSIÈRE DE VIE

Du même auteur

Une visite guidée de la cellule vivante, Bruxelles, De Boeck-Wesmael, et Paris, Pour la science, 1987.

Construire une cellule, Bruxelles, De Boeck-Wesmael, et Paris, InterEditions, 1990.

Christian de Duve

POUSSIÈRE DE VIE

Une histoire du vivant

Traduit de l'anglais par Anne Bucher
et Jean-Mathieu Luccioni

Fayard

Titre original : Vital Dust. Life as a Cosmic Imperative.

Éditeur original : Basic Books, a division of HarperCollins Publishers Inc.

© The Christian René de Duve Trust, 1995.
© Librairie Arthème Fayard, 1996, pour la traduction française.

À la vie

SOMMAIRE

QUATRIÈME PARTIE
L'âge des Unicellulaires

CINQUIÈME PARTIE
L'âge des Multicellulaires

SIXIÈME PARTIE

L'âge de la Pensée

SEPTIÈME PARTIE

L'âge de l'Inconnu

PRÉFACE

« Il me suffit de contempler le mystère de la vie consciente se perpétuant elle-même de toute éternité, de réfléchir sur la merveilleuse structure de l'Univers que nous pouvons percevoir confusément et d'essayer humblement de comprendre ne serait-ce qu'une partie infinitésimale de l'intelligence qui se manifeste dans la nature. »

Albert Einstein

De nombreux ouvrages ont été écrits sur l'origine de la vie, les gènes, les cellules, l'évolution, la diversité biologique, l'avènement de l'humanité, le cerveau, la conscience, la société, l'environnement, l'avenir de la vie, son sens ou son non-sens. Mais personne n'a osé s'attaquer à tous ces sujets à la fois, pour la simple raison qu'il est impossible d'en maîtriser plus d'un ou deux. Bien que je ne fasse pas exception à la règle, je me suis aventuré au-delà des limites de ma compétence parce que je pense que cela est indispensable si nous voulons comprendre l'Univers et notre place en son sein. La vie est le phénomène le plus complexe que nous connaissions, et nous sommes les êtres les plus complexes qu'elle ait produits jusqu'à présent.

Voici donc ma « grande synthèse ». Son projet remonte à un rêve naïf, conçu il y a presque soixante ans, quand, jeune étudiant en médecine à l'université catholique de Louvain, en Belgique, je suis entré pour la première fois en contact avec la science. Ce qui m'attirait alors vers le laboratoire, outre le plaisir de m'attaquer à des problèmes, c'était le besoin de comprendre. Il me semblait que, par son exigence de rationalité et d'objectivité, la science offrait la meilleure voie pour approcher la vérité. L'étude de la vie paraissait particulièrement prometteuse. Elle allait devenir ma voie vers la vérité : *per vivum ad verum*.

Le rêve s'estompa bientôt. Les exigences des études et de l'apprentissage – d'abord en médecine, puis en chimie et, finalement, en biochimie –, les efforts requis pour créer un groupe de recherche dans la Belgique de l'après-guerre, l'excitation des découvertes qui m'ont conduit à rejoindre le petit groupe de chercheurs qui exploraient les cellules vivantes avec des méthodes modernes, une nomination, en 1962, qui me conduisit à partager mon temps entre mon *alma mater* belge et l'Institut Rockefeller (maintenant l'université Rockefeller) à New York, les devoirs et obligations de la vie universitaire, les charges supplémentaires imposées par la fondation d'un institut de recherches biomédicales à Bruxelles, et, au milieu de tout cela, un voyage perturbateur à Stockholm en 1974, tout concourut à me tenir occupé par les problèmes quotidiens, me laissant très peu de temps pour des questions plus générales. En raison de la spécialisation plus grande des faits, des concepts et des techniques, la science active réduit le champ d'action de l'esprit plus souvent qu'elle ne l'élargit. Plus on creuse, plus le champ se rétrécit.

L'invitation, en 1976, à donner les « Alfred E. Mirsky Christmas Lectures » à l'université Rockefeller fut un premier stimulant à sortir de mon puits. Les conférences s'adressaient à quelque 550 lycéens sélectionnés de la région de New York. Je choisis de réduire mes jeunes auditeurs un million de fois, de les équiper en « cytonautes », et de les emmener visiter les principaux sites que l'on rencontre dans une cellule. Par un concours de circonstances, ce qui devait être une excursion de quatre heures se transforma en une expédition de quatre années, qui fut finalement publiée en 1984 sous le titre : *Une visite guidée de la cellule vivante.* Pour rédiger et illustrer ce livre, je dus d'abord me transformer moi-même en cytonaute, quitter le domaine de mes recherches personnelles et explorer des parties de la cellule dont je n'avais qu'une connaissance superficielle. Ce fut une expérience enrichissante, la première phase d'un voyage de découvertes qui allait m'occuper les dix années suivantes.

Le second pas fut franchi lorsque je me mis à réfléchir sur l'origine des cellules que je venais de visiter. D'abord leur formation à partir de bactéries primitives, sujet sur lequel un certain nombre d'indices révélateurs avaient été découverts, qui incitaient à remonter plus loin, jusqu'à l'origine des premières bactéries elles-mêmes. À propos de cette origine, j'avais, comme la plupart des biologistes, toujours accepté sans la mettre en question la version standard d'une soupe prébiotique de plus en plus épaisse, contenant des substances chimiques qui, d'une façon ou d'une autre, se seraient assemblées spontanément pour former des cellules. En y regardant de plus près, je fus rapidement captivé par le sujet. Mes recherches sur ce point aboutirent à la publication en 1991 de *Construire une cellule*, ouvrage qui portait un regard neuf sur l'origine de la vie. Ce livre s'achevait sur une affirmation : la vie est une manifestation obligatoire des propriétés combinatoires de la matière, et par une question : qu'en est-il de l'évolution ultérieure de la vie ? qu'en est-il de nous ?

Cette question a guidé la suite de mon itinéraire. Le voyage qui en a résulté, plus rapide et superficiel que je ne l'aurais voulu – mais le temps se fait court –, a abouti au point le plus avancé que je puisse jamais atteindre dans la réalisation de mon rêve de jeunesse. Ce n'est pas sans une certaine appréhension que j'en rends compte ici, conscient des insuffisances de cette synthèse, mais espérant qu'elle stimulera d'autres chercheurs et les encouragera à poursuivre la réflexion. Attirer leur attention sur les erreurs que j'ai commises leur sera également utile.

Avertissement : tout au long de cet ouvrage, j'ai pris comme règle stricte de traiter la vie comme un *processus naturel*, de considérer son origine, son évolution et ses manifestations, y compris l'espèce humaine, comme gouvernées par les mêmes lois que les processus non vivants. J'exclus trois « ismes » : le vitalisme, qui envisage les êtres vivants comme faits de matière animée par un quelconque esprit vital ; le finalisme, ou téléologie, qui suppose des causes orientées vers des fins dans les processus biologiques ; et le créationnisme, qui appelle une acceptation littérale du récit biblique. Mon approche exige que chaque étape de l'origine et de l'évolution de la vie sur la Terre soit expliquée par ses causes physico-chimiques antérieures et immédiates, non en fonction d'un résultat connu de nous aujourd'hui mais caché dans l'avenir au moment où les événements eurent lieu.

Dans ce contexte, *Poussière de vie* cherche à reconstituer les quatre milliards d'années de l'histoire de la vie sur la Terre, depuis les premières biomolécules jusqu'à la pensée humaine et au-delà. Elle conduit le lecteur à travers sept « âges » successifs, qui correspondent à sept degrés de complexité : l'âge de la Chimie, l'âge de l'Information, l'âge de la Protocellule, l'âge des Unicellulaires, l'âge des Multicellulaires, l'âge de la Pensée, et, défiant notre perspicacité, l'âge de l'Inconnu, qui comprend le futur et l'intemporel.

L'âge de la Chimie nous conduit à l'essence même de la vie, sa dimension universelle. La vie, processus chimique, doit être comprise en termes de chimie. Elle commença par la formation spontanée et l'interaction de petites molécules organiques largement répandues dans l'univers. Étant donné les conditions physico-chimiques qui régnaient sur la terre prébiotique, ces molécules furent prises dans une spirale réactionnelle d'une complexité croissante, qui donna finalement naissance aux acides nucléiques (ARN et ADN), aux protéines et autres molécules complexes qui sous-tendent la vie telle que nous la connaissons. Ce réseau de réactions chimiques, formé il y a presque quatre milliards d'années, continue d'être aujourd'hui à la base de toutes les manifestations de la vie.

Bien que la chimie imprègne cet ouvrage, le lecteur ne rencontrera pas de formules plus compliquées que H_2O ou CO_2. J'ai mis l'accent sur des principes communs à toutes les formes de vie sur la Terre. Une conclusion importante ressort de cette considération : il doit y avoir concordance entre le protométabolisme – l'ensemble des réactions chimiques d'où la vie procéda – et le métabolisme – l'ensemble des réactions chimiques qui soutiennent la vie aujourd'hui. Ainsi, notre connaissance du métabolisme actuel donne des indications sur le commencement de la vie.

Une autre leçon de l'âge de la Chimie est que la vie est le produit de forces déterministes. La vie devait surgir dans les conditions qui entourèrent son origine et elle apparaîtra chaque fois et partout où ces mêmes conditions seront réunies. Il n'y a presque pas de place pour des « accidents heureux » dans le processus graduel, aux multiples étapes, qui est à l'origine de la vie. Cette conclusion s'impose irrésistiblement quand on considère l'évolution de la vie comme un processus chimique.

L'âge de l'Information introduit la complémentarité moléculaire – la relation clé-serrure – comme mécanisme universel de reconnaissance biologique, qui commande à des phénomènes aussi divers que la spécificité enzymatique, l'auto-assemblage, la communication entre cellules, les effets hormonaux, les actions pharmacologiques, et de nombreux autres phénomènes biologiques. Sa manifestation la plus fondamentale est l'appariement de bases, c'est-à-dire l'assemblage deux à deux des principaux constituants des acides nucléiques, découvert d'abord par Watson et Crick comme la clé de la double structure hélicoïdale de l'ADN, et dont on sait maintenant qu'il gouverne toutes les formes de transfert d'information génétique.

En examinant cette étape cruciale dans le développement de la vie, j'en souligne les mécanismes sous-jacents. L'appariement de bases résulte d'événements chimiques qui n'avaient rien à voir avec le transfert d'information. La réplication moléculaire, conséquence de l'appariement de bases, est un cadeau offert en prime par la chimie prébiotique. Une fois apparue, cependant, la réplication moléculaire ouvrit la voie à la continuité héréditaire – fondée sur la copie exacte de messages génétiques – et à l'évolution – par voie de mutations des messages et de filtrage par la sélection naturelle. Mais pour que cela se produise, il a fallu qu'apparaisse une machinerie capable d'exprimer les messages sous une forme sur laquelle la sélection naturelle pouvait agir. Chaque étape de la construction de cette machinerie fut le produit de processus chimiques déterministes, modulés par la sélection.

Un facteur clé entra en jeu pour la première fois avec l'âge de l'Information : la contingence. Les mutations sont des événements fortuits, fait qui implique, comme on l'a souvent dit, une vision de l'évolution gouvernée par le hasard. Sans nier le rôle de la contingence dans l'évolution, je fais remarquer que le hasard agit à l'intérieur de certaines contraintes – physiques, chimiques, biologiques, environnementales – qui limitent son libre jeu. Cette notion de contingence contrainte apparaît comme un leitmotiv à travers ma reconstitution de l'histoire de la vie sur la Terre.

L'âge de la Protocellule est une longue période durant laquelle les principaux attributs de l'organisation cellulaire furent progressivement assemblés. Le résultat fut un organisme, ancêtre de toutes les formes de vie présentes aujourd'hui sur la Terre. L'affirmation selon laquelle tous les organismes vivants sont dérivés d'un ancêtre commun repose sur des preuves irréfutables. Cet organisme apparut il y a environ 3,8 à 3,7 milliards d'années.

L'âge des Unicellulaires fut dominé par deux événements. L'un est l'évolution et la diversification des bactéries, ou procaryotes, qui occupent maintenant presque toutes les niches disponibles sur notre planète. Un fait marquant, dans cette évolution, fut l'apparition d'organismes capables d'utiliser l'énergie solaire pour extraire de l'eau l'hydrogène nécessaire à leur propre construction, libérant ainsi des molécules d'oxygène. Cet événement est responsable de la montée d'oxygène dans l'atmosphère qui se produisit il y a 1,5 à 2 milliards d'années. Ceci constitua une menace redoutable pour les formes de vie anaérobies qui peuplaient la Terre à cette époque. Exposés à une teneur croissante en oxygène moléculaire qui leur était toxique, ces organismes durent s'adapter ou disparaître. De nombreuses espèces bactériennes succombèrent à cet « holocauste par l'oxygène » ; celles qui survécurent le firent grâce à des innovations qui jouèrent un rôle crucial dans l'évolution ultérieure.

Le second événement clé de l'âge des Unicellulaires fut la transformation de procaryote en eucaryote, soit la formation, à partir d'une cellule bactérienne ancestrale, des cellules beaucoup plus grosses et plus complexes qui constituent les algues, les amibes, les levures et de nombreux autres organismes unicellulaires ainsi que toutes les plantes, les champignons et les animaux, l'homme y compris. Cette transformation historique, qui a pu demander pas moins d'un milliard d'années, a conduit à l'apparition d'un phagocyte (cellule mangeuse) primitif, cellule volumineuse hautement organisée, capable d'ingérer et de digérer des bactéries et autres gros objets. Des cellules de ce type établirent des relations mutuellement avantageuses avec des bactéries ingérées, qui furent conservées comme hôtes permanents, ou endosymbiontes, et devinrent des parties fonctionnelles, telles que les mitochondries et les chloroplastes. La nécessité de s'adapter à l'oxygène a pu précipiter cette évolution.

Avec l'âge des Multicellulaires, la vie entra dans la phase qui nous est la plus familière. La Terre, qui pendant quelque trois milliards d'années n'avait abrité que des micro-organismes invisibles, en vint peu à peu à héberger, d'abord dans les eaux et plus tard sur la terre, toute une gamme de plantes et d'animaux de plus en plus complexes. Cette évolution est jalonnée par des améliorations successives de la stratégie de reproduction qui s'adapte à des milieux changeants. Une étape décisive fut l'apparition de la reproduction sexuée. Dans le règne végétal, les repères marquants furent le passage des spores aux graines, puis aux fleurs et aux fruits. Dans le règne animal, la fécondation aqueuse, soumise au hasard, céda la place à la copulation ; les cellules-œufs fécondées furent d'abord pondues dans l'eau, puis dans les confins abrités d'un œuf amniotique, pour finalement se développer dans une matrice, pendant une courte période chez les marsupiaux et, plus tard, pour une période plus longue, chez les placentaires.

Cette évolution semble dominée par la diversité biologique, une profusion d'espèces nées de mutations fortuites qui se trouvaient conférer un avantage dans un environnement donné. À l'intérieur de cette diversité, cependant, on note une tendance à la complexification. Ces deux caractéristiques expliquent la structure de « l'arbre de la vie ». Il y a d'abord le tronc, qui doit sa forme à une série « d'organismes de bifurcation », chacun affecté par une mutation qui changea significativement le plan corporel dans le sens d'une plus grande complexité. Puis il y a le système de branches de plus en plus ramifiées, exprimant des changements de plus en plus secondaires des plans corporels, source principale de diversité à l'intérieur de chaque groupe important. Cette distinction réconcilie deux théories de la vie que l'on avait souvent opposées par le passé ; elle place le hasard et la nécessité dans une perspective adéquate. Autre facteur important dans le développement de cet arbre : le réseau grandissant de relations liant les organismes vivants les uns aux autres et à leur milieu dans des écosystèmes de plus en plus complexes.

Un événement concomitant de l'évolution animale fut le développement du cerveau. Une fois les neurones apparus – ce qui eut lieu très tôt –, ils s'assemblèrent en réseaux de plus en plus élaborés, portés à chaque étape par les avantages évolutifs qui résultaient de cet accroissement de complexité. Du cerveau jaillit la conscience, inaugurant, d'une façon qui défie l'entendement, l'âge de la Pensée. Les dernières étapes de cette évolution ont été étonnamment rapides, menant, en quelques millions d'années seulement, à la transformation d'un primate en un être humain.

Cet événement a modifié d'une façon spectaculaire l'histoire de la vie sur la Terre, substituant largement le processus rapide de l'évolution culturelle, dirigé par l'homme, au processus lent de l'évolution darwinienne par sélection naturelle. Art, science, philosophie, morale, religion sont les produits de cette nouvelle ère, de même que la médecine et la technologie, qui ont transformé la face de la Terre en l'espace de quelques centaines d'années, créant d'énormes problèmes qui, de façon dramatique, défient l'ingéniosité et la sagesse humaines. Si, dans un proche avenir, nous ne trouvons pas de solutions satisfaisantes à ces problèmes, en particulier celui de l'explosion démographique qui est à la base de la plupart d'entre eux, la sélection naturelle s'en chargera pour nous, mais avec des conséquences qui pourraient être tragiques pour l'humanité et pour la plus grande partie du monde vivant. Tel est le message que nous percevons lorsque nous mettons à profit notre compréhension de l'histoire de la vie pour essayer de pénétrer l'âge de l'Inconnu.

Quoi qu'il arrive, la vie s'en remettra, comme elle l'a fait tant de fois par le passé après des catastrophes planétaires importantes. Très probablement, elle continuera à évoluer dans le sens d'une plus grande complexité. Il n'y a aucune raison qui nous permette de nous considérer comme l'aboutissement d'un processus qui a encore cinq milliards d'années devant lui. Quelle forme prendra la prochaine étape, quand et où se produira-t-elle, et quelles espèces seront concernées ? Autant de questions sans réponse. Ce qui demain apparaîtra comme un organisme de bifurcation n'est aujourd'hui qu'une simple brindille terminale sur l'arbre de la vie.

Dans le dernier chapitre, j'essaie de tout faire tenir ensemble. Dans la perspective de déterminisme et de contingence contrainte qui imprègne l'histoire de la vie telle que je l'ai reconstituée, la vie et la pensée jaillissent, non pas comme conséquences de quelque accident aberrant, mais comme des manifestations naturelles de la matière, inscrites dans le tissu même de l'Univers. Je considère cet Univers non comme une « plaisanterie cosmique » mais comme une entité signifiante – faite de telle sorte qu'elle engendre la vie et la pensée, devant nécessairement donner naissance à des êtres pensants capables de discerner la vérité, d'appréhender la beauté, de ressentir de l'amour, d'aspirer à la bonté, de définir le mal, de percevoir le mystère. Je ne fais pas de références explicites à Dieu parce que ce terme recouvre de multiples interprétations liées à des croyances diverses. En tant qu'homme de science, j'ai choisi de présenter l'ensemble des données disponibles et de faire partager mon interprétation personnelle de ces données, laisant au lecteur le soin de tirer ses propres conclusions. De crainte d'être mal compris, je me permets d'insister encore une fois sur le fait que le mot clé est *chimie* et non quelque notion préconçue de ce que les choses devraient être.

À qui ce livre s'adresse-t-il ? À tous. Dans la mesure où il traite de notre nature, de notre origine, de notre histoire et de notre place dans l'univers, il nous concerne tous. Face à un certain nombre de questions brûlantes touchant l'avenir de la vie sur la Terre, peut-être même la survie de l'humanité, il est impératif que nous considérions ces problèmes dans leur contexte naturel. Nous devons apprendre à « penser biologiquement » et agir en conséquence.

Comme la plupart des livres d'histoire, *Poussière de vie* comprend des parties qui peuvent intéresser certains lecteurs plus que d'autres. Bien qu'un fil conducteur relie les sept parties les unes aux autres, chacune a été écrite de façon à en permettre une lecture indépendante.

Ce livre est avant tout le fruit de lectures et de réflexions personnelles. Je suis immensément reconnaissant aux nombreux auteurs qui m'ont aidé par les exposés réfléchis, bien documentés et éclairants qu'ils ont faits de leurs domaines. J'ai fait de mon mieux pour leur rendre l'hommage qu'ils méritent dans les notes et références citées en fin d'ouvrage.

Les conversations et discussions avec certains collègues et amis m'ont également beaucoup apporté. Citer leur nom avec reconnaissance n'implique nullement qu'ils sont prêts à cautionner ma présentation des faits scientifiques, encore moins qu'ils approuvent mes interprétations ou partagent mes idées. Je pense à mon coéquipier de longue date, mon ami et actuel « patron » Miklós Müller, qui m'a beaucoup aidé par sa connaissance encyclopédique des micro-organismes ; aux amis que je me suis faits récemment dans le domaine de l'origine de la vie, parmi lesquels Gustaf Arrhenius, Manfred Eigen, Albert Eschenmoser, Stanley Miller, Leslie Orgel, William Schopf, Arthur Weber, et beaucoup d'autres ; Stuart Kauffman, qui m'a initié aux complexités de la « vie artificielle » ; Francis Crick et Gerald Edelman, qui ont fait de leur mieux – en grande partie en vain, j'ai le regret de le dire – pour m'apprendre à avoir des idées claires sur le cerveau. Je dois à mon fils Thierry de m'avoir guidé dans les complexités de la pensée de Kant.

Ma plus grande dette va à mon précédent éditeur et relecteur, mon fidèle ami Neil Patterson, qui a sacrifié un nombre incalculable d'heures de son précieux temps pour donner à cet ouvrage une forme acceptable. Il a non seulement été impitoyable avec les adjectifs fleuris, les à-côtés verbeux, les remarques non pertinentes, les constructions lourdes et autres maladresses ; il a aussi attiré mon attention sur certaines erreurs ou obscurités et coupé les ailes à certaines de mes affirmations les plus exubérantes ou imprudentes. Mes remerciements s'adressent aussi à Ippy Patterson pour son beau dessin de l'arbre de la vie, devenu en quelque sorte le symbole de ce livre.

Je suis également reconnaissant envers mes collaborateurs de chez Basic Books, en particulier Susan Rabiner, qui a fait des suggestions pertinentes concernant l'organisation de cet ouvrage, Suzanne Wagner, qui a relu le texte, Michael Mueller, qui en a assuré l'édition ; tous m'ont beaucoup aidé à donner à l'ouvrage sa forme définitive.

Enfin, je voudrais remercier mes enfants Thierry, Anne, Françoise et Alain pour le « traitement de texte » qu'ils m'ont offert pour mon soixante-dixième anniversaire. Ce cadeau effrayant – je n'avais jamais utilisé de machine à écrire de ma vie – est devenu une aide précieuse et sûre. Son utilisation n'a cependant pas diminué les recours constants aux services de deux aides « en chair et en os » hautement compétentes, Anna Polowetzky (Karrie), à New York, et Monique Van de Maele, à Bruxelles. Mon épouse seule peut dire combien elle a eu à supporter pendant que je me débattais avec mon laborieux projet. Je la remercie avec tout mon amour.

Néthen et New York,
31 janvier 1994.

PRÉFACE À L'ÉDITION FRANÇAISE

Le hasard des circonstances qui m'ont fait naître en Angleterre et qui, plus tard, ont fait de moi un voyageur transatlantique partageant son temps entre l'université de Louvain, en Belgique, et l'université Rockefeller, à New York, m'a conduit à écrire mes livres en anglais. Ceci n'est pas sans poser quelques problèmes lorsqu'il s'agit de traduire ces mêmes livres en français, ma langue maternelle.

Que la traduction soit faite par un scientifique de mes amis, par moi-même ou par un traducteur de métier – j'ai essayé les trois formules –, j'ai expérimenté chaque fois la justesse de l'adage italien « traduttore, traditore ». Chaque langue a son génie et l'on ne passe pas impunément de l'une à l'autre. Le texte que j'offre aux lecteurs francophones n'est pas celui que j'aurais écrit si je l'avais rédigé d'emblée en français. Je m'en excuse. N'ayant pu donner toujours à la forme la tournure qui convenait, j'ai au moins veillé à respecter le fond, y compris, lorsque besoin en était, les nuances.

En disant « je », j'entends deux lectures critiques, celle d'abord d'une traduction faite à Paris par des professionnels, puis celle d'un texte soigneusement révisé par mon ami, Géry Hers, dont l'aide m'a été particulièrement précieuse. Je leur exprime toute ma reconnaissance, ainsi qu'à Monsieur Olivier Bétourné, directeur général de la Librairie Arthème Fayard, à Madame Céline Geoffroy et à leurs collaborateurs.

Un an s'est écoulé depuis la parution de *Vital Dust* aux États-Unis. Je n'ai cependant pas cru souhaitable d'apporter au texte les quelques corrections et ajouts, d'ailleurs mineurs, qu'auraient exigés les développements qui ont eu lieu depuis dans certains domaines. Il m'a cependant paru utile d'ajouter à la bibliographie, en majeure partie anglo-saxonne, quelques ouvrages récents publiés en français.

Comme je l'explique dans la préface de l'édition anglaise, la rédaction de ce livre est le résultat d'un projet ambitieux dont la réalisation correcte aurait exigé des connaissances beaucoup plus vastes que celles qu'il m'a été possible de réunir. Si je m'y suis néanmoins hasardé, c'est parce que j'ai estimé que la tentative se devait d'être faite, en dépit de tous ses défauts et manquements. Le temps est venu d'intégrer la vie et la pensée dans la description du cosmos, dont elles sont indubitablement les manifestations connues les plus signifiantes.

Néthen, le 15 octobre 1995.

INTRODUCTION

Cet ouvrage a pour sujet l'histoire de la vie sur la Terre, depuis son origine ensevelie dans les profondeurs du passé, jusqu'au cortège bigarré des êtres vivants qui peuplent aujourd'hui notre planète. Cette histoire est l'aventure la plus extraordinaire dont nous ayons connaissance dans l'Univers, une aventure qui a produit une espèce capable d'influer de façon décisive sur le devenir du processus naturel qui lui a donné naissance.

L'histoire de la vie est marquée par une série d'innovations dont chacune introduit un nouveau degré de complexité et doit être expliquée conformément aux lois de la physique et de la chimie. Avant de convier le lecteur à embarquer pour ce voyage, je définirai quelques notions générales qui nous accompagneront tout au long de la traversée.

L'unité de la vie

La vie est une. Ce fait, que l'on reconnaît implicitement lorsqu'on utilise le même mot pour désigner des objets aussi disparates que des champignons, des arbres, des poissons et des êtres humains, a maintenant été établi sans le moindre doute. Chaque progrès réalisé dans la capacité de discrimination de nos outils d'observation, depuis les débuts hésitants de la microscopie il y a à peine plus de trois siècles jusqu'aux techniques de pointe de la biologie moléculaire, a ancré un peu plus fermement la constatation que tous les organismes vivants actuels sont construits avec les mêmes matériaux, fonctionnent selon les mêmes principes, et sont en réalité bel et bien apparentés. Tous descendent d'une forme de vie ancestrale unique.

On le sait aujourd'hui avec certitude grâce à l'étude comparée des structures moléculaires des protéines et des acides nucléiques. Ces deux groupes de substances, qui sont les deux constituants les plus importants de toutes les formes de vie, sont totalement différents chimiquement mais ont en commun le fait d'être l'un et l'autre de longues chaînes constituées par l'assemblage d'un grand nombre de sous-unités moléculaires – jusqu'à plusieurs centaines pour les protéines, souvent beaucoup plus pour les acides nucléiques. Imaginez des chaînes de perles de différentes couleurs, des trains constitués de différents wagons accrochés les uns aux autres ou, de façon plus appropriée, des mots très longs assemblés à partir de lettres différentes. Les perles, wagons ou lettres qui constituent les protéines sont appelés acides aminés ; ceux qui constituent les acides nucléiques sont appelés nucléotides. Les protéines-mots sont « écrites » à l'aide d'un alphabet contenant vingt sortes d'acides aminés-lettres ; les acides nucléiques-mots sont écrits à l'aide d'un alphabet contenant quatre espèces de nucléotides-lettres.

On dispose maintenant de méthodes très performantes pour établir l'ordre précis dans lequel les constituants fondamentaux de ces macromolécules naturelles se succèdent dans une chaîne donnée. Ces techniques permettent au chercheur de déchiffrer très précisément la séquence d'acides aminés dans les protéines et de nucléotides dans les acides nucléiques, c'est-à-dire « l'orthographe » des mots moléculaires. Les petits caractères du livre de la vie sont aujourd'hui lisibles.

Un fait de toute première importance est apparu récemment grâce à la possibilité qui nous est donnée de lire les molécules. Des organismes aussi différents qu'un microbe, un plant de maïs, un papillon ou un être humain contiennent des protéines et des acides nucléiques très voisins. Ces ressemblances sont beaucoup trop étroites pour qu'il soit possible de n'y voir que le produit du seul hasard. Elles imposent la conclusion inévitable que ces molécules, et par conséquent tous les organismes du monde vivant, sont apparentés et proviennent d'un ancêtre commun. À titre de comparaison, considérez le mot anglais « *assembly* » et le mot « assemblée » utilisé en français pour désigner la même notion. De toute évidence, ces deux mots ne sont pas apparus indépendamment l'un de l'autre dans les deux langues ; ils sont liés par un ancêtre commun duquel ils dérivent l'un et l'autre. Si les mots ne sont pas identiques, c'est parce qu'ils ont évolué différemment depuis qu'ils se sont séparés de leur ancêtre commun. La même chose se vérifie pour les macromolécules cousines. Leurs séquences diffèrent parce qu'elles ont subi des modifications qui se sont transmises de génération en génération – c'est-à-dire des mutations – à mesure que les divers organismes qui les contiennent évoluaient après s'être différenciés de leur ancêtre commun.

Cette unité dans la diversité nous simplifie la tâche. Nous essayons de retracer l'histoire de *la* vie, pas *des* vies. L'ancêtre commun divise notre itinéraire en deux parties. Nous devrons d'abord reconstruire la façon dont cet ancêtre commun est né à partir des matériaux, quels qu'ils furent, disponibles sur la Terre avant l'apparition de la vie. Puis nous devrons trouver comment tous les organismes existants se sont formés à partir de cet ancêtre commun.

L'arbre de la vie

Tout le monde sait que la vie a laissé des traces fossiles de son histoire. De patients décryptages de ces vestiges ont permis aux paléontologues de faire remonter depuis le passé le plus lointain les fantômes des anciennes plantes et des anciens animaux, et de reconstituer grossièrement l'histoire de l'évolution des organismes qui occupent aujourd'hui notre planète. Cependant, les archives des fossiles sont très incomplètes. Très souvent, un seul os ou une dent, l'empreinte d'une feuille ou le vestige d'une galerie creusée par un ver est tout ce dont on dispose pour reconstituer un organisme entier. En outre, ces archives remontent rarement à plus de 600 millions d'années ; les archives plus anciennes sont très rares. D'innombrables organismes ont dû exister sans laisser de traces, ou bien leurs traces n'ont pas encore été découvertes. Si nous ne disposions que de documents fossiles, même nombreux et bien conservés, il nous serait impossible d'écrire ni même d'envisager une histoire complète de la vie. Nous tirons notre information bien davantage des êtres vivants que des traces laissées par les morts. Toute l'histoire de la vie est écrite dans les organismes vivants actuels. Tout ce dont nous avons besoin pour reconstituer cette histoire, c'est de savoir lire le texte.

Cela, nous pouvons maintenant le faire en comparant les séquences des macromolécules apparentées provenant de différentes espèces d'organismes. Cette analyse peut servir à évaluer les distances mises par l'évolution entre deux organismes appariés – sœurs, cousins germains, cousins au dixième degré, et ainsi de suite – en prenant comme mètre étalon le nombre de différences entre les séquences comparées. Plus les différences sont nombreuses – c'est l'hypothèse simple, qu'il convient d'entourer d'un nombre considérable de mises en garde et de précautions –, plus les molécules ont eu de temps pour évoluer séparément, et plus il s'est donc écoulé de temps depuis que les espèces possédant ces molécules se sont différenciées de leur dernier ancêtre commun. Avec suffisamment d'information de ce type, il est en principe possible de reconstruire l'arbre de la vie en entier sur la base des propriétés des organismes vivant autour de nous aujourd'hui.

Dans notre comparaison avec la linguistique, une telle approche revient à étudier l'étymologie moléculaire. Imaginez un linguiste ne disposant que de textes actuels en français, en italien, en espagnol et en roumain. Même sans rien connaître du passé, cet expert serait capable de conclure, d'après les nombreuses similitudes entre les mots de même sens, que ces quatre langues sont apparentées. Il pourrait même, par des études comparatives minutieuses fondées sur l'hypothèse que les mots n'évoluent que peu à peu, parvenir à reconstituer le latin ancestral ainsi que la façon dont les quatre langues se sont formées à partir de lui. Cette reconstitution serait d'abord incertaine, facilement égarée par les ressemblances dues au hasard, les emprunts d'une langue à l'autre et autres pièges de ce genre. Mais elle prendrait de plus en plus d'assurance à mesure que plus de mots seraient examinés, analysés et comparés.

L'un des exemples les plus anciens d'étymologie moléculaire – désormais un classique – concerne une protéine appelée cytochrome *c*[1]. Cette petite protéine, longue d'environ cent acides aminés, participe à l'utilisation de l'oxygène par de nombreux êtres vivants. La version humaine du cytochrome *c* diffère de celle du singe Rhésus par un seul acide aminé, et de celle du chien, du serpent à sonnette, de la grenouille, du thon, du ver à soie, du blé et de la levure par respectivement 11, 14, 18, 21, 31, 43 et 45 acides aminés. Ces chiffres donnent une estimation des époques de plus en plus reculées où chacune de ces espèces s'est détachée du dernier ancêtre qu'elle a en commun avec nous. Ces estimations, qui, pour les plantes et les animaux, concordent avec les études sur les fossiles, remontent dans le temps à des liens de parenté pour lesquels il n'existe pas d'indice fossile. Notez que même les cytochromes *c* du blé et de la levure ont plus de cinquante acides aminés en commun avec la molécule humaine, preuve indiscutable que ces trois espèces tout à fait différentes ont un ancêtre commun.

Les comparaisons des séquences du cytochrome *c* ont été réalisées il y a plus de vingt ans. Depuis, de nombreuses protéines ainsi que de nombreux acides nucléiques ont été comparés, et il en est analysé chaque jour un peu plus. L'interprétation des données n'est pas toujours facile. Néanmoins, même si de nombreuses incertitudes et controverses restent à résoudre, nous commençons à connaître d'une manière quelque peu détaillée et avec un certain degré de certitude la façon dont les êtres vivants actuels sont apparus à partir de leur ancêtre commun par des ramifications successives de l'arbre de la vie. Dans sa partie supérieure, l'arbre moléculaire concorde avec celui qui est dessiné par les paléontologues sur la base des indications fournies par les fossiles, sauf pour certains détails qui ont été ajoutés ou corrigés à l'aide des nouvelles données. La partie inférieure de l'arbre est nouvelle pour nous. Elle s'est révélée pleine de surprises.

L'ancienneté de la vie

La forme de l'arbre se précise peu à peu. Mais qu'en est-il de l'échelle du temps ? En paléontologie, la coordonnée temporelle est fournie par de vastes recherches géologiques et géochimiques, qui permettent d'estimer l'âge d'une formation rocheuse donnée. Si l'on trouve un fossile dans un terrain que les géologues estiment dater de 200 millions d'années, on sait alors, à quelques millions d'années près, que l'organisme qui a laissé ces traces a vécu il y a 200 millions d'années. Pour les arbres moléculaires, l'unité de mesure n'est pas le temps mais le nombre de mutations, c'est-à-dire les changements, transmissibles de génération en génération, que les molécules ont subis au cours de leur évolution. Ou plus précisément, le nombre de mutations compatibles avec la survie et la prolifération (les mutations « tolérables »), puisque d'autres transformations sont éliminées par la sélection naturelle[2] et ne laissent aucune trace dans les molécules existantes. Pour pouvoir convertir cette unité de mesure en unité de temps, il nous faut connaître la fréquence des mutations tolérables. L'échelle temporelle d'un arbre donné sera très différente selon que les mutations tolérables sont censées se produire en moyenne tous les millions, tous les deux millions ou tous les dix millions d'années. C'est là une des incertitudes les plus importantes de la méthode moléculaire. La meilleure façon de résoudre le problème est de comparer les arbres moléculaires aux arbres paléontologiques. Cette méthode fonctionne pour la partie supérieure de l'arbre, pour laquelle nous disposons de données paléontologiques. Mais que faire pour la partie inférieure ? La réponse nous a été apportée, il y a seulement quelques décennies, par les fossiles bactériens.

Les bactéries sont des petites entités, dépassant rarement le millième de millimètre, de forme sphérique ou filiforme, et que l'on ne peut voir qu'à l'aide d'un bon microscope. Elles abondent dans le monde d'aujourd'hui. Pour la plupart d'entre nous, le mot « bactérie » éveille le spectre de la peste, du choléra, de la tuberculose, de la lèpre, de la diphtérie et autres terribles maladies. Cependant, les microbes responsables des maladies ne sont qu'une petite minorité rapportée à la très grande diversité des formes inoffensives ou utiles. Les bactéries occupent presque tous les habitats possibles, depuis l'abri tempéré de l'intestin humain jusqu'à la saumure des mers qui s'assèchent ou les eaux bouillantes des sources volcaniques. La source de bactéries la plus riche est le sol, où ces organismes invisibles accomplissent la tâche très importante de décomposer les plantes et les animaux morts, recyclant ainsi les constituants de la vie.

Les bactéries sont la forme de vie la plus simple et également, comme nous nous en doutions depuis longtemps et le savons maintenant, la plus ancienne. Les traces fossiles de ces organismes sont donc d'une aide précieuse dans la reconstitution et la datation de la partie inférieure de l'arbre de la vie. De telles traces ont été retrouvées au cours des dernières décennies[3]. Elles sont de deux dimensions très différentes. À l'échelle visible, les traces viennent de roches stratifiées appelées stromatolithes. Ces formations sont dérivées, par fossilisation, d'immenses colonies bactériennes constituées de couches superposées, chacune composée d'une espèce bactérienne différente. Les couches supérieures de la colonie sont constituées d'organismes, appelés « phototrophes », qui utilisent l'énergie solaire pour fabriquer leurs propres constituants ; plus tard, après leur mort, leur substance sert de nourriture aux couches sous-jacentes. Des colonies de ce genre couvrent de vastes zones dans certaines régions côtières, par exemple en Basse-Californie, au nord-ouest du Mexique. Avec le temps, elles se fossilisent en stromatolithes selon un processus dont chaque étape nous est connue grâce à la présence de certaines roches représentatives. Les stromatolithes ont été trouvés dans différents terrains et dans différentes parties du monde couvrant toutes les ères géologiques. Certains remontent à 3,5 milliards d'années, soit aux confins des archives géologiques utiles. Il est possible que des colonies produisant des stromatolithes aient existé avant même cette époque, mais leurs traces n'auraient pas pu survivre aux transformations géologiques.

Le second type de preuve de l'ancienneté de la vie bactérienne est d'ordre microscopique. La plupart des bactéries sont enfermées à l'intérieur d'une coquille solide, ou paroi. Cette particularité a permis aux bactéries anciennes de laisser leur trace dans la boue, qui, plus tard, s'est solidifiée en roche, de la même façon que des fougères disparues depuis longtemps ont laissé leurs délicates empreintes, à cela près qu'il faut des techniques élaborées et une bonne dose d'esprit critique pour identifier un authentique microfossile bactérien et ne pas le confondre avec des traces qui n'en sont pas ou avec des contaminations récentes. Un certain nombre d'empreintes authentiques nous sont maintenant connues. Il est intéressant de noter que ces traces ont souvent été trouvées dans les stromatolithes, ce qui nous fournit une nouvelle preuve, s'il en était encore besoin, de l'origine bactérienne de ces roches. Quelques microfossiles remontent eux aussi jusqu'à 3,5 milliards d'années.

La vie est ainsi vieille d'au moins 3,5 milliards d'années. Tel est le saisissant message que nous délivrent les stromatolithes et les microfossiles. Comparez cet âge avec la limite d'environ 600 millions d'années, au-delà de laquelle on ne trouve pratiquement aucune trace de plantes ou d'animaux, et vous aurez une idée de la taille colossale de la partie inférieure, cachée, de l'arbre de la vie : quatre à cinq fois celle de la partie supérieure, qui contient toute l'histoire de l'évolution des plantes et des animaux. Pendant le temps immensément long, presque trois milliards d'années, qui a précédé l'apparition des premières plantes et des premiers animaux qui nous sont connus grâce à leurs fossiles, la vie semble presque s'être immobilisée. Les stromatolithes et les microfossiles ne paraissent pas différents, qu'ils aient un ou trois milliards d'années. Mais cette apparente immobilité est trompeuse. Des événements d'une importance capitale ont eu lieu dans l'obscurité des colonies stromatolithiques, préparant la grande explosion de diverses formes de vie qui éclata il y a environ 600 millions d'années.

Selon les traces fossiles qu'elles ont laissées, les bactéries qui ont vécu il y a 3,5 milliards d'années étaient diverses et élaborées. Il se peut même qu'elles aient compté parmi elles des représentants des organismes phototrophes les plus perfectionnés connus à ce jour. Nul doute que ces formes de vie anciennes furent précédées par des formes plus rudimentaires, elles-mêmes précédées par l'ancêtre commun de toute forme de vie. Quand cet organisme ancestral est-il apparu ? Peut-être à une époque aussi reculée qu'il y a 3,8 milliards d'années, comme le suggèrent les analyses physiques des dépôts de carbone fossiles (kérogène) qui remontent à cette date. Ces dépôts montrent un enrichissement en atomes de carbone de masse atomique 12 (c'est-à-dire dont la masse est égale à 12 fois celle de l'atome d'hydrogène) par rapport aux atomes de carbone de masse 13. Cet enrichissement de l'isotope[4] léger de carbone au détriment du lourd est une caractéristique de l'assimilation biologique du carbone. Une limite supérieure de 4 milliards d'années pour la forme de vie la plus ancienne nous est fixée par les conditions qui furent probablement réunies sur la Terre au début de son histoire. Les experts en la matière nous disent que la Terre s'est d'abord condensée à partir d'un nuage de gaz et de poussière il y a quelque 4,5 milliards d'années. Pendant les 500 millions d'années qui suivirent, la jeune planète, battue par les chutes d'astéroïdes et secouée par de violentes éruptions volcaniques, est restée impropre à la vie[5].

L'ancêtre commun de toute forme de vie est probablement apparu sur la Terre entre 4,0 et 3,8 milliards d'années avant notre époque. Conscient que ces dates sont incertaines, nous les adopterons comme l'estimation la plus raisonnable à laquelle nous sommes parvenus en l'état actuel des connaissances.

Le berceau de la vie

Où la vie prend-elle son origine ? La réponse évidente à cette question – que la vie est née sur la Terre – n'est pas acceptée par tout le monde, en partie pour des questions de temps. Des indications que nous venons de donner, il apparaît qu'un maximum de 200 millions d'années a pu être disponible pour l'apparition de l'ancêtre commun à la vie à partir des matériaux que notre planète dépourvue de vie pouvait offrir. Bien que court comparé à l'histoire de la vie sur la Terre, ce laps de temps est très long dans l'absolu. Si l'on représente la totalité de l'ère chrétienne, 2 000 ans, par 1 cm, le temps disponible pour l'émergence de la vie pourrait atteindre 1 km. Et pourtant, certains considèrent que ce temps est trop court pour l'apparition de quelque chose d'aussi complexe qu'une cellule bactérienne. Cette attitude remonte à une opinion, aujourd'hui périmée, selon laquelle la vie serait apparue à l'issue d'un processus extrêmement lent et long, peut-être trop lent et trop long pour que notre planète ait pu en être le théâtre. Cette opinion est une des raisons pour lesquelles il a été suggéré que la vie nous serait venue de l'espace.

La possibilité que la vie puisse avoir une origine extraterrestre a été envisagée à plusieurs reprises[6]. Cette théorie fut proposée au tournant du siècle et défendue avec une ferveur presque mystique par Svante Arrhenius, chimiste suédois et prix Nobel, qui a forgé le terme de « panspermie » pour exprimer sa croyance selon laquelle des germes de vie existent partout dans l'espace et se déversent continuellement sur la Terre. Plus récemment, une variante de cette théorie a été défendue avec la même vigueur par Fred Hoyle, célèbre astronome britannique, et son collègue Chandra Wickramasinghe, astronome sri-lankais, qui ont affirmé que des virus et des bactéries se forment sans arrêt sur les queues des comètes et retombent sur la Terre avec des poussières provenant de ces corps célestes[7]. Certains de ces germes pourraient être pathogènes et provoquer des épidémies, qui, selon ces scientifiques, ont pu jouer des rôles importants pour façonner l'histoire humaine. La protection contre des maladies contractées en inhalant des gouttes de pluie contaminées par des germes extraterrestres pourrait même expliquer, selon leurs dires, l'apparition du nez humain au cours de l'évolution. Une autre théorie, appelée « panspermie dirigée », a été avancée par Francis Crick (dont la découverte de la double hélice a fait la renommée) et Leslie Orgel, un pionnier de la chimie prébiotique. Ces deux scientifiques américains d'origine britannique, qui travaillent maintenant au Salk Institute for Biological Studies à La Jolla, Californie, ont suggéré que les premiers germes de vie sont arrivés sur la Terre dans un vaisseau spatial envoyé par quelque lointaine civilisation[8].

Avec des défenseurs aussi éminents, la panspermie ne peut être rejetée sans examen. Les adversaires de la théorie ont objecté que des organismes vivants ne pourraient pas supporter les radiations intenses auxquelles ils seraient exposés dans l'espace. Mais cette affirmation a été contestée. Les partisans de la théorie ont déclaré que la vie n'a pas pu apparaître sur la Terre par manque de temps. Les bases sur lesquelles ils se fondent pour estimer que 200 millions d'années sont insuffisants pour que la vie apparaisse ne sont cependant pas évidentes. La vraie question est de savoir s'il existe un indice tangible pour étayer une hypothèse. S'il n'en existe aucun du vaisseau spatial et de ses expéditeurs, il n'en va pas de même des comètes et autres objets célestes tels que les météorites. Ces corps contiennent en effet des molécules organiques comparables à celles que l'on trouve dans les organismes vivants. De l'avis de la plupart des chercheurs, cependant, ces substances sont produites par de simples réactions chimiques qui ont lieu « là-haut » et ne sont pas élaborées par des organismes vivants. Sur l'existence de tels organismes, on ne dispose encore d'aucun signe convaincant ou même suggestif.

L'objectivité exigerait que le sujet soit laissé en suspens jusqu'à ce que la controverse soit réglée. Mais le bon sens et l'économie conseillent de n'en rien faire dans les discussions qui suivent. La meilleure raison pour agir ainsi est que, même si l'on acceptait l'idée que la vie est arrivée sur la Terre depuis l'espace, cela ne réglerait pas la question de savoir comment elle est apparue. Je supposerai donc que la vie est apparue au lieu même où elle se trouve actuellement : ici, sur la Terre.

La probabilité de la vie

Comment la vie est-elle apparue ? Apparaîtrait-elle de nouveau si l'on pouvait remonter dans le temps et laisser les événements se dérouler dans les mêmes conditions ou si l'on recréait ces mêmes conditions sur une autre planète ? Si oui, s'agira-t-il du genre de vie que nous connaissons ou de quelque chose de différent ? Jusqu'à présent, la science n'est pas parvenue à répondre à ces questions. C'est pourquoi nous devons faire face à une profusion de théories, orientées selon les spécialisations scientifiques, les attitudes philosophiques et les préjugés idéologiques de leurs auteurs. Deux écoles vont même jusqu'à affirmer que l'origine de la vie n'est pas un sujet de recherche scientifique pertinent. Elles s'appuient sur des raisons très différentes, mais enracinées l'une et l'autre dans la croyance selon laquelle la vie est un phénomène extrêmement improbable, si improbable même, selon les créationnistes, qu'il ne faut rien de moins que l'intervention divine pour expliquer l'apparition des organismes vivants même les plus simples. Les partisans plus rationnels de l'improbabilité de la vie rejettent cette affirmation, faisant remarquer que le hasard produit sans cesse des événements extrêmement improbables. Cependant, comme ces événements sont les produits improbables du hasard, ils sont uniques et non reproductibles, et par conséquent inaccessibles à la recherche scientifique. Pour expliquer cette théorie, je tirerai un exemple du jeu de bridge.

Le bridge est un jeu qui se joue à quatre avec 52 cartes, dont 13 de pique, 13 de cœur, 13 de carreau et 13 de trèfle. On bat les cartes et on les distribue aux joueurs une par une. Supposez que vous soyez l'un des joueurs et que vous tiriez les 13 piques. Vous pourriez alors parler d'un coup de chance extraordinaire, et vous auriez raison. Les chances de tirer les 13 piques sont de une sur 635 milliards. Des armées de joueurs de bridge pourraient jouer nuit et jour pendant des siècles sans que les 13 piques ne soient réunis une seule fois dans la même main. À ma connaissance, cet événement n'a d'ailleurs jamais été mentionné dans les annales du bridge[9]. En tant que premier bénéficiaire de cet étonnant cadeau du hasard, vous atteindriez instantanément à une renommée mondiale. Votre nom apparaîtrait dans toutes les colonnes et tous les livres de bridge. Tout cela est tout à fait vrai et compréhensible ; cela ne doit cependant pas faire oublier que toutes les autres distributions ont exactement les mêmes chances de sortir, une sur 635 milliards. Seulement, la plupart d'entre elles ne sont pas assez spectaculaires pour faire date dans l'histoire.

Remarquez que dans mes estimations je n'ai pas tenu compte des cartes que les autres joueurs ont tirées. Si l'on doit tenir compte de la distribution totale des cartes, la probabilité est de l'ordre de un sur cinquante milliards de milliards de milliards (5×10^{28}). Si tous les êtres humains qui ont jamais existé n'avaient rien fait d'autre que jouer au bridge nuit et jour pendant toute leur vie, les chances pour que l'une des distributions qui sortira ce soir à votre club de bridge ait été rencontrée précédemment resteraient encore très faibles. Et pourtant, dans aucun club de bridge les joueurs ne passent leur temps à s'exclamer qu'ils assistent à un événement extraordinairement improbable chaque fois que les cartes sont distribuées.

Cet exemple illustre le simple fait, pas toujours reconnu, que des événements uniques de très faible probabilité ont bel et bien lieu tout le temps sans que personne n'y prête la moindre attention. L'apparition de la vie, a-t-on dit, a pu être un événement de ce genre, un coup de chance fantastique, comme tirer 13 piques au bridge, sans être pour autant une transgression des lois de la probabilité.

S'il en était ainsi – et nombre de scientifiques éminents en ont fait la remarque –, nous perdrions notre temps à essayer d'expliquer l'origine de la vie en termes scientifiques. Certains ont même poussé l'affirmation jusqu'à sa conclusion logique, à savoir que si la vie est un produit extrêmement improbable du hasard, elle n'a sa place dans aucune vision cosmique, quelle qu'elle soit. Que des milliards de planètes aient connu la même histoire que celle de la Terre, que des milliards de « Big Bang » aient donné naissance à des milliards d'Univers comparables au nôtre, rien n'y aurait fait : l'apparition de la vie a été un *lusus naturae*, une plaisanterie cosmique. Pour reprendre les termes du regretté Jacques Monod, l'un des plus grands biologistes français : « L'Univers n'était pas gros de la vie[10]. »

Ce jugement a de profondes implications philosophiques. J'y viendrai plus tard. Pour le moment, je voudrais simplement examiner la validité scientifique de l'argument de probabilité. Sa logique est impeccable, pour peu que l'on ait affaire à un événement *unique*. Mais l'apparition de la vie n'a pas pu se produire comme un événement unique. Pour illustrer cette impossibilité, Hoyle a recouru à l'analogie du Boeing 747 s'élevant, prêt à voler, d'un dépôt de ferraille balayé par une tornade[11]. La possibilité qu'une cellule vivante puisse s'assembler d'un seul coup est immensément plus improbable que l'assemblage spontané d'un Boeing 747, pour autant que l'on doive envisager des degrés d'impossibilité. Seule la création instantanée – un miracle – peut accomplir de tels exploits et les miracles, par définition, sont hors du champ de la recherche scientifique. Ils constituent un dernier recours, quand toutes les tentatives d'explication rationnelle ont échoué, moment qui, soit dit en passant, est difficile à identifier puisque l'explication peut avoir à attendre un nouveau savoir, comme cela a souvent été le cas par le passé. Mais nous sommes loin d'avoir atteint ce point en ce qui concerne l'origine de la vie, domaine qui abonde en faits nouveaux et en idées stimulantes, presque à l'excès.

Un Boeing 747 se construit petit à petit, en de très nombreuses étapes. Les matières premières sont d'abord raffinées ou synthétisées puis transformées en une multitude de pièces détachées. Celles-ci sont alors assemblées de façon modulaire pour former le moteur, la carlingue et les ailes, les volets, le train d'atterrissage, les circuits électroniques, et toutes les autres parties de l'appareil. Ces différentes parties sont alors réunies pour l'assemblage final. Les étapes de la construction d'une cellule vivante sont différentes, mais le principe est le même. En raison de la très grande complexité du produit final, il a dû connaître un très grand nombre d'étapes, souvent de nature modulaire.

Cette considération change complètement l'hypothèse de probabilité. Nous tirons 13 piques non pas une fois mais des milliers de fois à la suite ! Ce qui est absolument impossible, à moins que le jeu ne soit truqué. Pour l'assemblage de la première cellule, truquage signifie que la plupart des étapes impliquées ont dû avoir une *très grande probabilité de se produire dans les conditions ambiantes.* Qu'elles deviennent un tant soit peu moins probables et leur très grand nombre fait que le processus doit nécessairement avorter, quel que soit le nombre de fois où il est engagé. En d'autres termes, contrairement à l'affirmation de Monod, l'Univers était – et est sans doute toujours – gros de la vie.

Pour moi, cette conclusion est irréfutable. Elle est fondée sur la logique, non sur un principe philosophique a priori. Il ne s'ensuit pas, cependant, que l'apparition de la vie ait suivi un cours rigide, préétabli ; encore moins qu'une seule forme de vie ait été ou soit possible. Sur une voie déterministe, il reste de la place pour des bifurcations, des chemins de traverse, des accidents et, pourquoi pas, le chaos, de même qu'il y a de nombreuses façons pour l'eau de pluie de dévaler les montagnes. Ce qui compte, ce sont les contraintes du terrain. D'un sommet lisse, l'eau peut couler dans de nombreuses directions. Même un caillou peut faire dévier le cours d'un ruisselet. À l'inverse, un cratère menant au fond d'une gorge forcera l'eau à couler dans une seule direction.

Interdiction de prévoir

Dans la fabrication d'un Boeing 747, toutes les étapes sont intentionnelles, conçues et organisées en fonction d'un plan détaillé de l'objet final. Les choses n'ont pas pu se passer ainsi dans la fabrication de la première cellule vivante. Chaque étape a dû compter pour elle-même, non comme préparation des étapes suivantes. Nous avons du mal à nous en tenir à cette objectivité parce que nous connaissons le résultat et parce que toute notre conception de la vie est pénétrée d'intentionnalité. Il est tellement évident que les cellules sont programmées pour se développer selon certaines lignes, que les organes sont faits pour accomplir certaines fonctions, que les organismes sont adaptés à certains milieux, que le mot « intentionnalité » vient presque inévitablement à l'esprit. Toute une école de pensée s'est inspirée de ces apparences d'intentionnalité, soutenant que les organismes vivants sont mus par des causes finales au sens aristotélicien du terme. Cette approche, appelée finalisme, est proche du vitalisme, doctrine selon laquelle les organismes vivants sont animés par un principe vital. Ces deux théories sont aujourd'hui en grande partie discréditées. L'intentionnalité a cédé la place à la sélection naturelle. Le principe vital est allé rejoindre l'éther et le phlogistique au cimetière des concepts obsolètes. De plus en plus, on explique la vie en recourant exclusivement aux *lois de la physique et de la chimie*. Et c'est de la même façon qu'il faut chercher à expliquer ses origines.

Les âges de la vie

L'histoire est un processus continu que nous divisons, rétrospectivement, en un certain nombre d'âges (l'âge de la pierre, l'âge du bronze, l'âge du fer), chacun étant caractérisé par une innovation majeure venue s'ajouter aux réalisations précédentes. Ceci est également vrai de l'histoire de la vie, qui, jusqu'à présent, a traversé six plans majeurs de complexité croissante (Tableau I-1).

D'abord, il y a l'âge de la Chimie. Il couvre la formation d'un certain nombre de constituants essentiels de la vie jusqu'aux premiers acides nucléiques, et est entièrement dirigé par les principes universels qui gouvernent le comportement des atomes et des molécules.

Tableau I . 1.

Les sept âges de la vie sur la Terre

Âge	Millions d'années
Naissance de la Terre	4 550 avant aujourd'hui
Chimie Information Protocellule	4 000-3 800 avant aujourd'hui
Organismes unicellulaires	3 800-3 700 avant aujourd'hui
Organismes multicellulaires	700-600 avant aujourd'hui
Pensée	6 avant aujourd'hui
Inconnu	aujourd'hui
Fin de la Terre	5 000 après aujourd'hui

Puis vient l'âge de l'Information, sous l'effet de l'émergence de molécules particulières, porteuses d'information, qui ont inauguré les nouveaux processus de l'évolution darwinienne et de la sélection naturelle particuliers au monde vivant.

La troisième étape de l'histoire de la vie est l'âge de la Protocellule, première unité vivante entourée d'une membrane et capable d'acquérir un certain nombre de propriétés clés liées à cette caractéristique. Cet âge se termine par l'apparition de l'ancêtre commun à toutes les formes de vie sur la Terre.

Puis vient l'âge des Organismes unicellulaires, étape qui s'étend sur plus de deux milliards d'années et se divise en deux phases essentielles, la phase procaryote, qui mène aux bactéries d'aujourd'hui, et la phase eucaryote, caractérisée par un degré d'organisation beaucoup plus élevé et représentée dans notre monde actuel par toute une variété de micro-organismes appelés protistes.

La cellule eucaryote engendra l'âge des Organismes multicellulaires, avec ses nouveaux principes d'association cellulaire, de différenciation, de structuration, de communication et de collaboration. À cet âge appartiennent toutes les plantes, les mycètes et les animaux, y compris l'homme, chaque groupe étant lui-même organisé hiérarchiquement le long d'une échelle de complexité croissante, illustrée à chaque niveau par des organismes qui subsistent encore aujourd'hui.

Enfin, il y a l'âge de la Pensée, avec toutes ses implications sociales et culturelles et les responsabilités morales qui les accompagnent.

Dans les chapitres qui vont suivre, je promènerai le lecteur à travers chacun de ces âges successifs. Je terminerai par l'âge de l'Inconnu, qui envisagera l'avenir de la vie et traitera de ses aspects intemporels.

Première partie

L'ÂGE DE LA CHIMIE

1

À la recherche des origines

Presque toute la matière organique du monde vivant peut se résumer symboliquement, sinon euphoniquement, par la formule CHNOPS, qui veut dire carbone (C), hydrogène (H), azote (N), oxygène (O), phosphore (P) et soufre (S). Ces six éléments, formant des myriades de combinaisons moléculaires, constituent le gros de la matière vivante. Ils furent également les principaux acteurs de la naissance chimique de la vie.

Pour reconstituer cet événement capital, il nous faut découvrir sous quelle forme ces six éléments biogéniques étaient présents sur la Terre primitive et comment, mus par les conditions physico-chimiques particulières qui régnaient alors, ils furent engagés dans une spirale de plus en plus complexe, d'où la vie est issue. Et pour commencer, que savons-nous du milieu dans lequel la vie est apparue ?

Le décor

Il y a quatre milliards d'années, la Terre commençait à se remettre du bombardement de corps célestes qui avait accompagné sa naissance explosive[1]. Elle s'était suffisamment refroidie pour que les eaux se condensent à sa surface. Des îles s'étaient formées dans les océans primitifs et commençaient à se rejoindre pour former des continents. La terre était nue et les eaux dépourvues de vie, mais la scène était loin d'être calme. Encore dans les convulsions d'une intense activité volcanique, la jeune Terre était criblée de cratères brûlants qui crachaient d'épais nuages de poussière et de fumée. Elle était lézardée de profondes crevasses à travers lesquelles l'eau s'infiltrait jusqu'à son centre en fusion pour, plus tard, jaillir à nouveau, sous pression, surchauffée, et chargée de vapeurs extraites de la lave bouillonnante. Imaginez Yellowstone National Park ou les solfatares de Sicile, la région du Hekla en Islande, les versants du mont Fuji au Japon, ou les sources chaudes de Rotorua en Nouvelle-Zélande. Un souvenir vient automatiquement à l'esprit : l'odeur ! La puanteur envahissante d'œufs pourris, l'odeur caractéristique de l'hydrogène sulfuré. Il est fort probable, en effet, que le berceau de la vie ait empesté l'hydrogène sulfuré. On a rarement tenu compte de ce fait dans les différents scénarios de l'origine de la vie, mais il a son importance.

L'atmosphère autour de la Terre était dépourvue d'oxygène il y a quatre milliards d'années. L'oxygène libre est un produit de la vie. Ce fait est aussi certain que l'on peut l'être en science et explique pourquoi de nombreux minéraux, particulièrement le fer, étaient très différents de ce qu'ils sont aujourd'hui. Un objet en fer laissé à l'extérieur pendant quelque temps se transforme en rouille, qui résulte de l'interaction du fer et de l'oxygène humide. Il n'y avait pas de rouille, c'est-à-dire pas d'oxyde de fer, sur la Terre prébiotique. En revanche, le fer abondait dans les océans sous une forme, dite ferreuse, que l'on ne rencontre plus aujourd'hui parce qu'elle réagirait immédiatement avec l'oxygène de l'atmosphère.

La composition de l'atmosphère primitive est encore un sujet de débats. Pendant longtemps, la théorie prédominante, popularisée par la célèbre expérience de Urey et Miller (voir ci-dessous p. 52-53), affirmait que l'atmosphère était constituée d'hydrogène (H_2), de méthane (CH_4), d'ammoniac (NH_3) et de vapeur d'eau (H_2O), et qu'elle était donc très riche en hydrogène. Cette théorie est maintenant sérieusement mise en doute. Selon de nombreux experts, le carbone n'était certainement pas présent en combinaison avec l'hydrogène (méthane) mais avec l'oxygène (principalement du gaz carbonique, ou CO_2). L'azote existait plus que probablement sous la forme d'azote moléculaire (N_2) ou dans l'une ou plusieurs de ses associations avec l'oxygène, non comme ammoniac. Il y avait tout au plus des traces d'hydrogène moléculaire. Si ces nouvelles estimations sont correctes, la source d'hydrogène nécessaire à la formation des premières biomolécules pose un sérieux problème. (Voir notre chapitre 3, « Le problème de l'hydrogène manquant ».)

La scène prébiotique soulève un deuxième problème, celui du phosphore. Cet élément, sous forme de phosphate, est un constituant remarquable de nombreuses biomolécules importantes, en particulier des acides nucléiques. Le fait est surprenant parce que le phosphate est rare dans notre monde actuel, du moins en solution. La Terre contient du phosphate en abondance, mais emprisonné sous forme de phosphate de calcium, insoluble dans l'eau, constituant du minerai apatite. Dans l'eau de mer aussi bien que dans l'eau douce, la concentration en phosphate est très faible et constitue d'ailleurs souvent un facteur qui y limite le développement de la vie. Ce point est apparu clairement quand on a ajouté des phosphates aux poudres à lessiver. La contamination des lacs par les eaux usées contenant des phosphates a conduit à l'eutrophication, c'est-à-dire une prolifération excessive d'algues dont la présence modifie la chaîne alimentaire au point de raréfier l'oxygène et d'entraver gravement la vie animale.

Comment un constituant aussi rare que le phosphate a-t-il été conduit à jouer un rôle biologique déterminant ? C'est une question fascinante. Une réponse possible pourrait être l'acidité, propriété physique associée à l'aigreur quand elle est faible – pensez au vinaigre ou au jus de citron – et constituant un corrosif violent quand elle est forte – pensez à l'eau-forte (acide nitrique), utilisée en gravure, ou au vitriol (acide sulfurique), l'arme favorite des femmes trompées à la Belle Époque. L'apatite libère aisément des phosphates quand on l'expose à un milieu même faiblement acide. Les eaux originelles où la vie est née avaient peut-être cette propriété[2].

Quelle était la température du monde prébiotique ? Nous disposons de peu de données précises à ce sujet, ce qui est regrettable car la température est un paramètre important qui limite sérieusement la durée de vie des biomolécules fragiles telles que les protéines, les acides nucléiques et nombre de leurs composants. Avec ce fait présent à l'esprit, de nombreux chimistes spécialistes de l'origine de la vie ont opté pour un environnement froid, en dessous même du point de congélation de l'eau[3].

Les géochimistes, de leur côté, n'accréditent pas la thèse d'un monde prébiotique froid. Ils estiment que sa température devait atteindre le point d'ébullition de l'eau (ou qu'elle était plus élevée), cette chaleur étant compensée par une pression atmosphérique suffisamment forte pour empêcher les eaux des océans de bouillir. Une température et une pression atmosphérique élevées sont caractéristiques des crevasses hydrothermales sous-marines, comme celles qui ont été découvertes dans plusieurs régions très profondes de nos océans actuels, mais qui étaient sans doute beaucoup plus nombreuses sur notre jeune planète secouée par des éruptions volcaniques[4]. Un autre élément vient corroborer la thèse d'un berceau de la vie plutôt chaud : la découverte, à partir de l'étude comparée des séquences moléculaires, que les organismes les plus anciens sont des bactéries vivant dans de telles crevasses ou dans des sources volcaniques, à des températures pouvant atteindre 110 °C.

Qu'en était-il de la lumière solaire ? Le soleil était plus froid il y a quatre milliards d'années. Il diffusait sur la Terre environ 25 % d'énergie en moins qu'aujourd'hui. Mais ce phénomène était probablement compensé par l'effet de serre dû au gaz carbonique de l'atmosphère, qui a pu être jusqu'à cent fois plus abondant à l'époque prébiotique qu'aujourd'hui. Les radiations ultraviolettes devaient être intenses malgré le soleil plus froid, du fait qu'en l'absence d'oxygène il n'y avait pas d'écran d'ozone (l'ozone se compose de trois atomes d'oxygène).

Un dernier point mérite d'être mentionné : le milieu prébiotique était inanimé. Cette précision peut sembler tautologique, mais elle contient une implication importante, déjà relevée par Charles Darwin il y a plus d'un siècle. Dans une lettre célèbre adressée à un ami, Darwin écrit : « On dit souvent que toutes les conditions requises pour la production d'un organisme vivant sont peut-être réunies aujourd'hui comme elles l'ont toujours été. Mais si (et oh ! quel grand si) nous pouvions concevoir que dans quelque petite mare chaude, en présence de toutes sortes d'ammoniac et de sels phosphoriques, de lumière, de chaleur, d'électricité, etc., un composé protéique se forme chimiquement, prêt à subir des changements encore plus complexes, aujourd'hui cette matière serait instantanément dévorée ou absorbée, ce qui n'aurait pas été le cas avant l'apparition des créatures vivantes[5]. » En général, on cite ce passage pour la référence à la « petite mare chaude ». Mais Darwin fait là une remarque très pertinente. Il n'y avait rien dans le monde prébiotique qui pût « biodégrader » des molécules organiques. Celles-ci, uniquement soumises à la dégradation physico-chimique, beaucoup plus lente, pouvaient survivre et s'accumuler pendant très longtemps.

Pour résumer, on peut dire d'abord qu'il y avait beaucoup d'eau sur la Terre quand la vie est apparue. Il aurait difficilement pu en être autrement puisque l'eau est l'élément vital par excellence. Éveillez-vous dans le désert après une pluie nocturne, et vous assisterez au miracle de l'eau. Partout, des graines qui s'asséchaient dans le sol aride prennent vie dans un enchantement de couleurs. Ce qui ne signifie pas que les eaux prébiotiques eussent été un lieu d'élection pour passer d'agréables vacances dans les mers du Sud. Elles étaient probablement brûlantes, peut-être mordantes d'acidité, très riches en fer ferreux, en phosphate et autres minéraux arrachés aux profondeurs de la Terre. L'atmosphère, au-dessus de l'eau, était chargée en gaz carbonique, en azote, en hydrogène sulfuré et en vapeur d'eau, mais très probablement pauvre en hydrogène moléculaire. Un soleil pâle mais peu filtré baignait la surface des eaux de radiation ultraviolette, de lumière et de rayons infrarouges échauffants, que la couche de gaz carbonique retenait en partie.

Sur notre planète ainsi décrite, deux milieux différents ont pu voir naître la vie : des eaux de surface peu profondes où la « soupe originelle » put s'épaissir et « mijoter » au soleil ; ou bien des crevasses hydrothermales dans l'obscurité des abysses, abritant d'étranges chimies. Peut-être aussi que des courants entre ces deux milieux ont permis que certaines étapes de la biogenèse se déroulent dans un milieu et d'autres dans l'autre.

Les chimistes sur la piste

Une fois réunies quelques informations sur le milieu physico-chimique dans lequel la vie est apparue, l'étape suivante consistait évidemment à recréer en laboratoire des conditions dans lesquelles les premières étapes de l'émergence de la vie pourraient être reproduites. Le biochimiste soviétique Alexandre Oparine est généralement considéré comme ayant ouvert la voie à ce nouveau champ de recherches. En 1924, il publia un fascicule sur l'origine de la vie. Plus tard, ce texte subit un certain nombre de révisions pour être édité en volume, dont certaines éditions furent traduites en anglais[6]. Largement inspirée de la théorie cellulaire de la vie et de ce qui, à son époque, était connu sous le nom de chimie colloïdale, la théorie de l'origine de la vie formulée par Oparine nous semble aujourd'hui naïve. Mais il eut le grand mérite de tester ses idées en laboratoire, où il prépara et étudia un certain nombre d'agrégats moléculaires qu'il voyait comme des précurseurs possibles des premières cellules.

Pendant longtemps les travaux d'Oparine n'éveillèrent guère d'écho. Le sentiment, que je partageais tout à fait à l'époque, était que cela n'avait pas beaucoup de sens de rechercher l'origine de quelque chose que l'on comprenait si mal. Les choses changèrent au début des années cinquante. Le 23 avril 1953, le magazine britannique *Nature* publiait une brève note intitulée « A Structure for Deoxyribose Nucleic Acid », écrite par l'Américain James D. Watson et l'Anglais Francis Crick[7]. Cet article historique, qui valut à ses auteurs le prix Nobel neuf ans plus tard, introduisait le désormais célèbre concept de « double hélice », devenu le symbole des progrès révolutionnaires réalisés récemment dans notre compréhension de la vie. Trois semaines plus tard, une autre note, tout aussi brève et capitale, intitulée « A Production of Amino Acids under Possible Primitive Earth Conditions », fut publiée dans le numéro du 15 mai 1953 du magazine *Science*, l'homologue américain de *Nature*. Écrit par un jeune doctorant, Stanley L. Miller, ce texte inaugurait la recherche moderne sur les origines de la vie[8].

Miller travaillait à Chicago, au laboratoire de Harold Urey, physicien qui reçut le prix Nobel de chimie en 1934 pour sa découverte de l'hydrogène lourd, ou deutérium. Plus tard dans sa carrière, Urey s'intéressa à la formation des planètes[9]. On lui doit la théorie selon laquelle l'atmosphère originelle de la Terre aurait été un mélange riche en hydrogène, composé d'hydrogène moléculaire, de méthane, d'ammoniac et de vapeur d'eau.

Miller décida d'étudier comment des éclairs auraient pu affecter cette atmosphère. Avec l'accord (obtenu à grand-peine) de son mentor, qui considérait ce projet trop incertain pour une thèse de doctorat, il simula des orages primitifs en produisant des décharges électriques répétées dans un appareillage en verre scellé contenant un mélange gazeux de méthane, d'ammoniac et d'hydrogène, à travers lequel de l'eau était continuellement recyclée par évaporation et condensation, comme cela se serait passé au-dessus d'un océan primitif. Imaginez la surprise du jeune Miller quand il vit l'« océan » prendre une teinte rosée en l'espace de quelques jours, son impatience quand il ouvrit le récipient et en retira l'eau pour l'analyser, son ravissement quand l'analyse révéla la présence de différents acides aminés et autres molécules organiques qui caractérisent les organismes vivants. Les résultats avaient dépassé ses espoirs les plus fous et le propulsèrent instantanément au firmament de la célébrité.

Cette expérience historique incita les spécialistes de la chimie organique à considérer l'origine de la vie comme un problème chimique. Elle fit naître une nouvelle discipline, appelée chimie abiotique (sans vie) ou prébiotique (avant la vie), qui s'intéresse à la formation spontanée de substances biologiques dans des conditions censées avoir existé sur notre planète il y a quelque quatre milliards d'années. On a effectivement obtenu de nombreuses molécules importantes de cette manière, encore que souvent dans des conditions un peu plus artificielles qu'on ne le voudrait pour un processus véritablement abiotique[10]. Dans cette riche moisson, l'expérience originale de Miller reste un paradigme, étant quasiment la seule à avoir été conçue exclusivement dans le but de recréer des conditions prébiotiques plausibles, sans chercher à obtenir aucun produit final particulier.

Par une ironie du sort, la pertinence des conditions de cette expérience est maintenant sérieusement mise en doute. L'atmosphère prébiotique pourrait fort bien avoir été beaucoup moins riche en hydrogène que ne le pensait Urey. Comme Miller l'a lui-même constaté, si, conformément aux conceptions actuelles, on remplace, dans le mélange gazeux qu'il avait utilisé au cours de ses célèbres expériences, le méthane par du gaz carbonique et l'ammoniac par de l'azote moléculaire, et si on supprime l'hydrogène moléculaire, le rendement en substances organiques est pratiquement nul. Le verdict n'a pas encore été rendu. Les estimations concernant la composition de l'atmosphère prébiotique sont très incertaines et pourraient bien être à nouveau révisées. En attendant, un soutien inattendu à la validité des découvertes de Miller, sinon des conditions de son expérience, est venu de l'espace.

En scrutant les cieux

L'une des techniques les plus performantes pour sonder le cosmos est la spectroscopie. En termes simples, cette technique permet d'analyser la lumière qui nous parvient une fois que celle-ci a été divisée en ses diverses longueurs d'onde par passage à travers un prisme – tout comme la lumière solaire est décomposée en un arc-en-ciel de couleurs (longueurs d'onde) par des gouttes d'eau. Avec des systèmes de décomposition et d'amplification adéquats, cette technique peut être étendue à des ondes électromagnétiques invisibles, comme les rayons ultraviolets, les infrarouges ou les ondes radio, même de très faible intensité. Les substances présentes dans l'espace agissent comme des filtres qui absorbent les radiations de certaines longueurs d'onde particulières (couleurs ou leur équivalent). De ce fait, les radiations absorbées sont absentes ou atténuées dans les spectres relevés (bandes sombres dans l'arc-en-ciel). À l'inverse, certaines longueurs d'onde peuvent être accentuées par des émissions provenant de substances excitées énergétiquement. Dans de nombreux cas, les substances responsables de l'absorption ou de l'émission peuvent être identifiées à partir des spectres enregistrés, sortes d'empreintes digitales des substances concernées. L'analyse du rayonnement à micro-ondes – celui qui, à des intensités beaucoup plus grandes, chauffe les fours – s'est révélée particulièrement féconde à cet égard.

Le sondage spectroscopique a révélé que les espaces cosmiques sont emplis d'un nuage extrêmement ténu de particules microscopiques (poussière interstellaire) contenant un certain nombre de molécules potentiellement biogéniques, le plus souvent des combinaisons très réactionnelles de carbone, d'hydrogène, d'azote, d'oxygène et parfois de soufre ou de silicium, qui ne pourraient guère rester intactes dans les conditions du milieu terrestre mais pourraient donner naissance à des composés biologiquement importants[11]. C'est ce qui se produit probablement lors de la formation des comètes. Longtemps considérées comme des objets incandescents filant à travers l'espace en semant derrière eux une traînée d'étincelles, les comètes se composent en fait essentiellement de poussière et de glace chargées d'une variété de composés organiques. Ceci a été révélé par l'analyse spectrale et, grâce au récent passage dans le voisinage de la Terre de la fameuse comète découverte en 1681 par l'astronome anglais Edmund Halley, par l'analyse chimique directe à l'aide d'instruments transportés sur un vaisseau spatial.

Les météorites ont fourni un indice encore plus tangible. Ainsi, le météorite de Murchison, tombé en 1969 sur Murchison, en Australie, contenait un certain nombre d'acides aminés ressemblant étonnamment par leur nature et leurs proportions relatives à ceux obtenus par Miller dans ses expériences. De telles observations, tout en renforçant la signification des résultats de Miller, montrent en outre que des composés organiques peuvent survivre aux températures élevées consécutives à la chute des corps célestes dans l'atmosphère.

On dispose ainsi de preuves suffisantes pour affirmer qu'un certain nombre de composés biogéniques peuvent se former spontanément dans des conditions terrestres primitives, dans les espaces interstellaires, sur des comètes et météorites. Très vraisemblablement, ce sont des composés de ce type qui ont fourni les premiers germes de la vie. Dans quelles proportions sont-ils nés sur place et ont-ils été apportés de l'espace ? Le débat reste largement ouvert. L'astrophysicien américain d'origine belge Armand Delsemme, de l'université de Toledo, pense que presque tous les composants essentiels de la vie, ainsi que toutes les eaux terrestres, furent apportés sur la Terre par des comètes qui contribuèrent à l'accrétion finale de notre planète[12]. Pour Miller, au contraire, les précurseurs chimiques de la vie se sont formés principalement sur la Terre elle-même.

Les premières étapes

Compte tenu des données fournies par les expériences de simulation sur la Terre et par l'analyse d'objets extraterrestres, complétées par des hypothèses plausibles, on peut raisonnablement proposer le scénario suivant pour la naissance de la vie sur la Terre il y a quelque quatre milliards d'années : les germes de la vie apparurent dans l'espace et dans l'atmosphère, sous la forme de diverses combinaisons de carbone, d'azote, d'hydrogène, d'oxygène et, comme nous le verrons plus loin, de soufre. Sous l'effet de décharges électriques, de radiations et d'autres sources d'énergie, les atomes contenus dans ces combinaisons ont été réarrangés et ont produit des acides aminés et autres composants biologiques fondamentaux.

Apportés par les pluies et par les comètes et météorites, les produits de ces remaniements chimiques couvrirent peu à peu d'une couche organique la surface sans vie de notre planète qui venait de se condenser. Tout fut revêtu d'une pellicule riche en carbone, directement exposée à l'impact de projectiles célestes, aux chocs des tremblements de terre, aux fumées et aux feux d'éruptions volcaniques, aux caprices du climat et à un bain quotidien d'intenses radiations ultraviolettes. Les fleuves et les cours d'eau transportèrent ces matériaux jusqu'aux mers, où ils s'accumulèrent jusqu'à ce que, pour reprendre la célèbre expression du généticien britannique J.B.S. Haldane[13], « les océans primitifs atteignent la consistance d'une soupe chaude très peu épaisse ». Dans les lacs et les lagons de l'intérieur des terres où l'eau s'évapore rapidement, la soupe s'épaissit et devint une riche purée. Dans certaines régions, elle s'est infiltrée dans les profondeurs de la Terre, revenant violemment à la surface sous forme de geysers fumants et de jets sous-marins bouillants. Tous ces brassages et agressions provoquèrent de nombreuses modifications et interactions chimiques parmi les composés originels tombés du ciel.

Le principal produit de toute cette cuisine géologique a très probablement consisté en une sorte de cambouis brunâtre, insoluble dans l'eau et de composition mal définie, que les chimistes organiciens ne connaissent que trop bien pour le voir immanquablement tacher les parois de leurs ballons dès que quelque chose ne va pas dans leurs préparations. Il y en avait sur les parois du récipient de Miller, mais ce dernier ne crut pas nécessaire de mentionner le fait, persuadé qu'il était que la vie ne pouvait pas naître d'un tel matériau. Cependant, quelque part sur la Terre primitive, les germes de la vie, au lieu de tourner en cambouis, se dirigèrent vers une complexification chimique féconde. Quelle était cette direction ? La réponse le plus souvent donnée à cette question n'est pas celle à laquelle on s'attendrait.

Considérez les déclarations suivantes, qui toutes trois se trouvent être vraies : 1) Les acides aminés sont parmi les produits les plus remarquables de la chimie prébiotique, à la fois sur Terre et dans l'espace. 2) Les acides aminés sont les composants fondamentaux des protéines. 3) Les protéines sont des constituants biologiques extrêmement importants. Et, ce qui est plus important encore pour notre propos, la quasi-totalité des enzymes, les agents catalytiques responsables des réactions chimiques qui se produisent dans les organismes vivants, est constituée de protéines. Quelle conclusion en tirez-vous ? Je crois entendre toute la classe répondre en chœur, fièrement : l'étape suivante sur le chemin de la vie est la formation de protéines, qui, à leur tour, fournirent les premiers enzymes grâce auxquels le processus biogénique se déroula plus avant. Vrai ?

Faux ! Du moins si l'on en croit l'opinion qui prédomine actuellement. Les protéines, nous dit-on, ont dû être précédées par l'acide ribonucléique (ARN). La raison principale à l'appui de cette opinion est que, dans le monde vivant actuel, des molécules d'ARN fournissent à la fois l'instrument catalytique et l'information – elle-même dérivée de l'acide désoxyribonucléique (ADN) comme on le verra plus loin – pour l'assemblage des acides aminés en protéines. Les forts en biochimie auront certainement tout de suite remarqué la faille dans cette argumentation : dans le monde vivant actuel, aucune molécule d'ARN ne peut se former sans l'aide d'enzymes protéiques. En d'autres termes, les protéines font les ARN, qui font les protéines, qui font les ARN..., et ainsi de suite. Qui est arrivé le premier : les protéines ou l'ARN ? C'est l'éternel problème de « l'œuf et de la poule », problème qui, dit-on, a vainement préoccupé un mandarin chinois toute sa vie durant.

Les spécialistes de la biologie moléculaire ont échappé à ce triste sort en faisant appel au « Dogme Central » de Crick – non pas un véritable dogme, bien sûr, mais un postulat déduit logiquement, que le codécouvreur de la double hélice a énoncé dès 1957, à un moment où l'on ne disposait que d'une petite partie des preuves empiriques écrasantes qui l'étayent aujourd'hui. Ce postulat énonce que l'information circule uniquement des acides nucléiques vers les protéines, jamais dans l'autre sens[14]. L'ARN est donc arrivé avant les protéines. Cette affirmation gagna en plausibilité dans les années 1980, quand deux chercheurs américains, Thomas Cech, de l'université du Colorado à Boulder, et Sidney Altman, de l'université Yale, qui en 1991 se partagèrent le prix Nobel pour cette trouvaille, découvrirent indépendamment que certaines molécules d'ARN étaient douées de propriétés catalytiques[15]. Ce fait suggérait que des enzymes faits d'ARN – que Cech a appelés « ribozymes » – auraient pu faire le travail catalytique des protéines dans ce qui est maintenant connu comme le « monde de l'ARN », expression inventée en 1986 par le chimiste de Harvard Walter Gilbert[16], dont la méthode de séquençage de l'ADN lui valut le prix Nobel en 1980. Gilbert définit le monde de l'ARN comme une étape dans l'évolution précoce de la vie, étape au cours de laquelle « des molécules d'ARN et des cofacteurs de même nature form[ai]ent un ensemble d'enzymes suffisant pour accomplir toutes les réactions chimiques nécessaires aux premières structures cellulaires[17] ».

J'aurai plus à dire sur le sujet. Pour le moment, considérons comme le plus probable que, quoi qu'il ait pu y avoir avant l'ARN, les molécules ancêtres des actuelles protéines vinrent après lui. Les indices à l'appui de l'hypothèse du rôle primordial joué par l'ARN dans l'apparition de ces molécules laissent peu de place au doute, comme cela apparaîtra plus clairement dans la deuxième partie de ce livre. Si nous acceptons cette prémisse, il nous faut maintenant affronter les problèmes chimiques soulevés par la synthèse abiotique d'une molécule d'ARN. Et ceux-ci sont loin d'être simples.

La voie vers l'ARN

Les molécules d'ARN sont de longues chaînes constituées par l'assemblage d'un très grand nombre – jusqu'à plusieurs milliers – d'unités appelées nucléotides. Chaque nucléotide se compose de trois parties : phosphate, ribose, qui est un sucre à 5 carbones, et une base, dont il existe quatre espèces différentes : l'adénine, la guanine, la cytosine et l'uracile. Toutes les quatre sont des molécules planes, cycliques, d'un certain degré de complexité, constituées d'atomes de carbone, d'azote, d'hydrogène et (sauf pour l'adénine) d'oxygène. L'adénine et la guanine appartiennent au groupe des purines, faites de deux cycles fusionnés. La cytosine et l'uracile sont des pyrimidines, dont la structure plus simple est faite d'un seul cycle.

Dans l'ARN, les nucléotides sont joints par des liaisons entre le ribose de l'un et le phosphate de l'autre. Toutes les molécules d'ARN ont ainsi (sauf pour leur longueur) la même épine dorsale faite de l'alternance de molécules de phosphate et de ribose. Les bases sont attachées aux unités ribose comme le montre le diagramme ci-dessous, dans lequel chaque unité encadrée est un nucléotide :

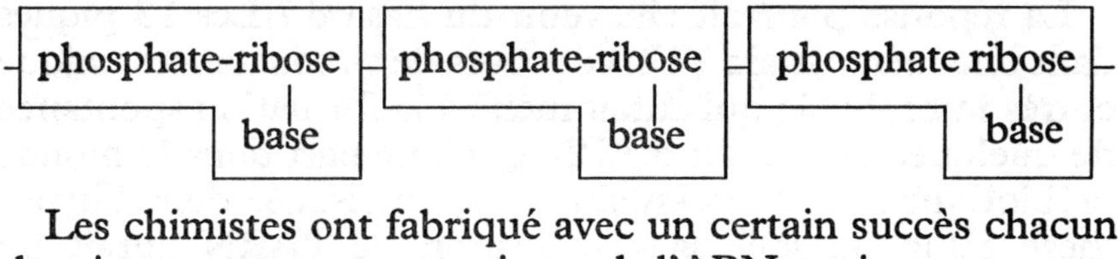

Les chimistes ont fabriqué avec un certain succès chacun des cinq composants organiques de l'ARN, mais avec un rendement faible et dans des conditions fort éloignées d'un environnement prébiotique et différentes pour chaque substance. Relier correctement les composés entre eux soulève d'autres problèmes, d'une ampleur telle que personne n'a encore essayé de le faire dans un contexte prébiotique.

Dans toute molécule d'ARN, les bases fournissent l'information. Elles forment les quatre lettres avec lesquelles sont écrits les « mots » d'ARN. L'épine dorsale phosphate-ribose, par ailleurs, joue un rôle purement structural. C'est pourquoi on s'est notamment attaché à chercher des supports plus simples pour soutenir les mêmes bases et porter le même type d'information. Orgel et ses collègues du Salk Institute ont poursuivi cette ligne de recherche avec beaucoup de diligence et d'ingéniosité. Ils ont produit un certain nombre de molécules intéressantes mais n'ont pas encore résolu le problème à leur entière satisfaction[18]. Récemment, un jeune chercheur danois, Peter Nielsen, a suscité beaucoup d'intérêt avec une molécule qu'il appelle acide peptido-nucléique (APN), dont l'épine dorsale est composée de dérivés d'acides aminés assemblés comme dans les protéines[19]. On ne dispose encore d'aucun élément pour évaluer cette façon intéressante de combiner l'œuf et la poule.

Aucune de ces molécules, si elles ont jamais existé, n'a laissé de traces dans les organismes actuels. En outre, la façon dont elles ont pu apparaître et dont elles ont pu ensuite être remplacées par d'authentiques molécules d'ARN est loin d'être claire. En toute objectivité, on peut dire qu'aucun mécanisme rendant compte de façon satisfaisante de la synthèse d'ARN en milieu prébiotique n'a été trouvé jusqu'à présent, malgré les efforts considérables de certains des meilleurs chimistes du monde. Même les plus ardents partisans du monde de l'ARN voient avec un certain pessimisme l'avenir de cette ligne de recherche[20].

La réponse pourrait-elle venir du hasard ? Les 13 piques dans une même main ? Un concours de circonstances unique et très improbable qui aurait mené à la formation spontanée de quelques molécules d'ARN quelque part dans le monde prébiotique ? Cette possibilité a été envisagée dans l'hypothèse selon laquelle la propagation de l'ARN aurait pu ensuite être assurée par autoréplication. Le monde de l'ARN serait ainsi né d'un germe moléculaire unique, produit lui-même d'un événement fortuit. Cette explication ne tient pas la route. Dans la réplication, l'ARN existant ne fournit que de l'information. La fabrication de nouvelles molécules d'ARN suppose la même complexité chimique qu'il a fallu pour fabriquer les premières. Il faut les 13 piques de très nombreuses fois à la suite.

C'est d'autant plus vrai que le monde de l'ARN n'a pas été un bref moment transitoire dans l'histoire de la vie. Ce fut une période très longue, qui a duré tout le temps nécessaire pour que naisse la machinerie de synthèse des protéines et que soient formés par celle-ci les différents enzymes protéiques qui assumèrent finalement la tâche de soutenir catalytiquement la vie naissante. On ne sait pas si ce phénomène a duré des millénaires ou des années, mais il a certainement duré suffisamment longtemps pour exiger un solide réseau chimique sous-jacent.

La leçon du métabolisme

La conclusion est claire. Il nous faut mettre au jour une voie, une succession d'étapes chimiques menant des premiers constituants fondamentaux de la vie jusqu'au monde de l'ARN. Mais jusqu'à présent, la chimie n'a pas réussi à élucider cette voie. À première vue, la manifestation spontanée du genre de chimie requis semble tellement improbable que l'on peut être tenté d'invoquer, comme beaucoup l'ont fait et continuent à le faire, l'intervention de quelque agent surnaturel. Les scientifiques sont toutefois condamnés, de par leur vocation, à chercher des explications naturelles, même aux phénomènes qui ne semblent pas naturels du tout. Ils doivent aussi, dans le cas présent, écarter le recours trop facile au hasard, comme j'espère l'avoir clairement montré.

La voie vers la vie a dû être une *pente descendante* tout du long, confrontée tout au plus à quelques rares obstacles qui purent être franchis sur la lancée. On s'attendrait à ce que cette voie fût clairement tracée. Et pourtant, elle a jusqu'à présent, telle une piste savamment dissimulée dans la jungle, échappé à toutes les recherches, en dépit d'un travail expérimental constant et de trésors d'imagination théorique et spéculative. De nombreux adeptes de la chimie abiotique, encouragés par l'abondance des résultats positifs déjà obtenus, continuent à croire que de nouvelles tentatives faites pour recréer en laboratoire les premières réactions synthétiques finiront par être couronnées de succès. D'autres, cependant, impressionnés par le degré de complexité des nombreux assemblages moléculaires nécessaires pour faire fonctionner un monde de l'ARN, même rudimentaire, se montrent moins optimistes.

Bien sûr, une voie existe bel et bien, visible à tous. C'est celle qu'empruntent, aux quatre coins de la Terre, des trillions de trillions de cellules vivantes. Les cellules vertes des plantes et des arbres, ainsi que de nombreuses bactéries, le font même sans l'aide de la manne céleste qui a ensemencé la vie à ses débuts. Ces cellules construisent tous leurs constituants à partir de matériaux aussi simples que le gaz carbonique, l'eau, le nitrate, le sulfate et des traces d'autres sels minéraux. Ces voies forment le métabolisme. On les connaît dans le détail. Pourquoi chercher ailleurs quand la nature montre le chemin ?

Rien ne s'y oppose, sinon que le chemin de la nature semble si étrange et sinueux au regard d'un chimiste averti que l'on ne peut s'empêcher de penser qu'un chemin plus simple et plus direct a dû préexister. Mais les impressions peuvent être trompeuses. Si la vie a bien commencé par suivre des voies qui n'ont plus rien à voir avec celles du métabolisme actuel, pourquoi ces voies ont-elles été remplacées par d'autres ? Et comment l'ont-elles été ? Les biologistes ont une réponse toute prête à la première question. Ils supposent tout simplement que les nouvelles voies sont meilleures que les anciennes, et ils en appellent à la sélection naturelle, moteur universel de l'évolution et du progrès biologiques, pour expliquer ce changement.

On ne répond pas aussi facilement à la deuxième question. Il ne suffit pas d'imaginer un réseau tout neuf de voies se développant indépendamment de l'ancien et ne le remplaçant qu'une fois terminé. C'est ce que nous faisons, certes, quand nous superposons un nouveau réseau ferroviaire ou autoroutier à un autre plus ancien. Mais nous le faisons avec le genre de prescience et d'intentionnalité dont nous avons convenu que le processus biogénique était dépourvu. Le remplacement naturel des voies prébiotiques par les voies actuelles s'est forcément produit petit à petit, étape par étape. Il faut qu'existe une certaine *concordance* entre les anciennes voies et les nouvelles[21].

Pour bien comprendre ce point, imaginez une vieille carte routière qui remonterait au temps des voitures à chevaux. Elle consiste en un réseau de routes reliant les différents villages et villes du pays. Supposez maintenant qu'un généreux entrepreneur construise une meilleure route allant, disons, d'un site A à un site B. De toute évidence, son geste aura été vain si les sites A et B ne font pas partie de l'ancien réseau. Quelle serait en effet l'utilité d'une route reliant deux points perdus en plein bled ? Sur une carte (proto)métabolique, les villes et les villages sont des intermédiaires chimiques, et les routes les reliant, figurées par des flèches, représentent les transformations d'un ou de plusieurs intermédiaires en d'autres. Le plus souvent les flèches de liaison indiquent la présence d'un catalyseur, ou enzyme, responsable de la transformation. Sur cette carte, la nouvelle route construite par le généreux entrepreneur correspondrait à un nouvel enzyme – catalysant, disons, la conversion de l'intermédiaire A en l'intermédiaire B – issu par hasard du fonctionnement de la machinerie de synthèse protéique du monde de l'ARN. Cet enzyme, qui fait partie du nouveau réseau métabolique qui est en train de remplacer le réseau protométabolique, sera inutile et ne sera donc pas conservé par la sélection naturelle s'il ne s'intègre pas dans l'ancien réseau, c'est-à-dire si les intermédiaires A et B ne font pas partie de la carte protométabolique. Voilà l'essentiel de mon argumentation en faveur de la concordance. Tout cela deviendra plus clair quand nous aurons considéré le mécanisme de la sélection, que nous aborderons dans la deuxième partie de ce livre.

2

Les premiers catalyseurs de la vie

La voie secrète que nous devons essayer de découvrir mène des premiers composants essentiels de la vie jusqu'au cœur du monde de l'ARN. Nous savons qu'elle débouche sur des substances organiques complexes, faites d'atomes de carbone, d'azote, d'oxygène, d'hydrogène et de phosphore assemblés en des structures moléculaires dont les moindres détails nous sont connus. Notre tâche consiste à découvrir comment de telles structures se sont formées spontanément à partir des assemblages plus simples des mêmes atomes présents dans le monde prébiotique. Notre principal fil directeur sera la règle de concordance. Les cartes métaboliques décrites dans tous les manuels de biochimie sont des versions modernes des réseaux originels et devraient pouvoir nous aider dans notre tâche.

Ces cartes métaboliques sont tracées par les enzymes. Les milliers de réactions chimiques qui se produisent dans toutes les cellules vivantes sont presque toutes catalysées chacune par un enzyme. Sans enzymes, la plupart de ces réactions ne se produiraient pas. Des centaines de maladies génétiques mortelles ou responsables de graves handicaps, dues à la déficience d'un seul enzyme, sont là pour en attester. Il est donc fort peu probable que le protométabolisme ait pu fonctionner sans catalyseurs. Si ce n'étaient pas des protéines, en quoi consistaient-ils ?

Catalyse sans protéines

De même que le métabolisme ne peut pas fonctionner sans enzymes, le protométabolisme n'aurait pas pu fonctionner sans catalyseurs, quelles que soient les voies qu'il a suivies. Les traités définissent les catalyseurs comme des substances qui aident spécifiquement les molécules en réaction à se rencontrer et à interagir, mais qui elles-mêmes se retrouvent intactes à la fin de la réaction et peuvent donc servir successivement un nombre indéfini de fois. Pourquoi la vie naissante avait-elle besoin de catalyseurs ? Des réactions chimiques ne se produisent-elles pas tout le temps dans le monde physique sans leur aide ?

Il y a deux raisons à ce besoin : la rapidité et le rendement. Les réactions non catalysées sont le plus souvent très lentes. Dans le cadre de la Terre prébiotique, cela signifie que des produits de réactions importants auraient fort bien pu être détruits presque aussi rapidement qu'ils étaient formés, n'atteignant jamais une concentration suffisante pour pouvoir participer à une étape ultérieure. Sans catalyseurs pour accélérer les réactions, le protométabolisme aurait connu le triste sort des Danaïdes, ces cinquante sœurs condamnées à verser éternellement de l'eau dans un tonneau sans fond.

La faiblesse des rendements soulève un problème tout aussi épineux. Prenez le cas suivant : en 1960, le chimiste américain d'origine catalane Juan Oró découvrit que l'adénine, l'un des constituants de l'ARN, pouvait se former en une seule étape à partir de cyanure d'ammonium, composé qui existait probablement sur la Terre prébiotique[1]. Cette découverte remarquable, qu'une biomolécule d'importance capitale puisse se former dans des conditions aussi simples, fut saluée presque à l'égal de l'expérience historique de Miller et est citée dans les traités comme un paradigme de la puissance de la chimie abiotique. Et pourtant, le rendement maximum d'adénine dans cette réaction était de 0,5 %, ce qui signifie que 99,5 % des produits formés étaient autre chose. Autre exemple : la synthèse du ribose, autre composant de l'ARN, à partir de formaldéhyde. Il s'agit également d'un classique de la chimie prébiotique. Dans ce dernier cas, le rendement est inférieur à 0,1 %, et au moins quarante autres sucres sont présents dans le mélange[2].

Des rendements aussi bas en une substance donnée sont typiques de nombreuses réactions chimio-organiques quand elles ne sont pas soumises aux contraintes sévères que leur imposent les chimistes en laboratoire. Il se produit toujours des réactions secondaires, d'autant plus nombreuses que les contraintes sont plus lâches. Les problèmes de ce genre s'aggravent quand le processus nécessite plusieurs étapes successives. Imaginez une courte séquence de seulement trois étapes – de A à B, de B à C, de C à D – ayant chacune un rendement (élevé pour une réaction en milieu prébiotique) de 1 %. Par rapport à A, le rendement en B sera de 0,01, celui en C de 0,000 1, et celui en D de 0,000 001, soit un sur un million. Même dans les meilleures conditions, les chimistes doivent lutter contre cette forme d'évanescence. Souvent, ils purifient un intermédiaire important entre deux étapes et modifient les conditions à chacune d'elles pour améliorer le rendement. Les spécialistes de la chimie prébiotique sont bien conscients de ces difficultés et ont échafaudé un certain nombre de mécanismes plus ou moins plausibles par lesquels des intermédiaires importants auraient pu être concentrés de façon sélective à partir de la soupe prébiotique. Appliquons la règle de concordance et voyons comment la nature vient à bout du problème.

La solution de la nature réside dans la spécificité des enzymes. Les catalyseurs biologiques sont vraiment remarquables à cet égard. Ils sont de loin supérieurs aux meilleurs catalyseurs conçus par le génie humain ; c'est pourquoi la production à grande échelle et l'ingénierie d'enzymes à des fins industrielles sont devenues une branche importante de la biotechnologie moderne. La plupart des enzymes catalysent une réaction unique ou un groupe de réactions très proches qui ne pourraient guère se produire sans catalyseur.

Les enzymes sont des protéines, ou, exceptionnellement, des molécules d'ARN (ribozymes) ; ils ne pouvaient être présents dans un monde pré-ARN ne disposant pas encore de la machinerie de synthèse protéique dépendante d'ARN. Nous devons chercher ailleurs les catalyseurs du protométabolisme. Pour la plupart des chercheurs, ailleurs signifie le monde minéral, inorganique, puisqu'il est question d'une époque où le monde organique ne faisait que débuter. En biochimie contemporaine, de nombreux enzymes agissent avec l'aide d'une substance auxiliaire inorganique, le plus souvent un atome d'un métal tel que le fer, le cuivre, le calcium, le magnésium, le zinc, le molybdène, le cobalt ou le manganèse.

Une des difficultés que présentent les métaux est qu'ils ont souvent besoin d'une structure de soutien, généralement de nature protéique, pour interagir efficacement avec les molécules participant à la réaction qu'ils aident à catalyser. C'est pourquoi on s'est fort intéressé aux surfaces minérales susceptibles de fournir les structures nécessaires et peut-être aussi d'agir elles-mêmes comme catalyseurs. La faveur des chercheurs va aux particules d'argile, dont le physicochimiste britannique John Desmond Bernal, l'un des pionniers de l'étude des origines de la vie, se faisait déjà l'avocat il y a plus de cinquante ans[3]. Les argiles se rencontrent sous de nombreuses et diverses formes microcristallines, et certaines manifestent effectivement une activité catalytique. Ainsi a-t-on découvert que la montmorillonite, qui doit son nom à la ville française de Montmorillon, proche des carrières d'où on l'extrait, favorise l'assemblage de courtes chaînes de type ARN à partir de nucléotides préparés d'une façon appropriée[4]. À l'encontre des métaux, cependant, les argiles, qui sont des silicates d'aluminium, n'ont laissé dans la vie d'aujourd'hui aucune trace qui laisserait supposer qu'elles ont servi de catalyseurs dans le protométabolisme.

Gustaf Arrhenius, du Scripps Oceanographic Institute à La Jolla, Californie, a suggéré de son côté que ce qu'il appelle les « hydroxydes minéraux bistratifiés chargés positivement » auraient joué un rôle catalytique, en particulier dans la synthèse de molécules de sucres-phosphates[5].

Le chimiste allemand et conseiller en matière de brevets Günter Wächtershäuser a échafaudé un modèle élaboré, de loin le plus détaillé qui ait été proposé, de protométabolisme se développant sur la surface de cristaux de pyrite[6]. Appelée *« fool's gold »* en raison de son aspect doré, la pyrite est un minéral composé de fer et de soufre. Dans le modèle de Wächtershäuser, il doit son rôle catalytique au fait que des objets chargés électriquement s'attirent mutuellement s'ils portent des charges de signe opposé (et se repoussent s'ils portent des charges de même signe). La pyrite, qui est chargée positivement, offre une surface sur laquelle, selon l'auteur allemand, des molécules chargées négativement, liées par des attractions électrostatiques, pourraient être positionnées très près les unes des autres et amenées à réagir de façons diverses. Signalons que Wächtershäuser explique par son modèle l'importance du phosphate dans le métabolisme : le phosphate est chargé négativement et permet ainsi aux molécules auxquelles il est attaché de se lier à la surface de la pyrite.

Sur le plan chimique, le modèle de Wächtershäuer s'inspire largement du métabolisme actuel et respecte la règle de concordance. Mais certains des mécanismes qu'il invoque sont spéculatifs et demandent à être testés expérimentalement. En outre, mis à part cette propriété, très générale, de lier avec une force variable tout ce qui est chargé négativement, son catalyseur manque de spécificité. Le modèle fait une large part à l'autocatalyse. Un certain nombre de chercheurs ont vu dans ce concept une solution au problème de la catalyse prébiotique[7]. Il y a autocatalyse quand le produit d'une réaction chimique aide à catalyser la réaction : B catalyse la conversion de A en B. Une réaction qui commencerait lentement pourrait ainsi s'accélérer progressivement, au point de devenir parfois explosive. Non que la vie naissante ait jamais explosé, mais ce que l'on souligne c'est que des processus qui démarrent difficilement peuvent, une fois amorcés, s'entretenir par autocatalyse. C'est ainsi qu'un événement fortuit se transforme en quelque chose de durable.

L'ensemble des mécanismes que l'on vient d'évoquer ont très bien pu jouer un rôle dans le protométabolisme. Mais y seraient-ils parvenus sans l'aide de protéines ? Plusieurs chercheurs ont exprimé de sérieux doutes à ce sujet et ont insisté sur la participation précoce de certains catalyseurs protéiques, au risque de contrevenir au Dogme Central[8]. Beaucoup d'arguments militent en faveur de cette thèse, surtout si l'on substitue au terme « protéine » celui de « peptide », défini comme un assemblage quelconque d'acides aminés, et non pas comme un type spécifique d'assemblage formé à partir de vingt variétés d'acides aminés par une machinerie dépendante d'ARN.

L'existence vraisemblable de peptides prébiotiques

Les acides aminés, composants essentiels dans la synthèse des peptides, furent probablement parmi les premières substances organiques du monde prébiotique. Plus de douze espèces s'en étaient formées en grande quantité dans le ballon de Miller, et on a extrait ces mêmes espèces des météorites. Aujourd'hui, certains d'entre eux se trouvent dans les protéines, d'autres non. Quoi qu'il en soit, ils présentent tous les caractéristiques essentielles qui leur permettent de s'assembler pour former des peptides : le groupe carboxyle (–COOH), responsable de leur nature acide, et le groupe amine ($-NH_2$), dérivé de l'ammoniac. Dans les peptides et les protéines, ces deux groupes se joignent pour former une liaison peptidique (–CO–NH–), en libérant une molécule d'eau.

Les acides aminés primitifs ont-ils pu s'assembler pour former des peptides dans les conditions prébiotiques ? Une manière apparemment simple de répondre affirmativement à cette question fut proposée en 1958 par le biochimiste américain Sidney Fox, qui travailla longtemps à l'Université de Floride et se trouve aujourd'hui à l'Université de l'Alabama du Sud[9]. Il suffit, selon sa recette, de chauffer un mélange sec d'acides aminés pendant trois heures à 170 °C. De l'eau se dégage et l'on obtient une matière solide ressemblant à du plastique, qui, une fois moulue et mélangée à de l'eau, libère jusqu'à concurrence de 15 % de son poids sous forme d'un produit soluble dans l'eau, fait de l'association d'en moyenne une cinquantaine d'acides aminés. À ce produit, Fox donna le nom de « protéinoïdes », choix judicieux puisque les protéinoïdes sont loin de présenter la structure en chaîne régulière des peptides.

Pour Fox, cette trouvaille ouvrit un champ de recherche qui occupa toute sa carrière. Il découvrit que les protéinoïdes forment spontanément des vésicules microscopiques, ou « microsphères », qu'il considéra comme les premières cellules, et il consacra toute sa carrière à développer les recherches dans cette direction. Peu de spécialistes des origines de la vie, néanmoins, partagèrent son enthousiasme. Certains ont objecté, par exemple, que les conditions nécessaires à la formation des protéinoïdes n'étaient probablement pas réunies sur la Terre prébiotique, que le produit obtenu est plus proche du cambouis primitif que des protéines, et que les microsphères sont bien loin de ressembler à ce qu'on appelle cellule. Je tends à partager ces réserves, mais retiens deux des découvertes de Fox qui pourraient se révéler importantes : 1) comme les enzymes, les protéinoïdes possèdent des propriétés catalytiques, quoique faibles ; 2) leur composition en acides aminés est spécifique et reproductible en dépit des conditions désordonnées de leur formation. Cela signifie que les liaisons entre les acides aminés ne se sont pas formées complètement au hasard, mais que certaines associations ont été favorisées et d'autres exclues.

Une façon plus orthodoxe d'obtenir des peptides fut trouvée en 1951, avant même les découvertes de Fox, par le chimiste allemand Theodor Wieland[10]. À l'époque, les biochimistes venaient de découvrir la liaison thioester, qui se révéla jouer un rôle capital dans tous les organismes vivants actuels, et probablement aussi dans l'origine de la vie. Cette situation exceptionnelle justifie une petite incursion en biochimie.

Introduction aux thioesters

Un ester se forme par l'association d'un groupe hydroxyle (-OH), caractéristique des alcools, et d'un groupe carboxyle (-COOH), caractéristique des acides organiques. Au cours de ce processus, une molécule d'eau est éliminée, et les deux composants sont joints par ce que l'on appelle une liaison ester (-O-CO-). Un thioester se forme de la même façon, par l'association d'un thiol et d'un acide, avec élimination d'eau. Les thiols (du grec *theion*, soufre) sont équivalents à des alcools dont l'atome d'oxygène serait remplacé par un atome de soufre. Ils sont donc caractérisés par le groupe -SH. Les liaisons thioester ont la structure -S-CO-.

Wieland s'intéressa aux thioesters alors qu'il était un étudiant de Feodor Lynen, à qui l'on doit la découverte du premier thioester naturel connu, un composé d'acide acétique et d'un thiol appelé coenzyme A dans le jargon biochimique[11]. Le coenzyme A, molécule d'une extrême importance, avait été découvert en 1947 par le biochimiste américain d'origine allemande Fritz Lipmann, le père de la bioénergétique qui, en 1953, reçut le prix Nobel de médecine pour cette trouvaille. Lynen, qui se vit attribuer le même prix en 1964, découvrit que les thioesters sont des intermédiaires naturels dans le processus de synthèse d'esters à partir d'acides et d'alcools.

Le problème principal que soulève la formation d'un ester à partir d'un alcool et d'un acide est la nécessité d'extraire une molécule d'eau. Une telle réaction, l'établissement d'une liaison avec élimination d'eau, est appelée condensation. Or, les réactions de condensation ne se produisent pas spontanément en milieu aqueux en raison précisément de l'abondance d'eau. La direction spontanée de la réaction, qui ne coûte pas du tout d'énergie mais au contraire en libère, est l'inverse de la condensation, autrement dit l'hydrolyse, la scission de la liaison par l'eau. Ainsi, en présence d'un enzyme adéquat, des esters sont hydrolysés en alcools et en acides. Le processus inverse, la condensation d'alcools et d'acides en esters, nécessite de l'énergie puisque la molécule d'eau doit être extraite de force. Les chimistes y parviennent en recourant à des réactifs spéciaux, appelés agents condensants. La nature, de son côté, procède différemment. Elle commence – dépensant de l'énergie dans le processus – par condenser l'acide avec un thiol (coenzyme A) pour obtenir un thioester. C'est dans cette étape que l'eau est extraite avec dépense d'énergie. En un deuxième temps, l'acide est transféré du coenzyme A à l'alcool, et le coenzyme A se trouve ainsi libéré et donc disponible pour participer à une nouvelle opération. Les réactions de transfert de groupe de ce type jouent un rôle primordial au cours des innombrables réactions de condensation qui sous-tendent la biosynthèse de toutes les molécules biologiques complexes, non seulement les thioesters mais aussi les protéines, les acides nucléiques, les hydrates de carbone, les corps gras, et beaucoup d'autres[12].

Revenons à Wieland. Témoin privilégié de la découverte du processus biologique de formation d'esters par transfert de groupe à partir d'un thioester, il décida de vérifier si les choses pouvaient se passer de la même façon avec les peptides, produits eux aussi au travers de réactions de condensation, mais entre acides aminés cette fois. Wieland synthétisa donc des thioesters d'acides aminés et se contenta de les dissoudre simplement dans l'eau. Chose étonnante, l'expérience réussit ! Des peptides se formèrent, même en l'absence de catalyseur[13].

Sa découverte a subi un amusant détour historique. Quand, à la fin des années cinquante et au début des années soixante, la science parvint à démêler les mécanismes de la synthèse protéique, les résultats de Wieland parurent n'avoir plus aucun intérêt. Car, s'il fut alors établi que les protéines se forment bien par transfert de groupe, il apparut aussi que cette formation s'opère à partir d'esters (d'acides aminés et de molécules d'ARN), et non de thioesters. Wieland eut sa revanche quelques années plus tard, quand Lipmann fit la saisissante découverte que certains peptides bactériens, tels que la gramicidine S, un antibiotique, sont synthétisés dans la nature à partir de thioesters[14]. Le thiol impliqué dans le processus était la pantéthéine, qui est elle-même la partie opérante du coenzyme A, le thiol central découvert par Lipmann vingt ans auparavant. Ainsi tourne la roue mystérieuse de la science.

En discutant de sa découverte, Lipmann suggéra que le mécanisme de formation de peptides à partir de thioesters avait pu précéder, dans l'évolution de la vie, le mécanisme de synthèse protéique dépendant d'ARN. J'ai moi-même adopté cette proposition et l'ai transposée aux premières étapes du processus biogénique. Pour des raisons que j'expliquerai plus loin en détail, je pense que les thioesters ont joué un rôle prépondérant dans l'évolution de la vie. Cette hypothèse concorde avec deux caractéristiques essentielles de la voie que l'on essaie de mettre au jour : 1) la concordance : les thioesters sont extrêmement importants dans le métabolisme d'aujourd'hui ; 2) le cadre physico-chimique du berceau de la vie : le groupe thiol est dérivé de l'hydrogène sulfuré (H_2S), gaz nauséabond mais vital dans lequel baignait la Terre prébiotique.

Ma suggestion est que les thiols étaient au nombre des premières molécules organiques qui ont ensemencé la vie sur la Terre prébiotique. Étant donné la nature du milieu primitif, cette hypothèse semble tout à fait plausible, mais elle a longtemps attendu une vérification expérimentale car les spécialistes de la chimie abiotique, pour des raisons qui leur étaient propres, tendaient à négliger la chimie du soufre. Mais cette lacune a été comblée. Une récente contribution du laboratoire de Miller a permis d'établir un mécanisme plausible pour la synthèse prébiotique de deux thiols naturels[15]. L'un est le coenzyme M, cofacteur métabolique de bactéries très anciennes et productrices de méthane, appelées méthanogènes. L'autre est la cystéamine, constituant de la pantéthéine, dont on a vu qu'elle est le composant clé du coenzyme A et le cofacteur naturel impliqué dans la synthèse de peptides bactériens. L'équipe de Miller est en fait parvenue à obtenir la totalité de la molécule de pantéthéine dans des conditions prébiotiques plausibles.

J'ai fait une autre suggestion, plus contestable : les conditions sur la Terre prébiotique auraient favorisé la formation de thioesters à partir des thiols primitifs et des acides aminés et autres, qui étaient probablement présents, eux aussi, en grande quantité. Cette hypothèse est plus discutable parce qu'elle suppose une réaction spontanée de condensation, et que celle-ci nécessite de l'énergie. Je reviendrai sur ce point au chapitre suivant, en étudiant les sources d'énergie du protométabolisme. Pour le moment, considérons-la comme une hypothèse de travail.

Multimères catalytiques à la rescousse

Si l'on admet la présence de thioesters d'acides aminés, on sait, d'après les résultats de Wieland, que des peptides sont susceptibles de s'assembler spontanément à partir de ces matériaux, même en l'absence d'un catalyseur. Outre des liaisons peptidiques, ces assemblages ont pu également comporter des liaisons ester, puisque, selon les résultats de Miller, des hydroxyacides (avec un groupe alcool) abondaient probablement aussi dans la « soupe originelle ». C'est pourquoi, plutôt que d'appeler les molécules obtenues peptides, assemblages exclusivement formés d'acides aminés, j'ai choisi de les appeler « multimères[16] ».

Pourquoi cette monstruosité linguistique – qui combine le latin *multus*, nombreux, et le grec *meros*, partie – et non pas *polymère*, plus orthodoxe (du grec *polys*, nombreux), ou *oli-*

gomère (du grec *oligos*, quelques) ? Parce que *polymère* fait trop long, et *oligomère* trop court, du moins comme je le vois, et que ces deux termes évoquent la régularité et l'homogénéité, ce que précisément je voudrais éviter. Les multimères de mon modèle forment un mélange hétérogène de molécules, dont le nombre d'unités moléculaires constituantes se situe quelque part entre « quelques » et « beaucoup ».

Ma dernière suggestion, que beaucoup considéreront peut-être comme la plus discutable, est que des catalyseurs accomplissant, même de façon rudimentaire, les principales activités effectuées par les enzymes dans le métabolisme actuel étaient déjà présents dans le mélange de multimères et furent les catalyseurs principaux, ou protoenzymes, du protométabolisme. Je n'ai pas de preuve à fournir à l'appui de cette suggestion, mais uniquement des présomptions.

Selon mon hypothèse, les multimères se formèrent au hasard des interactions entre les thioesters présents, quelle que fût la nature de ces derniers. Cela ne signifie pas que le mélange ait été tout à fait aléatoire, au sens où il aurait contenu toutes sortes d'associations complètement désordonnées, formées sans règle ou possibilité d'être reproduites. Au contraire, on peut supposer que tant que les conditions restèrent les mêmes, le mélange conserva une composition constante et reproductible, correspondant à un minuscule sous-ensemble de toutes les associations susceptibles de se former à partir des composants disponibles. Un grand nombre des associations possibles faisaient défaut dans ce mélange, soit qu'elles se fussent formées trop lentement ou pas du tout, soit qu'elles fussent détruites trop rapidement. La solubilité dans l'eau a sans doute été un facteur de sélection supplémentaire, bien que l'on puisse concevoir que certaines molécules aient eu des activités catalytiques sous forme insoluble. Il est possible, en outre, que les molécules douées de propriétés catalytiques aient été protégées de la dégradation par les molécules sur lesquelles elles agissaient, comme le sont aujourd'hui beaucoup d'enzymes par leurs substrats. Seules les molécules qui réussissaient à franchir ces différents filtres ont pu contribuer de façon significative au produit obtenu. En raison de la nature strictement physicochimique des facteurs conditionnant le filtrage, la composition du mélange n'a pas dû varier tant que les conditions restèrent les mêmes. Ce point est important. Il permet de conclure que cette séquence du processus biogénique était reproductible et déterministe (même si elle dépendait d'interactions fortuites).

Que ce mélange reproductible ait comporté les protoenzymes nécessaires au protométabolisme n'est certes qu'une hypothèse, mais on peut lui accorder une certaine plausibilité pour les raisons suivantes. D'abord, on sait que certains des protéinoïdes de Fox – et même des acides aminés isolés ou des mélanges d'acides aminés[17] – peuvent exercer des activités catalytiques rudimentaires. La même chose doit être vraie des multimères dont je postule l'existence. Ensuite, les configurations moléculaires propres à conférer la stabilité, telles qu'une taille moléculaire assez grande et une conformation compacte ou cyclique, sont aussi celles qu'un spécialiste des protéines considérerait sans doute comme nécessaires à une activité catalytique. En troisième lieu, comme je l'expliquerai au chapitre 7, les enzymes d'aujourd'hui ont dû faire leur apparition sous forme de peptides relativement courts, n'excédant probablement pas vingt ou trente acides aminés, peut-être beaucoup moins. Cela rend plus plausible la présence de molécules catalytiques dans le mélange de multimères. Enfin, il y a la règle de concordance. Nous sommes à la recherche d'activités qui, dans les organismes vivants actuels, sont accomplies par des molécules protéiques et non par des argiles ou autres surfaces minérales. Faute d'authentiques peptides du type protéines, dont la formation et la reproduction fidèle dans les conditions prébiotiques sont très improbables, les multimères de mon mélange hypothétique apparaissent comme les molécules les mieux qualifiées après eux pour construire le genre de structures tridimensionnelles qui conditionnent la catalyse enzymatique. Il ne s'agit nullement pour moi d'exclure du protométabolisme la participation de métaux et autres cofacteurs. Au contraire. Il est fascinant à cet égard qu'une molécule comme la pantéthéine ait pu théoriquement être présente dans le mélange de multimères.

3

Le combustible de la vie naissante

Le protométabolisme n'a pas pu se développer en l'absence d'une source d'énergie et de moyens d'exploiter celle-ci de façon productive. Le processus de complexification générateur de vie s'oppose au sens spontané des événements. Pour inverser ce sens et permettre à ce processus de se produire spontanément, un apport suffisant d'énergie était essentiel. La Terre prébiotique comptait de nombreuses sources d'énergie, sous forme de lumière solaire, de rayons UV, de décharges électriques, d'ondes de choc, de chaleur et de bouleversements chimiques de toutes sortes. Laquelle de ces sources d'énergie la vie naissante a-t-elle exploitée ? Et, en particulier, comment l'énergie brute fournie dans le cadre prébiotique fut-elle convertie en phénomènes producteurs de vie ?

Le problème des membranes primitives

Si, conformément à la règle de concordance, on cherche dans la vie d'aujourd'hui des indications susceptibles d'éclairer ces questions, on se trouve immédiatement confronté à un problème. Les plus importants générateurs d'énergie pour les organismes vivants dépendent aujourd'hui de l'action de substances extrêmement complexes, organisées dans le tissu d'une structure compliquée en forme de fine pellicule, appelée membrane. Ces arrangements ont-ils pu apparaître suffisamment tôt pour couvrir les besoins d'énergie de la vie naissante ?

Plusieurs auteurs le pensent. Dans un ouvrage consacré à la bioénergétique, Franklin Harold, biochimiste à l'université du Colorado, n'hésite pas à introduire un chapitre important par ces mots : « Au début était la membrane[1]. » Clair Folsome, de l'université de Hawaii, a suggéré que des vésicules membraneuses primitives ont pu se former à partir d'une « écume » huileuse (ce que j'ai appelé cambouis au chapitre 1), probablement très abondante dans le monde prébiotique, et que ces vésicules ont pu se transformer pour devenir des « protobiontes » photochimiques en association avec certaines molécules captant la lumière[2]. Sans qu'on puisse totalement les écarter, cette hypothèse et d'autres qui lui sont proches me paraissent incompatibles avec la nature nécessairement rudimentaire des premiers systèmes fournisseurs d'énergie. Même si l'on admet l'existence d'un capteur de lumière fixé à une membrane, il reste encore à expliquer comment l'énergie ainsi piégée peut être utilisée par un processus chimique efficace plutôt que convertie en chaleur inutile.

La vie naissante a-t-elle pu se passer de membrane ? C'est la question que je poserai dans ce chapitre. Comme on le verra, il y a de bonnes raisons de penser que c'est bien ce qu'elle a fait, et, si on lui pose les bonnes questions, elle révèle même comment elle s'y est prise. En guise d'introduction au sujet, j'évoquerai ce qui a peut-être été le premier obstacle énergétique que la vie a eu à surmonter.

Le problème de l'hydrogène manquant

L'expérience courante permet de définir le problème d'une manière très simple. Prenons par exemple un bol de feuilles d'épinards et faisons-les sécher de façon à en éliminer toute l'eau, mais aucun autre composant volatil. Comme tous les cuisiniers le savent, il n'en restera pas grand-chose puisque les épinards « c'est surtout de l'eau ». C'est pourtant ce résidu qui donnait à Popeye sa force extraordinaire. Si nous confions maintenant ce résidu à un chimiste pour qu'il en analyse les éléments constitutifs, il nous dira qu'on y trouve essentiellement du carbone, de l'oxygène, de l'azote et de l'hydrogène, dans les proportions (approximatives) suivantes : 60 atomes de carbone, 40 d'oxygène et 2 d'azote, pour 100 d'hydrogène. Considérons maintenant la nature des « aliments » à partir desquels la plante élabore ses constituants. Le carbone provient du gaz carbonique (CO_2) de l'atmosphère, l'azote du nitrate (NO_3^-) du sol, l'hydrogène de l'eau (H_2O). Si maintenant nous essayons de fabriquer des épinards secs à partir de ces composants essentiels, nous constaterons un excédent d'oxygène considérable : 120 atomes (60 × 2) apportés par le gaz carbonique, 6 (2 × 3) par le nitrate, et 50 par l'eau ; soit un total de 176 atomes d'oxygène, c'est-à-dire un excédent de 136 atomes par rapport aux 40 nécessaires. On peut aussi chiffrer cet excédent d'oxygène en termes de l'hydrogène nécessaire pour le transformer en eau, autrement dit, dans l'exemple considéré, 272 atomes d'hydrogène, soit 2 pour chaque atome d'oxygène excédentaire. En conclusion, de nos jours, la vie autotrophe (qui se construit elle-même) a besoin d'une source d'hydrogène. Qu'en était-il de la vie à ses débuts ?

Si l'atmosphère avait été telle que l'imaginait Urey, il n'y aurait aucun problème. Si, en effet, le carbone provient du méthane (CH_4), l'azote de l'ammoniac (NH_3) et l'oxygène de l'eau, on se trouve déjà en présence d'un excédent d'hydrogène important (326 atomes contre les 100 nécessaires), sans compter l'hydrogène moléculaire qu'Urey ajouta pour faire bonne mesure. Mais si la source du carbone est le gaz carbonique, il y a problème, comme Miller l'a lui-même montré par l'expérience. Même si Urey devait finalement avoir raison, le moment critique n'en serait que retardé. Tôt ou tard – probablement plus tôt que tard – l'hydrogène est venu à manquer. Où a-t-il été trouvé ?

Un limier naïf, chargé de l'affaire de l'hydrogène manquant, pourrait bien répondre : « Où est le problème ? Il se trouvait dans les océans bien plus d'hydrogène qu'on n'en pouvait utiliser. » Cela est parfaitement vrai, à cette réserve près que l'hydrogène des océans n'était pas à prendre. Notre limier aurait oublié la règle d'or selon laquelle « on ne peut pas avoir le beurre et l'argent du beurre », ce qui dans le monde chimique, dans tout l'univers en fait, se traduit par : « c'est l'un ou l'autre, on ne peut pas avoir les deux ». On ne peut pas à la fois prendre l'hydrogène de l'eau et l'utiliser ensuite pour convertir l'oxygène en eau. Si on pouvait le faire, on aurait inventé le mouvement perpétuel, rêve que des générations d'illuminés ont poursuivi, toujours en vain, parce qu'il est incompatible avec l'une des lois les plus absolues de la nature : pour chaque phénomène naturel, il y a un sens autorisé et un sens interdit. Les pommes tombent de l'arbre ; elles ne sautent pas en l'air pour s'accrocher aux branches. Les morceaux de sucre se dissolvent dans le café ; ils ne se forment pas d'eux-mêmes dans une tasse de café sucré. L'hydrogène se combine avec l'oxygène pour former de l'eau ; l'eau ne se décompose pas spontanément en un mélange d'oxygène et d'hydrogène. Tous les chemins de la nature sont des voies *à sens unique*. On peut les emprunter à contresens, bien sûr, mais il faut pour cela fournir du travail : soulever la pomme, extraire le sucre, arracher l'hydrogène aux molécules d'eau, au moyen d'électricité par exemple.

Ainsi va la nature. Ce type de fonctionnement, absolument fondamental, s'exprime dans ce que les scientifiques appellent le second principe de la thermodynamique, souvent dénommé simplement second principe : *si ça ne se fait pas tout seul, c'est que l'on va dans le sens interdit.* À l'inverse, dans le sens autorisé, le phénomène, exploité comme il faut, peut travailler pour nous ; mais nous n'obtiendrons jamais de lui autant de travail qu'il nous en faudrait effectuer nous-mêmes pour inverser le processus. À l'aide d'une corde et d'une poulie, on peut mettre à profit la chute d'une pomme pour soulever une autre pomme, mais seulement si celle-ci est plus légère que celle-là. Une image illustre particulièrement bien ces deux directions : la pente descendante pour ce qui est autorisé, la pente ascendante pour ce qui est défendu. L'horizontalité parfaite signifie qu'aucun travail n'est réalisé, ni dans une direction ni dans l'autre. C'est l'état d'équilibre parfait.

Revenons maintenant au problème de l'hydrogène manquant, et voyons comment les organismes actuels le résolvent. Où les épinards vont-ils prendre l'hydrogène supplémentaire dont ils ont besoin pour leur croissance ? La réponse est : à l'endroit même désigné par notre limier, dans l'eau. Mais, comme l'exige le second principe, les épinards doivent fournir pour cela un travail. Plus exactement, ils font travailler le soleil. C'est exactement ce que fait la chlorophylle, la matière verte des plantes. Elle utilise l'énergie solaire pour arracher l'hydrogène à l'eau et l'amener à un niveau d'énergie suffisamment élevé pour qu'il puisse, à son tour, arracher l'oxygène au gaz carbonique et au nitrate, puis y prendre sa place, faisant tout cela spontanément, c'est-à-dire en suivant une pente descendante. Ce concept de niveau d'énergie est d'une extrême importance. On peut facilement le représenter par une image empruntée à la pesanteur, bien qu'il s'agisse, bien sûr, d'énergie chimique. Plus le niveau d'où un poids tombe sur le sol est élevé, plus la quantité de travail réalisée par sa chute est grande. En chimie, on ne parle pas de hauteur mais de pression, de concentration, de potentiel et autres concepts du même type. On évitera ces complications en adoptant la notion de niveau d'énergie, moins rigoureuse mais plus facile à saisir.

La chlorophylle est une molécule très complexe, qui doit en outre être associée à d'autres molécules insérées dans une membrane pour pouvoir faire son travail. Il n'est guère probable qu'un tel système ait pu surgir spontanément au début des temps prébiotiques. Il faut donc chercher ailleurs l'origine de l'hydrogène. Commençons par examiner de plus près l'atome d'hydrogène.

Celui-ci est le plus petit de tous les atomes. Il se compose d'une seule particule chargée positivement, ou proton, qui forme le noyau de l'atome et supporte la plus grande partie de sa masse, et d'un seul électron périphérique, particule chargée négativement, dont la masse est inférieure à un millième de celle du proton. Dans la représentation simplifiée de l'atome connue sous le nom du grand physicien danois Niels Bohr, l'électron gravite autour du noyau comme une planète autour du Soleil. La mécanique quantique en fournit une représentation plus précise mais moins suggestive. Le modèle de Bohr suffira ici.

À l'état naturel, l'eau renferme des protons libres, mais en faible proportion. Ils résultent de la dissociation spontanée de la molécule d'eau en ions hydrogène positifs, H^+, qui ne sont autres que des protons, et en ions hydroxyle négatifs, OH^-. Dans l'eau pure, seule une molécule d'eau sur dix millions est ainsi dissociée (ce qui signifie qu'il y a tout de même plus d'un million de milliards de protons et d'ions hydroxyle dans une cuillerée à café d'eau). Le nombre de protons libres dans l'eau augmente (et celui des ions hydroxyle diminue) en milieu plus acide (moins alcalin), et inversement. Par définition, les acides sont des substances qui libèrent des protons en solution aqueuse ; les alcalis, ou bases, en fixent.

Cette petite incursion en chimie physique était nécessaire pour clarifier un point d'une extrême importante : *il est possible d'obtenir des atomes d'hydrogène à partir de l'eau en fournissant des électrons.* Ceux-ci peuvent se combiner avec des protons produits par la dissociation des molécules d'eau pour former des atomes d'hydrogène. Mais n'oublions pas le second principe. Si l'on veut que l'hydrogène fasse ultérieurement le travail requis – arracher l'oxygène au gaz carbonique et au nitrate – il faut qu'il accède à un niveau d'énergie suffisamment élevé pour pouvoir ensuite suivre une pente descendante. Il est pour cela nécessaire que les électrons soient eux-mêmes fournis à un niveau d'énergie suffisamment élevé pour hausser les atomes d'hydrogène qu'ils forment en se combinant avec les protons au niveau d'énergie requis pour arracher l'oxygène au gaz carbonique et au nitrate.

En conclusion, en présence d'eau pour fournir ou absorber des protons, les atomes d'hydrogène libres et les électrons sont interchangeables. Dans le jargon biochimique, la participation de protons étant sous-entendue, on parle simplement d'électrons. Par définition, on appelle réduction le gain d'électrons (ou d'hydrogène) réalisé par une substance, et oxydation la perte d'électrons (ou d'hydrogène). Ces deux types de réaction sont nécessairement liés. Pour qu'une substance soit réduite, il faut qu'une autre soit oxydée pour fournir les électrons (ou atomes d'hydrogène) absorbés par la réaction. Ainsi, on a toujours affaire à des réactions de type oxydation-réduction, ou, comme on le dit plus couramment aujourd'hui, des réactions de transfert d'électrons. On doit garder présente à l'esprit la notion de niveau d'énergie. Par définition, quand des électrons sont transférés, le donneur d'électrons est la substance dans laquelle les électrons transférables occupent un niveau d'énergie supérieur, et l'accepteur d'électrons est la substance dans laquelle, après réduction, les électrons occupent un niveau d'énergie moins élevé. Les électrons se déplacent du donneur vers l'accepteur en direction descendante, comme cela se passe pour n'importe quel phénomène naturel.

Forts de ces précisions, nous pouvons maintenant chercher dans le milieu prébiotique une source d'électrons susceptible d'alimenter les réactions nécessaires, que nous appellerons désormais réductions biosynthétiques. Plusieurs solutions à ce problème ont été proposées. Je n'en citerai que deux, qui, l'une comme l'autre, font intervenir le fer. Le premier mécanisme utilise l'énergie solaire pour enlever l'hydrogène à l'eau, comme le fait le système des plantes, mais avec cet immense avantage qu'il n'a pas besoin d'un catalyseur complexe pour fonctionner. La réaction se produit en simple solution aqueuse, la seule condition requise étant la présence d'atomes de fer sous la forme d'ions ferreux (Fe^{2+}), qui portent deux charges positives[3]. (Les ions sont des atomes ou des molécules chargés électriquement.) On a vu que ce matériau abondait dans les océans prébiotiques. La source d'énergie est la lumière ultraviolette plutôt que la lumière visible, mais cela ne pose pas de problème puisque la Terre prébiotique était exposée à une intense radiation ultraviolette. Quand un ion ferreux est excité par un photon de lumière ultraviolette, il cède un électron et prend la forme ferrique (Fe^{3+}), qui porte trois charges positives. L'électron se combine avec un proton pour former un atome d'hydrogène. Au cours de ce processus, les électrons sont transférés du fer ferreux (le donneur) aux protons (l'accepteur). Dans la réaction inverse, l'hydrogène serait le donneur et le fer ferrique l'accepteur. C'est là la direction spontanée – descendante – du transfert en l'absence de lumière ultraviolette. Grâce à l'énergie fournie par celle-ci, la direction spontanée de la réaction est inversée, et les électrons libérés par le fer ferreux sont amenés à un niveau d'énergie suffisamment élevé pour pouvoir servir aux réductions prébiotiques.

Les dépôts d'un minerai appelé magnétite sont peut-être le signe que ce type de réactions a effectivement eu lieu. La magnétite est un oxyde mixte de fer ferreux et de fer ferrique que l'on trouve dans des couches géologiques riches en fer, appelées formations de fer stratifiées[4] en raison de leur aspect rayé. L'âge des formations de fer stratifiées s'étend de 1,5 à plus de 3,5 milliards d'années. On admet généralement que ces formations proviennent de l'interaction du fer ferreux et de l'oxygène produit par des bactéries utilisatrices de lumière, mais rien n'exclut que la réaction alimentée par la lumière ultraviolette qui vient d'être décrite ait pu contribuer à leur création.

Une autre source possible d'électrons est l'hydrogène sulfuré, composant typique du milieu prébiotique. Wächtershäuser a émis l'hypothèse d'une réaction au cours de laquelle, en présence de fer ferreux, deux ions hydrosulfure (SH^-) – qui se forment à partir d'hydrogène sulfuré en solution aqueuse – seraient convertis en un ion disulfure (S_2^{2-}), libérant ainsi de l'hydrogène moléculaire. Dans ce cas, le fer ne cède pas d'électron : il déplace l'équilibre de la réaction en se combinant avec le disulfure obtenu pour former le disulfure ferreux (FeS_2), particulièrement insoluble, retirant ainsi de la solution le produit de la réaction et permettant qu'il s'en forme d'autre. La validité de ce modèle a été vérifiée expérimentalement[5]. Le disulfure ferreux est le constituant de la pyrite, ce minerai censé fournir une surface catalytique dans le modèle protométabolique de Wächtershäuser dont il a été question au chapitre précédent.

On dispose ainsi de deux modèles susceptibles d'expliquer théoriquement le problème de l'hydrogène manquant. Ces deux systèmes ne s'excluent pas l'un l'autre. Les deux réactions ont pu se produire côte à côte ou dans des environnements différents. Par nécessité, la réaction alimentée par les UV n'a pu se produire que dans des eaux de surface, tandis que le processus générateur de pyrite a pu se produire dans les profondeurs sombres des océans.

En conclusion, quelle que fût la composition exacte de l'atmosphère prébiotique, on peut considérer comme probable que la jeune Terre, abondamment fournie en fer ferreux, enveloppée de fumées d'hydrogène sulfuré et exposée à une intense radiation ultraviolette, transpirait l'hydrogène par tous les pores, tandis que des combinaisons de fer destinées à devenir un jour magnétite et pyrite minérales étaient déposées au fond des mers. Ainsi, des électrons furent bien disponibles à un niveau d'énergie suffisamment élevé pour alimenter les réductions biosynthétiques initiales.

Il est intéressant de noter que le fer et le soufre sont tous deux des constituants clés de certains catalyseurs qui participent aujourd'hui aux réactions de transfert d'électrons dans les organismes vivants. Les plus anciens de ces catalyseurs pourraient bien être des protéines appelées protéines fer-soufre[6], dans lesquelles le centre catalytique est un atome de fer oscillant entre l'état ferreux et l'état ferrique, et environné de groupes sulfure. C'est un indice qui ne trompe pas.

Le problème de l'excédent d'eau

Un bon apport d'électrons ne règle qu'une moitié du problème de l'énergie prébiotique. L'autre moitié concerne l'union de molécules en milieu aqueux. Nous avons déjà rencontré des réactions de ce type : formation d'esters à partir d'alcools et d'acides, de thioesters à partir de thiols et d'acides, de peptides à partir d'acides aminés, de nucléotides à partir de phosphate, de ribose et d'une base, et d'ARN à partir de nucléotides. Beaucoup d'autres réactions de condensation de ce genre se produisent dans les organismes vivants. Toutes ont en commun de s'accompagner d'une libération d'eau. En solution aqueuse, c'est la direction interdite, comme on l'a expliqué au chapitre 2.

La réponse universelle que la nature apporte au problème est l'ATP. Presque aussi célèbre que l'ADN, ce sigle signifie *a*dénosine *tri**p*hosphate. L'adénosine est la combinaison d'une base purique, l'adénine, et du ribose. Associée à une molécule de phosphate, l'adénosine forme l'adénosine monophosphate (AMP), l'un des quatre nucléotides qui servent à fabriquer l'ARN. Avec une deuxième molécule de phosphate attachée au phosphate de l'AMP, on obtient l'adénosine diphosphate (ADP), qui donne lui-même naissance à l'ATP par l'attachement d'une troisième molécule de phosphate à son groupement phosphate terminal.

Les deux liaisons joignant les trois molécules de phosphate de l'ATP sont appelées liaisons pyrophosphate, du nom du pyrophosphate inorganique (PP_i), combinaison de deux phosphates qui se produit quand on chauffe le phosphate inorganique (P_i) à haute température (*pyr* signifie feu en grec). La formation des liaisons pyrophosphate est une réaction de condensation typique. Elle s'accompagne de la libération d'une molécule d'eau. Dans la réaction inverse, les liaisons sont scindées à l'aide d'eau, par hydrolyse. Comme c'est toujours le cas en milieu aqueux pour ce type de liaisons, l'hydrolyse suit la pente descendante spontanée, la condensation la pente ascendante.

L'ATP est l'agent condensant, c'est-à-dire l'extracteur chimique d'eau universel des systèmes vivants. Son hydrolyse, soit en ADP et P_i, soit en AMP et PP_i, sert à extraire l'eau qu'il faut enlever pour obtenir la condensation souhaitée. Cette opération est obtenue par un mécanisme appelé transfert séquentiel de groupe, qui fait que la molécule d'eau impliquée est transférée directement des deux molécules qui la génèrent à la molécule (ATP) qui la consomme pour son hydrolyse. Jamais l'eau ainsi transférée n'apparaît sous forme libre ni ne se mêle à l'eau ambiante. Dans ce type de transfert, la molécule d'eau suit la direction offrant le moins de résistance (pente descendante). S'il faut moins d'énergie pour établir une liaison entre X et Y qu'entre l'ADP et le P_i ou entre l'AMP et le PP_i – autrement dit si l'hydrolyse de l'ATP libère plus d'énergie qu'il n'en faut pour assembler X et Y – la liaison X-Y sera formée et une liaison pyrophosphate d'ATP sera scindée. L'inverse se produira dans le cas contraire. Si l'établissement des deux liaisons nécessite des quantités d'énergie égales – la réaction est aisément réversible – l'échange sera partiel conformément aux règles de l'équilibre chimique.

Il se trouve que la plupart des liaisons que l'on trouve dans les substances biologiques nécessitent moins d'énergie pour se former que les liaisons pyrophosphate de l'ATP, ce qui explique pourquoi l'ATP est un agent condensant efficace. Pour cette raison, Lipmann a appelé les liaisons pyrophosphate de l'ATP des liaisons à énergie élevée[7]. Les liaisons dans les protéines et autres substances naturelles qui sont formées aux dépens de l'hydrolyse de l'ATP sont des liaisons à énergie basse.

L'ATP n'est pas la source d'énergie ultime pour les réactions de condensation. Nos aliments ne nous fournissent pas d'ATP et nos cellules ne contiennent cette substance vitale qu'en petites quantités. La vie s'immobiliserait très vite si l'ATP n'était pas continuellement réassemblé à partir de ses produits d'hydrolyse. Ce problème sera examiné plus loin dans ce chapitre. Voyons d'abord si une substance telle que l'ATP aurait pu être disponible pour la vie naissante.

Certainement pas l'ATP lui-même. C'est une molécule trop complexe pour ce stade initial d'événements prébiotiques. Avec l'ATP, on est déjà au cœur du monde de l'ARN, non à l'aube du protométabolisme. Mais qu'en est-il de la molécule, plus simple, de pyrophosphate inorganique ?

La liaison pyrophosphate du pyrophosphate inorganique n'est pas aussi riche en énergie que les liaisons similaires de l'ATP, mais elle l'est suffisamment pour se substituer aux liaisons d'ATP dans de nombreux processus. Le monde vivant actuel fournit de multiples indications prouvant que le pyrophosphate inorganique peut remplir les mêmes fonctions fondamentales que l'ATP. La plupart des chercheurs pensent que le pyrophosphate a précédé l'ATP en tant que porteur de liaisons à énergie élevée[8]. Ce rôle aurait également pu être tenu par des polyphosphates, associations d'un plus grand nombre de groupes phosphates unis par des liaisons pyrophosphate, que l'on trouve également dans un certain nombre d'organismes. C'est pourquoi de nombreux scientifiques ont fouillé les archives géologiques pour essayer de détecter d'éventuelles traces de ces substances dans l'environnement prébiotique.

Les résultats de ces recherches ne sont pas prometteurs. Au chapitre 1, j'ai mentionné la rareté du phosphate inorganique soluble et le problème que cela pose eu égard à l'énorme importance biologique du phosphate. Le problème est encore plus compliqué en ce qui concerne les pyrophosphates et les polyphosphates, qui sont beaucoup moins abondants que les phosphates et, en outre, sont immobilisés sous forme de combinaisons insolubles dans l'eau. Toutefois, un milieu acide, dont j'ai dit qu'il avait peut-être permis de solubiliser le phosphate, aurait pu faire de même pour le pyrophosphate. De plus, la production de pyrophosphate par les volcans, récemment détectée, aurait pu être une source plus abondante de ce composé dans les conditions prébiotiques[9].

Il est possible aussi que les thioesters aient fourni la source d'énergie primitive nécessaire aux réactions de condensation[10]. Les thioesters sont des intermédiaires obligatoires dans de nombreuses réactions de condensation dépendantes de l'ATP, lorsque l'un des partenaires de la réaction est un acide. Dans ce type de réactions, l'étape rendue possible par l'hydrolyse de l'ATP est la condensation de l'acide avec un thiol, généralement le pantéthéine phosphate ou le coenzyme A, pour former le thioester correspondant. Le groupe acide est ensuite transféré du thioester à son accepteur. On a vu au chapitre 2 comment ces réactions de transfert de groupe sont impliquées dans la formation d'esters et de certains peptides. De nombreux autres constituants biologiques importants sont assemblés par l'intermédiaire de thioesters, notamment une grande variété de corps gras, le cholestérol, plusieurs vitamines, des composants de la chlorophylle et de nombreux intermédiaires métaboliques.

Ce qui rend les thioesters intéressants, c'est qu'ils sont énergétiquement équivalents à l'ATP. La liaison thioester est une liaison à énergie élevée. Ainsi les thioesters peuvent aussi bien alimenter en énergie l'assemblage de l'ATP qu'être assemblés aux dépens de l'hydrolyse de l'ATP. Le chimiste américain Arthur Weber, attaché autrefois au Salk Institute à La Jolla et aujourd'hui au NASA Ames Research Center à Moffett Field (Californie), pionnier de l'étude des composés sulfurés prébiotiques, a montré que des thioesters peuvent, dans des conditions très simples, étayer la formation de pyrophosphate inorganique à partir du phosphate inorganique par un mécanisme comparable à celui par lequel, aujourd'hui, l'ADP et le P_i se joignent pour former l'ATP à l'aide d'un thioester[11].

On a ainsi le choix entre deux possibilités qui satisfont l'une et l'autre à la règle de concordance. Ou bien le pyrophosphate était présent dans le milieu prébiotique et servait d'agent condensant pour l'assemblage des thioesters ; ou bien, à l'inverse, les thioesters apparurent les premiers et permirent l'assemblage du pyrophosphate. Ou bien encore, bien sûr, les deux processus se sont développés indépendamment l'un de l'autre et ont interagi plus tard. Mais avant d'en venir aux conclusions, il faut examiner les mécanismes par lesquels l'ATP est continuellement régénéré à partir des produits de son hydrolyse dans les organismes vivants actuels.

Comment la roue continue à tourner

Dans les cellules vivantes, l'ATP se renouvelle très rapidement. Il est continuellement consommé – c'est-à-dire scindé par hydrolyse – par l'accomplissement du travail chimique (et de bien d'autres types de travail, comme on le verra plus tard), et régénéré aussi rapidement à partir des produits de son hydrolyse. D'où vient l'énergie nécessaire à ce processus de régénération ? La réponse à cette question capitale nous ramène au problème de l'hydrogène manquant. L'énergie permettant la régénération de l'ATP provient de flux d'électrons.

Au début de ce chapitre, on a vu comment les électrons peuvent être transférés d'un donneur réduit occupant un niveau d'énergie plus élevé à un accepteur oxydé occupant un niveau d'énergie moins élevé. Un transfert de ce type libère de l'énergie en quantité proportionnelle (par électron transféré) à la différence entre les deux niveaux d'énergie. L'image simple d'une chute d'eau permet de comprendre ce principe : l'énergie libérée par la chute d'une quantité d'eau donnée est proportionnelle à la hauteur de la chute.

Dans toutes les cellules vivantes, certaines « chutes d'électrons » importantes sont couplées avec l'assemblage d'ATP à partir d'ADP et de P_i, de même que certaines chutes d'eau sont utilisées pour faire tourner un moulin ou produire de l'électricité. Ce mécanisme universel est appelé phosphorylation oxydative : phosphorylation parce qu'au cours du processus, l'ADP est phosphorylé, c'est-à-dire doté d'un groupe phosphate supplémentaire ; oxydative parce que le donneur d'électrons dans la réaction couplée est oxydé. Trois conditions sont nécessaires : 1) une source d'électrons appropriée ; 2) un débouché pour les électrons situé à un niveau d'énergie suffisamment bas pour que la quantité d'énergie libérée par le transfert d'électrons couvre les besoins de l'assemblage d'ATP (en général, une molécule d'ATP est formée pour deux électrons transférés) ; 3) un système de couplage – l'équivalent de la roue à aubes ou de la turbine dans l'exemple de la chute d'eau – reliant l'assemblage d'ATP au flux d'électrons.

Dans la nature, de nombreux donneurs et accepteurs d'électrons différents sont utilisés dans des réactions de ce type. Dans des organismes comme le nôtre, par exemple, les aliments fournissent les électrons, et l'oxygène joue le rôle de l'accepteur final. C'est ce qui se produit en réalité quand nous « brûlons » nos aliments. Grâce à ce mécanisme, l'énergie libérée par ce genre de combustion n'apparaît que partiellement sous forme de chaleur. Elle est en grande partie récupérée sous forme d'ATP réassemblé. Dans les plantes vertes exposées à la lumière, les électrons sont fournis à un niveau d'énergie élevé par des molécules de chlorophylle excitées, puis récupérés par les mêmes molécules à un niveau d'énergie inférieur. Dans l'intervalle, les électrons chutent à travers des systèmes de phosphorylation couplés, comme ils le font dans nos tissus. Les donneurs et accepteurs d'électrons varient, mais les mécanismes de récupération d'énergie sont universels.

Les plus importants mécanismes de ce genre se trouvent dans des membranes. Nous rencontrerons celles-ci plus tard en examinant les premières cellules. Nous avons convenu qu'elles ne pouvaient entrer en ligne de compte dans la phase initiale des origines de la vie. Certaines phosphorylations couplées ne dépendent cependant pas de membranes et se produisent dans le suc cellulaire, la partie soluble des cellules vivantes. Connus sous le nom technique de « phosphorylations au niveau du substrat », ces mécanismes pourraient remonter aux temps prébiotiques (l'assemblage de pyrophosphate remplaçant celui de l'ATP). Il est intéressant de noter que des thioesters y jouent le rôle d'intermédiaires clés. La réaction directement couplée avec le transfert d'électrons producteur d'énergie est la formation d'un thioester, qui alimente ensuite l'assemblage d'ATP de la manière décrite.

Les thioesters occupent ainsi une position unique dans le métabolisme : ils *relient les deux principales formes d'énergie biologique*, celle liée au transfert d'électrons, et celle liée au transfert de groupes. En outre, on a vu au chapitre précédent que des thioesters ont pu jouer un rôle essentiel dans la production des premiers catalyseurs de la vie naissante. Ces faits, ainsi que l'abondance probable d'acides et de thiols sur la Terre prébiotique, sont autant de raisons sérieuses de penser que les thioesters ont été les principaux fournisseurs d'énergie du processus biogénique initial, précédant peut-être le pyrophosphate inorganique. Mais il y a un mais – et oh ! quel grand mais, pour reprendre l'expression de Darwin[12] ! L'assemblage des thioesters primitifs a dû lui-même nécessiter de l'énergie. Ce qui nous ramène à la case départ.

Il existe plusieurs solutions possibles de l'assemblage de thioesters dans les conditions prébiotiques. Selon les données de la thermodynamique, des thiosters pourraient se former spontanément à partir d'acides ou de thiols libres en milieu liquide, à condition que ce milieu soit très chaud et acide. Mais même ainsi, le rendement serait faible. Cette possibilité vaut cependant d'être explorée. L'acide bouillant ne correspond sans doute pas à l'idée que nous nous faisons d'une petite niche douillette. Il ne constitue pas non plus un milieu particulièrement favorable pour un certain nombre de molécules biologiques fragiles. C'est pourtant l'habitat de prédilection de certaines bactéries d'origine très ancienne, appelées thermoacidophiles[13]. Un certain nombre d'auteurs pensent que la vie a commencé dans un environnement chaud. C'est pourquoi ils ont porté une attention particulière au recyclage continuel de l'eau par des crevasses hydrothermales abyssales. On peut en effet imaginer un scénario selon lequel des thioesters, formés dans les profondeurs chaudes, acides et sulfureuses, auraient été continuellement ajoutés à la soupe prébiotique où des conditions plus clémentes auraient permis aux thioesters riches en énergie de remplir leur fonction.

Cette possibilité n'est pas la seule. Weber a décrit d'autres mécanismes plausibles de formation de thioesters[14]. On peut aussi penser – mais cette hypothèse n'a pas encore été explorée à ce jour – que des thioesters se seraient assemblés dans l'atmosphère à partir de thiols et d'acides volatils. Enfin, et c'est peut-être la solution la plus simple, des transferts d'électrons couplés ont peut-être permis la synthèse de thioesters comme cela se passe dans le métabolisme aujourd'hui.

Ce que l'on sait de cette réaction montre en effet qu'elle a pu se produire dans des conditions prébiotiques. Les ingrédients nécessaires étaient probablement présents et des complexes fer-soufre primitifs, ancêtres des protéines fer-soufre, ont pu catalyser une réaction de ce type. Dans certaines bactéries anciennes, un tel processus est en effet catalysé par une protéine fer-soufre[15].

Quant au sort des électrons produits par la formation de thioesters, une hypothèse séduisante fait intervenir comme accepteur le fer ferrique, produit de la réaction par laquelle le fer ferreux sert à former de l'hydrogène à partir de protons à l'aide de la lumière ultraviolette. En servant d'accepteur d'électrons, le fer ferrique retourne à l'état ferreux, bouclant ainsi un cycle au cours duquel des électrons sont libérés du fer ferreux à l'aide de la lumière ultraviolette et retournent au fer ferreux par un cheminement compliqué qui se solde par l'établissement de liaisons thioesters. Le résultat net de tout cela serait l'utilisation de l'énergie de la lumière ultraviolette pour former des liaisons thioester, qui, à leur tour, auraient pu servir à couvrir tous les besoins en énergie de la vie naissante. Un tel cycle est tout à fait comparable au cycle eau-oxygène qui alimente en grande partie aujourd'hui la biosphère – les plantes dégagent de l'oxygène à partir d'eau à l'aide de la lumière visible, et les animaux et autres organismes aérobies utilisent l'oxygène comme accepteur d'électrons final et le reconvertissent en eau – à cette différence essentielle près que le cycle eau-oxygène nécessite des structures complexes, ce qui n'est pas le cas du cycle du fer. La participation du fer et du soufre dans un tel cycle a pu constituer une manifestation primitive de l'alliance, très féconde de nos jours, entre ces deux éléments biologiquement importants[16].

Le monde des thioesters

Nous n'avons pas mis au jour la piste cachée du protométabolisme, mais nous en avons trouvé quelques traces révélatrices, qui ont été décrites en détail dans ce chapitre et au chapitre précédent. Un bref résumé de ce qu'elles ont permis d'entrevoir peut être utile. Le message, clair et net, se résume en un mot : le soufre.

Quantitativement, cet élément est un composé mineur de la matière vivante, mais qualitativement il est très important.

Deux des vingt acides aminés qui constituent les protéines, la cystéine et la méthionine, contiennent du soufre ; c'est aussi le cas de plusieurs coenzymes. Le soufre se trouve souvent au cœur des sites catalytiques des enzymes. Il figure également dans un certain nombre de constituants structuraux, par exemple certains des principaux composants du cartilage. Beaucoup de bactéries très anciennes vivent en métabolisant certains composés soufrés. Le monde prébiotique macérait dans le soufre. Tout cela milite fortement en faveur de cet élément.

Dans les organismes vivants actuels, le soufre provient essentiellement de l'ion sulfate (SO_4^{2-}) complètement oxydé, que l'on trouve tel quel dans un certain nombre de composants, le plus souvent des composants structuraux dans lesquels son rôle est essentiellement d'apporter des charges négatives aux molécules. Cependant, de nombreuses fonctions biologiques du soufre, dont les plus importantes, nécessitent que le sulfate soit réduit en hydrogène sulfuré (H_2S) et incorporé dans les molécules organiques, principalement des thiols et leurs dérivés. C'est aussi principalement sous forme d'hydrogène sulfuré que le soufre se rencontrait dans le monde prébiotique. Les traces que nous avons détectées désignent manifestement les thiols.

La soupe prébiotique contenait très probablement des thiols ainsi que divers acides aminés et autres acides organiques, qui sont les principales substances obtenues dans les expériences de simulation du type de celle de Miller et trouvées aussi que l'on trouve dans les météorites. Des thiols et des acides s'assemblent facilement pour former des thioesters, pourvu qu'il y ait moyen d'extraire la molécule d'eau qui doit être enlevée pour que la liaison thioester se forme. On connaît plusieurs mécanismes susceptibles de conduire à ce résultat. Mon hypothèse principale est que, quelque part dans le monde prébiotique, les conditions ambiantes favorisèrent la formation spontanée de thioesters. Si l'on accepte cette hypothèse non vérifiée mais plausible, la voie est ouverte à un protométabolisme – comparable au métabolisme – alimenté par des thioesters.

Les thioesters apportèrent au protométabolisme deux éléments essentiels : la catalyse et l'énergie. Les catalyseurs étaient des peptides et autres substances du même type qui préfiguraient les enzymes actuels et guidèrent les premiers composants essentiels de la vie dans des directions pas très différentes du métabolisme actuel. L'énergie revêtait une forme qui convenait à ces voies et a pu servir à introduire le phosphate inorganique et la très importante liaison pyrophosphate.

Les électrons à haut niveau d'énergie nécessaires aux premières réductions biosynthétiques ont pu être apportés par le fer ferreux aidé de la lumière ultraviolette ou par l'hydrogène sulfuré aidé du fer ferreux. Le premier mécanisme aurait produit des ions ferriques, qui auraient pu servir de premier accepteur d'électrons dans des réactions de transfert d'électrons productrices d'énergie couplées avec la synthèse de thioesters et, ultérieurement, avec celle de pyrophosphate inorganique. Ensemble, les deux processus auraient bouclé un cycle du fer par lequel la lumière ultraviolette aurait alimenté en énergie l'assemblage de thioesters et, par la scission de ces derniers, l'ensemble du protométabolisme. En outre, le fer associé à du sulfure aurait pu constituer le premier catalyseur de transfert d'électrons.

Ce « monde des thioesters » ou, plus exactement, « des thioesters et du fer » représente ma reconstitution hypothétique, fondée sur les quelques indices qu'elle a laissés, de la piste cachée qui mena des premiers produits de la chimie prébiotique jusqu'au monde de l'ARN, et a continué à alimenter le monde de l'ARN pendant tout le temps qu'il a fallu à la vie naissante pour passer du monde de l'ARN à celui de l'ARN et des protéines. Cette représentation de la piste cachée est, certes, purement conjecturale. Et il est fort possible que des découvertes ultérieures mettent au jour des voies auxquelles on ne pense pas aujourd'hui. Mais pour ma part, je serais très surpris de ne pas trouver dans les voies primitives des éléments annonciateurs du métabolisme actuel.

4

L'avènement de l'ARN

Même si l'on accepte le principe d'un monde des thioesters, on n'est pas plus avancé dans l'identification des voies chimiques qui menèrent des premiers composants de la vie à l'ARN. Une approche expérimentale possible du problème se suggère d'elle-même : reproduire en laboratoire le mélange originel de multimères et voir s'il y a des activités catalytiques dans ce mélange. Selon mon modèle, là est le fond du problème. Le protométabolisme a dû être aiguillé par les catalyseurs primitifs comme aujourd'hui le métabolisme l'est par les enzymes.

Il existe maintenant plusieurs techniques pour fabriquer des peptides aléatoires. On pourrait même remonter à la vieille méthode de Wieland, qui a le mérite d'utiliser effectivement des thioesters. Ces expériences risquent de ne pas recréer les conditions qui ont conduit au sous-ensemble particulier de multimères que le modèle suppose, mais elles constitueraient un pas dans la bonne direction. La règle de concordance, par ailleurs, aiderait à choisir le genre d'activités catalytiques dont nous avons besoin. Je suis malheureusement trop avancé sur le chemin de la vie pour m'engager dans de telles recherches, mais d'autres laboratoires commencent à s'y intéresser.

Dans l'intervalle, on ne peut qu'émettre des hypothèses, en se laissant guider par le métabolisme actuel. L'ATP nous fournit un indice possible.

Le lien avec l'ATP

L'ATP joue un rôle prépondérant dans le métabolisme énergétique. Il est également l'une des quatre molécules précurseurs utilisées dans la synthèse d'ARN. C'est là qu'est le lien. Les molécules d'ARN sont construites à partir de nucléotides, qui sont des combinaisons de phosphate, de ribose, et de l'une des quatre bases : l'adénine, la guanine, la cytosine et l'uracile. L'AMP, molécule parente de l'ATP, est un nucléotide de ce type. Les trois autres, construits de la même façon, sont le GMP, le CMP, et l'UMP. De même que l'AMP peut être phosphorylé en ADP et ATP, les autres nucléotides peuvent être convertis respectivement en GDP et GTP, CDP et CTP, UDP et UTP. Les liaisons pyrophosphate dans le GTP, le CTP et l'UTP ont les mêmes propriétés que les liaisons pyrophosphate dans l'ATP ; leur scission peut de la même façon alimenter les processus nécessitant de l'énergie et c'est ce qui se passe dans certains cas. Même quand cela se produit, le rôle central reste la prérogative de l'ATP. Chaque fois qu'un autre donneur d'énergie est impliqué, il est régénéré aux dépens de la scission de l'ATP.

À quoi l'ATP doit-il ce privilège ? Une explication possible est que l'adénine soit apparue avant les autres bases. C'est certainement la plus facile à obtenir dans des conditions prébiotiques. Nous avons évoqué, au chapitre 2, la célèbre synthèse d'adénine à partir du cyanure d'ammonium réalisée par Oró[1]. Bien que la pertinence de cette découverte n'ait pas encore été établie, elle suggère que l'adénine fait peut-être partie du groupe de molécules faciles à former qui constituaient les premiers matériaux de base de la vie. À l'appui de cette hypothèse, signalons que des traces d'adénine ont été trouvées sur une météorite[2].

L'origine du ribose, un sucre à 5 carbones, est obscure. Les sucres se forment facilement à partir du formaldéhyde en solution alcaline, mais en mélange complexe de différentes molécules. Dans le métabolisme, le ribose est formé à partir du glucose, un sucre à 6 carbones, selon un processus complexe qui fait intervenir des intermédiaires phosphorylés. Les travaux du chimiste suisse Albert Eschenmoser, de l'Institut fédéral de technologie de Zurich, ont montré que des groupes phosphates peuvent, même en l'absence d'un catalyseur, exercer des influences très sélectives sur la réactivité des molécules de sucres[3]. Des groupes phosphate sont également impliqués dans le mécanisme biologique par lequel le ribose s'assemble aux bases, et ils apportent le composant phosphorique des nucléotides. L'apparition précoce du pyrophosphate inorganique – soit à partir de sources naturelles, soit grâce aux thioesters de mon modèle – a peut-être aidé à diriger le protométabolisme vers la formation d'AMP. Pour le moment on ne peut que le supposer.

Une fois l'AMP entré en scène, le monde des thioesters nous offre une intéressante possibilité. On sait que les liaisons thioester et pyrophosphate sont énergétiquement équivalentes ; l'hydrolyse de l'une peut alimenter l'assemblage (avec libération d'eau) de l'autre, et inversement. Dans ce type de réaction, l'hydrolyse de l'ATP en AMP et pyrophosphate inorganique (PP_i) permet la condensation d'acides avec le coenzyme A ou le pantéthéine phosphate (deux cofacteurs thioliques essentiels du métabolisme). C'est ainsi que son assemblés les thioesters qui servent à la biosynthèse des esters et de nombreux autres composés biologiques importants. La réaction est aisément réversible. Imaginez-vous maintenant dans un monde des thioesters contenant aussi du PP_i, au moment où les premières molécules d'AMP firent leur apparition. Par une inversion de la réaction que je viens de décrire, l'AMP aurait pu s'associer avec le PP_i grâce à l'énergie fournie par l'hydrolyse d'un thioester[4]. Eussiez-vous été là, vous auriez été témoin d'un des plus grands événements de l'origine chimique de la vie : la naissance de l'ATP, le pourvoyeur universel de l'énergie biologique, destiné finalement à remplacer dans toutes ses fonctions principales le pyrophosphate dont il descend.

Une possibilité intéressante est que l'ATP ait, à son tour, servi à introduire l'ARN ; en d'autres termes, que *l'information soit apparue par le biais de l'énergie*. Ce qui a pu se passer, c'est la condensation de deux molécules d'ATP en ATP-AMP, avec formation de pyrophosphate inorganique. Dans cette réaction, le deuxième ATP cède une molécule d'AMP au premier, et la liaison entre l'ATP et l'AMP s'établit aux dépens de la liaison qui existait à l'origine entre l'AMP et le pyrophosphate dans la molécule d'ATP donneuse d'AMP. Si un troisième ATP donne de l'AMP à l'ATP-AMP, on a alors de l'ATP-AMP-AMP. En répétant l'opération un nombre indéterminé de fois, on obtient une chaîne d'ATP-AMP-AMP-AMP--- plus ou moins longue, appelée poly-A. Ceci n'est pas de la science-fiction. Ce genre de réaction se produit en fait dans de nombreuses cellules vivantes, où elle ajoute des queues de poly-A (allant jusqu'à environ 250 nucléotides de long) à des molécules d'ARN. Contrairement à la synthèse du véritable ARN, la formation des poly-A a lieu sans apport d'information ; elle consiste simplement en un assemblage répétitif « illettré ».

Dans le contexte du protométabolisme, les poly-A n'auraient été rien de plus qu'un réservoir de molécules d'AMP, qui aurait automatiquement régulé les quantités relatives d'ATP et de PP_i présentes. Imaginez une situation dans laquelle l'ATP serait abondant et le PP_i rare. En raison des lois de l'équilibre chimique, l'ATP serait entraîné vers la synthèse de poly-A, et du PP_i se formerait. Dans la situation inverse, l'excédent de PP_i provoquerait la formation d'ATP à partir de poly-A. Tout illettré qu'il fût, comme l'était d'ailleurs tout le protométabolisme avant l'apparition de l'ARN, le processus était loin d'être inutile. Il stockait l'AMP et adaptait la disponibilité des deux formes de liaisons pyrophosphate à énergie élevée – PP_i et ATP – à leur taux de consommation relative.

On ne sait pas comment sont apparues les trois autres bases trouvées dans l'ARN. Divers schémas possibles, expliquant leur formation abiotique, ont été suggérés[5]. Il n'est pas inconcevable qu'elles tirent leur origine de l'adénine. Une fois formées, leur incorporation aux nucléotides a pu être réalisée par l'intermédiaire de l'AMP. On connaît des réactions dans lesquelles une base remplace l'autre dans les nucléotides. Ainsi, la guanine a pu remplacer l'adénine dans l'AMP, pour former le GMP ; de la même façon, la cytosine a pu mener au CMP et l'uracile à l'UMP. À leur tour, ces nucléotides ont pu acquérir des groupes phosphates de l'ATP, comme c'est le cas dans le métabolisme actuel, et former le GTP, le CTP et l'UTP. Enfin, la même réaction « illettrée » qui a permis la formation de poly-A à partir d'ATP a pu unir le GMP, le CMP et l'UMP en associations similaires qui auraient été les premières molécules d'ARN, des molécules encore dépourvues d'information, toutefois, et formant un simple méli-mélo de lettres. Ce scénario est hypothétique mais non improbable. Il semble raisonnable de supposer que la chimie est venue en premier, sans information, et que l'information n'est arrivée qu'après.

Dans le monde actuel, l'ARN est assemblé, comme nous l'avons décrit, à partir d'ATP, de GTP, de CTP et d'UTP, qui ajoutent des unités d'AMP, de GMP, de CMP et d'UMP à une chaîne en cours d'élongation, amorcée par l'ATP ou le GTP. Ce dont le processus biologique dispose de surcroît et qui devait manquer au processus prébiotique, c'est d'un mécanisme permettant de sélectionner celui des quatre nucléotides disponibles qui doit être ajouté à chaque étape. La naissance de ce mécanisme, qui repose sur de simples interactions moléculaires, représente un véritable tournant dans l'évolution de la vie. Elle marque le passage de l'âge de la chimie à celui de l'information.

Avant d'effectuer nous-mêmes ce passage, examinons un groupe important de composés catalytiques, appelés coenzymes, dont beaucoup remontent peut-être à l'âge de la chimie. Leur existence ouvre d'intéressantes possibilités concernant le fonctionnement du monde de l'ARN et l'origine de l'ARN.

Les coenzymes : enfants du monde de l'ARN ?

Dans le métabolisme, les enzymes sont souvent assistés de molécules particulières appelées coenzymes, qui servent le plus souvent d'intermédiaires, ou de transporteurs, dans les réactions de transfert. Imaginez un processus dans lequel l'entité X est transférée du donneur X-Y à l'accepteur Z, pour former X-Z et Y. Dans de nombreux cas, le transfert est pris en charge par un intermédiaire K, de sorte que X est d'abord transféré de X-Y à K, donnant X-K qui ensuite cède X à Z, formant ainsi X-Z et laissant K libre pour un nouveau cycle. Cette particularité présente plusieurs avantages, dont l'un, important, est la centralisation et la simplification des transferts d'une même entité. Supposez, par exemple, que X doive être échangé entre dix donneurs et dix accepteurs différents. Le nombre de réactions individuelles nécessaires pour permettre tous les échanges possibles est de cent. Avec K comme intermédiaire commun, seulement vingt réactions sont requises. C'est comme disposer d'une monnaie commune par opposition au troc.

Deux types d'entités sont échangés dans les réactions de transfert : des électrons et des groupes chimiques. Nous avons vu l'importance des transferts d'électrons dans les réductions biosynthétiques et dans la récupération de l'énergie. En ce qui concerne les transferts de groupe, ils représentent le principal mécanisme de réactions biosynthétiques. J'en ai cité plusieurs exemples dans les chapitres 2 et 3 ; la synthèse de l'ARN en est un autre. Dans l'élongation de l'ARN, l'addition, disons de l'AMP, est un transfert du groupe AMP de l'ATP à la chaîne en cours d'élongation. Presque toutes les condensations biologiques procèdent par transfert de groupe. Le fait que plus de 90 % des réactions qui ont lieu dans les organismes vivants soient ou bien des transferts d'électrons ou bien des transferts de groupe atteste l'importance des réactions de transfert. La plupart de ces réactions se font à l'aide d'un coenzyme transporteur. Il y a ainsi deux principales catégories de coenzymes : les transporteurs d'électrons et les transporteurs de groupe.

Certains coenzymes pourraient bien remonter aux temps primitifs du monde prébiotique. On a déjà rencontré les complexes fer-soufre, que l'on suppose avoir été les premiers transporteurs d'électrons. Certains thiols, comme le coenzyme M et le pantéthéine phosphate, peuvent avoir compté parmi les transporteurs de groupe les plus anciens. De nombreux autres coenzymes pourraient être les enfants du monde de l'ARN. Il est frappant que les quatre nucléotides fournissent d'importants transporteurs de groupe participant à la synthèse de composés glucidiques (dérivés des sucres) et de lipides (graisses). En outre, l'AMP fait partie de plusieurs autres coenzymes, dont le coenzyme A, où il est uni au pantéthéine phosphate, et de plusieurs transporteurs d'électrons importants.

Dans un certain nombre de coenzymes, la partie active est représentée par une molécule azotée plane, cyclique, chimiquement apparentée aux bases présentes dans les principaux nucléotides. Beaucoup de ces molécules particulières sont des vitamines, c'est-à-dire des composés essentiels que l'organisme humain est incapable de fabriquer et qui nous sont apportés par les aliments. Il est intéressant de signaler que certaines de ces substances sont engagées dans des combinaisons tout à fait comparables aux nucléotides. C'est le cas du nicotinamide, une importante vitamine appelée vitamine PP (préventive de la pellagre), dont le défaut provoque la pellagre, maladie nutritionnelle grave très répandue autrefois dans de nombreuses régions d'Amérique latine, et qui l'est encore aujourd'hui dans certaines zones reculées. Dans les organismes vivants, le nicotinamide se combine avec le ribose et le phosphate pour former un nucléotide typique, le nicotinamide mononucléotide, ou NMN. Associé à l'AMP, le NMN forme les deux principaux transporteurs d'électrons, le nicotinamide adénine dinucléotide (NAD) et le nicotinamide adénine dinucléotide phosphate (NADP).

Une autre vitamine, la riboflavine (ou vitamine B_2), est également engagée dans une combinaison de type nucléotidique (le ribose étant remplacé par une substance qui lui est apparentée), le flavine mononucléotide (FMN), qui, combiné à l'AMP, donne le flavine adénine dinucléotide (FAD). Le FMN et le FAD sont eux aussi d'importants transporteurs d'électrons.

Le fait que tant de coenzymes soient des nucléotides est souvent cité à l'appui du modèle du monde de l'ARN. On imagine ces molécules comme remontant à un monde de l'ARN entièrement actionné par des ribozymes intimement associés à des coenzymes nucléotidiques. Pour reprendre l'expression du biochimiste américain Harold White III, les coenzymes nucléotidiques pourraient bien être les « fossiles d'un stade métabolique plus ancien[6] ».

L'existence de molécules telles que le NMN et le FMN suggère que les premières molécules d'ARN auraient pu contenir plus que quatre types de nucléotides. Les conditions qui ont mené à la synthèse abiotique des purines (adénine et guanine) et des pyrimidines (cytosine et uracile) ont très bien pu produire toute une gamme de bases azotées apparentées les unes aux autres. Un certain nombre de celles-ci ont pu former des nucléotides, qui, à leur tour, ont pu être incorporés dans des combinaisons de type ARN. Plus tard, les quatre composants de l'ARN auraient alors été sélectionnés en raison de leur capacité unique à transporter de l'information. Nous examinerons cette éventualité fascinante au chapitre suivant.

Le fondement chimique de la vie

La notion la plus importante que nous ayons rencontrée dans notre tentative de reconstruire les étapes précoces menant de la chimie abiotique au monde de l'ARN est celle de concordance entre le protométabolisme et le métabolisme. Cette notion va à l'encontre des idées généralement admises dans ce domaine. Voici comment deux pionniers de la recherche sur les origines de la vie, Miller et Orgel, ont, en 1973, résumé leur point de vue sur la question. Se référant à la possibilité selon laquelle « les voies métaboliques vont dans le même sens que les synthèses prébiotiques correspondantes qui eurent lieu sur la Terre primitive », ils écrivent : « Il n'est pas difficile de montrer que, dans la plupart des cas, cette hypothèse ne peut pas être correcte. Peut-être la preuve la plus convaincante vient-elle d'une comparaison directe entre des voies biosynthétiques actuelles connues et des voies prébiotiques raisonnables – en général elles ne correspondent pas du tout[7]. »

Qu'est-ce qu'une voie prébiotique « raisonnable » ? Nul doute que les toutes premières réactions prébiotiques, telles celles que l'on sait avoir lieu sur les comètes et les météorites et dont on suppose qu'elles eurent également lieu sur la Terre, appartiennent aux réactions fondamentales de la chimie organique, du genre de celles que Miller appelle « robustes[8] », qui n'ont besoin que de conditions simples pour se produire. Un certain nombre d'acides aminés et autres acides organiques, vraisemblablement l'adénine et quelques autres bases azotées, peut-être quelques sucres (bien que cela soit plus problématique), ont pu se former de cette façon. Ces substances sont ce que j'appelle les matériaux de base de la vie.

En revanche, la voie qui mène de ces molécules simples à la complexité chimique nécessaire pour constituer et maintenir en état de fonctionnement un monde de l'ARN appartient à un domaine différent. Il n'y a pas de façon robuste de faire de l'ATP, sans parler de la molécule d'ARN. Ce fait constitue en soi un argument de poids à l'appui d'un protométabolisme fondé sur la catalyse.

La conclusion s'impose ensuite, d'une manière que je crois contraignante, que le protométabolisme a dû préfigurer le métabolisme. On ne voit pas comment le monde de l'ARN aurait pu, par une production graduelle d'enzymes protéiques, donner naissance à un réseau de réactions chimiques sans rapport avec celles qui l'ont produit et maintenu initialement. Le métabolisme a dû apparaître en concordance avec le protométabolisme.

Ainsi, la chimie fondamentale qui sous-tend la vie sous toutes ses formes a été établie d'emblée, par une succession d'étapes dirigées par les facteurs strictement déterministes qui gouvernent tous les processus chimiques. Cela est vrai non seulement du modèle que j'ai proposé, mais de tout modèle. Quelles que fussent les voies que la vie naissante a suivies pour arriver au monde de l'ARN, le fait que le processus était constitué par la succession d'un grand nombre d'étapes chimiques exclut une intervention importante d'accidents improbables. Le chemin vers la vie repose sur des réactions qui ne pouvaient que se produire dans les conditions ambiantes.

Autre conclusion : la première phase du processus biogénique a dû être rapide, contrairement à la théorie communément admise selon laquelle l'émergence de la vie aurait nécessité un temps très long[9]. Étant donné la fragilité des composants chimiques qu'implique la construction de la vie, seul un processus rapide pouvait surmonter les pertes dues à la dégradation spontanée. Dans une soupe originelle adéquatement approvisionnée en matériaux de base, sources d'énergie et catalyseurs, le temps nécessaire pour obtenir l'ARN pourrait se compter en années, peut-être moins. De nombreux développements de ce genre ont pu être engagés, sans nécessairement aboutir, dans différentes parties du monde et à différents moments. Même la possibilité de reproduire un jour le processus en laboratoire n'est plus du domaine de la science-fiction.

Deuxième partie

L'ÂGE DE L'INFORMATION

5

L'ARN prend la relève

Nous avons jusqu'ici assez peu parlé d'information pour la raison suivante : quelle qu'ait été la cause de l'émergence des premières molécules d'ARN, elle n'a pas anticipé leur rôle de porteurs du message génétique. Au départ, l'ARN fut le produit du déterminisme chimique. L'information apparut comme une propriété nouvelle. Quelques mots sur cette propriété peuvent être utiles avant d'aller plus loin.

Un coup d'œil sur les temps à venir

Tous les organismes vivants sont construits selon un programme qui se transmet de génération en génération. Les bacilles de la peste engendrent des bacilles de la peste, les orchidées engendrent des orchidées, les mites engendrent des mites, les êtres humains engendrent des êtres humains. Pour cette raison, le programme est dit génétique (la racine *gen*, comme dans *genèse*, vient d'un verbe grec signifiant « naître »). Le programme génétique se compose d'unités, ou gènes, qui ensemble forment le génome, ou génotype, de l'organisme. Les gènes ont deux propriétés fondamentales : 1) ils peuvent être *copiés*, condition même de la transmission héréditaire ; et 2) ils peuvent être *exprimés* en propriétés de l'organisme, qui, ensemble, constituent son phénotype. Les phénomènes qui sous-tendent ces propriétés sont entièrement chimiques.

Dans toutes les formes de vie actuelles, le programme génétique est écrit en molécules d'acide désoxyribonucléique (ADN), matériau étroitement apparenté à l'ARN, et constitué pareillement de quatre nucléotides différents. La séquence des nucléotides détermine le contenu informationnel des molécules, de même que la séquence des lettres détermine le contenu informationnel des mots.

L'ADN est la matière de nos gènes et, pour cette raison, mérite sa position prééminente dans le symbolisme de la vie. Sa fonction, cependant, est strictement limitée au stockage de l'information génétique (et à sa réplication quand une cellule se divise, de sorte que chaque cellule fille en a une copie). Quand on en arrive à l'expression de l'information, l'ADN est toujours transcrit d'abord en ARN. La transcription n'est pas très différente de la réplication, puisque l'ARN est chimiquement comparable à l'ADN et est construit, à une différence mineure près, avec les quatre mêmes bases.

L'ARN est une molécule beaucoup plus adaptable que l'ADN. Il peut manifester des activités catalytiques, comme dans les ribozymes, et exprimer ainsi dans l'accomplissement de réactions chimiques l'information reçue de l'ADN transcrit. On compte parmi ces réactions des changements affectant des molécules d'ARN et – dans le cadre d'une structure cellulaire complexe, appelée ribosome, faite d'un certain nombre de molécules d'ARN et de protéines – l'assemblage des acides aminés en protéines, processus d'une importance capitale chez tous les êtres vivants.

Ces ARN fonctionnels n'expriment qu'un petit nombre de gènes d'ADN. La plupart de ceux-ci codent pour des protéines, qui, par leurs fonctions structurelles, régulatrices et en particulier catalytiques (enzymes), sont les principaux agents de l'expression phénotypique. D'une manière générale, les cellules et les organismes qu'elles servent à construire sont l'expression de leurs protéines. Les séquences d'acides aminés dans les protéines sont dictées par les séquences de nucléotides dans les gènes d'ADN, non pas directement mais par le biais de transcriptions en ARN, qui sont les « messagers » de l'information dans ce processus. Parce que les protéines sont construites avec un « alphabet » de vingt acides aminés et non avec l'alphabet de quatre nucléotides de l'ARN (ou de l'ADN), le transfert d'information de l'ARN vers les protéines est appelé traduction. L'ensemble des équivalences qui gouvernent la traduction forme le code génétique.

Ces relations sont résumées dans la séquence suivante :

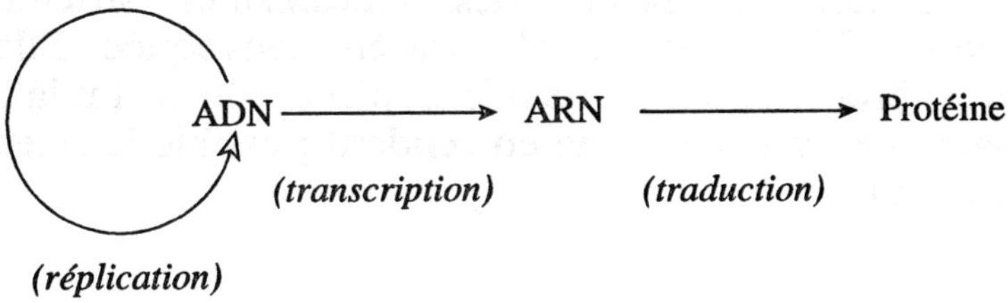

dans laquelle les flèches représentent des transferts d'information. Le Dogme Central de Crick[1] se réduit à l'affirmation largement vérifiée selon laquelle la dernière flèche (traduction) est strictement unidirectionnelle, la traduction en sens inverse ne se produisant jamais. Ce fait, ainsi que le rôle catalytique important de certaines molécules d'ARN dans la synthèse des protéines, explique pourquoi la plupart des chercheurs pensent que l'ARN est apparu avant les protéines. Mais pourquoi serait-ce l'ARN et non l'ADN qui serait apparu en premier ?

La raison en est qu'il est théoriquement possible de se passer de l'ADN, mais pas de l'ARN. Il suffit que l'ARN soit réplicable :

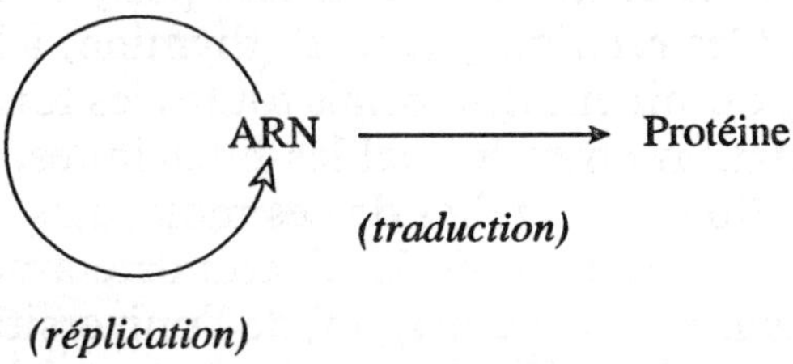

Ce genre de processus ne se produit pas dans les cellules normales, mais bien dans des cellules infectées par certains virus – le virus de la polio, par exemple – qui ont un génome d'ARN. Dans ces virus, l'ARN est la forme de stockage, réplicable, de l'information génétique ; l'ADN n'entre pas en jeu. Parmi les protéines pour lesquelles code l'ARN viral se trouve l'ARN-réplicase, l'enzyme catalysant la réplication de l'ARN.

Ainsi renseignés, nous pouvons maintenant essayer de reconstituer les événements historiques qui ont conduit à l'émergence de la réplication, de la synthèse des protéines et de la traduction, en gardant à l'esprit que ces événements se sont produits à travers des mécanismes strictement chimiques. L'information n'a pas été convoquée. Elle est entrée subrepticement. Une fois en place, elle devint la force agissante centrale de la vie en rendant possible la sélection darwinienne.

Le chiffre magique

Les premières molécules d'ARN étaient probablement des associations fortuites de nuléotides qui ont très bien pu contenir d'autres bases que l'adénine, la guanine, la cytosine et l'uracile. Ces bases sont généralement représentées par leurs initiales. (En biochimie, dans les abréviations telles que ATP ou UMP, les lettres A, G, C et U représentent la combinaison des bases avec le ribose ; mais dans la sténographie informationnelle – et informelle – de la biologie moléculaire, on se dispense de ces nuances chimiques.)

Ce qui aurait pu sélectionner l'alphabet AGCU dans le transfert d'information est l'existence de relations chimiques complémentaires entre A et U d'une part, et entre G et C d'autre part. Ces relations, avec T (thymine) à la place de U dans l'ADN, dominent désormais toutes les formes de transfert d'information entre les acides nucléiques, ainsi que les structures tridimensionnelles de ces molécules.

À la fin des années 1940, le biochimiste américain d'origine autrichienne Erwin Chargaff, de l'université Columbia à New York, poussé par l'intérêt croissant porté à l'ADN, analysa des échantillons d'ADN d'origines très différentes pour déterminer en chacun la proportion des quatre bases qui les constituent. Il observa un fait étonnant : dans les limites de l'erreur expérimentale, le contenu d'adénine était toujours égal à celui de la thymine, et celui de la guanine égal à celui de la cytosine[2].

La découverte de la signification fondamentale de ces relations fut laissée à Watson et à Crick. Dans la double hélice, les deux brins sont unis par des liaisons entre A et T d'une part, et entre G et C d'autre part. Les deux brins sont complémentaires parce que l'un a toujours un A où l'autre a un T, un T où l'autre a un A, un G où l'autre a un C, et un C où l'autre a un G. Si l'on connaît la séquence de l'un d'eux, on est donc en mesure d'écrire la séquence de l'autre. Watson et Crick ont également noté qu'un tel assemblage par appariement de bases pouvait sous-tendre la réplication.

Cette brillante intuition a été totalement corroborée par les expériences ultérieures et étendue à l'ARN, où l'uracile remplace la thymine comme base complémentaire de l'adénine. Ainsi, sous leur forme universelle, les « équations de Chargaff » s'écrivent désormais :

A = = = T (ou U) et G = = = C

Ces relations expriment la capacité qu'ont ces bases de s'unir par leurs bords libres comme deux pièces de puzzle (ce sont des molécules planes), pour former des associations bimoléculaires planes, stabilisées par un type de liaison particulier appelé liaison hydrogène. Les liaisons hydrogène gouvernent de nombreuses interactions importantes entre biomolécules et en leur sein. Parmi ces réactions, les plus fondamentales sont celles qui provoquent l'appariement de bases dans les acides nucléiques.

Il y a deux liaisons hydrogène entre A et U (ou T) ; il y en a trois entre G et C, qui forment ainsi la plus stable des deux paires. Même ainsi, les liaisons hydrogène sont relativement faibles par rapport aux forces qui tendent à déstabiliser les paires de bases, à savoir l'agitation thermique et les répulsions électrostatiques entre les groupes phosphates, chargés négativement, des deux brins. Cependant, les liens deviennent cumulativement plus forts à mesure que le nombre de bases appariées adjacentes augmente. Ainsi, deux chaînes nucléotidiques contenant des segments complémentaires de, disons, trois nucléotides ou plus peuvent être cimentées en associations relativement stables grâce à l'appariement de bases.

Pour s'associer, les deux brins doivent se faire face par leurs bases, ce qui implique qu'ils soient alignés de façon antiparallèle, l'extrémité phosphate de l'un faisant vis-à-vis à l'extrémité ribose de l'autre, et inversement (voir la structure p. 59). En raison de l'anatomie moléculaire particulière des chaînes polynucléotidiques, les parties en contact sont tordues en spirale, un peu comme un escalier en colimaçon. Les paires de bases forment les marches de l'escalier, perpendiculaires à l'axe principal et tournées d'un dixième de tour horizontalement l'une par rapport à l'autre. Les épines dorsales phosphate-ribose des chaînes forment les rampes de l'escalier.

Quand deux chaînes polynucléotidiques sont complémentaires sur toute leur longueur, elles s'assemblent pour former une longue chaîne double, régulière et hélicoïdale, stabilisée par l'appariement des bases. Cette conformation a d'abord été découverte dans l'ADN, qui existe dans la nature essentiellement sous forme bicaténaire (à deux brins). C'est la célèbre double hélice. Contrairement à Watson et Crick, la nature découvrit la double hélice d'abord dans l'ARN. À l'inverse de l'ADN, la plupart des molécules d'ARN sont monocaténaires (à simple brin), sauf dans certains virus. Cependant, les ARN monocaténaires comprennent de nombreuses courtes séquences nucléotidiques qui sont complémentaires en orientation antiparallèle. Ces parties peuvent s'unir par appariement de bases, amenant les minces chaînes d'ARN à se refermer en boucles plus ou moins complexes, formant des structures que l'on a décrites poétiquement sous le nom de feuilles de trèfle, de fleurs et autres appellations du même genre, mais qui, dans la réalité, ressemblent probablement davantage à des nœuds hideusement entortillés. Quelle que soit leur valeur esthétique, ces formes jouent un rôle déterminant dans les propriétés fonctionnelles des molécules.

Les premières molécules d'ARN devaient très probablement comprendre des parties complémentaires de ce genre, qui amenaient les chaînes à former des boucles. C'est peut-être ainsi qu'est née la réplication.

Les débuts de la réplication

Imaginez une chaîne d'ARN de structure aléatoire se terminant, par exemple, par la séquence GACU. Occasionnellement, une unité A dans le corps de cette chaîne – une sur 64 en moyenne – sera suivie de GUC. Cette séquence AGUC est complémentaire de la séquence terminale écrite dans le sens antiparallèle et fera que la chaîne se repliera comme suit :

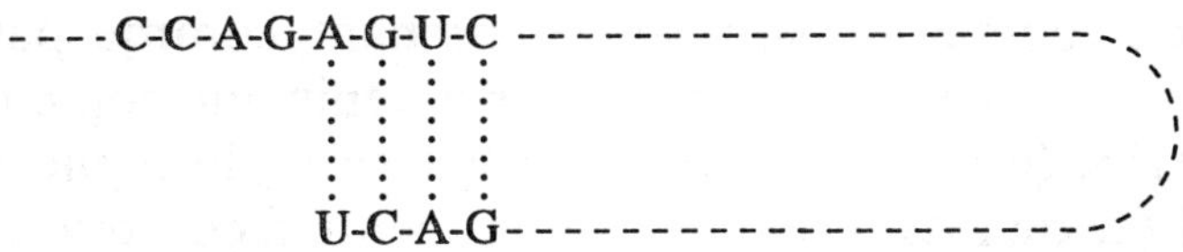

Supposez maintenant que cette chaîne repliée s'allonge de droite à gauche par l'addition de nouveaux nucléotides à l'extrémité U. La présence de G à côté du A apparié au U terminal tendra à favoriser l'addition d'un C complémentaire plutôt qu'un des trois autres nucléotides possibles. Répétez le processus, et vous aurez U ajouté en face de A, G en face de C, G de nouveau en face de C, et ainsi de suite. Ce que l'on obtient, c'est un segment complémentaire sur toute sa longueur de l'autre extrémité de la molécule :

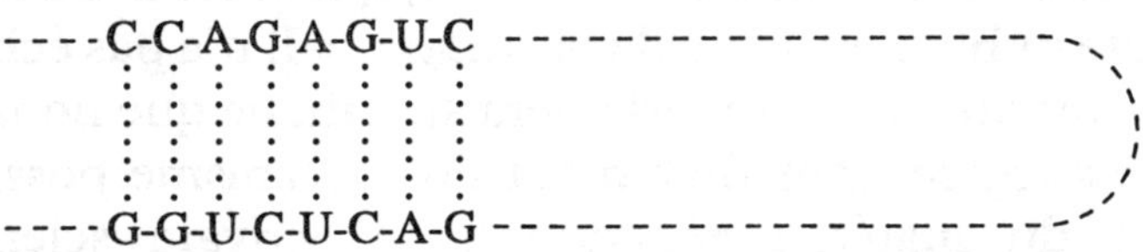

Coupez la boucle au C et au G à droite, et vous aurez deux chaînes entièrement complémentaires. On obtiendrait la même chose si l'on prenait un court segment GACU comme amorce d'une élongation à l'aide d'une molécule « patron » se terminant par AGUC (sans boucle reliant les deux chaînes). C'est essentiellement ce qui se produit dans la réplication biologique de l'ARN (et de l'ADN). Au cours de ce processus, une chaîne polynucléotidique est assemblée le long d'une chaîne antiparallèle complète qui sert de patron. À chaque étape, le nucléotide susceptible de s'apparier avec celui qui est en face de lui sur le patron est sélectionné parmi les quatre espèces de nucléotides possibles. Le mécanisme est d'une simplicité enfantine. Il revient à choisir, parmi un ensemble de quatre, la pièce du puzzle qui s'adapte au modèle. Un enfant de trois ans saurait le faire. La nature aboutit au même résultat en laissant faire l'agitation moléculaire aveugle jusqu'à ce que le hasard mette en place la bonne molécule qui sera automatiquement verrouillée. Le résultat final est une chaîne totalement complémentaire du patron.

On pourrait dire que cela n'est pas de la réplication. Mais il suffit de répéter l'opération en prenant comme patron la chaîne nouvellement formée pour obtenir une copie du premier ARN (ou ADN). En d'autres termes, la réplication de l'ARN (et de l'ADN) se fait de la même façon que la réplication photographique : une image positive est obtenue à partir de l'image négative, et une négative à partir de la positive. Les acides nucléiques à deux brins contiennent des copies en double de la même information (séquence) moléculaire, l'une en positif, l'autre en négatif. Leur réplication se fait de façon réciproque, le positif servant de patron pour l'assemblage d'un nouveau négatif, et inversement, avec pour résultat final deux duplex identiques.

Telle est la véritable portée de la découverte de Watson et Crick. Elle tient en une seule phrase, qui se trouve à la fin de leur note publiée en 1953 dans *Nature* : « Il n'a pas échappé à notre attention que l'appariement spécifique que nous avons postulé suggère immédiatement un mécanisme possible de copiage du matériel génétique[3]. » L'écrivain scientifique américain Horace Judson a dit de cette phrase qu'elle était « l'une des déclarations les plus faussement timides de la littérature scientifique[4] ». Cette phrase, qui aurait été écrite par Crick, l'Anglais de l'équipe, peut aussi être considérée comme l'une des plus célèbres litotes britanniques. Imaginez ce que devait être l'excitation intérieure de ces deux jeunes gens, qui ne pouvaient pas ignorer qu'ils venaient de percer l'un des secrets de la nature les plus jalousement gardés !

L'émergence de l'ARN fut une innovation véritablement révolutionnaire dans l'évolution de la vie. En ouvrant la voie à la réplication moléculaire, elle rendait possible pour la première fois un mécanisme d'autoperfectionnement évolutif par variation, compétition et sélection. À partir de là, l'historien cherchant à reconstituer l'émergence de la vie est en droit de considérer de nouvelles explications, outre le déterminisme chimique. Un phénomène nouveau était apparu pour guider les événements : la sélection darwinienne.

Darwin joue avec des molécules

Imaginez la scène. Grâce au protométabolisme, la soupe prébiotique a « mijoté » au point que l'ATP, le GTP, le CTP et l'UTP (et peut-être d'autres molécules semblables) sont tous en train de se former et de se combiner en une variété de chaînes polynucléotidiques. Parmi ces segments, certains se trouvent posséder des séquences complémentaires appropriées qui leur permettent de se replier ou de se joindre de façon à favoriser leur élongation par réplication. De telles séquences favorables seront dupliquées et deviendront plus abondantes que les autres. Pour la première fois, grâce à la réplication, un mécanisme de *sélection par amplification* apparaît. Mais ce n'est pas tout.

Au début, la réplication de l'ARN a dû être fort imprécise. Inévitablement, beaucoup d'erreurs se produisaient, avec pour conséquence la formation de nombreuses copies complémentaires inexactes à partir des séquences initiales. Ces variantes pouvant elles-mêmes servir de patrons, l'information séquentielle continuait à se disperser. Cependant, toutes les variantes ne donnaient pas un nombre égal de copies. En raison d'une particularité de leur séquence, certaines étaient dupliquées plus vite que d'autres et étaient ainsi avantagées. Un autre facteur favorable était la stabilité des molécules dans les conditions ambiantes. Celles qui combinaient ces deux avantages (facilité de réplication et stabilité) de la façon optimale produisirent une progéniture plus abondante, qui, bénéficiant des mêmes avantages, l'emporta progressivement sur les séquences moins avantagées. À la fin de ce processus, une séquence unique a dû parvenir à dominer tout le mélange, si complexe qu'ait été la situation de départ.

Ce scénario n'est pas une simple construction théorique. Il a été répété de nombreuses fois en laboratoire, et d'abord en 1967, par le regretté biochimiste américain Sol Spiegelman, de l'université Columbia, un pionnier du domaine[5]. Spiegelman mélangea dans un tube à essai de l'ARN extrait d'un petit virus appelé Qβ, l'enzyme réplicateur d'ARN (réplicase) du même virus et les quatre substrats (ATP, GTP, CTP et UTP) de la réplication de l'ARN. Après une courte incubation, pendant laquelle la réplication avait lieu, il utilisa l'ARN nouvellement formé pour ensemencer un nouveau mélange identique, répétant l'opération un certain nombre de fois. À la fin, l'ARN obtenu se trouva être très différent de l'ARN viral ajouté au début. Il avait été dégrossi de façon à ne conserver que les parties de la molécule nécessaires pour assurer son interaction effective avec l'enzyme réplicateur et pour préserver sa stabilité. On obtint un produit final différent lorsqu'on réalisa l'expérience en présence d'un inhibiteur qui changeait les conditions nécessaires à une interaction optimale avec l'enzyme. Depuis lors, ces expériences historiques ont été répétées de nombreuses fois et de diverses manières, en particulier par Orgel[6] et par le prix Nobel allemand Manfred Eigen et ses collègues de l'Institut Max-Planck de physico-chimie, à Göttingen, qui ont également réalisé une étude théorique détaillée du processus[7].

Ce que l'on observe n'est rien de moins qu'une véritable évolution darwinienne à l'échelle moléculaire. On a un gène, une molécule d'ARN de séquence donnée, susceptible de subir la réplication. Ce gène est sujet à des mutations. Les mutants entrent en compétition les uns avec les autres pour les ressources disponibles (les nucléotides en nombre limité) utilisables pour la réplication. Les gagnants sont ceux qui se reproduisent le plus vite. L'important est que ce résultat est atteint sans intentionnalité ni prévision. Les mutations sont provoquées par des accidents de réplication, événements fortuits, sans aucun rapport avec la production de meilleurs réplicateurs. Telle est l'essence de la théorie darwinienne. La sélection naturelle agit à l'aveugle sur les matériaux que lui présente le hasard.

À la fin du processus d'optimisation que l'on vient de décrire, le système s'installe dans un état de stabilité apparente (*"steady state"*) où réplication et dégradation s'équilibrent et où la séquence optimisée maintient sa suprématie grâce à la continuation de la sélection. Même dans l'état stable optimal, les molécules d'ARN ne sont pas toutes identiques. Comme des erreurs de réplication continuent de se produire, le résultat en est une population de molécules en perpétuelle évolution, que Eigen appelle une quasi-espèce. Cette population se compose de copies parfaites de la séquence optimale (« séquence maîtresse ») et de nombreuses variantes produites par les erreurs de la réplication. On pense qu'à l'origine de la vie, la séquence maîtresse de la première quasi-espèce d'ARN a caractérisé le premier gène. Pour reprendre l'expression inventée par le biologiste britannique Richard Dawkins[8], ce gène était parfaitement « égoïste », uniquement attaché à sa propre réplication.

Eigen a essayé de faire le portrait de ce gène originel d'après les renseignements fournis par l'expérimentation et par la théorie, un peu comme les dessinateurs de la police reconstituent le portrait des criminels recherchés d'après les indices fournis par les témoins[9]. Le « portrait-robot » qu'il brosse du premier gène présente une ressemblance frappante avec l'image que l'étude comparée des séquences nous donne de l'ancêtre commun à tous les membres existants d'une classe particulière de petites molécules d'ARN, appelées ARN de transfert, qui jouent un rôle clé dans la synthèse des protéines. En raison des nombreuses incertitudes qui grèvent les deux types de reconstitution, nul juge n'oserait encore prononcer de verdict sur la foi de cette ressemblance. Mais elle est très suggestive. La possibilité que le gène originel ait été l'ancêtre des ARN de transfert comporte des implications de la plus haute importance et du plus grand intérêt concernant la manière dont les molécules d'ARN ont commencé à être impliquées dans l'assemblage des peptides.

Le premier résultat du genre de sélection moléculaire que l'on vient de décrire a peut-être été la *sélection des quatre bases qui entrent dans la constitution de l'ARN aujourd'hui*. Les molécules exclusivement composées de A, de G, de U et de C présentaient l'avantage de pouvoir être dupliquées grâce à l'appariement de bases. Les molécules contenant d'autres bases non susceptibles de s'apparier furent éliminées.

La naissance des protéines

Avec l'apparition du gène originel, la vie naissante, ayant épuisé les possibilités d'amélioration moléculaire par la sélection darwinienne, a dû se trouver dans ce qui ressemblait à une impasse de l'évolution, avec comme seule issue un changement des conditions extérieures. Même alors, la liberté eût été de courte durée. La pression sélective aurait changé, mais bientôt le système se serait arrêté dans une nouvelle impasse d'optimisation, adaptée aux nouvelles conditions. C'est ce qui se serait en effet passé, n'était l'intervention d'un nouveau type de réaction qui amorça une nouvelle progression.

Selon le scénario le plus vraisemblable, tout a commencé avec l'apparition d'une ou plusieurs variantes d'ARN, qui *réagirent avec des acides aminés* de telle manière que l'acide aminé vint s'attacher à l'extrémité ribose de la molécule. C'est ainsi que le gène originel entreprit le long périple évolutif qui devait finalement donner naissance aux ARN de transfert, ses plus proches descendants actuels selon l'identification de Eigen. Car c'est exactement ce que font les ARN de transfert aujourd'hui : ils s'unissent aux acides aminés dans ce qui se trouve être la première étape de la synthèse des protéines.

La vie naissante ne « savait » pas que cette interaction ouvrait la voie à l'une de ses innovations les plus décisives : la synthèse protéique dépendante d'ARN. Le fait de se combiner avec des acides aminés a dû conférer aux ARN doués de ce pouvoir un avantage immédiat qui assurait leur réplication préférentielle. L'explication pourrait être très simple : les ARN ayant un acide aminé accroché à leur extrémité pouvaient s'enrouler en une conformation plus compacte qui les protégeait de la dégradation. Ou bien, ils ont pu servir plus efficacement comme patron pour la réplication ; ceci est fort plausible puisque les acides aminés étaient attachés à l'extrémité des molécules d'ARN où commence la lecture du patron. La présence de l'acide aminé aurait pu garantir que la lecture commence au bon endroit, ou bien elle aurait pu faciliter d'une manière ou d'une autre l'interaction entre patron et système catalytique. Ainsi, la simple sélection darwinienne au niveau moléculaire aurait pu conditionner non seulement l'évolution de l'ARN, mais également son implication dans la synthèse protéique, l'un des événements les plus importants dans l'histoire de la vie.

Pour attacher des acides aminés aux ARN de transfert, de l'énergie est nécessaire. Dans la nature, elle est fournie par l'ATP. Dans mon modèle, l'énergie a pu provenir des liaisons thioester, si les acides aminés avaient réagi sous forme de thioesters. Il existe d'autres possibilités, y compris une intervention de l'ATP, déjà présent dans le système à l'époque, et même une interaction directe entre ARN et acides aminés libres[10].

Il est intéressant de savoir si ces interactions étaient spécifiques ou non. S'agissait-il d'une espèce particulière d'ARN se combinant avec une espèce particulière d'acide aminé ? Ou bien le même ARN réagissait-il avec différents acides aminés, ou, à l'inverse, le même acide aminé avec différents ARN ? Aujourd'hui, dans la synthèse protéique, l'interaction entre ARN de transfert et acides aminés est très spécifique. Mais cette spécificité est assurée essentiellement par les enzymes qui catalysent l'association. Ceux-ci possèdent des sites de fixation qui reconnaissent spécifiquement un acide aminé donné et l'ARN de transfert correspondant ; ainsi ils positionnent les deux molécules de telle sorte qu'elles se lient l'une à l'autre avec l'aide de l'ATP. Il y a peu d'indices que les ARN de transfert et les acides aminés se reconnaissent directement sans l'aide des enzymes qui aident à les relier, bien que l'on ne puisse pas complètement exclure cette éventualité : on a, en effet, observé certaines interactions directes entre ARN et acides aminés[11].

Il est tentant de supposer que le processus primitif a manifesté une certaine spécificité, soit par interaction directe, soit par l'intermédiaire d'une surface catalytique. Cela expliquerait l'étonnante sélectivité de la synthèse protéique qui n'utilise que vingt acides aminés distincts, laissant de côté de nombreux autres qui sont disponibles et dont certains se trouvaient probablement en abondance dans la soupe prébiotique. Il y a également le fait troublant que dix-neuf des vingt acides aminés protéinogéniques – le vingtième, la glycine, n'existe que sous une forme – soient « gauchers ». L'équivalent moléculaire de la préférence manuelle – le terme technique est « chiralité », du grec *cheir*, main – est une propriété des paires de molécules qui, comme nos mains, sont construites à l'identique, l'une étant l'image de l'autre, telle que vue dans un miroir. Les deux formes sont désignées par les lettres D et L, initiales des mots latins *dexter*, signifiant droit, et *laevus*, signifiant gauche. Les protéines ne contiennent que des acices L-aminés. Cette étrange préférence de la nature pour les acides aminés « gauchers » est considérée par de nombreux scientifiques comme l'un des mystères les plus fascinants qui entourent l'origine de la vie. On peut concevoir que les ARN de transfert primitifs aient contribué, par leur spécificité, à sélectionner certains acides aminés pour la synthèse protéique[12]. En outre, il est difficile d'expliquer l'origine de la traduction et du code génétique sans supposer que les couplages primitifs entre acides aminés et molécules d'ARN jouissaient d'un certain degré de spécificité.

On peut supposer que lorsque des molécules d'ARN porteuses d'acides aminés se sont retrouvées de plus en plus nombreuses, elles ont commencé à réagir entre elles. C'est ce qui arrive aujourd'hui aux ARN de transfert porteurs d'acides aminés. Dans une première étape, deux de ces molécules se font face de telle manière que l'acide aminé de l'une se joint à l'acide aminé de l'autre pour former un dipeptide. Puis, par une interaction similaire, le dipeptide s'adjoint un nouvel acide aminé apporté par un ARN de transfert et devient un tripeptide. Cet acte est répété de nombreuses fois, jusqu'à l'achèvement d'une chaîne polypeptidique donnée. C'est par ce mécanisme que les protéines sont assemblées dans tout le monde vivant. Il semble très probable que l'assemblage des peptides ait été inauguré par les premiers ARN porteurs d'acides aminés et que la synthèse protéique dépendante d'ARN soit née de cette façon.

Dans la nature, l'assemblage des peptides a lieu sur les ribosomes, qui sont des particules compactes extrêmement complexes, composées de plusieurs espèces de molécules d'ARN (ARN ribosomiques) et de plus de cinquante protéines différentes. Un brin d'ARN messager vient compléter la machinerie de synthèse protéique en indiquant lequel des vingt acides aminés doit être inséré à chaque étape. Mais nous n'avons pas à nous occuper de ce dernier mécanisme pour le moment puisque le code selon lequel il fonctionne n'était pas encore né. Nous traitons ici d'une forme de synthèse peptidique non informée.

Même si on laisse de côté l'aspect informationnel, le rôle fondamental des ARN dans la synthèse protéique d'aujourd'hui n'en reste pas moins frappant. Impressionné par ce fait, Crick suggéra en 1968 que la première machinerie d'assemblage protéique a peut-être été exclusivement composée de molécules d'ARN, sans protéines[13]. Cette proposition n'était pas déraisonnable, étant donné que des protéines pouvaient difficilement être présentes à l'origine pour participer à la fabrication de la machinerie qui allait servir à les fabriquer. La découverte ultérieure des ARN catalytiques vint étayer solidement la suggestion de Crick, qui est devenue l'un des principaux piliers du modèle du monde de l'ARN. Bien que le modèle du monde des thioesters autorise l'intervention de multimères catalytiques dans l'assemblage des premiers peptides, on ne peut pas ignorer l'éloquent message de la nature. Il semble fort probable que des ARN ancêtres des ARN ribosomiques, et peut-être des ARN messagers, aient été impliqués comme composants structurels et catalytiques dans la machinerie originelle d'assemblage des peptides. La découverte par le chercheur américain Harry Noller, de l'université de Californie à Santa Cruz, que le catalyseur ribosomique responsable de l'établissement des liaisons peptidiques pourrait être lui-même de nature ARN, apporte un soutien non négligeable à cette théorie[14].

Ce qui n'est pas clair, en revanche, c'est la façon dont les ARN ayant des activités catalytiques dans l'assemblage peptidique vinrent à être sélectionnés. Le fait d'être impliqué dans ce processus favorisait peut-être, d'une manière ou d'une autre, la réplicabilité ou la stabilité des molécules. Mais cette explication n'est pas très convaincante. Quoi qu'il en soit, le besoin d'un nouveau mécanisme de sélection, fondé sur l'utilité des peptides formés, allait bientôt se faire sentir. Ce sera le sujet du chapitre suivant.

6

Le code génétique

Dans la reconstruction hypothétique de l'âge de l'information, nous sommes parvenus au point où les premiers peptides commencent à être assemblés par une machinerie fondée sur l'ARN. On sait ce qui vint ensuite : la traduction et le code génétique. Deux questions se posent à l'historien. Par quelles étapes successives la traduction et le code génétique sont-ils apparus ? Quelle fut la force agissante qui propulsa une acquisition aussi extraordinaire ? Les deux questions sont intimement liées puisqu'on ne peut envisager aucune voie qui ne contienne en elle-même une explication de son émergence spontanée. Avant de tenter de répondre à ces questions, il faut introduire un nouvel élément, à savoir le concept d'une cellule originelle.

Darwin a besoin de cellules

La cellule est l'unité de la vie et intervient, à un stade ou à un autre, dans toutes les tentatives de reconstitution de l'origine de la vie qui ont été proposées. Certains scénarios font entrer les cellules en scène très tôt, voire dès le début. D'autres ouvrent sur une soupe non structurée et n'introduisent la cellularisation que plus tard, la repoussant parfois jusqu'au dernier moment avant qu'elle ne devienne indispensable à un nouveau progrès. Pour des raisons que j'expliquerai au chapitre 9, j'ai opté pour le second scénario. Mais une limite a été atteinte.

Avec les débuts de la synthèse peptidique fondée sur l'ARN, si ce n'est plus tôt, la vie naissante avait pratiquement épuisé les ressources de l'évolution moléculaire. Pour que l'évolution puisse se poursuivre, des critères sélectifs moins égoïstes, ou, pour être plus précis, des critères sélectifs moins grossièrement égoïstes ont dû intervenir. Désormais, les molécules d'ARN n'étaient plus évaluées uniquement en fonction de leur capacité intrinsèque à survivre ou à être dupliquées, mais sur la base de leur capacité à *faire quelque chose* qui, indirectement, favorisait leur survie ou leur réplication. Mais ce type de sélection ne pouvait fonctionner que si le système biogénique était divisé en un grand nombre d'unités discrètes, semi-autonomes et autoreproductrices, que nous appellerons protocellules, chacune contenant son génome individuel. Dès lors, chaque mutation utile ne profitait plus qu'à la protocellule dans laquelle elle se produisait, amenant celle-ci et son génome amélioré à se reproduire plus vite que les autres, qu'elle étouffait progressivement dans la foule sans cesse croissante de ses descendants, favorisés eux aussi par la même mutation.

Pour ne pas rompre le fil du récit, j'examinerai plus loin les mécanismes qui menèrent à l'émergence des premières protocellules. Je supposerai pour le moment que la cellularisation a eu lieu et que les événements que l'on va maintenant considérer se sont produits dans une population de protocellules capables de croître individuellement et de se reproduire par division.

Une fois nées les protocellules, la sélection pouvait se poursuivre sur une base plus large et favoriser tout ARN réplicable qui, d'une manière ou d'une autre, augmentait la capacité de son propriétaire protocellulaire de croître et de se multiplier. C'est à ce stade, et non plus tôt, que les ARN catalytiques ont probablement été retenus et améliorés par la sélection dans la mesure où leurs activités se trouvaient être utiles aux protocellules concernées. En particulier, il a dû y avoir une pression sélective très forte visant à rendre plus efficaces certaines parties de la machinerie de synthèse peptidique si, comme cela paraît probable, la capacité de fabriquer des peptides était un avantage en elle-même.

Un autre avantage important aura été apporté par tout ce qui favorisait la fabrication de peptides utiles plutôt que celle de peptides inutiles ou nuisibles. Mais pour cela, il fallait une *boucle de rétroaction*, par laquelle les peptides utiles favorisaient de façon sélective leur propre réplication[1]. Ce résultat aurait théoriquement pu être atteint par copiage direct des peptides utiles, mais il y a de bonnes raisons de rejeter cette possibilité, la plus importante étant, sauf preuve du contraire, que le copiage des protéines ne résout rien. Reste à expliquer la traduction.

Anatomie de la traduction

Une fois encore, la vie actuelle nous met sur la voie de la solution. La machinerie de synthèse protéique consiste en plusieurs parties. Il y a d'abord le ribosome, qui est le site d'assemblage catalytique. Il s'agit d'une particule petite et dense, de 25 millionièmes de millimètre de diamètre, comprenant une petite et une grande sous-unité, chacune constituée d'ARN et de composés protéiques en proportions pondérales à peu près égales. Le ribosome unit automatiquement un acide aminé à la chaîne peptidique en cours d'élongation (un seul acide aminé au début) quand ces deux molécules lui sont présentées de façon appropriée. En termes d'information, le ribosome est illettré. Il agit en aveugle et joint n'importe quelle paire de partenaires pour autant qu'ils aient la bonne conformation chimique et soient correctement alignés par rapport à son centre catalytique.

La deuxième partie de la machinerie est l'ARN messager. Il constitue une sorte de ruban passant entre les deux sous-unités ribosomiques, qu'il aide à maintenir ensemble, et apporte l'information spécifiant l'ordre dans lequel les acides aminés doivent être assemblés au cours de la synthèse peptidique. Dans cette traduction du langage des acides nucléiques en langage des protéines, la séquence nucléotidique de l'ARN messager stipule la séquence d'acides aminés du peptide correspondant. Ceci se déroule d'une façon colinéaire simple : chaque triplet de bases successif (codon) dans l'ARN messager spécifie selon la même succession un acide aminé de la chaîne polypeptidique. Sur les soixante-quatre codons différents qui peuvent être construits au moyen de quatre bases, soixante et un déterminent l'un des vingt acides aminés avec lesquels les protéines sont construites, et trois sont des codons d'arrêt signifiant la fin de la chaîne. Un codon, correspondant à un acide aminé particulier, joue aussi

FIGURE 6.1

Principales étapes de la synthèse protéique

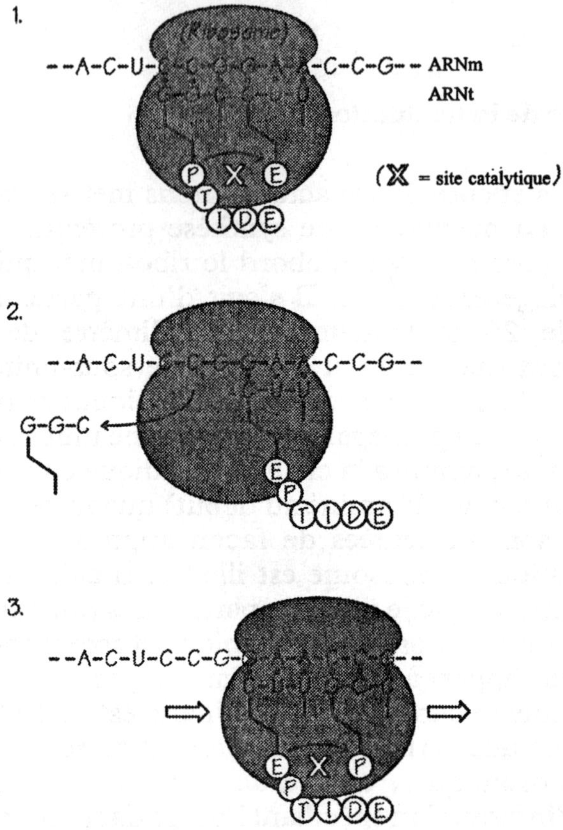

1. Un ARN de transfert (ARNt) portant l'acide aminé **E** s'aligne sur le ribosome près d'un ARN de transfert portant la chaîne peptidique en cours d'élongation.

2. La chaîne peptidique a été transférée de son ARN de transfert (qui se détache du ribosome) à l'acide aminé **E** présenté par l'ARN de transfert voisin.

3. Le ribosome a progressé sur l'ARN messager (ARNm), et l'acide aminé suivant (**P**) est présenté par un ARN de transfert possédant un anticodon complémentaire.

le rôle de codon d'initiation. Ces relations univoques entre triplets de bases et acides aminés constituent le code génétique. À quelques exceptions mineures près, l'ensemble du monde vivant utilise le même code. C'est un dictionnaire universel.

Avec l'ARN messager qui lui est momentanément associé, le ribosome se transforme en site d'assemblage qui fabrique *un type unique de polypeptide*. En général, dix ribosomes ou plus, en train de lire le message et de fabriquer la chaîne polypeptidique correspondante, se suivent à la queue leu leu sur le même brin d'ARN messager. De telles chaînes sont appelées polysomes. Des dizaines de milliers de polysomes, occupés à l'assemblage de milliers de protéines différentes, sont présents à tout moment dans n'importe quelle cellule donnée.

Les acides aminés sont conduits jusqu'à ces machineries par les ARN de transfert. Correctement alignés à la surface du ribosome, deux ARN de transfert transportant un acide aminé interagissent de telle sorte que l'un d'eux cède son acide aminé à l'acide aminé attaché à l'autre ARN de transfert, qui porte alors un dipeptide. L'allongement subséquent de la chaîne a lieu par ce que Lipmann (que nous avons déjà rencontré précédemment ; voir p. 71, 73, 86) a appelé « croissance par la tête[2] ». À chaque étape, c'est toute la chaîne en cours d'élongation qui est transférée sur l'acide aminé suivant, apporté par son ARN de transfert (voir figure 6.1). Imaginez un train que l'on assemblerait non pas en accrochant une voiture après l'autre à la queue du train, mais en bougeant chaque fois tout le train pour venir l'accrocher à la voiture de tête suivante, et ceci jusqu'à la locomotive. De cette façon, la chaîne peptidique en cours d'élongation reste toujours attachée à un ARN de transfert par le dernier acide aminé qu'elle a fixé, et ceci jusqu'à ce que la synthèse soit terminée et qu'un codon d'arrêt provoque alors le détachement de la chaîne polypeptidique complète.

Les sites sur le ribosome par lesquels les ARN de transfert portant un acide aminé sont attachés reconnaissent des traits communs à tous les ARN de transfert, tandis que le site catalytique assemble des groupes chimiques communs à tous les acides aminés. La discrimination est entièrement assurée par l'ARN messager. Dans cette tâche, l'ARN messager ne « voit » pas les acides aminés, il ne voit que les ARN de transfert. Plus précisément, il ne voit qu'une petite partie de l'ARN, un triplet de bases, ou anticodon, complémentaire du codon. Dans la molécule d'ARN de transfert, l'anticodon est situé de telle sorte qu'il est correctement aligné, de façon antiparallèle, le long du codon que lui présente l'ARN messager quand la molécule d'ARN de transfert occupe un site de fixation sur un ribosome. L'association entre les codons et les anticodons se fait par appariement de bases, avec un léger flottement ou « wobble » au niveau de la troisième base du codon, flottement grâce auquel un anticodon donné peut parfois interagir avec plus d'un codon. (Il y a environ quarante ARN de transfert pour les soixante et un codons codant pour des acides aminés.) À chaque étape du processus d'assemblage, le ribosome et l'ARN messager façonnent ensemble un site nouvellement ouvert, dans lequel un seul des quelque quarante ARN de transfert engagés dans la synthèse protéique s'enclenche correctement, avec l'acide aminé qui lui est attaché. Ainsi se fait la lecture du message. C'est un jeu de puzzle une fois encore, mais avec quarante pièces au lieu des quatre utilisées dans la réplication de l'ARN. Cette fois, il faut peut-être un enfant de cinq ans pour le réussir.

Il est caractéristique de ce processus que la lecture se fait *entièrement en langage d'ARN* grâce à l'appariement de bases entre les codons et les anticodons. La phase de traduction proprement dite s'effectue avant l'assemblage, par les enzymes qui *attachent des acides aminés aux ARN de transfert.* Ces enzymes reconnaissent à la fois un acide aminé et un ARN de transfert correspondant. Ils constituent les seules parties de la machinerie de traduction à comprendre à la fois le langage des protéines et celui des ARN, encore qu'il ne s'agisse que d'un seul mot de chaque langue par enzyme. Si l'un de ces enzymes se trompe et attache le mauvais acide aminé à un ARN de transfert donné, la machinerie d'assemblage n'a aucun moyen de détecter l'erreur. Elle obéit servilement aux instructions données par l'anticodon de cet ARN de transfert doté d'un mauvais chargement et attache le mauvais acide aminé à la chaîne en cours d'élongation.

Chose étonnante, une moitié seulement des enzymes « bilingues » qui attachent les bons acides aminés aux bons ARN de transfert reconnaît les anticodons sur ces ARN de transfert[3]. Les autres enzymes engagés dans la traduction reconnaissent certains traits particuliers de l'ARN de transfert autres que les anticodons, et ne sont pas affectés si l'on modifie l'anticodon ni même si on l'élimine. Ces enzymes sont donc bilingues par procuration, si l'on ose dire : leur spécificité d'ARN ne vient pas directement du dictionnaire génétique ; elle est liée à des éléments structurels sur les ARN de transfert distincts de l'anticodon et parfois séparés de lui par une distance considérable. C'est un fait très curieux, car il ajoute un autre maillon à la chaîne de transmission de l'information et accroît ainsi les risques d'erreur. On comprend difficilement pourquoi l'évolution aurait sélectionné ce maillon faible, non nécessaire, qui pourrait bien être un vestige d'une relation antérieure que l'évolution n'a pas effacé. Je reviendrai sur la nature probable de cette relation. Mais voyons d'abord l'évolution de la traduction elle-même.

Origine de la traduction

Pour comprendre comment une machinerie aussi complexe que celle qui est impliquée dans la synthèse protéique a jamais réussi à venir à l'existence, imaginons une situation sans aucun code, où les peptides s'assemblent de façon aléatoire. On pourrait s'attendre que les ARN messagers, n'ayant aucun sens, n'interviennent pas. Eh bien si ! Même dans la machinerie actuelle, les ARN messagers, ou leur équivalent, seraient quand même nécessaires parce que, outre leur rôle informationnel, ils jouent un rôle *conformationnel.* Ils aident à verrouiller les deux ARN de transfert chargés et les deux sous-unités ribosomiques dans la conformation requise pour transférer la chaîne peptidique en cours d'élongation à l'acide aminé suivant.

C'est, d'après moi, ce qui expliquerait l'entrée de l'ARN messager sur la scène de la synthèse peptidique. Son précurseur faisait partie de l'échafaudage d'ARN catalytique originel sur lequel les premiers peptides étaient assemblés. Dans cet échafaudage, l'ARN primitif qui allait donner naissance aux ARN ribosomiques fournissait la partie catalytique, et l'ARN primitif, ancêtre des ARN messagers, assurait un positionnement correct des ARN porteurs d'acides aminés ou de peptides, et ceci par le même type d'interaction qui existe aujourd'hui entre les codons et les anticodons. Par souci de simplicité, je désignerai ces triplets par les termes « codon » et « anticodon », et les trois différentes espèces d'ARN par les noms de leurs descendants d'aujourd'hui : ARN ribosomique (ARNr), ARN messager (ARNm), et ARN de transfert (ARNt).

Ensemble, ces trois types d'ARN fabriquèrent les premiers peptides, assemblant des acides aminés dans un ordre qui, s'il n'était pas complètement aléatoire, était loin d'être aussi strictement imposé qu'il l'est avec la gamme des ARN actuels. Certains des peptides ainsi fabriqués étaient utiles. *La simple capacité de fabriquer des peptides était donc un avantage* pour les protocellules concernées, et toute mutation des ARN qui améliorait cette capacité conférait un avantage sélectif sur les autres protocellules. Ainsi, les différents ARN furent conjointement soumis à la sélection et à l'évolution darwiniennes, le critère de sélection étant l'efficacité de la synthèse peptidique. La machinerie pouvait s'améliorer de cette façon, mais non encore ses produits. Il n'était pas possible pour un bon produit de favoriser sa propre production par rétroaction.

La possibilité d'une telle rétroaction existait pourtant en germe dans le fait que c'était par des interactions entre codons et anticodons que les ARNm aidaient à immobiliser les ARNt chargés dans l'orientation appropriée pour la synthèse peptidique. Ainsi, dès le début, les ARNm *procédèrent à chaque étape à une sélection parmi les ARNt*, le degré de spécificité de cette sélection dépendant du nombre de molécules d'ARNt différentes qui portaient le même anticodon. Cela étant, on pouvait s'attendre que la sélection naturelle élimine les ambiguïtés et mène à une situation où chaque type d'acide aminé soit attaché à un ARNt portant un anticodon spécifique.

Imaginons, par exemple, que deux ARNt, transportant respectivement l'acide aminé glycine et l'acide aminé alanine, aient le même anticodon GGC, c'est-à-dire la séquence guanine-guanine-cytosine. Partout où le codon GCC (complémentaire de GGC selon une orientation antiparallèle) apparaît sur l'ARNm, la glycine ou l'alanine sera insérée dans la chaîne peptidique en formation, le hasard décidant entre les deux. Si, maintenant, une mutation fortuite dans l'ARNt de l'alanine change le G central de l'anticodon en C, seule la glycine sera insérée en face du codon GCC, tandis que l'alanine sera appelée par le codon GGC. Le système aura gagné en spécificité. Qu'un ou plusieurs des nouveaux peptides se révèlent utiles, et les protocellules possédant l'ARNt mutant jouiront d'un avantage sélectif et produiront une progéniture plus nombreuse dotée de ces ARNt plus spécifiques.

Si cette même mutation affecte l'ARNt de la glycine au lieu de l'ARNt de l'alanine, on gagne en spécificité de la même façon, mais la position des deux acides aminés dans les peptides est inversée. Les protocellules concernées peuvent aussi être avantagées. Le résultat final dépendra de la réponse à cette question : lequel des deux ensembles de peptides confère l'avantage évolutif le plus important ? Selon le code génétique, le premier ensemble était le meilleur. Il se trouve que GCC est un codon pour la glycine, et GGC un codon pour l'alanine.

Ce genre de scénario peut être répété avec d'autres acides aminés et d'autres ARNt, jusqu'à ce que, finalement, les vingt acides aminés protéinogéniques soient peu à peu incorporés dans le système. Étape après étape, au fil de l'évolution, *la traduction et le code génétique émergeraient ainsi concomitamment comme produits de la sélection naturelle.* Le mécanisme proposé nécessite que chaque ARNt soit spécifique à un acide aminé particulier. Cela concorde avec la conception selon laquelle les ARNt ont « pêché » les acides aminés protéinogéniques. Même si les spécificités étaient relativement lâches à l'origine, la sélection naturelle les aura peu à peu rendues plus strictes.

Une caractéristique intéressante du modèle proposé est que la sélection naturelle commença à trier des peptides dès la mise en place ou presque d'une machinerie primitive de synthèse peptidique. Les mutations qui jouèrent un grand rôle au début étaient celles qui *affectaient les anticodons des ARNt* et changeaient par là les séquences de *tous* les peptides contenant l'acide aminé transporté par l'ARNt mutant. Des ensembles entiers de peptides, où tel ou tel acide aminé occupait une position donnée, furent triés par la sélection naturelle. Plus tard, avec l'émergence de la traduction et d'un code moins ambigu, les mutations des ARNt devinrent presque toujours fatales parce que leurs conséquences étaient trop générales pour être tolérables. Parmi les nombreux peptides qui étaient modifiés en même temps, certains devenaient presque inévitablement défectueux dans l'opération. Le moteur de l'évolution passa aux *mutations dans les ARNm*. Ces mutations entraînaient la synthèse d'une seule espèce de peptide modifié, qui pouvait alors être évaluée en fonction de son utilité. La plupart du temps, le peptide modifié était inférieur à son prédécesseur non mutant et la protocellule affectée était éliminée dans la compétition. Mais la mutation apportait parfois une amélioration qui conférait aux protocellules concernées un avantage sélectif. Ce mécanisme (dans lequel l'ADN remplacera plus tard l'ARN dans son rôle de stockage mutable de l'information) est devenu la force agissante centrale de l'évolution.

Il existe une troisième possibilité. Le peptide modifié n'était ni meilleur ni moins bon que son prédécesseur. La mutation, neutre, était transmise passivement par ce que l'on appelle la dérive génétique. Ce sont ces mutations qui permettent de reconstruire l'arbre de la vie grâce à l'étude comparée des séquences moléculaires.

Structure du code génétique

Une question centrale, non encore résolue, est de savoir si la structure du code génétique est le produit du hasard ou si elle fut imposée par des facteurs déterministes. En d'autres termes, si des organismes vivants comparables à ceux que l'on trouve sur la Terre existaient ailleurs, utiliseraient-ils notre code génétique ou un autre ?

La réponse à cette question serait simple s'il existait une correspondance structurelle directe entre les acides aminés et leurs anticodons, c'est-à-dire si les premiers ARNt avaient pêché les acides aminés en utilisant leurs anticodons comme hameçons. Le code serait alors strictement déterministe. Bien des efforts ont été faits pour mettre au jour de telles relations, mais le plus souvent en vain. Sans être complètement condamnée, cette ligne de recherche n'offre guère de perspectives encourageantes.

Il n'en demeure pas moins que les ARNt et les acides aminés primitifs ont dû « voir » quelque chose les uns dans les autres. Car sinon, pourquoi se seraient-ils assemblés ? Il a fallu en outre que ce quelque chose soit différent pour chaque combinaison d'ARNt-acide aminé pour rendre compte de la spécificité sans laquelle on peut difficilement expliquer l'émergence de la traduction[4]. Peut-être les traits caractéristiques des ARNt impliqués dans ces reconnaissances des premiers temps étaient-ils apparentés aux traits structurels que reconnaissent aujourd'hui les enzymes qui ignorent les anticodons dans la sélection des ARNt auxquels ils attachent des acides aminés ? Cette possibilité fascinante n'a pas été confirmée pour le moment, mais elle expliquerait le fait que dans certains cas l'évolution a conservé ces traits distinctifs et que dans d'autres elle les a effacés et remplacés par des anticodons comme caractéristiques à reconnaître.

Quoi qu'il en soit, le fait que les ARNt primitifs et les acides aminés aient dû se reconnaître implique que la situation de départ était loin d'être aléatoire et qu'elle pourrait bien être la même si l'on reproduisait le processus ailleurs. L'évolution ultérieure par des mutations touchant les anticodons devrait opérer à l'intérieur de ces contraintes. Les acides aminés finiraient peut-être par être codés par les anticodons qui les spécifient aujourd'hui, mais cela est loin d'être certain.

Autre élément important : le facteur historique. Il est probable que les vingt acides aminés protéinogéniques n'ont pas tous été disponibles dès l'origine. Le code génétique a donc dû commencer avec un plus petit nombre d'acides aminés – entre quatre et huit selon les estimations – et a dû émerger progressivement à mesure que plus d'acides aminés entraient dans le circuit. On a proposé différents modèles pour expliquer cette émergence du code.

Ces modèles ont tous en commun de limiter la nature des anticodons susceptibles de représenter des acides aminés donnés. Prenons un exemple simple. Le chimiste allemand Manfred Eigen[5] a suggéré, pour des raisons qu'il n'est pas utile de développer ici, que les ARNt primitifs étaient constitués d'une répétition de triplets GXC, X étant l'une quelconque des quatre bases disponibles : G, C, A ou U. Cette structure permet quatre anticodons – GGC, GCC, GAC, et GUC – qui, selon une orientation antiparallèle, correspondent respectivement aux codons GCC, GGC, GUC, et GAC. Dans le monde actuel, ces codons spécifient respectivement les acides aminés alanine, glycine, valine, et acide aspartique. Ceux-ci se trouvent être les plus abondants parmi les acides aminés protéinogéniques formés dans les expériences de simulation de Miller ou trouvés dans des météorites. Il est difficile de ne voir là qu'une simple coïncidence.

Que le scénario correct soit celui de Eigen ou un autre, le point important est que hasard et sélection ont dû travailler dans un contexte historique strictement défini. Les acides aminés furent encodés dans l'ordre dans lequel ils devinrent disponibles pour la synthèse peptidique, tandis que les codons eux-mêmes furent assignés dans un ordre qui, très probablement, n'était pas aléatoire mais imposé par les exigences moléculaires des ARN impliqués. En d'autres termes, les codons furent distribués entre les acides aminés – ou les acides aminés entre les codons – selon un principe réciproque de « premier arrivé, premier servi ». Il est impossible d'évaluer la rigueur de ces contraintes, mais leur existence rend très improbable une structure du code purement accidentelle, comme certains le soutiennent.

Un autre aspect du code génétique suggère une origine non aléatoire : sa structure remarquablement régulière. Les codons codant pour le même acide aminé ou pour des acides aminés ayant des propriétés voisines sont regroupés de telle sorte que les effets nuisibles des mutations (dues au remplacement accidentel d'une base par une autre dans le triplet) soient minimisés. La plupart du temps, le codon modifié appelle le même acide aminé ou un autre suffisamment proche de l'original pour que les propriétés du peptide modifié ne soient pas altérées de façon importante. Cette régularité suggère que le code fut modelé par la sélection naturelle pendant la longue période où les protocellules essayaient différentes affectations de codons et se disputaient la première place dans la course de l'évolution.

En conclusion, il n'est pas certain que des extraterrestres comprendraient notre langage génétique, mais les chances qu'ils le comprennent sont loin d'être négligeables. Il est vrai que l'évolution s'est permis quelques fantaisies avec le code génétique depuis qu'il fut établi pour la première fois, par exemple dans les mitochondries, parties caractéristiques des cellules eucaryotes. Mais il s'agit là d'un événement qui eut lieu très tard, à un moment où il ne restait plus dans les mitochondries que moins d'une douzaine de gènes à être affectés par le changement. Il ne dit rien des contraintes historiques qui ont façonné le code au début de son évolution.

Le métabolisme remplace le protométabolisme

L'acquisition de la traduction et du code génétique ne fit qu'ouvrir la voie hors du monde de l'ARN. Il s'ensuivit une longue période pendant laquelle les protocellules acquirent peu à peu de nouveaux peptides. Imaginons comment cela s'est passé. À chaque reprise, c'est une mutation accidentelle d'une molécule d'ARN qui a dû déclencher le processus. Souvenez-vous : dans le monde de l'ARN, les molécules d'ARN servaient à la fois de gènes réplicables et d'ARN messagers traduisibles. La mutation était donc héréditaire et s'exprimait sous la forme d'un nouveau peptide. Si ce peptide conférait à la protocellule où avait eu lieu la mutation un avantage sur les autres protocellules dans la « lutte pour la vie » darwinienne, la protocellule et sa progéniture se multipliaient plus vite que les autres, et petit à petit les supplantaient. La même suite d'événements a dû se dérouler des centaines de fois avant que n'apparût une protocellule vraiment capable de survivre et de se multiplier à l'aide de son arsenal de peptides récemment acquis. Ce n'est qu'à ce moment-là que cette population de protocellules a pu se passer complètement du support chimique, quel que fût ce dernier, qui soutenait ses ancêtres dans le monde de l'ARN.

Quelles propriétés des nouveaux peptides ont pu être suffisamment utiles aux protocellules pour entraîner leur sélection ? Dans la plupart des cas, ce sont des propriétés catalytiques qui auront constitué les avantages essentiels pour lesquels ces peptides auront été sélectionnés. Ces avantages devaient s'apprécier dans le cadre du protométabolisme existant. Un peptide catalytique, même doué d'une activité et d'une spécificité exceptionnelles, qui ne trouvait pas de substrat sur lequel agir ou qui donnait naissance à un produit inutilisable, n'aurait été d'aucune utilité à la protocellule dans laquelle il s'était formé et n'aurait pas été retenu par la sélection. Au contraire, un catalyseur qui s'intégrait à la situation existante aurait été un bon matériau pour la sélection, surtout s'il réalisait un meilleur travail que le catalyseur existant ou s'il étendait le réseau des voies métaboliques dans de nouvelles directions conduisant à un avantage sélectif.

Ceci nous ramène au point souligné dans la première partie de ce livre, à savoir la nécessité d'une concordance entre le protométabolisme originel et le métabolisme tel qu'il existe aujourd'hui. Le réseau des intermédiaires chimiques participant au protométabolisme a servi de filtre puissant dans la sélection des enzymes appropriés parmi les peptides offerts. Le protométabolisme a pu se transformer petit à petit en métabolisme et les multimères céder la place aux enzymes sans contrevenir au sacro-saint Dogme Central. Il n'y avait nul besoin de réplication des peptides ou de traduction inverse des peptides primitifs en leurs ARN correspondants. Toute l'information nécessaire était contenue dans le réseau métabolique. Les autoroutes métaboliques ne furent pas construites indépendamment des routes de campagne existantes ; elles sont issues de ces routes de campagne qui, lentement, avec le temps, furent élargies et dotées d'une nouvelle surface.

En même temps que se développaient progressivement la traduction et le code génétique, les enzymes fabriqués par la machinerie d'ARN, ou plus exactement leurs prédécesseurs peptidiques, assumèrent peu à peu les tâches accomplies précédemment par les catalyseurs primitifs. La transition fut graduelle puisqu'il a fallu longtemps pour que la traduction atteigne un stade où les peptides étaient fabriqués d'une manière reproductible à partir de plans bien définis et réplicables de nature ARN. Il a fallu aussi beaucoup de temps pour que les protocellules acquièrent, l'une après l'autre, des centaines d'enzymes par mutation-sélection. Pendant ce temps, le protométabolisme cédait peu à peu la place au métabolisme, mais il ne pouvait vraiment passer la main qu'après la mise en place du dernier enzyme essentiel.

Pendant cette transition, mes multimères hypothétiques, s'ils ont jamais existé, devinrent de moins en moins indispensables. Mais la capacité de fabriquer des multimères à partir des thioesters ne disparut pas forcément pour autant. Cette capacité a pu être conservée et améliorée par mutation-sélection si certains multimères se trouvaient remplir des fonctions utiles qu'aucun des nouveaux peptides ne pouvait assumer. La synthèse, par certaines bactéries, de la gramicidine S et d'autres peptides peu courants à partir de thioesters pourrait être un héritage de l'ancien mécanisme ancestral. Mais elle pourrait aussi être une réinvention récente de l'évolution. Les thioesters jouent des rôles si nombreux et si importants dans tous les organismes vivants que leur intervention dans la synthèse peptidique pourrait s'être produite plus d'une fois.

7

Gènes en gestation

Entre l'apparition du premier peptide, assemblé par hasard par l'interaction de molécules d'ARN, et l'inauguration d'un appareil de traduction totalement intégré, équipé d'un code génétique non ambigu ainsi que d'un ensemble fiable d'ARN et d'enzymes fonctionnels pour appliquer le code, la vie naissante progressa par une longue succession de bonds minuscules séparés par des phases plus ou moins longues de tâtonnement aléatoire. L'image qui vient à l'esprit est celle d'un terrain irrégulier lentement envahi par l'eau. Des petites avancées s'amorcent ici et là, au gré des forces d'attraction locales en lutte avec la tension superficielle, jusqu'à ce qu'une légère percée s'opère soudain dans une direction donnée et que toute la pression se concentre momentanément sur un ruisselet unique. Après quoi, les tâtonnements reprennent, lançant ici et là de menues explorations, jusqu'à la percée suivante.

L'évolution tâtonna d'une mutation fortuite à l'autre pour aboutir finalement à la synthèse de molécules peptidiques modifiées ; les bonds se produisirent au rythme de l'émergence, de temps à autre, d'un produit peptidique modifié qui conférait un avantage sélectif à la protocellule concernée. Comme dans le cas de l'eau qui s'épand, le résultat d'un tel processus dépend de la structure du terrain. Faute d'une meilleure connaissance du terrain prébiotique, il n'est pas possible de reconstruire en détail cette phase de l'évolution, mais on peut en deviner le résultat final avec une certaine assurance. À la fin de cette phase, la plupart des vingt acides aminés protéinogéniques, sinon tous, avaient été recrutés pour la synthèse peptidique, le code génétique avait atteint sa structure actuelle, à quelques ajustements mineurs près, et la traduction des messages d'ARN en peptides était, pour l'essentiel, devenue fiable et non équivoque. Quelles furent alors les étapes suivantes ?

Le jeu des modules

À ce stade, les gènes étaient très probablement encore constitués d'ARN. Ces gènes d'ARN primitifs étaient courts, ne dépassant pas soixante-dix à cent nucléotides de long (la longueur de nos ARN de transfert actuels). Cette estimation est conforme à la règle établie par Eigen[1] selon laquelle le nombre des composants unitaires dans une macromolécule réplicable ne peut dépasser l'inverse du taux d'erreur du processus de réplication. Dans le cas contraire, le contenu informationnel de la molécule se perd irrémédiablement suite à des réplications répétées. On estime le taux d'erreur de la réplication rudimentaire de l'ARN à un nucléotide inséré par erreur sur soixante-dix à cent nucléotides ajoutés, selon la composition en bases de la molécule d'ARN. D'où l'estimation d'une longueur maximale de soixante-dix à cent nucléotides pour les premiers gènes.

Il s'ensuit que les produits peptidiques des premiers gènes n'ont pas pu dépasser vingt à trente acides aminés de long (un acide aminé pour chaque triplet nucléotidique), compte tenu de la présence de certaines parties non codantes dans les gènes. Ces peptides furent retenus par la sélection naturelle ; c'est donc qu'ils exerçaient une fonction utile, le plus souvent catalytique. Cela nous enseigne deux choses : d'abord qu'il est *possible* que des peptides aussi courts manifestent des activités catalytiques comparables à celles des enzymes – point très important en ce qui concerne les multimères de mon modèle ; ensuite, que les enzymes ont *effectivement* fait leurs débuts sous forme de peptides relativement courts.

Ce fait contredit l'argument souvent avancé par les créationnistes et tendant à prouver que la vie n'a pas pu apparaître au terme d'un processus naturel. Considérez, disent-ils, une protéine telle que le cytochrome *c*, constituée de cent acides aminés. Imaginez qu'à chaque étape de la synthèse de cette protéine, on décide de l'acide aminé qui doit être ajouté en jetant un dé à vingt faces (une face pour chacun des vingt acides aminés protéinogéniques). Les chances pour que le bon acide aminé soit sélectionné sont à chaque fois de une sur vingt. Pour une séquence complète de cent acides aminés, la probabilité pour que la bonne séquence apparaisse est de 1 sur 20^{100}, ou 1 sur 10^{130}, soit en pratique zéro. Et le cytochrome *c* n'est que l'une des plus petites protéines parmi les quelques milliers présentes dans chaque cellule. D'où la conclusion que la vie n'a pas pu apparaître à travers un processus naturel.

Refaisons toutefois les calculs pour un peptide de vingt acides aminés, et admettons également que seules huit espèces différentes d'acides aminés sont disponibles pour sa formation, comme cela a pu être le cas au début de l'évolution. Chaque séquence possible distincte a donc une probabilité de 1 sur 8^{20} ou 1 sur 10^{18}. Il ne faudrait qu'un milliard de milliards de protocellules, qui tiendraient confortablement dans une petite mare si elles sont de la taille des bactéries, pour essayer toutes les séquences possibles. Même si l'on utilisait les vingt acides aminés protéinogéniques, le nombre de protocellules nécessaires pour une exploration complète, de l'ordre de 10^{26}, pourrait encore tenir dans un petit lac. En d'autres termes, si les protéines commencèrent sous forme de peptides courts, la vie naissante aura pu explorer la totalité de ce que l'on appelle l'espace séquentiel sans rien laisser au hasard.

Le lecteur aura peut-être détecté une faille dans ce raisonnement. En admettant que le nombre de possibilités reste dans des limites raisonnables pour les vingt premiers acides aminés, il faut encore en ajouter quatre-vingts pour obtenir le cytochrome *c*. Ainsi, l'objection initiale – le cytochrome *c* n'a pas pu apparaître par hasard – semble encore pertinente.

Ce serait vrai si les quatre-vingts acides aminés suivants avaient été ajoutés un à un. Mais ce ne fut pas le cas. La phase suivante de l'évolution des protéines consista probablement en un jeu combinatoire utilisant les peptides existants (par l'intermédiaire de leurs gènes) comme *composants modulaires*, ce qui change complètement les données de la probabilité. Admettons, par exemple, qu'un ensemble de mille peptides de vingt acides aminés ait été sélectionné pendant la première phase de l'évolution des protéines. Avec ces peptides comme constituants fondamentaux, on peut construire $1\ 000^2$, ou un million, de peptides différents de quarante acides aminés. Toutes les solutions possibles sont facilement essayées et soumises à la sélection naturelle. Il suffit maintenant qu'un millier de ces peptides finissent par émerger pour qu'il soit à nouveau possible de trier toutes les combinaisons de soixante et de quatre-vingts acides aminés. Il apparaît donc que la gamme complète des protéines actuelles a pu être créée par une exploration exhaustive de l'espace séquentiel, pour peu que l'expansion de cet espace par allongement des séquences ait été correctement élaguée par la sélection naturelle.

Il faut souligner l'importance du facteur historique dans ce genre de processus. À chaque étape, *l'évolution ne peut travailler qu'avec les matériaux qui ont survécu aux épreuves antérieures*. Même si une combinaison qui fut rejetée auparavant devait se révéler très précieuse à un stade ultérieur, il n'y aura pas moyen de la récupérer, sauf par mutations fortuites des combinaisons existantes. La dimension historique du processus évolutif a une portée très générale. On la rencontrera très souvent dans les chapitres suivants. À mesure que l'évolution progresse dans une direction donnée, l'éventail des choix possibles se rétrécit ; son cours devient de plus en plus dirigé et irréversible.

Les protéines actuelles présentent de nombreux indices prouvant leur construction modulaire. On a même estimé le nombre des unités modulaires à partir desquelles toutes les protéines existantes furent construites. D'après ces estimations, encore très incertaines, ce nombre serait de l'ordre de quelques milliers seulement. S'il est confirmé, ce chiffre serait extraordinairement suggestif : toute la variété et la diversité de la vie proviendrait de permutations de quelques milliers de composants fondamentaux ! J'aurai plus à dire sur le sujet au chapitre 24.

L'épissage de l'ARN

Le jeu modulaire ne fut pas joué par des peptides mais par les gènes qui codaient pour eux, très probablement des gènes constitués d'ARN. Pour cela, il fallait un nouvel arsenal catalytique. Le catalyseur requis le plus important devait pouvoir assembler, épisser, deux chaînes d'ARN distinctes en une seule. Dans le jargon moderne, ce type d'activité est appelé épissage *trans* (*trans* signifie « de l'autre côté de » en latin).

Par elle-même, cette activité ne créait pas souvent des messages cohérents parce que les parties codantes des ARN épissés n'étaient pas assemblées en phase les unes avec les autres – c'est-à-dire sans désorganiser les codons – et ne permettaient donc pas une lecture continue, ou bien se trouvaient séparées par un segment non codant. Pour corriger ces défauts, il fallait un autre genre d'activité, qui excise la partie non codante entre deux messages et épisse ceux-ci à nouveau, en phase l'un avec l'autre. Ce type d'épissage à l'intérieur d'une même molécule est appelé épissage *cis* (du mot latin signifiant « du même côté de »). Enfin, pour que la molécule d'ARN messager s'insère correctement dans la machinerie de traduction, l'extrémité de la molécule devait parfois être taillée (il faut couper le bout de la bande pour qu'elle s'introduise correctement).

Ces trois processus se déroulent dans de nombreux organismes vivants, non plus, cependant, dans le cadre de l'assemblage de gènes formés d'ARN – les gènes formés d'ARN avaient cessé de fonctionner bien avant l'apparition de l'ancêtre commun à toutes les formes de vie sur la Terre – mais plutôt comme moyen de démêler, au niveau de l'ARN, un mystérieux phénomène de fragmentation de gènes au niveau de l'ADN. J'étudierai ce phénomène plus en détail au chapitre 24. Pour le moment, disons simplement que de nombreux gènes, surtout chez les eucaryotes supérieurs, sont subdivisés en séquences qui sont exprimées, appelées exons pour cette raison, et en séquences intercalaires, ou introns, qui ne le sont pas. Ces séquences d'ADN divisé sont transcrites dans leur intégralité, après quoi les molécules d'ARN qui en résultent sont traitées de façon à éliminer les introns et à épisser ensemble les exons. Parfois complété par un élagage des extrémités, ce traitement donne naissance à des molécules d'ARN matures qui, ensuite, soit deviennent une partie de l'une ou l'autre machinerie, par exemple le système de synthèse protéique, soit, plus souvent, servent d'ARN messagers et sont traduites en protéines.

Les introns sont presque totalement absents des bactéries ; ils sont rares chez les eucaryotes inférieurs et plus abondants chez les eucaryotes supérieurs, où leur fréquence tend à augmenter avec le degré d'évolution. Le remaniement posttranscriptionnel de l'ARN semble être ainsi une acquisition tardive de l'évolution. Que ce soit ou non le cas – on verra plus loin que cette question est controversée – les enzymes qui en sont responsables pourraient bien être un très ancien héritage remontant au monde de l'ARN. Il est intéressant de remarquer que les trois activités impliquées – épissage *trans*, épissage *cis*, et élagage des extrémités – peuvent être catalysées par des molécules d'ARN spéciales sans l'aide d'aucune protéine. Les ARN catalytiques, ou ribozymes, furent découverts grâce à l'étude de ces processus. Des protéines sont également toujours impliquées, mais le fait qu'elles ne sont pas indispensables est considéré comme hautement significatif. Il suggère que les activités pertinentes étaient à l'origine assumées seulement par des ribozymes. Ainsi, à côté de la machinerie de traduction, un second système catalytique majeur naquit de l'interaction de molécules d'ARN. Ce fait constitue un autre argument de poids à l'appui du modèle du monde de l'ARN.

L'interaction entre molécules d'ARN qui conduisit à l'émergence de l'épissage passa probablement par la combinaison habituelle de mutations fortuites suivies d'un tri par sélection naturelle. Il est vraisemblable que les protocellules ayant la capacité d'épissage tirèrent un avantage sélectif de certains des peptides plus longs formés par la traduction de gènes d'ARN épissés. La réplication de tels gènes a dû rencontrer un problème, cependant, parce que leur longueur dépassait la limite des soixante-dix à cent nucléotides qu'imposait le taux d'erreur de la réplication. La solution à ce problème fut l'élaboration d'enzymes réplicateurs plus précis, qui constituèrent une acquisition particulièrement précieuse pour la sélection naturelle. En attendant ce développement, la réplication a dû continuer à utiliser les gènes plus courts comme patrons, ce qui implique que les protocellules continuèrent à dépendre de l'épissage pour ne pas perdre les produits peptidiques plus longs qui leur étaient utiles. Ainsi, toute amélioration touchant la spécificité, la précision et la reproductibilité de l'épissage de l'ARN était un avantage. Ce processus d'épissage joue encore un rôle majeur aujourd'hui, en particulier chez les eucaryotes supérieurs, même si, avec l'avènement de l'ADN, il ne constitue plus le principal mécanisme producteur de variation pour le jeu combinatoire de l'évolution.

L'avènement de l'ADN

À mesure que leur diversité génétique et leur degré de complexité augmentaient, les protocellules ont dû rencontrer un nombre croissant de problèmes logistiques. Que l'on imagine les deux formes complémentaires de centaines de « minigènes » formés d'ARN et de leurs produits d'épissage se disputant appariement de bases, réplication, épissage et traduction, et l'on se représentera aisément l'enchevêtrement inextricable dont les protocellules devinrent de plus en plus prisonnières à mesure qu'elles progressaient. Il n'y avait qu'une issue : la division du travail. Il fallait que la réplication se sépare de la traduction. Il fallait que l'ADN fasse son apparition. Personne ne sait quand cet événement crucial eut lieu, mais il est probable que ce fut à un moment où la formation de gènes d'ARN plus longs était déjà bien avancée.

Du point de vue chimique, l'ADN est une macromolécule en forme de chaîne très comparable à l'ARN. Elle se compose pareillement d'un grand nombre de nucléotides choisis parmi quatre espèces distinctes. Il y a deux différences. Le sucre ribose est remplacé par le désoxyribose, qui est du ribose auquel on a enlevé un atome d'oxygène – d'où le préfixe « désoxy » et le nom « acide désoxyribonucléique », ADN en abrégé. La deuxième différence touche l'une des quatre bases, l'uracile, qui, dans l'ADN, est remplacé par la thymine, qui est de l'uracile auquel est ajouté un groupe méthyle (CH_3). Cette modification n'affecte pas l'appariement des bases, de sorte que la paire AT dans l'ADN équivaut à la paire AU dans l'ARN. La paire GC est la même dans les deux types de molécules.

Il suffisait de quelques innovations métaboliques mineures pour que deviennent disponibles les composants essentiels de l'assemblage de l'ADN : le dATP, le dGTP, le dCTP et le dTTP – d signifiant « désoxy ». Quand ces molécules apparurent, trois réactions clés devinrent possibles, gouvernées toutes trois par l'appariement de bases, comme dans la réplication de l'ARN.

D'abord apparut la transcription réverse, c'est-à-dire l'assemblage d'ADN sur un patron d'ARN. On l'appelle « réverse » parce qu'elle fut découverte après la transcription, assemblage d'ARN sur un patron d'ADN, qui, dans le monde contemporain, est la principale réaction reliant ces deux molécules porteuses d'information. Historiquement, cependant, la transcription réverse apparut très probablement la première. Elle a joué un rôle essentiel en permettant à l'information stockée dans des molécules d'ARN d'être transférée à des molécules d'ADN.

Un stockage sans la possibilité de récupérer l'information aurait été inutile. D'où la nécessité de la transcription. L'information stockée pouvait ainsi être récupérée sous une forme adaptée à la traduction. Ce mouvement de va-et-vient de l'information entre une forme (ADN) à laquelle la machinerie de traduction ne pouvait accéder et une autre (ARN) qui lui était accessible constituait un moyen précieux de réguler l'expression de l'information génétique.

Finalement, la réplication de l'ADN, c'est-à-dire l'assemblage d'un nouvel ADN d'après un patron d'ADN existant, compléta l'installation de la nouvelle machinerie génétique, en dissociant complètement la réplication et l'expression de l'information.

Il est probable qu'au début ces fonctions furent toutes trois remplies par le même enzyme, qui était également le catalyseur responsable de la réplication de l'ARN. Les substrats et les patrons engagés dans les quatre types de réactions se ressemblaient suffisamment pour qu'un catalyseur rudimentaire ne les distingue pas efficacement. Cependant, dès que l'utilisation de l'ADN comme forme de stockage de l'information génétique apporta un certain avantage sélectif, l'évolution prit le relais à sa manière habituelle, testant les mutations et laissant la sélection naturelle conserver tout ce qui se trouvait être utile. Des enzymes de plus en plus spécifiques naquirent ainsi de mutations du gène originel codant pour le catalyseur multifonctionnel de l'assemblage des acides nucléiques. À la fin, quatre enzymes distincts émergèrent, chacun spécifique d'un type unique de réaction. Ce sont, dans la terminologie actuelle : l'ARN-réplicase, l'ADN-réplicase (plus souvent appelée ADN-polymérase), la transcriptase, et la transcriptase réverse. (Le suffixe « ase » dénote un enzyme.)

Une fois le système de l'ADN fermement établi, les deux enzymes utilisant des patrons d'ARN devinrent inutiles, nuisibles même, puisqu'ils ne pouvaient que compliquer les choses. Il était plus avantageux pour les protocellules de disposer d'une chaîne de commandement non ambiguë, de l'ADN vers l'ARN, puis vers les protéines, et de limiter la réplication à l'ADN. Il y eut ainsi une forte pression de l'évolution visant à éradiquer les gènes de l'ARN-réplicase et de la transcriptase réverse. Ils ont d'ailleurs quasiment disparu du monde vivant et ne se rencontrent plus que dans certains virus.

Les virus sont des agents infectieux qui ne peuvent se reproduire qu'à l'aide de la machinerie chimique d'une cellule vivante. La polio, la rage, la variole, la rougeole sont causées par des virus qui se reproduisent dans des cellules animales ou humaines. Il existe également des virus qui infectent les cellules des plantes, les protistes, ou les bactéries. Tous les virus ont en commun un génome transportant le plan du virus et le moyen d'introduire ce génome dans une cellule de sorte que le virus y soit reproduit. Certains virus ont des génomes formés d'ADN comme le reste du monde vivant, mais d'autres ont des génomes formés d'ARN. Les virus d'ARN sont de deux types.

Dans la première classe (par exemple, la polio), l'ARN viral est reproduit par réplication directe, à l'aide d'une ARN-réplicase encodée par un gène (ARN) viral. L'ARN viral (ou sa réplique complémentaire) fait également office d'ARN messager dans l'expression du génome viral.

Quand des virus ARN du second type infectent une cellule, l'ARN est d'abord soumis à la transcriptase réverse qui le transforme en ADN, à l'aide d'une transcription réverse encodée par un gène viral. La transcription de l'ADN sert ensuite à exprimer le génome viral et à le reproduire. Ces virus sont appelés rétrovirus. Ils comprennent un certain nombre d'agents causaux de cancers, ainsi que le tant redouté VIH (virus de l'immunodéficience humaine), l'agent responsable du SIDA, ou syndrome de l'immunodéficience acquise, cette peste du monde moderne.

On a suggéré que les virus descendent de formes de vie précoces ayant précédé les cellules. Ce ne peut être le cas, cependant, puisque les virus ne peuvent se multiplier sans cellules. On les considère aujourd'hui comme des résidus ou des fragments de cellules porteurs d'information, réduits au strict minimum requis pour se perpétuer grâce à d'autres cellules. Les virus sont des gènes nomades, qui ont quitté leur résidence originelle et qui, depuis, errent en liberté. Ils sont équipés pour aller de cellule en cellule et sont capables de rafraîchir et de refourbir leur patrimoine génétique à chaque passage. Il est possible que certains virus aient commencé leur errance très tôt dans l'évolution de la vie. Les virus à ARN, en particulier, pourraient bien remonter aux temps où les protocellules se débarrassaient de l'ARN-réplicase et de la transcriptase réverse. Les virus ont peut-être ainsi sauvé ces enzymes d'une éradication totale. Une deuxième possibilité est que ces enzymes furent « réinventés » à un stade ultérieur, par exemple par mutation de quelque gène d'ADN-réplicase ou de transcriptase. L'étymologie moléculaire comparée saura peut-être un jour apporter la réponse à cette fascinante question.

L'organisation génétique

Avec l'ADN au poste de commande, de nombreuses améliorations importantes pour l'organisation génétique devinrent possibles. D'abord, les gènes purent être stockés en exemplaires uniques ou en un nombre d'exemplaires minimal nécessaire pour satisfaire aux besoins de la croissance. La nécessité d'exemplaires multiples concernait essentiellement des gènes codant pour des molécules d'ARN structurels ou fonctionnels, tels que les ARN ribosomiques ou les ARN de transfert. À l'inverse, les ARN messagers pouvaient être produits à partir d'exemplaires uniques d'ADN, puisque la traduction fournissait un moyen adéquat pour une amplification ultérieure.

Un deuxième avantage était que tous les gènes pouvaient désormais être conservés sous forme de chaînes bicaténaires stables, dont l'un ou l'autre brin, parfois les deux, étaient sélectionnés pour la transcription au moyen de séquences nucléotidiques spéciales, appelées promoteurs, qui, situées à des endroits stratégiques, commandent l'interaction entre gènes et systèmes de transcription. Avec l'évolution, ces séquences devinrent la cible de nombreuses interventions régulatrices servant à mettre en route ou à arrêter la transcription de gènes donnés. C'est ainsi que commença le contrôle transcriptionnel de l'expression génétique, appelé à jouer un rôle extrêmement important dans les phénomènes d'adaptation et de développement. Nous aurons l'occasion d'évoquer ce mécanisme à plusieurs reprises dans les chapitres suivants.

Puisque les gènes n'avaient plus à servir de messagers, ils pouvaient être unis les uns aux autres pour former des chaînes de plus en plus longues, qui, à leur tour, offraient la possibilité d'une réplication synchrone, au moment opportun, de tous les gènes de la chaîne. Ce progrès fut conditionné par des améliorations touchant la précision de la réplication. Il est intéressant de remarquer que l'évolution aura finalement atteint une fidélité bien plus grande pour la réplication de l'ADN que pour celle de l'ARN. Tandis que pour la réplication de l'ARN le taux d'erreur le plus bas est de l'ordre de un sur quelques dizaines de milliers (compatible avec une longueur maximale de 20 000 à 30 000 nucléotides pour les ARN viraux), ce taux d'erreur peut descendre jusqu'à un sur un milliard pour la réplication de l'ADN. Due à l'existence de mécanismes perfectionnés de « correction », grâce auxquels les nucléotides ajoutés par erreur sont retirés avant qu'ils ne soient scellés définitivement par la fixation du nucléotide suivant sur la chaîne en cours d'élongation, cette précision remarquable a permis que tous les gènes d'une cellule bactérienne, autrement dit des millions de nucléotides, soient assemblés en un chromosome unique, circulaire, qui est présenté à la réplication à partir d'un seul site de commande appelé origine de réplication.

L'évolution a connu de nombreuses étapes depuis l'enchevêtrement des petits gènes d'ARN jusqu'au majestueux ordonnancement du chromosome bactérien. Cependant, dès que le premier segment d'ADN fut assemblé, chaque étape apporta un avantage sélectif supplémentaire. L'ensemble du processus se caractérisa alors par l'alternance mutation-sélection, qui est le *modus operandi* caractéristique de l'évolution.

8

Libertés et contraintes

Avec l'apparition des premières molécules d'ARN, la vie naissante entra dans l'ère de l'information encodée moléculairement et construisit progressivement la triade ADN-ARN-protéine qui dirige aujourd'hui toute la biosphère. Trois concepts clés furent introduits dans le sillage des molécules informationnelles : la complémentarité, la contingence et l'assemblage modulaire.

La complémentarité

Le transfert d'information biologique est fondé sur la complémentarité chimique, c'est-à-dire une relation entre deux structures moléculaires qui s'adaptent étroitement l'une à l'autre. On utilise souvent des images comme celle de la serrure et de la clé, ou celle du moule et de la statue, pour illustrer ce genre de relation. Dans le domaine de la chimie, la complémentarité est un phénomène plus dynamique que ces images ne le suggèrent. Les deux partenaires ne sont pas rigides. Quand ils s'étreignent, ils épousent dans une certaine mesure les formes l'un de l'autre. En outre, l'étreinte mène à l'attachement. Son degré d'intimité est tel que les interactions électrostatiques et autres forces physiques de courte portée sont assez fortes pour éviter que l'association ne soit rompue par l'agitation thermique.

L'appariement de bases, support du langage génétique, est la manifestation la plus spectaculaire de la complémentarité chimique en biologie. Mais ce n'en est qu'une parmi beaucoup d'autres. Chaque facette de la vie dépend de molécules qui se « reconnaissent ». L'auto-assemblage, phénomène par lequel des structures complexes se forment à partir d'un certain nombre de parties, repose sur des relations de complémentarité entre les parties, comme dans l'assemblage des meubles autrefois, à cela près que les parties chimiques fournissent aussi la colle.

Prenez le système immunitaire, sa versatilité et sa spécificité étonnantes. Ce qui nous permet de résister à la polio ou à la coqueluche – à la suite d'une première infection ou d'une vaccination –, c'est la présence dans notre sang de molécules protéiques spéciales, les anticorps, qui se fixent spécifiquement à un certain composant, appelé antigène, de l'agent pathogène. Les cellules du système immunitaire qui rejettent le foie ou le cœur greffé qu'elles ont reconnu comme étranger réagissent de cette manière par l'intermédiaire de molécules de surface qui se lient à un composant de surface propre à l'intrus. Les globules blancs du sang, qui traquent les microbes envahisseurs et les dévorent, reconnaissent leur proie par un mécanisme similaire.

Les hormones, les drogues, les poisons, et tout autre produit chimique exerçant un effet biologique doivent cette propriété à leur capacité d'interagir avec une molécule réceptrice située sur leur cible. Aujourd'hui, la recherche exploite sur une vaste échelle ce type de relations. C'est ainsi que les endorphines, qui procurent naturellement des sensations agréables, furent découvertes grâce à leur affinité pour le récepteur de la morphine.

Les enzymes fournissent un autre exemple très important de complémentarité. La plupart des réactions catalysées par des enzymes se déroulent en trois phases interconnectées. D'abord, la ou les molécules sur lesquelles l'enzyme doit agir – son ou ses substrats – se lient physiquement à des sites spécifiques disposés à la surface de l'enzyme. Cette fixation est telle que les molécules se présentent correctement positionnées par rapport au site catalytique de l'enzyme. La catalyse est la deuxième phase, suivie, lors d'une troisième phase, du détachement des produits, de sorte que le cycle peut recommencer. Pour prendre une analogie simple, imaginez un soudeur immobilisant deux pièces de métal dans un étau, puis se mettant à les souder, et retirant finalement le produit soudé pour commencer une nouvelle opération. De la même façon, une pièce de métal unique pourrait être immobilisée avant d'être sciée ou limée.

Dans les réactions enzymatiques, il n'y a pas d'ouvrier pour sélectionner les matériaux. Le processus est autonome et repose sur des affinités moléculaires entre les sites de fixation et les substrats. Grâce à ces affinités, les enzymes peuvent « pêcher » leurs substrats dans des mélanges très complexes. Dans toutes les cellules vivantes, des centaines, sinon des milliers de substances différentes coexistent, toutes à très faibles concentrations, comme cela a pu être le cas dans un mélange prébiotique. Les spécificités des enzymes, définies par les affinités entre sites de fixation et substrats, déterminent les voies chimiques suivies par les molécules.

Cette relation peut jouer dans les deux sens. De même que les récepteurs peuvent servir à pêcher les hormones, les substrats peuvent sélectionner leurs enzymes, soit directement par une fixation qui protège l'enzyme – beaucoup d'enzymes résistent mieux à la dégradation quand ils sont unis à leur substrat –, soit indirectement, à travers les activités des enzymes. C'est, je pense, ce qui se passa quand la machinerie de l'ARN commença à produire des peptides. Les peptides catalytiques qui s'intégraient au réseau protométabolique furent retenus. Dans ce sens, le protométabolisme contenait déjà de l'information. Il a dessiné le métabolisme par le mécanisme de sélection des enzymes.

La contingence

La contingence entra dans l'histoire de la vie sur la Terre avec les débuts de la réplication et les inévitables mutations qui perturbent ce processus. C'est ainsi que fut mis en marche le processus de l'évolution darwinienne qui a gouverné l'histoire de la vie sur la Terre. L'information génétique est modifiée accidentellement. Le message modifié est dupliqué et exprimé. La capacité du phénotype modifié de perpétuer le nouveau génotype par une progéniture est évaluée par la sélection naturelle, qui élimine les mutations nuisibles de faible potentiel reproductif, favorise les mutations utiles qui améliorent la survie ainsi que la reproduction, et laisse simplement dériver les mutations neutres. Ce processus fut amorcé dès les débuts de la réplication, d'abord au niveau moléculaire, puis au niveau de la protocellule.

Les mutations étant fortuites, deux mondes de l'ARN, même sur un milliard ou plus, ne peuvent jamais avoir exactement la même histoire microscopique. Mais qu'en est-il de leur histoire macroscopique ? Au flanc d'une montagne, il n'est pas deux ruisseaux qui suivent exactement le même cours, mais ils peuvent tous aboutir dans la même vallée.

On n'a aucun moyen de répondre à cette question avec certitude, mais il est probable que, dans un grand nombre de cas, des mondes de l'ARN naissants évolueraient vers un monde de l'ARN-protéine comparable au nôtre. La principale raison qui me fait dire cela est le caractère contraignant des facteurs sélectifs qui entrent en jeu à chaque étape. Derrière ces facteurs se cache une solide dose de déterminisme chimique, souvent fondé sur la complémentarité.

Si les reconstructions que je propose sont exactes, les quatre bases de l'ARN furent sélectionnées parmi un certain nombre de produits apparentés en vertu de leur capacité de s'apparier, ce qui permettait l'amplification des ARN correspondants par réplication. La sélection moléculaire, fondée sur une réplicabilité et une stabilité optimales, mena ensuite à une séquence maîtresse d'ARN reproductible, comme dans les expériences réalisées par Spiegelman et Eigen. Les interactions chimiques entre les ARN et les molécules d'acides aminés, là encore déterminées par la complémentarité chimique, sélectionnèrent alors les acides aminés protéinogéniques et les ARN de transfert correspondants. Tout cela est tout à fait reproductible et laisse peu de place au hasard.

Le facteur historique fut également très important. Il a rigoureusement aiguillé l'émergence de la traduction et du code génétique, lui-même façonné ensuite par la condition du moindre tort fait à l'organisme par les mutations. Enfin, le réseau protométabolique existant a servi de filtre unificateur pour les premiers enzymes produits par la machinerie. L'ordre dans lequel les enzymes apparurent a pu varier selon les caprices des mutations, mais le résultat final a dû être, dans chaque cas, un métabolisme largement calqué sur le protométabolisme.

En dépit du rôle croissant de la contingence, l'évolution ultérieure a pu aussi être soumise à des facteurs plus déterministes qu'on ne le suppose souvent. Ainsi, lorsque l'ADN naquit de l'ARN, naissance favorisée par les avantages que présentait le stockage de l'information génétique dans une forme distincte, il n'y avait probablement que peu de modifications possibles de la molécule d'ARN compatibles avec le maintien d'une information spécifique et son transfert entre les deux molécules.

L'assemblage modulaire

Nos reconstructions permettent de tirer une troisième leçon : l'importance de l'assemblage modulaire. C'est un thème récurrent dans l'histoire de la vie. L'évolution travaille avec des modules préexistants – des minigènes d'ARN au stade qui nous occupe – qui sont modifiés et combinés de différentes façons en assemblages plus importants, eux-mêmes triés par la sélection naturelle. Ce mécanisme renferme une possibilité implicite, celle d'explorer très largement, à chaque étape, l'espace séquentiel disponible, et de réduire ainsi chaque fois le rôle du hasard.

En conclusion, un certain nombre de mondes de l'ARN pourraient avorter – et peut-être avortèrent sur notre planète – du fait que le hasard n'a pas produit une des mutations nécessaires. Mais ceux qui arriveraient à maturité mèneraient probablement à une forme de vie étayée par les mêmes processus métaboliques fondamentaux et dirigée par la même triade ADN-ARN-protéine et, peut-être, le même code génétique qui caractérisent notre propre forme de vie. En outre, en raison de la taille limitée de l'espace séquentiel ouvert à la vie naissante, le taux de réussite devrait être élevé.

Troisième partie

L'ÂGE DE LA PROTOCELLULE

9

Le confinement de la vie

Pour que s'élabore un système génétique totalement opérationnel, il a fallu que la vie naissante se partage en une population de protocellules capables de se multiplier par division, de sorte que des protocellules, et non plus seulement des molécules, puissent désormais être soumises à la sélection naturelle. Jusqu'ici, je me suis contenté d'admettre que ce partage avait eu lieu. Remontons maintenant le temps et examinons les mécanismes de la cellularisation et les propriétés nouvelles nées du confinement de la vie à l'intérieur de frontières, ou encore exigées par lui.

La cellularisation : à quel moment ?

Deux théories s'affrontent en ce qui concerne l'époque à laquelle apparurent les premières structures cellulaires. Un certain nombre de scientifiques, impressionnés par le fait que l'on peut voir se former dans des conditions relativement simples des agrégats ou vésicules microscopiques de différentes sortes rappelant étrangement les cellules vivantes, pensent que la formation de cellules primitives fut l'événement d'où la vie tira son origine. De vastes recherches en laboratoire – menées par Alexandre Oparine en Russie soviétique[1], Alphonse Herrera au Mexique[2], et Sidney Fox aux États-Unis[3], pour ne citer que les principales – ont été consacrées à ces « cellules » artificielles, sans toutefois révéler un mécanisme plausible de « vitalisation » progressive de ces structures. D'autres scientifiques ont défendu la thèse d'une cellularisation précoce en se fondant sur l'argument selon lequel une structure membraneuse était nécessaire au départ pour capter l'énergie solaire[4]. D'autres encore trouvent inacceptable, pour des raisons théoriques, la possibilité que la vie ait pu naître d'une « soupe » non structurée[5].

L'opinion contraire a également de nombreux partisans. On a fait remarquer qu'il n'était pas besoin que la « soupe originelle » remplisse tous les océans. Des régions côtières, des lagons, des lacs, même des mares, ont pu constituer des sites appropriés pour que la soupe s'épaississe et évolue chimiquement. On cite également les obstacles qu'une structure enveloppante aurait opposés à la libre circulation des substances biogéniques pour rejeter les théories qui postulent que la vie a débuté par des cellules. Pour cette raison, Eigen, par exemple, pense que « l'organisation en cellules a dû apparaître le plus tard possible[6] ».

Le modèle métabolique fondé sur les thioesters que j'ai proposé est peu compatible avec la théorie d'une cellularisation précoce et cadre mieux avec le concept d'une soupe originelle non structurée. Il est suggestif à cet égard que certains systèmes métaboliques généralement considérés comme les plus anciens, par exemple le système impliqué dans la fermentation du sucre en alcool, qui utilise un mécanisme de récupération d'énergie lié aux thioesters, soient situés dans le cytosol, ou suc cellulaire, la partie non structurée de la cellule. Dans cette perspective, la soupe originelle, puisant son énergie dans les thioesters, apparaît comme se développant progressivement en une espèce de protocytosol étendu.

Dans les premières phases, le besoin d'échanges libres a dû conférer au protocytosol non cloisonné un net avantage sur des entités distinctes soumises aux contraintes d'une frontière périphérique. Pour que l'encapsulation l'emporte, il a fallu que les avantages de la compartimentation dépassent ses inconvénients. Ce qui implique que les systèmes ainsi isolés jouissaient d'une autonomie suffisante pour survivre par des échanges relativement simples avec leur environnement et tiraient un net avantage du fait d'être enveloppés. Cette situation fut atteinte au plus tard quand la machinerie de synthèse peptidique fondée sur l'ARN commença d'être assemblée, puisque cette machinerie n'a pu évoluer ultérieurement qu'à condition qu'il existât un grand nombre de protocellules en compétition les unes avec les autres. Comment les premières frontières cellulaires se formèrent-elles, et à partir de quels matériaux ? Pour répondre à ces questions, cherchons à nouveau des indices dans les organismes vivants actuels.

Frontières cellulaires

Toutes les cellules vivantes sont enveloppées d'une mince pellicule ininterrompue, appelée membrane plasmique. De nombreuses cellules sont également cloisonnées par des membranes internes. Le tissu universel des membranes biologiques est la bicouche lipidique, feuillet ténu bimoléculaire d'environ cinq millionièmes de millimètre d'épaisseur, généralement composé en grande partie de phospholipides. Qualifiées d'amphiphiles ou d'amphipathiques (« qui ont deux amours »), ces molécules ont la caractéristique de se composer de deux parties aux affinités contraires : une tête hydrophile (qui aime l'eau), et une queue hydrophobe (qui hait l'eau), également appelée lipophile (qui aime les graisses).

L'hydrophilie dépend des attractions qui existent entre deux charges électriques de signes opposés. La molécule d'eau n'a pas de charge électrique si on la considère dans son ensemble, mais elle est électriquement polarisée. Elle a un pôle négatif situé sur le côté de l'atome d'oxygène, qui tend à s'approprier plus que son compte d'électrons, et un pôle positif binaire constitué des deux atomes d'hydrogène, qui font saillie de façon asymétrique du même côté de la molécule sous forme de protons en partie dénudés. Par suite de cette structure, les molécules d'eau se fixent, soit par un pôle positif soit par leur pôle négatif, à toute molécule ou groupe chimique de charge ou de pôle opposé. C'est pour cette même raison que les molécules d'eau se lient aussi les unes aux autres. S'il en était autrement, l'eau ne serait liquide qu'à très basse température ; la Terre serait sèche, sans vie et à jamais aride.

Les hydrocarbures, principaux constituants du pétrole, et toutes les autres substances composées en totalité ou principalement de carbone et d'hydrogène, étant non chargés et non polarisés, sont hydrophobes. Le monde vivant abonde en substances de ce genre. On les regroupe sous le terme de lipides, qui provient d'un mot grec signifiant graisse. Les molécules hydrophobes ne haïssent ni ne repoussent vraiment l'eau ; elles sont exclues par elle en raison de la forte tendance des molécules d'eau à s'assembler par attractions électrostatiques. En présence d'eau, les molécules hydrophobes sont ainsi refoulées les unes vers les autres par des molécules d'eau agglomérées. Ce genre de regroupement est lui-même facilité par des interactions entre molécules hydrophobes favorisées par des forces de courte portée, plus faibles que les forces électrostatiques, appelées forces de Van der Waals, du nom du chimiste hollandais qui les a découvertes[7]. Chacun reste donc sur son quant-à-soi. L'eau et l'huile ne se mélangent pas.

Les têtes des molécules phospholipidiques doivent leur caractère hydrophile à un groupe phosphate chargé négativement, souvent associé à d'autres groupes chargés ou polarisés. Les extrémités hydrophobes des molécules sont constituées de deux longues chaînes hydrocarbonées. En présence d'eau, les phospholipides satisfont leurs deux amours contradictoires en formant des bicouches. Dans ces structures, chacune des deux couches se compose de molécules alignées en rangs serrés perpendiculairement au plan de la couche (comme les poils d'une brosse) et orientées de telle sorte que toutes les têtes hydrophiles regardent d'un côté, et toutes les queues hydrophobes regardent de l'autre. Chaque couche constitue ainsi un feuillet très fin, d'une molécule d'épaisseur, avec une face hydrophile et une face hydrophobe. Dans les bicouches, les deux feuillets sont disposés en sandwich, collés par leurs faces hydrophobes maintenues ensemble par des forces de Van der Waals, tandis que les faces hydrophiles sont orientées à l'extérieur, en contact avec l'eau. Ces bicouches interposent ainsi un film huileux entre deux milieux liquides.

Les bicouches lipidiques sont très fluides et très flexibles. Elles forment une espèce de liquide bidimensionnel dans lequel les molécules qui le constituent glissent facilement les unes le long des autres dans le plan de la bicouche. Grâce à cette propriété, les bicouches peuvent se mouler autour de n'importe quel type de surface et s'adapter facilement à ses changements de conformation, comme il arrive souvent avec les cellules. Les bicouches lipidiques sont toujours continues et se ferment d'elles-mêmes ; elles forment donc toujours des sacs fermés. À cet égard, elles ressemblent à des bulles de savon, avec lesquelles elles partagent un certain nombre de propriétés physiques. En particulier, elles peuvent s'assembler (fusion) ou se scinder (fission) sans perdre leur continuité. Deux vésicules phospholipidiques peuvent fusionner pour n'en former qu'une seule comme le font deux bulles de savon entrant en collision l'une avec l'autre. À l'inverse, une seule vésicule peut se diviser en deux, comme il arrive parfois à une bulle de savon prise dans un courant d'air.

Une dernière caractéristique des bicouches lipidiques est la facilité avec laquelle elles se forment. Il ne faut rien de plus qu'une vigoureuse agitation mécanique, au moyen d'ultrasons, par exemple, pour transformer un mélange de phospholipides et d'eau en une suspension de petites bicouches vésiculaires. Toute une industrie s'est créée autour de ce phénomène. Les vésicules phospholipidiques artificielles, appelées liposomes, ont trouvé de nombreuses applications comme véhicules pour des cosmétiques, des médicaments, des vaccins, des gènes, et d'autres agents.

Les bicouches phospholipidiques sont imperméables à presque toutes les molécules (hydrophiles) solubles dans l'eau. Cette propriété en fait d'excellentes frontières qui permettent aux cellules de conserver une composition interne différente du milieu ambiant. Mais les cellules ne peuvent pas survivre si elles sont coupées de l'extérieur. Elles doivent pouvoir y prendre leurs aliments, s'y débarrasser des déchets et répondre aux signaux que leur envoie leur environnement. Ces fonctions sont assurées par des protéines insérées dans les bicouches.

La structure des protéines membranaires est caractérisée par un ou plusieurs segments transmembranaires d'environ vingt à trente acides aminés largement hydrophobes, qui sont typiquement enroulés en un bâtonnet hélicoïdal appelé hélice-α. Ces bâtonnets traversent la bicouche en contact étroit avec les parties hydrophobes avec lesquelles ils établissent des liens stabilisés par des forces de Van der Waals, et servent à positionner la protéine à l'intérieur de la membrane. Les autres parties des molécules protéiques font saillie de part et d'autre de la membrane.

La plupart des cellules, aussi bien chez les procaryotes que chez les eucaryotes, sont entourées de structures périphériques externes à la membrane plasmique, allant d'un duvet floconneux à de massives parois rigides. Ces structures servent à soutenir et à défendre la cellule. Elles agissent comme filtres moléculaires et peuvent encercler un espace intermédiaire, appelé espace périplasmique, entre les cellules proprement dites et leur environnement. Diverses substances, dont des protéines, des lipides, des glucides complexes et des composants spéciaux de formule chimique très particulière, entrent dans la constitution de ces structures extérieures.

Les mécanismes de la cellularisation

Les phospholipides sont des molécules complexes qui n'étaient probablement pas présentes dans la soupe originelle mais ont pu apparaître grâce à l'évolution du protométabolisme et se trouver dans la soupe au moment où l'encapsulation devint avantageuse. Il n'eût fallu alors qu'une violente tempête pour que des bicouches vésiculaires se forment spontanément dans cette soupe, comme des liposomes artificiels se forment aujourd'hui dans des mélanges de phospholipides et d'eau exposés à des vibrations de fréquence ultrasonique. Des cellules primitives sont peut-être nées de cette manière, mais pour mourir de faim presque immédiatement parce que leurs enveloppes lipidiques n'auraient pas laissé passer les aliments même les plus simples.

Il est concevable, cependant, que des fantômes vides de cellules mort-nées aient pu fournir des points d'ancrage à certains systèmes métaboliques et offrir un havre à des peptides hydrophobes. Cette structure aurait pu s'incurver progressivement en une cupule à double membrane qui, plus tard, aurait pu se fermer en un petit sac clos limité par une double membrane, une fois que la structure eut acquis les systèmes nécessaires de communication transmembranaire. Selon ce modèle, qui fut proposé par le biologiste cellulaire américain d'origine allemande Günter Blobel, de l'université Rockefeller à New York, les premières cellules étaient probablement délimitées par une double membrane[8]. Il se trouve que c'est là un trait caractéristique des bactéries gram-négatives (ainsi nommées parce qu'elles réagissent négativement à un test mis au point par le bactériologiste danois Gram). On a effectivement suggéré que les bactéries gram-négatives précédèrent les organismes gram-positifs, qui ont une seule membrane. Le biologiste britannique Thomas Cavalier-Smith, qui s'est fait le champion de cette idée, a adopté le modèle de Blobel pour cette raison[9]. Cependant, la membrane externe des bactéries gram-négatives a une structure très différente de celle de la membrane interne, ou membrane plasmique, qui représente la véritable frontière cellulaire.

Il est possible aussi que la première frontière n'était pas constituée de phospholipides mais de peptides et autres multimères à caractère largement hydrophobe, qui auraient pu former un réseau plus lâche et plus perméable que les bicouches lipidiques. C'est une explication plausible dans la mesure où des multimères hydrophobes ont dû être abondants dès le début, étant donné la nature de beaucoup des matériaux disponibles pour leur formation. Les phospholipides auraient pu apparaître plus tard, une fois établies les communications nécessaires, pour colmater les brèches de la frontière et en faire une membrane plus flexible et plus versatile.

Quelle que soit leur nature, les mécanismes qui menèrent à l'encapsulation des premières protocellules ont dû être étroitement associés à la création de passages appropriés permettant le trafic moléculaire nécessaire entre les protocellules et leur environnement. On ne dispose malheureusement d'aucun indice sur la longue succession d'événements moléculaires par lesquels des barrières se resserrèrent progressivement autour de moyens de plus en plus sophistiqués de les traverser. On ne peut que contempler le produit fini et émettre des hypothèses quant à son origine. Considérons d'abord les opérations de construction.

L'assemblage des membranes

Les membranes croissent par accrétion, c'est-à-dire par adjonction de composants à une membrane déjà existante[10]. Ainsi, la synthèse *de novo* d'une membrane n'eut besoin de se produire qu'une seule fois dans l'histoire de la vie, et toutes les autres ont pu naître ultérieurement de cette membrane ancestrale par un phénomène d'expansion et de fission. On ne sait pas si les choses se passèrent ainsi, mais c'est une possibilité fascinante. C'est du moins de cette façon que se forment les membranes dans le monde vivant aujourd'hui.

Une fois les premières membranes apparues, toute innovation qui facilitait l'insertion de nouveaux composants était avantageuse. Pour les lipides, l'innovation la plus simple et la plus efficace fut de les synthétiser directement dans les membranes, qui offraient un excellent milieu pour abriter les composants hydrophobes utilisés. Ainsi, un certain nombre de systèmes enzymatiques impliqués dans la synthèse et l'assemblage des lipides, en particulier des phospholipides, devinrent associés aux membranes. Aujourd'hui, le CMP, le constituant porteur de cytosine des molécules d'ARN, joue un rôle capital dans ces processus comme transporteur de plusieurs composants clés. Si ce fait a une signification historique, il suggère que les membranes phospholipidiques apparurent en même temps que le monde de l'ARN ou après lui, conformément à l'hypothèse d'une cellularisation tardive.

Dans le cas des protéines, les adaptations furent d'un genre plus subtil, puisque les ribosomes sur lesquels s'effectuait l'assemblage des protéines étaient situés dans le compartiment soluble des protocellules. L'acheminement des protéines vers les membranes se fit au moyen de certaines séquences d'acides aminés, appelées séquences « signal » ou « ciblantes », typiquement présentes dans les protéines membranaires. Ces séquences étaient spécifiquement reconnues (fixées) par certains composants membranaires qui servaient de points d'amarrage aux protéines portant la bonne étiquette-adresse. Suite à cette reconnaissance – autre exemple typique de complémentarité – les protéines portant l'étiquette étaient insérées dans le tissu des membranes. Deux variations principales sur ce thème apparurent. Dans l'une, la séquence ciblante est située au début de la chaîne polypeptidique en formation et se joint à la membrane dès que cette extrémité émerge du ribosome. Appelé cotraductionnel parce qu'il a lieu pendant que la traduction s'effectue encore, ce transfert est révélé par l'observation de ribosomes étroitement apposés à la face interne des membranes cellulaires bactériennes. Le second type de transfert de protéines, dit posttraductionnel, s'effectue une fois la chaîne polypeptidique terminée et dépend de séquences ciblantes qui peuvent se trouver n'importe où dans la chaîne.

La construction de défenses extérieures

Les machineries de construction que l'on a considérées jusqu'à maintenant jouèrent un grand rôle dans l'enrichissement fonctionnel des premières membranes, mais contribuèrent peu à consolider leur structure. Les bicouches lipidiques, même renforcées par des protéines, sont des tissus minces, facilement déchirés ou endommagés par des agents physiques ou chimiques, et n'offrent presque pas de résistance au gonflement osmotique, phénomène provoqué par l'afflux d'eau qui se produit lorsque les cellules sont exposées à un milieu où les substances dissoutes sont moins concentrées qu'elles ne le sont à l'intérieur des cellules. Cette fragilité de leur frontière de surface réduisait gravement la capacité des protocellules de résister aux agressions extérieures et de s'adapter à des environnements différents. Puis, un événement eut lieu, qui exerça une influence considérable sur les perspectives d'avenir de la vie sur la Terre. Les protocellules « apprirent » à construire des structures extracellulaires rigides à partir de composants glucidiques.

Cet événement historique débuta probablement avec l'émergence de mécanismes servant à unir des molécules de sucre en chaînes, ou saccharides, de diverses longueurs, qui servaient principalement de substances de réserve. Ce que l'on appelle sucre en langage courant est en fait un disaccharide composé de deux molécules de sucres simples, le glucose et le fructose. L'amidon est un polysaccharide entièrement composé de glucose. On voit aisément comment la capacité de stocker des aliments riches en énergie sous forme de grosses molécules qui ne pouvaient pas s'échapper par la membrane environnante procura aux protocellules des avantages suffisants pour favoriser leur sélection. Il est intéressant, et peut-être suggestif, de remarquer que les principaux transporteurs aujourd'hui engagés dans la synthèse des saccharides sont des dérivés de l'UMP, parfois de l'AMP ou du

GMP, c'est-à-dire des constituants typiques de l'ARN. Ainsi, les polysaccharides, au même titre que les phospholipides, pourraient aussi être des produits du monde de l'ARN ou du monde post-ARN.

L'étape décisive suivante fut amorcée par la formation d'un nouveau type de transporteur de sucre, dérivé d'une substance appelée dolichol, ancrée dans la membrane par une longue extrémité hydrophobe. Les sucres ou les chaînes saccharidiques étaient transférés de leurs transporteurs nucléotidiques au transporteur fixé à la membrane, et se trouvaient ainsi étroitement collés à la face interne de la membrane. Ces grosses masses hautement hydrophiles étaient alors conduites à exécuter une sorte de curieuse pirouette, qui les faisait traverser la barrière hydrophobe de la bicouche lipidique et réapparaître sur la face externe de la membrane, où elles pouvaient alors être transférées sur des molécules protéiques ou sur d'autres accepteurs. De cette façon, la surface des protocellules se retrouva peu à peu renforcée et défendue par des parties composées de glucides, ce qui accroissait considérablement le potentiel de survie des protocellules concernées.

La construction de défenses extérieures a fait intervenir une molécule remarquable, que l'on trouve encore aujourd'hui dans une grande partie du monde bactérien, et qui présente toutes les marques d'un fossile survivant. Appelée muréine, cette molécule se compose de molécules de sucres et de courts peptides hétérogènes qui, d'après leur structure et leur teneur à la fois en acides D-aminés et en acides L-aminés, pourraient être venus tout droit du mélange de multimères originel. Ces parties s'entrelacent pour former une molécule unique, énorme, et ressemblant à un filet, qui enveloppe complètement la cellule dans une espèce de cotte de mailles organique. Appelée paroi cellulaire, cette structure est remarquablement forte et résistante tout en étant suffisamment poreuse pour ne pas empêcher le passage de molécules.

La muréine est démembrée par le lysozyme, enzyme qui joue un rôle important dans la défense des organismes contre les invasions bactériennes. Les cellules nues, ou protoplastes, qui sont dépouillées de leur paroi par le lysozyme, éclatent généralement par osmose, à moins que la composition du milieu soit telle qu'elle empêche l'afflux d'eau. D'un autre côté, la pénicilline, remède miracle, doit ses vertus thérapeutiques uniques à sa capacité de bloquer la synthèse de la muréine et d'empêcher par là la croissance et la multiplication des bactéries qui y sont sensibles. Il se trouve que le lysozyme et la pénicilline furent tous deux découverts par le même scientifique, le microbiologiste écossais Alexander Fleming, à une époque où l'on ne savait rien de la chimie ni de la synthèse de la paroi des cellules bactériennes[11].

La paroi a encore été consolidée par l'épaississement de la couche de muréine ou par l'addition à cette couche d'une pellicule membraneuse construite de molécules lipopolysaccharidiques et rendue perméable aux petites molécules, mais non aux protéines, par l'insertion de molécules protéiques tubulaires appelées porines. Comme on l'a déjà dit, il est possible que cette deuxième membrane, qui caractérise les bactéries gram-négatives, soit héritée d'une phase d'encapsulation précoce où les protocellules étaient enveloppées d'une double membrane.

Les échanges avec l'extérieur

Enfermées dans leur membrane, les protocellules ne pouvaient survivre qu'à la condition de pouvoir puiser leur nourriture à l'extérieur et de se débarrasser des déchets. Pour des protocellules totalement enveloppées, le moyen le plus simple de remplir cette condition était l'existence de pores, c'est-à-dire de simples trous dans les bicouches lipidiques maintenus ouverts grâce à l'insertion d'une charpente protéique. Les porines dont il vient d'être question sont un exemple de telles protéines.

Puis vinrent les facilitateurs de transport, qui sont des protéines transmembranaires servant de tourniquets moléculaires à certaines substances spécifiques. Comme les simples tourniquets, les facilitateurs sont des systèmes passifs. Ils ouvrent dans les deux directions, cédant du côté où s'exerce la pression la plus forte. Autrement dit, ils laissent les substances diffuser de l'endroit où leur concentration est plus forte vers celui où elle est plus faible. Mais ils agissent ainsi en exerçant une certaine discrimination chimique. Ainsi, de nombreuses cellules contiennent un facilitateur de transport qui fournit un passage spécifique aux molécules de glucose.

Une espèce plus sophistiquée de tourniquet moléculaire est le chenal à écluse, qui est analogue à certains de nos dispositifs de contrôle des entrées. Comme les facilitateurs, les chenaux à écluse laissent passer passivement certaines substances d'une spécificité chimique donnée, mais ils sont à sens unique et régulés par une écluse qui doit être ouverte à l'aide d'un signal chimique ou électrique.

Le pas suivant dans le progrès du transport moléculaire fut le transport actif, branché sur une source d'énergie, en général la scission d'ATP, et permettant d'inverser le mouvement spontané du flux et de forcer les substances à remonter, d'une concentration faible vers une concentration plus forte. Pour les protocellules concernées, ces acquisitions signifiaient qu'elles pouvaient désormais pêcher dans leur environnement des substances rares mais essentielles, ou, à l'inverse, se débarrasser de déchets toxiques, même dans un environnement extrêmement pollué. Bien qu'il y eût un prix à payer, un coût en énergie, le gain en potentiel de survie était suffisamment important pour infléchir la direction de la sélection naturelle.

Parmi les substances susceptibles d'être activement transportées à l'intérieur ou à l'extérieur des protocellules, il y avait des ions, c'est-à-dire des particules chargées électriquement. Dans de nombreux cas, le déplacement d'ions dans une direction donnée est lié à un déplacement équivalent d'ions de charge opposée dans la même direction, ou d'ions de même charge dans la direction opposée. La frontière membranaire reste électriquement neutre. Parfois, il n'y a pas de compensation de ce genre, et le transport forcé des ions crée un déséquilibre de charges électriques, ou potentiel de membrane, entre les deux côtés séparés par la membrane. Ces pompes – mot souvent employé pour désigner les systèmes de transport d'ions – sont dites électrogéniques.

Une pompe électrogénique particulièrement importante utilise l'énergie produite par la scission d'ATP pour repousser des ions sodium (chargés positivement) à l'extérieur des cellules et les remplacer en partie (deux contre trois) par des ions potassium (également chargés positivement), avec pour conséquence la création d'un potentiel de membrane positif à l'extérieur. Dans les cellules eucaryotiques, ce potentiel en est venu à jouer un rôle d'une importance exceptionnelle, à la base de tout phénomène bioélectrique, notamment le fonctionnement du système nerveux chez les animaux.

L'origine de la pompe sodium-potassium est obscure. Il est peut-être significatif que le principal ion chargé positivement de l'eau salée – et également du sang animal – soit le sodium. Il est vraisemblable que la vie intracellulaire eut à se défendre très tôt contre un excès de sodium. Il est intéressant de remarquer que certaines des bactéries les plus anciennes – dites halophiles – sont particulièrement efficaces dans la lutte contre le sodium extérieur. Elles parviennent ainsi à survivre, en fait à prospérer, dans une saumure concentrée.

Un autre type de pompe électrogénique d'une extrême importance contraint des protons à traverser les membranes. Les pompes à protons alimentées en énergie par l'hydrolyse de l'ATP servent dans un certain nombre de cas pour augmenter la concentration en protons, c'est-à-dire l'acidité, de certaines régions intracellulaires ou extracellulaires (pensez à l'acide produit dans l'estomac humain). La fonction des pompes à protons de loin la plus importante est dans le transfert d'énergie, que j'examinerai au chapitre suivant.

La division cellulaire

Quel que soit le mécanisme d'encapsulation, il devait comporter la possibilité de transformer la croissance en division. Sans ce maillon, les mutations favorables n'auraient pas pu conduire à des avantages sélectifs ; elles auraient même été autodestructrices. Ce point est facile à comprendre. Soit une cellule sphérique. À mesure qu'elle croît, sa masse, et par conséquent ses besoins pour se préserver et se réparer, augmentent en raison cubique de son rayon. Mais la surface disponible pour l'importation d'aliments n'augmente, quant à elle, qu'en raison carrée du rayon. La croissance d'une telle cellule doit nécessairement atteindre un stade où l'importation d'aliments suffit tout juste à la conservation et à la réparation. Croître davantage est impossible, à moins que la cellule ne devienne asymétrique, par exemple en formant un bourgeon. Celui-ci peut finalement grossir et se détacher pour devenir une entité autonome, en particulier si une membrane capable de se refermer spontanément sur elle-même entoure le système tout entier. Ainsi, toute propriété de surface favorisant la croissance asymétrique et le bourgeonnement des premières protocellules aurait été automatiquement sélectionnée pour peu qu'elle fût héréditairement transmissible.

Avec l'élaboration de structures extérieures, la division devint un processus plus complexe, dépendant d'un resserrement progressif de la paroi en un sillon circulaire de plus en plus profond. On sait peu de choses des mécanismes qui commandent ce phénomène, mais il existe un lien entre la membrane et la paroi. Les bactéries qui ne sont pas capables de construire une paroi parce qu'elles ont été exposées à la pénicilline et qui sont protégées contre la rupture deviennent plus grosses mais ne se divisent pas.

Pour que la division fût d'une quelconque utilité, chaque protocellule fille devait contenir tout ce qui était nécessaire à une survie et à une prolifération autonomes, en particulier un assortiment complet de gènes. Au début, cette condition était probablement satisfaite à l'échelle statistique par le mélange aléatoire des composants de la protocellule à l'intérieur de leur enveloppe membraneuse. Quand le matériel génétique fut centralisé en un seul chromosome circulaire, une relation s'établit entre la réplication de l'ADN et sa division, de sorte que chaque cellule fille héritait d'un chromosome. Cette bipartition fut facilitée par l'accrochage du chromosome à la membrane plasmique. Au début de la réplication de l'ADN, le complexe d'enzymes et de facteurs annexes nécessaires à ce processus était assemblé autour du point d'ancrage, après quoi le chromosome était peu à peu enfilé à travers ce complexe pour en sortir en double exemplaire. Une fois les deux nouveaux chromosomes déchevêtrés l'un de l'autre, chacun se trouvait ancré à un site différent de la membrane. Le sillon qui était à l'origine de la division se formait alors entre les deux sites, assurant ainsi que chaque cellule fille héritait l'un des deux chromosomes dupliqués.

10

Les membranes se font machines

L'encapsulation fut un processus lent et progressif, que l'évolution ponctua d'un grand nombre d'acquisitions. Par nécessité, les plus anciennes d'entre elles concernaient principalement les échanges indispensables avec l'environnement. Bientôt, cependant, le champ s'élargit. Une fois les bicouches lipidiques formées, ce nouveau tissu se révéla être beaucoup plus qu'une frontière commode. Il offrait à la vie naissante de nombreuses occasions d'innover utilement. Une nouvelle classe de protéines apparut, dotées d'une ou de plusieurs séquences hydrophobes qui permettaient leur insertion dans des membranes. Ainsi immobilisées, les protéines purent participer à toute une gamme de fonctions inédites, qui offraient suffisamment d'avantages pour que l'évolution retienne les protocellules mutantes qui les fabriquaient. L'acquisition de ce type de loin la plus importante fut l'assemblage d'une machinerie couplant d'une manière réversible un transfert d'électrons producteur d'énergie à l'extrusion active de protons. La naissance de cette machinerie a marqué un progrès véritablement révolutionnaire dans la capacité de la vie de puiser son énergie dans son environnement.

Transfert proton-moteur d'électrons

Imaginez le scénario suivant. Les choses ne se passèrent peut-être pas comme je vais les décrire, mais le scénario en question est plausible et raconte d'une façon simple comment le hasard a pu mener la vie naissante à l'invention qui transforma complètement son avenir, qui rendit en fait cet avenir possible.

Suite à une mutation, une protocellule acquiert une molécule transporteuse d'électrons construite de manière telle qu'elle s'insère dans le tissu membranaire de la protocellule. Ce qui rend ce transporteur utile, et favorise sa sélection, c'est qu'il peut servir de pont pour faire passer des électrons, à travers la membrane, d'un donneur intracellulaire à un accepteur extracellulaire auquel la membrane est imperméable. C'est l'accès à cet accepteur qui constitue le gain que la protocellule tire de la mutation.

Mais le bénéfice n'est pas gratuit ; il y a un prix à payer : le transporteur transfère les électrons sous forme d'atomes d'hydrogène. En d'autres termes, si la transaction entre le donneur intracellulaire et l'accepteur extracellulaire implique des électrons nus, des protons sont nécessairement déplacés en même temps que les électrons. Le transporteur doit prélever des protons à l'intérieur de la protocellule (un proton pour chaque électron) pour pouvoir transférer les électrons sous forme d'atomes d'hydrogène. Il doit ensuite décharger le même nombre de protons à l'extérieur, au moment de livrer les électrons à l'accepteur extracellulaire. Ainsi, le *transfert d'électrons devient obligatoirement couplé avec la translocation de protons*, et inversement. Cela revient à une pompe à protons réversible, actionnée par des électrons.

Pour que ce type de pompe puisse être d'une quelconque utilité, il faut que la membrane soit imperméable aux protons, car dans le cas contraire, les protons déplacés diffuseraient immédiatement en retour vers l'intérieur. Si les fuites de protons sont colmatées, le couplage entre le transfert d'électrons et la translocation de protons devient un lien énergétique. À mesure que les électrons sont transférés à travers la membrane, les protons qui les accompagnent créent un déséquilibre croissant, ou potentiel de protons, qui, selon les circonstances, se manifeste sous la forme d'une concentration de protons plus forte à l'extérieur qu'à l'intérieur, d'un potentiel de membrane positif à l'extérieur, ou d'une combinaison des deux. Quelle que soit la forme physique qu'il revêt, le potentiel de protons tend à s'opposer à la poursuite de la translocation de protons. Plus le potentiel est élevé, plus la force antagoniste est grande. Le processus couplé se freine puis finit par s'arrêter quand la quantité de travail requise pour continuer à forcer des protons contre le potentiel de protons existant devient égale à la quantité d'énergie libérée par le transfert d'électrons. Cette quantité d'énergie est elle-même fonction de la différence entre les niveaux d'énergie auxquels d'une part le donneur libère les électrons transférés, et d'autre part l'accepteur les prend.

Cette contrainte pouvait-elle se transformer en avantage ? Oui, de plusieurs façons. La survie en milieu acide est une hypothèse séduisante. Par définition, les acides sont des substances contenant de l'hydrogène qui, lorsqu'elles sont dissoutes dans l'eau, tendent à libérer des protons (le reste de la molécule restant sous la forme d'ion à charge négative). Plus la concentration en protons est élevée, plus l'acidité est forte (et plus le pH est bas, terme que les propriétaires de piscines comprendront sans peine). De l'aigreur piquante du jus de citron (acide citrique) ou du vinaigre (acide acétique) à la causticité corrosive de l'acide nitrique, tout est une question de concentration en protons.

Comme on l'a envisagé plus haut, il existe des raisons de penser que la vie commença dans un environnement acide ou à proximité d'un tel environnement. Certaines des espèces microbiennes les plus anciennes appartiennent au groupe des thermoacidophiles, qui vivent dans un milieu très chaud et très acide. On a vu au chapitre 3 que ce milieu a pu favoriser la formation des premiers thioesters. Il aurait peut-être aussi libéré du phosphate inorganique (ou du pyrophosphate) à partir de ses combinaisons insolubles, et permis à cet ingrédient essentiel de nombreuses biomolécules d'entrer dans le protométabolisme primitif. L'hypothèse de la vie émergeant effectivement dans ce genre d'environnement se heurte à une difficulté, cependant, parce qu'un certain nombre d'intermédiaires métaboliques, parmi lesquels des composés phosphatés essentiels, sont extrêmement sensibles aux acides chauds. L'existence de sources volcaniques et la récente découverte de jaillissements hydrothermaux abyssaux suggèrent une échappatoire à ce problème. Les thioesters ont pu se former, et les phosphates se dissoudre, dans des eaux souterraines chaudes et acides, pour être ensuite propulsés vers la surface par des jaillissements pressurisés, qui les transférèrent dans des milieux moins agressifs. Des protocellules se développant aux abords d'une telle source ont pu coloniser des eaux de plus en plus acides en acquérant la capacité d'expulser des protons et de conserver ainsi le milieu intracellulaire neutre qui leur est nécessaire, face à la pression extracellulaire d'un potentiel de protons élevé, susceptible d'exploiter la moindre brèche dans la membrane pour y infiltrer des protons.

Le couplage entre transfert d'électrons producteur d'énergie et extrusion de protons pouvait aussi être utilisé à l'envers si le potentiel de protons extracellulaire était suffisamment élevé pour inverser le flux d'électrons à travers la membrane, c'est-à-dire pour forcer les électrons à remonter la pente énergétique, de la forme réduite de l'accepteur extracellulaire, dès lors changé en donneur, à la forme oxydée du donneur intracellulaire devenu accepteur. Pour que cela ait lieu, les protocellules devaient disposer d'un « collecteur » de protons, autrement dit d'un système métabolique susceptible de consommer les protons que la pompe, fonctionnant en sens inverse, faisait entrer.

Les mêmes avantages évolutifs auraient été associés à l'acquisition d'une pompe à protons actionnée par l'ATP (voir chapitre précédent). Quelle que soit la pompe qui apparut en premier, elle aurait conféré un avantage substantiel à des protocellules occupant un milieu acide. Il est tentant, encore que purement conjectural, de voir dans l'émergence des pompes à protons un indice de plus à l'appui de l'hypothèse selon laquelle la vie serait née dans un milieu acide.

Un changement spectaculaire, sans rapport désormais avec l'acidité de l'environnement, se produisit lorsque les deux types de pompes à protons – l'une actionnée par des électrons, l'autre par l'ATP – se trouvèrent réunies dans la membrane de la même protocellule. Imaginez la scène : les deux pompes commencent à travailler de concert, conjuguant leurs efforts pour créer un potentiel de protons qui s'élève rapidement. Comme il est peu vraisemblable que les deux pompes aient exactement la même puissance, on atteindra un stade où la plus faible des deux s'arrête, tandis que la plus puissante continue à expulser des protons, élevant le potentiel de protons au-delà des limites de la pompe la moins puissante. À ce moment-là, celle-ci commencera à fonctionner en sens inverse. Le potentiel de protons édifié grâce à l'une des deux sources d'énergie sert à réapprovisionner l'autre. Si la plus puissante des deux pompes à protons est celle qui est actionnée par des électrons, la chute d'électrons alimente l'assemblage d'ATP à partir d'ADP et de P_i. Si c'est celle qui est actionnée par l'ATP, l'hydrolyse de l'ATP alimente le transfert forcé d'électrons d'un niveau d'énergie moins élevé à un niveau d'énergie plus élevé. Une nouvelle forme de couplage réversible entre le transfert d'électrons et l'assemblage d'ATP est née, fondée sur la force proton-motrice.

On ne peut guère surestimer l'importance de cet événement. Avant lui, le réassemblage de l'ATP (ou du pyrophosphate) à l'aide de l'énergie libérée par le transfert d'électrons se faisait entièrement par le mécanisme de phosphorylation au niveau du substrat dépendant de thioesters (voir chapitre 3). Aujourd'hui, probablement moins d'une molécule d'ATP sur un million est réassemblée par ce mécanisme (qui reste néanmoins universel et d'une importance capitale). Le mécanisme, lié à des membranes, de phosphorylation au niveau du transporteur domine aujourd'hui la récupération de l'énergie biologique. Sans lui, nous ne pourrions pas couvrir nos besoins d'énergie en brûlant nos aliments. Pas plus que les plantes ne pourraient exploiter l'énergie solaire.

L'avantage évolutif du nouveau mécanisme de récupération d'énergie fut immédiat. Aussitôt qu'il apparut sous sa forme la plus primitive, toute amélioration touchant l'efficacité et la souplesse du couplage par force proton-motrice fut fortement favorisée par la sélection naturelle. Le couronnement suprême de cette lente évolution est la chaîne de transfert d'électrons, que l'on appelle aussi chaîne respiratoire parce que, dans tous les organismes aérobies, les électrons sont récupérés à l'extrémité de la chaîne par l'oxygène moléculaire, lui-même fourni par la respiration. Ce type de chaîne consiste en un certain nombre de transporteurs d'électrons, disposés dans le tissu d'une membrane d'une façon que l'on a pu comparer à une chaîne de pompiers qui se transmettraient des seaux d'électrons ou encore à une cascade d'électrons. L'image des seaux souligne le rôle des transporteurs dans le flux des électrons le long de la chaîne ; l'image de la cascade montre clairement que les électrons suivent une pente descendante dont certains paliers sont à des niveaux d'énergie nettement différents. L'un au moins de ces dénivellements (trois dans tous les systèmes les plus avancés) est obligatoirement couplé avec l'extrusion de protons et peut servir à alimenter en énergie l'assemblage d'ATP par force proton-motrice. Ainsi, quand les électrons chutent le long de la cascade, des molécules d'ATP sont assemblées. À l'inverse, des électrons peuvent être forcés à remonter la cascade avec dépense d'ATP, ou encore à l'aide de la force proton-motrice produite par des électrons tombant le long de la partie inférieure de la chaîne.

Un certain nombre d'importantes molécules insérées dans des membranes participèrent à la construction des chaînes de transfert d'électrons. On a déjà rencontré au chapitre 3 le groupe des protéines fer-soufre, construites autour d'agglomérats fer-soufre, qui opèrent par oscillations entre les formes ferreuse et ferrique. Ces mêmes oscillations conditionnent également le fonctionnement d'un certain nombre de constituants transmembranaires de couleur rouge, appelés cytochromes, qui font partie du groupe plus important des hémoprotéines, dont le prototype est le pigment rouge du sang, l'hémoglobine (du grec *haima*, sang). La partie active des hémoprotéines est une molécule organique complexe, plane, en forme de disque, constituée d'atomes de carbone, d'azote et d'hydrogène, appartenant au groupe des porphyrines. Au centre du disque, il y a un trou occupé par un atome de fer. Dans les cytochromes, celui-ci prend alternativement les formes ferreuse et ferrique, ce qui explique comment la molécule exerce sa fonction de transporteur d'électrons. Les cytochromes se rencontrent dans des membranes comme éléments des chaînes de transfert d'électrons. Les hémoprotéines comprennent également un certain nombre de substances solubles, dans lesquelles le fer conserve en permanence soit la forme ferreuse, soit la forme ferrique. Les hémoprotéines ferreuses, telles que l'hémoglobine du sang, servent essentiellement à transporter l'oxygène. Les hémoprotéines ferriques exercent certaines activités enzymatiques faisant intervenir l'eau oxygénée.

Outre les membres de ces deux groupes de protéines contenant du fer, les chaînes de transfert d'électrons comportent également des cuproprotéines, avec le cuivre comme transporteur d'électrons ; des flavoprotéines, avec le FMN ou le FAD (voir chapitre 4) comme transporteur d'électrons ; et des quinones transporteuses d'électrons, molécules organiques très hydrophobes, composées d'atomes de carbone, d'hydrogène et d'oxygène. Au total, une chaîne donnée peut comporter jusqu'à quinze transporteurs d'électrons distincts, disposés topologiquement en ordre décroissant de niveau d'énergie, de sorte que chaque transporteur est positionné stratégiquement par rapport aux transporteurs avec lesquels il opère des transactions d'électrons directes.

Acquisition de l'autonomie

On admet généralement que la vie naissante tira ses composants essentiels de produits organiques préformés issus de synthèses abiotiques. Quant à ses besoins d'énergie, ils ont également pu être couverts par des molécules préformées riches en énergie, telles que du pyrophosphate inorganique ou des polyphosphates, ou les thioesters de mon modèle. Il se peut aussi que la dégradation de molécules organiques préexistantes ait fourni l'énergie nécessaire au moyen de quelque processus couplé, tel le transfert d'électrons producteur de thioesters, comme je l'envisage dans mon modèle.

Si les choses se passèrent ainsi, la vie commença sous une forme hétérotrophe. Le mot « hétérotrophe » (du grec *heteros*, autre, et *trophê*, nourriture) désigne des organismes vivants qui, comme nous-mêmes, se nourrissent de produits fabriqués par d'autres organismes, par opposition aux autotrophes (du grec *autos*, soi-même) – les plantes, par exemple –, qui fabriquent leurs constituants à partir de matières premières minérales. Au début, bien sûr, l'hétérotrophie n'a pas dépendu d'organismes autotrophes mais de la manne céleste de la chimie abiotique.

Le temps que cette manne s'épuise, une certaine forme d'autotrophie devait avoir émergé. On ne sait pas quand cet événement eut lieu, mais ce ne pouvait guère être avant l'apparition de protocellules, à moins de faire intervenir un mécanisme d'un type inconnu. Tous les organismes autotrophes connus dépendent de chaînes de transfert d'électrons liées à des membranes. Il est donc probable que ce type de chaînes alimenta d'abord des processus hétérotrophes pour se convertir plus tard à l'autotrophie. Comment cette conversion s'opéra-t-elle ?

Pour répondre à cette question, il faut examiner l'anatomie de la cascade d'électrons biologique. Elle consiste en quatre « chutes » distinctes, séparées par cinq niveaux d'énergie – disons, en commençant par le plus élevé : A, B, C, D, et E. Chaque chute est assez haute pour alimenter l'assemblage d'ATP à partir d'ADP et de P_i, à raison d'une molécule d'ATP par paire d'électrons descendant la cascade. La chute A-B est la plus ancienne ; elle met en jeu des composants solubles dans l'eau et dépend de phosphorylations au niveau du substrat liées à des thioesters. Les chutes B-C, C-D, et D-E mettent en jeu des composants insérés dans une membrane et dépendent de phosphorylations au niveau du transporteur impliquant une force proton-motrice. Pour que la cascade puisse fonctionner, il faut que des électrons y soient introduits et en soient retirés. Dans des conditions optimales, l'entrée a lieu au niveau A et le retrait au niveau E, mais des entrées et des retraits d'électrons peuvent également avoir lieu aux niveaux intermédiaires.

Cette cascade n'est pas une caractéristique préexistante de la nature mais le produit de l'évolution qui, guidée par la sélection naturelle, parvint à utiliser de façon optimale la dénivellation entre A et E, dans les limites imposées par les besoins en énergie de l'assemblage de l'ATP. En résumé, lorsque deux électrons tombent du niveau A au niveau E, l'énergie libérée permet d'assembler au total quatre molécules d'ATP. La cascade, avec ses quatre chutes, chacune couplée avec une machinerie séparée, exploite cette possibilité au maximum. Le problème est d'expliquer comment naquit ce chef-d'œuvre de la sélection naturelle et comment il fraya la voie à l'autotrophie.

Il existe une réponse simple à cette question. Il se peut que ce ne soit pas la bonne, mais elle répond à notre objet. Si l'on reprend l'image de la cascade d'électrons, on peut résumer cette réponse comme suit : la vie commença en haut de la cascade et exploita d'abord la chute des électrons du niveau A au niveau B ou plus bas. Cette exploitation fut possible grâce à des thioesters et aboutit au mécanisme de phosphorylation au niveau du substrat. Les synthèses abiotiques, aidées peut-être par une source d'électrons à haut niveau d'énergie (voir au chapitre 3, « Le cas de l'hydrogène manquant »), fournissaient les donneurs d'électrons appropriés, dont certains remplissent toujours cette fonction 3,8 milliards d'années plus tard. Ainsi, l'acide pyruvique, qui se forme facilement à partir de l'acide lactique ou de l'alanine – deux produits abiotiques typiques – est aujourd'hui l'un des principaux donneurs d'électrons dans les phosphorylations au niveau du substrat. Quant à la collecte d'électrons, on peut sans risques supposer que le monde prébiotique offrait un choix de minéraux capables d'accepter des électrons au niveau B ou plus bas. Même des molécules organiques, produites soit par des synthèses abiotiques soit par le protométabolisme, auraient pu faire l'affaire, comme l'enseigne le métabolisme actuel[1].

Selon mon scénario, la vie naissante fut soutenue de cette façon jusqu'au stade de protocellules génétiquement indépendantes, capables de fabriquer des protéines et de rivaliser les unes avec les autres sur la base de leurs innovations protéiques. Un tournant fut atteint avec l'apparition de la première machinerie à deux pompes insérée dans une membrane et capable d'utiliser l'énergie libérée par la chute d'électrons pour assembler de l'ATP au moyen d'une force proton-motrice.

Il est très vraisemblable que cette machinerie recevait les électrons au niveau B, qui est le niveau auquel, aujourd'hui, la majorité des donneurs d'électrons métaboliques approvisionnent les chaînes de transfert d'électrons, principalement au moyen de NAD (voir chapitre 4). Un approvisionnement au niveau C n'est pas exclu, puisque certains intermédiaires métaboliques – l'acide succinique, par exemple, un produit caractéristique de synthèse abiotique – fournissent des électrons à ce niveau. L'oxygène, l'accepteur final d'électrons universel du monde vivant actuel, n'était pas disponible dans le monde prébiotique pour collecter les électrons en bas de la chute, mais d'autres accepteurs étaient probablement présents, par exemple le fer ferrique (voir le chapitre 3), qui, comme l'oxygène, accepte des électrons au niveau E.

Comme moyen de satisfaire les besoins d'énergie, la nouvelle machinerie était bien supérieure à la machinerie dépendante de thioesters qui existait précédemment, car les donneurs d'électrons au niveau B sont beaucoup plus nombreux que ceux du niveau A. Mais ce n'est là qu'un avantage mineur comparé à une autre conséquence de la nouvelle amélioration qui sauva véritablement la vie : la machinerie dépendante des thioesters pouvait maintenant être inversée grâce à de l'ATP fourni par la machinerie utilisant la force proton-motrice. Les électrons pouvaient être haussés du niveau B au niveau A – qui est le niveau clé pour les réductions biosynthétiques. L'assimilation du gaz carbonique, par exemple, nécessite des électrons fournis au niveau A. Le terme de « transfert d'électrons inverse » désigne la remontée d'électrons d'un niveau d'énergie moins élevé à un niveau d'énergie plus élevé, grâce à une source d'énergie.

Une fois amorcé, le processus par lequel des électrons montent de niveau en s'appuyant sur la chute d'autres électrons pouvait continuer sur sa lancée. Une deuxième chute proton-motrice, approvisionnée au niveau C et délivrant des électrons au niveau D ou plus bas, apparut probablement, ouvrant ainsi la possibilité d'élever des électrons du niveau C au niveau A – d'abord du niveau C au niveau B en inversant la première machinerie liée à une force proton-motrice, puis du niveau B au niveau A en inversant la machinerie liée à des thioesters. Dans tous les cas, la partie inférieure de la cascade fournit l'énergie nécessaire pour élever les électrons à un niveau supérieur.

C'est de cette façon, selon l'hypothèse que je propose, que l'autotrophie apparut et que la vie naissante se libéra de sa dépendance par rapport à la chimie abiotique. La seule chose qui manquait encore à une véritable autotrophie, c'était de trouver dans l'environnement un donneur minéral adéquat qui délivre des électrons quelque part entre les niveaux B et C. Ensuite, en présence d'un accepteur approprié au niveau D ou plus bas (l'oxygène aujourd'hui, peut-être le fer ferrique aux temps prébiotiques), le transfert d'électrons en direction descendante dans la partie inférieure de la cascade pouvait couvrir tous les besoins en ATP, tandis que le transfert d'électrons (inverse) en direction ascendante dans la partie supérieure de la cascade, alimenté par de l'ATP assemblé dans la partie inférieure, pouvait fournir les électrons à haut niveau d'énergie nécessaires à la réduction de composants minéraux, tels que le gaz carbonique, l'azote ou le nitrate, le sulfate, et ainsi de suite. Ce mode de vie caractérise un certain nombre de bactéries autotrophes, appelées chimioautotrophes, qui utilisent des dérivés du soufre tels que l'hydrogène sulfuré ou le soufre élémentaire (deux composants probables du milieu prébiotique) comme donneurs d'électrons.

Une fois l'armature de base de l'autotrophie mise en place, il est facile de voir comment de nouvelles améliorations ont pu intervenir, jusqu'à la formation d'une cascade d'électrons B-C-D-E complète, à trois chutes, productrice de force proton-motrice, comme on en trouve aujourd'hui dans tous les organismes les plus évolués, qu'ils soient autotrophes ou hétérotrophes.

L'ultime progrès dans les chaînes de transfert d'électrons eut lieu quand apparut une variante de la porphyrine dans laquelle un atome de magnésium vint à remplacer l'atome de fer dans la cavité centrale du disque. C'est probablement ainsi que naquit la chlorophylle (du grec *chlôros*, vert, et *phyllon*, feuille), le pigment vert des organismes photoautotrophes ou, plus simplement, phototrophes (du grec, *phôs*, lumière).

La chlorophylle devait son avantage immédiat à sa capacité de capter l'énergie de la lumière solaire et, ce faisant, de subir ce que l'on appelle une délocalisation d'électrons. En d'autres termes, l'un des électrons de la molécule de chlorophylle est déplacé, par l'énergie lumineuse absorbée, de son niveau de repos à un niveau d'énergie plus élevé. On dit que la molécule est excitée par la lumière. Ce phénomène se produit avec de nombreuses substances colorées (qui sont colorées pour la raison même qu'elles absorbent une partie de la lumière qu'elles reçoivent), mais il s'agit le plus souvent d'un phénomène de courte durée. L'électron déplacé retombe vite à son niveau de repos, et l'énergie absorbée est restituée sous forme de chaleur, sous-produit qui, comme on le sait, n'est pas inutile mais ne peut pas être utilisé efficacement pour l'accomplissement du travail biologique.

Dans le cas de la chlorophylle excitée, ce gaspillage de l'énergie lumineuse est évité. Grâce à une association très étroite entre la molécule et une chaîne respiratoire insérée dans la membrane – souvenons-nous qu'elle est née d'un membre d'une telle chaîne –, l'électron délocalisé est dévié et conduit à cascader de façon productive le long de cette chaîne. L'énergie lumineuse alimente ainsi la production de force proton-motrice et, par cette force, l'assemblage d'ATP.

Quand ils sont utilisés pour l'assemblage d'ATP, les électrons élevés par l'énergie lumineuse retournent finalement à la molécule de chlorophylle à leur niveau de repos, prêts pour une nouvelle remontée propulsée par la lumière. Les électrons peuvent ainsi indéfiniment tourner en cycle – remonter à l'aide de lumière, redescendre par la cascade – et, ce faisant, alimenter l'assemblage d'ATP (photophosphorylation cyclique). Outre ce processus cyclique, il existe également un processus non cyclique par lequel les électrons élevés sont utilisés dans de nombreuses réductions biosynthétiques nécessaires à la vie autotrophe. Dans ce dernier cas, la chlorophylle récupère les électrons détournés à partir d'une source extérieure.

L'évolution de la vie autotrophe traversa deux phases principales. Le photosystème I apparut tout d'abord. Il prenait des électrons à des donneurs minéraux, tels que des composés sulfurés, et les élevait, avec ou sans l'aide supplémentaire d'un transfert d'électrons inverse dépendant de thioesters, au niveau d'énergie (A) requis pour les réductions biosynthétiques. Puis vint le photosystème II, qui a la capacité d'arracher des électrons aux molécules d'eau en libérant de l'oxygène moléculaire. Le photosystème II élève les électrons jusqu'à un niveau d'énergie intermédiaire où ils sont pris en charge par le photosystème I et élevés jusqu'au sommet. Cette acquisition libéra la vie autotrophe de sa dépendance par rapport à un donneur d'électrons extérieur. Désormais, la vie n'avait plus besoin que de lumière et d'eau pour transformer de l'air et quelques minéraux présents dans l'eau en un luxuriant manteau vert qui, à son tour, pouvait alimenter de nombreuses formes de vie hétérotrophes. Mais cet événement capital marqua également l'apparition de l'oxygène moléculaire sur notre planète, qui entraîna à long terme des conséquences d'une extrême importance (voir le chapitre 14).

11

Adaptation à la vie enfermée

Avec la cellularisation, la vie devenait pour la première fois la propriété d'unités discrètes, individuelles et autonomes, capables de se diversifier. La compétition darwinienne fut la conséquence la plus immédiate de ce changement et le principe moteur de toute l'évolution ultérieure des êtres vivants. En outre, la cellularisation permit un certain nombre d'acquisitions qui améliorèrent la capacité des protocellules de survivre et de proliférer en tant qu'unités individuelles et offrirent donc des prises prometteuses aux filets de la sélection naturelle. Le plus souvent, ces adaptations étaient le résultat de modifications de la membrane cellulaire qui, outre ses fonctions de frontière, de site de passage contrôlé et de machinerie actionnée par la force proton-motrice, se transforma peu à peu en une interface sensible, capable d'échanger de nombreux signaux avec son environnement et d'émettre des réponses appropriées. Les pages suivantes présentent un court résumé, pas nécessairement chronologique, de ces aides à la vie protocellulaire.

La perception

Les protocellules « apprirent » à explorer leur environnement d'abord de façon chimique, en le « goûtant » pour ainsi dire. Voici comment les choses ont pu se passer. On sait que les protéines membranaires ont souvent leurs deux extrémités qui dépassent de part et d'autre de la membrane, le segment hydrophobe transmembranaire se situant entre les deux. Imaginez maintenant que la partie externe d'une de ces protéines possède un site complémentaire d'une substance donnée, qu'elle a donc la capacité de fixer. Imaginez ensuite que cette fixation entraîne un changement de conformation – un enroulement, par exemple, ou un déroulement – du segment transmembranaire, de sorte que la partie interne de la protéine subisse à son tour un changement de forme. Imaginez enfin que cette modification de la partie interne de la protéine ait un effet spécifique, par exemple l'ouverture ou la fermeture d'un chenal, ou bien l'activation ou l'inhibition d'un enzyme. Ce à quoi vous assistez, avec l'apparition de cette protéine, c'est la création d'un lien permettant à un composé chimique extérieur d'influer sur ce qui se passe à l'intérieur de la protocellule sans y entrer, acquisition précieuse si la réponse se révèle avoir une valeur adaptative, décision laissée à la sélection naturelle.

On peut se représenter une protéine de ce type comme un interrupteur commandé par une détente chimique. La substance qui commande la détente est appelée agoniste, ou agent actif. La partie extérieure de l'interrupteur qui fixe l'agoniste est appelée récepteur. La partie interne qui répond est l'effecteur. L'interrupteur est « ouvert » (effecteur inactivé) quand le récepteur est libre, et « fermé » (effecteur activé) quand le récepteur est occupé par l'agoniste. Il y a généralement de nombreux interrupteurs d'un type donné sur la surface d'une seule cellule. Cela permet de moduler la réponse depuis la position où tous les interrupteurs sont ouverts jusqu'à celle où ils sont tous fermés. La réponse sera d'autant plus intense qu'une plus grande proportion du nombre total de sites récepteurs sera occupée par des molécules agonistes. Cette proportion dépend de l'abondance des molécules agonistes dans l'environnement et de l'avidité avec laquelle les sites récepteurs les pêchent. Avec un système convenablement réglé, la réponse peut être adaptée très étroitement à la quantité d'agonistes présents.

Pour prendre un exemple simple, imaginez une protocellule équipée d'un chenal permettant l'entrée d'une substance utile, voire essentielle, en petite quantité, mais qui devient nuisible en grande quantité. Cette protocellule mènerait une existence précaire, toujours suspendue à la présence de cette substance dans son environnement à la concentration qui lui convient. Dotons maintenant cette protocellule d'un récepteur fixant la substance, relié à un effecteur qui ferme le chenal lorsque le récepteur est occupé. À mesure que la concentration de la substance augmente dans le milieu ambiant, le nombre de sites récepteurs occupés (et par conséquent le nombre de chenaux fermés) augmente. Il y a moins de chenaux ouverts, mais chacun laisse passer plus de molécules de la substance par unité de temps, de sorte que le nombre total de molécules de la substance entrant par unité de temps reste à peu près constant, même à des niveaux de concentration très différents. Pour les protocellules concernées, l'acquisition d'une telle protéine signifie la capacité de s'adapter à des fluctuations considérables de l'abondance de la substance dans l'environnement, et constitue un sérieux avantage sélectif.

La combinaison transmembranaire récepteur-effecteur a remporté un énorme succès dans l'évolution, reliant une immense variété de substances à une grande diversité de réponses, dont la recherche et la capture de nourriture, l'évitement de substances nocives, le déclenchement de la division cellulaire, la stimulation de la sécrétion et beaucoup d'autres. Le résultat est particulièrement fascinant quand l'agoniste est produit par une autre cellule. Le récepteur donne alors à la cellule qui a produit l'agoniste la possibilité d'influer sur ce qui se passe dans la cellule porteuse du récepteur. Ce qui se passe, c'est une *communication entre cellules au moyen de signaux chimiques*, phénomène qui jouera un rôle de plus en plus déterminant dans l'évolution ultérieure, en particulier chez les eucaryotes. Pendant que vous lisez cette phrase, dans votre cerveau, des milliards de cellules communiquent entre elles au moyen de signaux chimiques pour rendre intelligible cet ensemble de symboles écrits.

On ne sait pas quand les protocellules acquirent pour la première fois des protéines transmembranaires pourvues de combinaisons récepteur-effecteur utiles, ni ce qu'étaient ces premières protéines transmembranaires. Il est probable, cependant, que ces acquisitions se firent dès que le degré de sophistication structurelle et fonctionnelle des protocellules le permit, étant donné les avantages sélectifs considérables qu'elles conféraient.

La motilité

Des protéines transmembranaires peuvent également servir à transmettre des signaux chimiques de l'intérieur de la cellule vers sa surface. Un modèle particulièrement fascinant d'une telle molécule a une partie interne consommatrice d'énergie reliée à une partie externe mobile, de telle sorte que l'énergie dépensée à l'intérieur se convertit en travail mécanique à l'extérieur, comme un bras relié à une rame ou un moteur à une hélice. La source d'énergie peut être la scission d'ATP ou bien la force proton-motrice. Dans le monde bactérien, la machine la plus perfectionnée de ce type, appelée flagelle (du mot latin signifiant fouet), est un bâtonnet hélicoïdal rotatif qui émerge à la surface de la cellule et est relié à une « turbine » interne actionnée par la force proton-motrice. L'arbre de ce bâtonnet traverse la membrane et la paroi cellulaires à travers des « coussinets » spéciaux bien étanches. Ce moteur perfectionné fut sans doute précédé d'autres moteurs plus simples, peut-être construits de protéines capables de scinder les molécules d'ATP, ayant en plus la propriété de se plier quand elles fixent l'ATP et de se redresser quand la molécule d'ATP fixée est rompue. Les systèmes moteurs des eucaryotes, y compris nos propres muscles, sont tous construits de telles protéines.

Convenablement disposées à la surface de la cellule, des protéines de ce genre pouvaient amener la cellule à se déplacer par rapport à l'eau ambiante. Cette espèce de mobilité commença sous forme de marche au hasard. Les cellules avançaient dans une direction donnée pendant un certain laps de temps, puis culbutaient et reprenaient le mouvement dans une autre direction. Cette propriété présentait peu d'intérêt dans la mesure où elle pouvait conduire la cellule aussi bien dans un environnement moins favorable que plus favorable. Les choses changèrent quand les systèmes moteurs devinrent couplés avec des récepteurs chimiques. Le couplage était primitif, la variable affectée étant simplement la fréquence des culbutes. Les récepteurs sensibles aux substances utiles en vinrent à inhiber les culbutes, de sorte que les cellules avançaient plus longtemps vers la substance utile. À l'inverse, les récepteurs sensibles aux substances nuisibles multipliaient les culbutes, écourtant ainsi le temps pendant lequel les cellules avançaient dans la mauvaise direction. Ce mécanisme – que l'on appelle chimiotaxie, positive ou négative selon le cas, et qui est la capacité de rechercher les substances utiles et d'éviter les substances nuisibles – existe encore aujourd'hui, du moins dans le monde bactérien. Même s'il agissait simplement en modulant des événements fortuits et n'était que d'une efficacité marginale pour les cellules prises individuellement, ce mécanisme était très puissant au niveau de la population. Son acquisition marqua un progrès considérable pour l'évolution.

L'exportation de protéines et les débuts de la digestion

Dans leurs errances, les protocellules laissaient des traces de leur passage sous forme de déchets et autres composés chimiques qu'elles évacuaient. Il est possible que ces traces avaient pour effet d'alerter les protocellules de telle manière qu'elles restaient éloignées les unes des autres ou, au contraire, se regroupaient. Un mode plus spécifique d'évacuation apparut grâce à une modification du mécanisme par lequel des protéines naissantes sont ciblées sur des membranes (voir le chapitre 9). À travers les caprices combinatoires de l'assemblage des gènes, des séquences de ciblage vinrent à être ajoutées également à des protéines autres que celles portant les bonnes séquences hydrophobes requises pour se nicher dans des bicouches lipidiques. Un certain nombre de protéines solubles furent équipées de l'étiquette voulue, et se trouvèrent enchevêtrées à des membranes pendant ou après le processus de traduction. Il suffit de quelques modifications mineures dans les machineries impliquées pour que l'insertion fît place à une complète translocation. Le résultat fut l'exportation de protéines, ou sécrétion.

Parmi les protéines dont se déchargeaient ainsi les protocellules, un groupe particulièrement favorisé consistait en enzymes qui scindaient à l'aide d'eau les liaisons chimiques joignant les composants essentiels des macromolécules naturelles. Ces enzymes hydrolytiques, également appelés hydrolases, fragmentent les protéines en acides aminés ; les acides nucléiques en nucléotides ; les nucléotides en sucres, bases et molécules de phosphate ; les saccharides en sucres individuels ; les phospholipides en leurs constituants ; et ainsi de suite. Les hydrolases démantèlent des substances très importantes, et leur acquisition a dû comporter de graves risques. Les protocellules dans lesquelles ces enzymes apparurent sous leur forme pleinement active furent rapidement éliminées, jusqu'à ce que le hasard dote les protéines nocives d'une étiquette grâce à laquelle elles étaient exportées à mesure qu'elles étaient fabriquées. Le désavantage évolutif devint dès lors un avantage. Les enzymes lâchés dans l'environnement par des protocellules vivantes pouvaient dégrader les déchets organiques laissés ici et là par des protocellules mortes, et les petites molécules qui en résultaient pouvaient servir à satisfaire les besoins nutritionnels des protocellules sécrétrices. Ainsi naquit la digestion et, avec elle, la possibilité pour un organisme vivant d'exploiter l'activité synthétique d'un autre ; en d'autres termes, la possibilité d'une vie hétérotrophe aux dépens de la vie autotrophe. Cet événement eut des conséquences d'une portée considérable. Il libéra les organismes concernés du lourd fardeau de fabriquer eux-mêmes leurs propres matériaux et leur ouvrit un plus large potentiel d'innovation. Notamment, il marqua une étape décisive dans l'émergence de tout le règne animal, y compris l'espèce humaine. Nous vivons, directement ou indirectement, des produits de la photosynthèse végétale, que nous digérons dans notre estomac et notre intestin à l'aide d'enzymes sécrétés à l'extérieur par des cellules.

Les protocellules entourées d'une simple paroi de muréine perméable aux molécules protéiques (ces protocellules correspondraient aujourd'hui aux bactéries gram-positives) devaient résider dans un milieu stagnant et confiné pour bénéficier de la sécrétion d'enzymes digestifs. Autrement, ces enzymes auraient été emportés par le courant avant de pouvoir agir. En revanche, les protocellules équipées d'une deuxième membrane (correspondant aux bactéries gram-négatives) gardaient les enzymes sécrétés dans l'espace périplasmique intercalé entre les deux membranes. Là, les enzymes pouvaient agir sur les molécules que les porines de la membrane externe laissaient entrer de l'extérieur.

Qu'il fût ou non enfermé dans une membrane, l'espace entourant les cellules hétérotrophes primitives peut être considéré comme la première poche digestive dans l'histoire de la vie ; le premier estomac, pour ainsi dire, sauf qu'il n'était pas situé dans l'organisme, mais à l'extérieur. On verra plus tard que l'intériorisation de cet estomac a peut-être joué un rôle décisif dans la transformation d'un ancêtre procaryote en premier eucaryote.

Une pointe de sexualité

Il faut encore évoquer une dernière acquisition de surface. Elle consiste en filaments longs et fins, de plusieurs fois la longueur des cellules elles-mêmes, qui ornent la surface de nombreuses cellules bactériennes. Appelées fort à propos pili (singulier pilus, mot latin signifiant poil), ces structures servent principalement d'ancres permettant aux protocellules de se fixer à un support ou à un autre. Elles ne sont pas motrices et ne sont pas non plus reliées à des effecteurs, mais possèdent une certaine spécificité chimique et peuvent donc agir comme récepteurs. Par exemple, des pili doués de la spécificité adéquate pouvaient immobiliser des cellules errantes près d'une riche source d'aliments, ou les faire se regrouper en colonies. On voit aisément comment la sélection favorisa l'émergence de pili dotés de spécificités utiles.

Certains pili spécifiques de certains composants de la surface cellulaire permettent aux cellules de se toucher d'une façon particulière. Appeler ces contacts entre bactéries des caresses serait par trop anthropomorphique. Il n'en reste pas moins vrai que l'émergence de ces pili mena bel et bien à la sexualité et libéra une des forces de diversification les plus puissantes, sinon la plus puissante, qui aient jamais stimulé l'évolution. Des cellules possédant des pili sexuels (appelées mâles) utilisent ces filaments comme une sorte de pénis moléculaire pour copuler avec des cellules femelles, c'est-à-dire dépourvues de pili sexuels. Au cours de cette conjugaison, comme on l'appelle, les cellules mâles introduisent dans les cellules femelles un petit morceau d'ADN circulaire satellite, appelé plasmide, sur lequel sont situés, entre autres, les gènes codant pour les protéines de pilus sexuel. Il arrive assez souvent qu'une réplique d'une partie plus ou moins importante du chromosome mâle soit injectée dans la cellule femelle en même temps que le plasmide. Quand, par la suite, l'ADN injecté se recombine avec l'ADN de la cellule réceptrice, il y a formation de chromosomes hybrides composés de gènes provenant des deux parents.

Jusqu'à ce stade de l'évolution, les mutations qui fournissaient à la sélection naturelle les matériaux entre lesquels choisir étaient essentiellement des remplacements d'une base par une autre dus à des erreurs de réplication ou à des accidents chimiques, ainsi que des insertions, des délétions, des inversions et des duplications de certains segments d'ADN (ou d'ARN). Grâce à la conjugaison et à la recombinaison, toute une nouvelle gamme de variations héréditaires impliquant des gènes ou groupements de gènes entiers s'offrirent à la sélection. Le jeu de l'évolution devint infiniment plus riche et plus novateur. Il est amusant de constater que dans cette première forme de sexualité, si les mâles faisaient leur travail, c'étaient les femelles les véritables bénéficiaires des progrès de l'évolution. À ceux qui seraient tentés de tirer une quelconque morale sexuelle de ce fait, on doit signaler que la première chose que les mâles font lors de la conjugaison c'est de donner aux femelles des gènes (codant pour les protéines des pili) qui les transforment en mâles.

12

L'ancêtre de toute vie

Tous les organismes vivants connus descendent d'un ancêtre commun unique. Les preuves à l'appui de cette thèse sont écrasantes. On ne peut pas exclure la possibilité qu'il existe peut-être, dans quelque environnement éloigné resté isolé pendant très longtemps, des organismes inconnus ou très mal connus d'une origine différente. Cependant, aucune découverte suggérant un écart important par rapport à « notre » façon de vivre n'a encore été faite. Jusqu'à preuve du contraire, l'hypothèse d'un ancêtre commun reste correcte.

Dans ce chapitre, j'essaierai de reconstruire le profil de notre ancêtre commun et de retracer l'historique de son émergence, en portant une attention particulière à la nature des forces cachées qui l'ont façonné. Notre ancêtre commun est-il apparu comme une pousse unique, vouée à suivre une voie très déterministe qui laissait peu de place au hasard ? ou bien était-il simplement une branche parmi tant d'autres, une branche qui, par hasard, poussa plus vite, étouffa toutes les autres, et finit par remplir le monde de sa progéniture ?

Reconstruire le passé lointain

L'ancêtre universel se définit comme l'organisme qui exista juste avant que l'arbre de la vie ne se divise en deux branches distinctes qui ont chacune poussé des prolongements jusque dans notre monde actuel. Cette définition distingue l'ancêtre universel des formes ancestrales plus primitives qui le précédèrent. Elle garde également ouverte la possibilité de ramifications plus anciennes qui n'auraient pas laissé de postérité actuelle. En principe, tracer le portrait de cet organisme ancestral ne devrait pas présenter de difficultés : il suffit de rassembler toutes les propriétés qu'ont en commun tous les organismes vivants. Mais trois restrictions viennent en fait compliquer les choses. D'abord, il faut ôter de l'image les propriétés communes qui ont pu être acquises séparément par les branches individuelles, après cette première fourche de l'arbre de la vie. Ensuite, il faut également en retirer les propriétés qui n'apparurent que sur l'une des branches et furent ensuite acquises par les autres branches par quelque mécanisme de transfert de gènes. Enfin, il faut ajouter à cette image les propriétés qui manquent à certains organismes, peut-être à tous, parce qu'elles se sont perdues au cours de l'évolution.

La première restriction touche ce que l'on appelle la convergence évolutive. Ce phénomène jouera un rôle important plus tard dans l'évolution, illustré, par exemple, par l'acquisition séparée du vol chez les insectes, les ptérosauriens, les oiseaux et les chauves-souris ; mais il est probablement d'une pertinence plus limitée pour le genre d'évolution moléculaire qui nous intéresse surtout ici. Il n'est guère probable, par exemple, qu'une molécule telle que le cytochrome *c*, qui, dans toutes les espèces étudiées, possède en commun plus de cinquante acides aminés sur les quelque cent dont elle se compose, ait pu apparaître indépendamment dans deux ou plusieurs branches.

La deuxième restriction est plus sérieuse. Le transfert génétique horizontal[1] – ainsi nommé par opposition au transfert génétique vertical, de génération en génération – est considéré comme un phénomène assez ordinaire dans le monde bactérien. Il est vraisemblable que les organismes primitifs échangeaient des gènes au moins aussi facilement que le font les bactéries de nos jours. Toutefois, pour expliquer la présence d'un même gène dans *tous* les organismes existants, il faut que le transfert horizontal du gène se soit produit très tôt dans l'évolution, à un moment où très peu de branches (probablement pas plus de deux) existaient dans une même niche écologique ou dans des niches très voisines. Il faut en outre que les membres de la branche transformée n'ayant pas acquis le gène aient été éradiqués.

Quant à la troisième restriction, elle est de toute évidence pertinente et doit être appliquée avec beaucoup de discernement. Heureusement, il reste suffisamment de traits communs universels pour donner une idée assez précise de l'image principale. Les incertitudes touchent quelques propriétés additionnelles qui ne se rencontrent pas dans toutes les formes de vie, mais dont on peut penser qu'elles se trouvaient chez l'ancêtre commun et se sont perdues par la suite chez certains de ses descendants.

Même en tenant compte des restrictions que l'on vient d'évoquer, on dispose d'une telle richesse d'informations biochimiques sur toutes les principales formes de vie que l'on s'attendrait à ce que la reconstitution de l'ancêtre commun soit assez simple. Ce serait en effet le cas si ne se posait ce que l'on appelle le problème de la racine.

À la fin des années 1970, le microbiologiste américain Carl Woese[2], de l'Université de l'Illinois, lâcha simultanément sur le monde scientifique l'équivalent de deux bombes. D'abord, s'appuyant sur le séquençage comparé de molécules d'ARN que l'on trouve dans les ribosomes de tous les êtres vivants, il annonça que les bactéries existantes n'appartiennent pas à une famille unique, comme on le pensait généralement, mais forment deux groupes qui ont dû se séparer à l'aube de la vie cellulaire. Il éleva ces deux groupes au rang de règnes, et donna à l'un le nom d'archébactéries, en raison d'un certain nombre de caractères qu'il croyait particulièrement archaïques (du grec *arkhaios*, ancien), et à l'autre celui d'eubactéries (du grec *eu*, bien). Ces deux règnes sont regroupés sous le terme de procaryotes (du grec *karyon*, noyau), qui indique que ni l'un ni l'autre ne possède véritablement de noyau, par opposition aux eucaryotes, qui regroupent tous les protistes, les plantes, les mycètes et les animaux. Woese[3] a plus récemment promu les deux règnes à un rang encore plus élevé, pour lequel il a proposé le terme de « domaine », et les a rebaptisés Archaea et Bacteria pour souligner leurs différences. Cependant, tout le monde n'accepte pas encore cette terminologie. Moi-même je ne l'ai pas suivie ici, parce que le terme de bactérie fait désormais tellement partie du vocabulaire quotidien qu'une nouvelle définition aurait probablement embrouillé la plupart des lecteurs. En revanche, j'ai adopté la classification originale de Woese, qui avait rencontré une certaine résistance au début mais est maintenant presque unanimement acceptée.

La deuxième bombe lancée par Woese était encore plus sensationnelle : les eucaryotes, dont on pensait généralement qu'ils s'étaient séparés du tronc procaryotique (unique) il y a au plus un milliard d'années, ont, disait-il, presque trois milliards d'années de plus ! Ils proviennent d'une branche qui s'est formée sur l'arbre de la vie presque au moment où les archébactéries se séparaient des eubactéries.

L'ancêtre commun se trouve ainsi à la base d'une « trifurcation ». Mais ce sont des bifurcations, non des trifurcations, qui tracent le développement de l'arbre de la vie. Il y aurait ainsi trois possibilités. 1) La première bifurcation sépara les archébactéries des eubactéries, et les eucaryotes naquirent ensuite de la branche archébactérienne. 2) Il y eut d'abord la séparation des procaryotes, comme ci-dessus, mais cette fois les eucaryotes naquirent de la branche eubactérienne. 3) La première fourche sépara les eucaryotes des procaryotes qui, plus tard, se subdivisèrent en archébactéries et eubactéries. D'où le problème de la racine : dans les hypothèses 1 et 2, l'ancêtre commun serait un procaryote, dont les eucaryotes seraient issus via les archébactéries dans le premier cas de figure et via les eubactéries dans le deuxième ; dans la troisième hypothèse, l'ancêtre commun peut aussi bien être un eucaryote qu'un procaryote ou quelque chose d'intermédiaire.

Malheureusement, non seulement les données issues des séquençages n'ont pas apporté une réponse claire au problème de la racine, mais elles ont fourni des réponses contradictoires. Ces questions sont d'un caractère hautement technique et concernent l'interprétation des données au moins autant que les données elles-mêmes. Pour résumer une situation complexe, disons que la plupart des auteurs penchent pour une racine procaryote. La proposition de Woese d'un ancêtre commun lié aux archébactéries les plus thermophiles (aimant la chaleur), que le séquençage a identifiées comme particulièrement anciennes, est largement admise. Même un ancêtre plus étroitement apparenté aux eubactéries aurait dû également, pense-t-on, être adapté à une température élevée, puisque les eubactéries les plus thermophiles sont aussi les plus anciennes de leur groupe[4]. L'origine de la branche eucaryote demeure incertaine. Les eucaryotes partagent de nombreuses propriétés avec les archébactéries mais aussi quelques-unes avec les eubactéries. J'examinerai au chapitre 14 les différentes explications qui ont été avancées pour rendre compte de ces contradictions.

Les chercheurs n'acceptent pas tous l'hypothèse d'un ancêtre procaryote thermophile. Le chercheur français Patrick Forterre[5] a défendu avec vigueur la thèse selon laquelle la thermophilie ne pouvait pas remonter jusqu'à l'ancêtre commun parce qu'un système primitif n'aurait vraisemblablement pas résisté aux âpres conditions liées à une très haute température. Il pense, au contraire, que l'adaptation à la chaleur est une acquisition tardive, rendue possible grâce une simplification. Selon lui, l'ancêtre commun était un eucaryote primitif ; quant aux procaryotes, ils seraient nés d'un processus simplificateur associé à un environnement de plus en plus chaud. Au lieu d'être primitif, comme on le croit généralement, le mode de vie procaryote correspondrait ainsi à une adaptation secondaire à la chaleur. Une fois apparu, ce type d'organisation se serait révélé très efficace et aurait envahi toutes les niches occupées maintenant par les bactéries.

Une hypothèse encore plus curieuse fut avancée par Mitchell Sogin[6], expert en séquençage comparé, du Laboratoire de biologie marine à Woods Hole, Massachusetts. Selon Sogin, l'ancêtre commun était une cellule primitive – un progénote, pour reprendre le terme inventé par Woese – tout droit sortie du monde de l'ARN, et l'ADN n'apparut qu'après la première fourche de l'arbre de la vie, sur la branche qui devait mener aux procaryotes. Le développement ultérieur de la lignée ARN donna alors une cellule volumineuse ressemblant aux eucaryotes à plusieurs égards, mais dépourvue de noyau et ne disposant pas de toute la machinerie impliquée dans la synthèse, la réplication et la transcription de l'ADN. Puis, dit Sogin, cette cellule acquit un noyau et la machinerie correspondante en ingérant un procaryote, probablement de la branche des archébactéries.

Je reviendrai plus tard à ces propositions, lorsque j'examinerai la première phase de l'évolution des procaryotes et des eucaryotes. Pour le moment, j'adhérerai à l'hypothèse communément admise.

Portrait d'un ancêtre

L'ancêtre commun à toute forme de vie était un organisme unicellulaire de type procaryotique, ressemblant aux bactéries d'aujourd'hui en ce qu'il n'avait pas de noyau bien séparé et ne disposait que d'une organisation interne rudimentaire. En l'état actuel des connaissances, cette hypothèse semble la plus probable bien que d'autres possibilités aient été proposées.

À quoi ressemblait cet organisme ? On ne dispose d'aucun indice à ce sujet. L'image familière, en forme de bâtonnet aux bouts arrondis de l'*Escherichia coli*, hôte principal de notre intestin et spécimen du monde bactérien le plus largement étudié, est un stéréotype trompeur. Les bactéries se rencontrent sous toutes les formes – sphériques, cylindriques ou filamenteuses. Certains microbes isolés récemment dans les jaillissements hydrothermaux du fond des océans ont même une apparence qui évoque à la perfection l'image de tuiles miniatures rectangulaires, planes, aux bords affûtés. Certains microfossiles anciens sont des structures longues et fines, ressemblant à des filaments. Mais ceci n'a qu'une valeur indicative. Le choix de la forme de l'ancêtre est entièrement ouvert.

Bien qu'il existe de nos jours quelques rares bactéries sans paroi, il semble vraisemblable que la cellule ancestrale était entourée d'une paroi solide. Les formes sans paroi sont très fragiles, et la cellule ancestrale n'aurait probablement pas survécu sans protection extérieure. On sait également, grâce aux microfossiles, que des organismes pourvus d'une paroi existaient déjà il y a trois milliards et demi d'années.

Selon toute vraisemblance, la membrane plasmique de la cellule ancestrale était construite sur le thème universel de la bicouche lipidique avec protéines transmembranaires insérées. Si l'on accepte l'existence d'une membrane typique, la question qui se pose est de savoir lesquels des nombreux systèmes spécialisés dont il a été question dans les chapitres précédents y étaient déjà intégrés, et lesquels vinrent plus tard.

Un indice précieux provient du fait que la cellule ancestrale utilisait presque certainement la force proton-motrice. Ce mécanisme essentiel de récupération d'énergie est trop généralement répandu pour être un produit tardif de l'évolution. Il en va de même pour plusieurs des principaux composants des chaînes de transfert d'électrons liées à des membranes, notamment les protéines fer-soufre, les hémoprotéines, les flavoprotéines, et peut-être d'autres. Les chaînes respiratoires les plus perfectionnées n'étaient probablement pas encore apparues, mais certains de leurs principaux composants étaient déjà en place. D'un autre côté, encore que ce point soit controversé, il est probable que la cellule ancestrale n'avait pas la capacité d'utiliser l'énergie lumineuse pour produire de la force proton-motrice.

Quoi qu'il en soit, l'utilisation de la force proton-motrice indique que la membrane de la cellule ancestrale était imperméable aux protons et autres ions, et donc à la plupart des molécules qui doivent entrer et sortir pour satisfaire les besoins métaboliques d'une cellule. Par conséquent, la membrane devait posséder le nombre minimum de systèmes de transport requis pour les échanges métaboliques avec l'environnement, et ces systèmes devaient être suffisamment sophistiqués pour fonctionner sans laisser passer de protons.

La membrane ancestrale devait également posséder les divers enzymes et systèmes d'insertion requis pour sa propre construction. En outre, la membrane devait comporter les systèmes de translocation nécessaires à l'extrusion et à l'assemblage des constituants de la paroi qui l'entourait. La cellule ancestrale était probablement capable de sécréter des protéines et pratiquait des processus de digestion extracellulaire. La distribution très généralisée des mécanismes servant à ces activités et leurs grandes similitudes moléculaires à travers le monde vivant corroborent ces affirmations.

On ne sait pas dans quelle mesure la cellule ancestrale était équipée de récepteurs de surface, ni si elle possédait des structures motrices ou sensibles, et notamment des pili sexuels, mais on ne peut pas exclure ces possibilités. La membrane plasmique ancestrale et ses éléments associés présentaient presque certainement déjà bon nombre des propriétés structurelles et fonctionnelles qui caractérisent aujourd'hui les membranes des cellules bactériennes.

Sur le plan métabolique, la cellule ancestrale effectuait

toutes les réactions nécessaires à la construction et à la dégradation des molécules qui la constituaient ainsi qu'à la couverture de ses besoins en énergie. Elle suivait pour cela des voies éprouvées qui sont maintenant suivies dans une grande variété d'organismes procaryotiques et eucaryotiques. Elle disposait à cette fin d'un bon nombre des coenzymes que l'on trouve aujourd'hui dans les cellules et utilisait l'ATP comme principal fournisseur d'énergie. Certains détails du métabolisme ancestral restent forcément conjecturaux, puisqu'ils dépendent du type d'environnement occupé par les cellules. Nous avons déjà vu que les plus anciennes des bactéries connues vivent dans un environnement chaud, et que pour cette raison on pense généralement, mais pas unanimement, que l'ancêtre commun occupait lui aussi un environnement chaud. Il a pu, comme les organismes thermophiles actuels, utiliser certains composés sulfurés comme accepteur d'électrons final, ou peut-être le fer ferrique, comme je l'ai suggéré.

On s'est souvent demandé si la cellule ancestrale se nourrissait de molécules organiques préexistantes, comme le font les organismes hétérotrophes aujourd'hui, ou si elle partageait avec les organismes autotrophes actuels la capacité de fabriquer des molécules organiques à partir de simples précurseurs minéraux. La théorie hétérotrophe était populaire à l'époque où l'on pensait que la cellule ancestrale résidait dans la soupe originelle. Et, en effet, tel a dû être le cas pour la première protocellule. Mais la cellule ancestrale est le fruit d'une longue évolution au cours de laquelle des chaînes de transfert d'électrons complexes furent assemblées, et l'autotrophie a donc très bien pu apparaître à ce moment-là. En outre, l'approvisionnement abiotique en molécules organiques a dû s'amenuiser petit à petit et pourrait bien s'être épuisé bien avant l'apparition de la cellule ancestrale. Enfin, l'autotrophie est suffisamment répandue pour autoriser l'hypothèse selon laquelle elle constituait déjà un attribut de la cellule ancestrale. Pour moi, la cellule ancestrale était donc vraisemblablement autotrophe, mais non nécessairement phototrophe. Elle ressemblait plus probablement aux organismes chimioautotrophes d'aujourd'hui, et, comme eux, s'appuyait sur des réactions de transfert d'électrons minérales pour satisfaire ses besoins en énergie et en électrons à haut niveau d'énergie. Mais, faute d'oxygène, c'est le fer ferrique, ou quelque autre substance minérale, qui devait servir d'accepteur d'électrons final.

Dernier point, mais non des moindres, la cellule ancestrale possédait très vraisemblablement des gènes d'ADN, probablement assemblés de façon à former un seul chromosome circulaire ; elle transcrivait ces gènes en ARN et traduisait la plupart de ces transcriptions (sauf celles utilisées à des fins catalytiques ou structurelles) en protéines selon le code génétique universel. Les gènes ancestraux et les protéines correspondantes avaient atteint la longueur et la complexité qui sont aujourd'hui les leurs dans tous les organismes vivants. Les protéines étaient assemblées sur des ribosomes typiques à l'aide de la machinerie complexe qui, à de petites variantes près, opère chez tous les êtres vivants.

En conclusion, on peut dire que la cellule ancestrale était un procaryote assez typique, que l'on pourrait très bien confondre, si on venait à le rencontrer aujourd'hui, avec une bactérie actuelle. L'état actuel des connaissances ne permet cependant pas de dire exactement à quel type de procaryote moderne la cellule ancestrale aurait le plus ressemblé, parce qu'il subsiste malheureusement plusieurs inconnues dans le portrait que l'on est en mesure de brosser. Voici certaines des questions les plus importantes qui attendent encore une réponse claire : la paroi de la cellule ancestrale était-elle constituée de muréine ou d'autres composants ? les lipides de la membrane ancestrale étaient-ils du type que les chimistes appellent lipides éthers ou étaient-ils de type ester ? l'organisme ancestral était-il phototrophe ou simplement chimioautotrophe ? les gènes de la cellule ancestrale étaient-ils séparés par des introns ou étaient-ils continus ? ces incertitudes persistent parce que, sur chaque point, on a affaire à des différences claires, d'origine manifestement très ancienne, qui séparent les principaux groupes d'organismes existants. J'aborderai ces questions en temps utile, lorsque j'examinerai l'histoire et l'évolution des descendants de la cellule ancestrale.

Certains lecteurs seront peut-être déconcertés par l'importance de ces lacunes. Je voudrais plutôt qu'ils s'émerveillent en constatant que tant de détails ont été rassemblés – tous du vivant de l'auteur – sur une entité aussi minuscule et d'une complexité aussi considérable, qui existait à une époque séparée de nous par l'équivalent de plus de 100 millions de générations humaines.

13

L'universalité de la vie

Tous les organismes vivants actuels descendent d'une forme de vie ancestrale unique. Jusque-là, tout est clair. Mais pourquoi en est-il ainsi ? Plusieurs réponses sont possibles.

D'abord, avec les partisans d'une origine extraterrestre de la vie, on pourrait identifier l'ancêtre commun comme étant le germe venu d'ailleurs qui a inséminé la Terre il y a quatre milliards d'années.

Une deuxième explication est qu'aucune autre forme ancestrale n'était possible. Elle est la seule parce qu'elle est unique.

La troisième possibilité est que la forme ancestrale se dégagea de tout un groupe de formes rivales à travers un processus de sélection darwinienne.

Ou encore, plusieurs formes existaient au début, mais toutes les autres branches ont disparu.

Enfin, il y a la possibilité qu'un simple accident fît s'imposer la forme ancestrale parmi plusieurs autres également possibles.

Puisque nous avons choisi d'écarter la première possibilité, nous nous retrouvons avec les quatre autres. Le cœur du débat est ici la vieille dichotomie entre hasard et nécessité. Quelles furent les parts respectives de la contingence et du déterminisme dans l'avènement de l'ancêtre commun ? On ne dispose pas d'indices solides permettant de répondre à cette question, mais seulement de conjectures fondées sur ce que l'on sait de la nature de la vie et sur ce que l'on soupçonne de son origine.

La vie est-elle unique ?

Étant donné les conditions physico-chimiques qui régnaient sur notre planète il y a 3,8 milliards d'années, un protométabolisme menant à des molécules de type ARN devait émerger par des voies chimiques bien définies et reproductibles. Telle est la conclusion sans équivoque que j'ai tirée de l'examen des mécanismes concernés. En raison de la règle de concordance, cette conclusion s'étend à toutes les caractéristiques du métabolisme actuel qui se trouvaient préfigurées dans le protométabolisme, y compris des éléments clés tels que le transfert d'électrons, le transfert de groupes, la phosphorylation au niveau du substrat dépendante de thioesters, le rôle fondamental des liaisons pyrophosphate avec, très vraisemblablement, une position privilégiée pour l'ATP, et peut-être la participation de plusieurs coenzymes essentiels tels que le pantéthéine phosphate, le coenzyme A, ou le NAD. La vie est soumise à l'inéluctable contrainte de sa chimie originelle, elle-même dirigée par des facteurs déterministes.

Qu'en serait-il d'autres espèces de « vie », fondées sur un type de chimie différent, nées dans des conditions physicochimiques différentes et adaptées à un environnement différent ? Je ne peux pas rejeter catégoriquement ces possibilités mais tant que l'on ne disposera pas du moindre indice prouvant leur réalité ou même leur plausibilité, je ne me convaincrai pas qu'il est nécessaire de les explorer, sous prétexte qu'il faut tout explorer. Les propriétés que l'on associe le plus étroitement au concept de vie dépendent de macromolécules versatiles dont tous les chimistes s'accordent à dire qu'elles ne pourraient pas être construites avec autre chose que des charpentes de carbone. Même le silicium, le plus proche parent du carbone, ne ferait pas l'affaire. L'eau est un milieu adapté de façon unique à la vie ; on ne connaît aucun autre liquide présentant une telle combinaison de propriétés physiques favorables. En outre, l'eau fournit deux éléments indispensables à la construction de molécules contenant du carbone, l'hydrogène et l'oxygène. On a également souligné combien l'azote, le soufre, le phosphore, ainsi que d'autres éléments biogéniques, sont irremplaçables pour la vie. Ajoutez à ces considérations la prédilection de la chimie interstellaire pour les composés formés de ces éléments et vous aurez des arguments solides à l'appui d'une vie construite uniquement selon la même espèce de chimie « organique ».

Que cette chimie puisse ou ne puisse pas, dans d'autres conditions, donner naissance à des mondes producteurs de vie différents du monde de l'ARN est une question qui doit rester ouverte. Une grande partie de la recherche contemporaine dans le domaine de la chimie organique vise à « imiter » la vie avec des molécules artificielles. Même si ces efforts venaient un jour à être couronnés de succès, il resterait encore à expliquer comment le processus artificiel a jamais pu démarrer dans des conditions naturelles. Jusque-là, en supposant qu'on y arrive jamais, contentons-nous de la vie telle qu'on la connaît. Elle est assez merveilleuse pour qu'il ne soit pas nécessaire de recourir à d'autres, bien hypothétiques celles-là.

Dans les limites du carcan que lui imposait sa chimie, la vie naissante aurait-elle pu se doter d'un système génétique différent ? J'ai abordé cette question dans la deuxième partie de ce livre et suis parvenu à la conclusion que seuls des détails secondaires – peut-être dans le code génétique, bien que même cela soit loin d'être certain – auraient pu être différents. La contingence a sans nul doute aidé à modeler l'histoire évolutive exacte du monde de l'ARN, mais la rigueur des facteurs de sélection a fait que le résultat final ne pouvait guère être très différent, notamment la formation des protocellules, condition nécessaire à un certain stade pour permettre une évolution ultérieure.

Reste le long chemin qui sépare la protocellule de l'ancêtre commun. Le hasard joua un rôle à chaque étape du chemin en apportant une mutation appropriée, offrant ainsi un vaste champ à la diversité. Mais il y avait un goulet d'étranglement essentiel : la nécessité qu'apparaisse l'autotrophie avant que la réserve de produits abiotiques ne s'épuise. À ce moment-là, toute branche hétérotrophe qui aurait pu exister avait forcément disparu. Soit les survivants disposaient d'un apport direct d'électrons au niveau A à partir d'une source minérale – cas peu vraisemblable d'après ce que nous savons du monde minéral –, soit ils avaient adapté leur machinerie dépendante de thioesters au transfert d'électrons inverse du niveau B au niveau A, à l'aide d'énergie fournie par l'hydrolyse de l'ATP. Ce qui implique qu'ils avaient élaboré une autre machinerie pour produire l'ATP et disposaient d'une source d'électrons minérale appropriée avec, si besoin était, le moyen d'amener ces électrons au niveau B.

Ces conditions ne laissèrent peut-être que peu de place à la contingence, en particulier si, comme je le soupçonne, les circonstances (une acidité ambiante élevée, par exemple) conférèrent un avantage sélectif considérable à l'émergence de l'extrusion active de protons à l'aide d'énergie. Dans de telles conditions, l'exploitation de la force proton-motrice fut sans doute le seul moyen de franchir le goulet d'étranglement représenté par l'autotrophie. Si ce n'était pas le seul moyen, c'était vraisemblablement le plus efficace et, peut-être, le plus facile à réaliser si l'on considère que les cofacteurs nécessaires, tels que le FMN et le FAD, dérivés de la flavine, et peut-être même les porphyrines, étaient peut-être déjà présents comme produits de la chimie combinatoire du carbone et de l'azote qui donna naissance au monde de l'ARN. Il y eut peut-être une certaine concurrence à l'entrée du goulet d'étranglement, mais probablement peu de choix à la sortie. Si ma reconstruction est correcte, un type de cellule ressemblant à l'ancêtre commun dans ses principales caractéristiques a bien pu être le résultat inéluctable du processus biogénique commencé sur la Terre il y a quelque 3,8 milliards d'années.

Dans l'introduction de cet ouvrage, je me fondais sur des bases théoriques – rappelez-vous les treize piques – pour conclure que l'émergence de la vie a dû nécessiter de très nombreuses étapes, dont la plupart avaient une très forte probabilité de se produire dans les conditions ambiantes. Mais je laissais ouverte la possibilité qu'il y ait plus d'une voie compatible avec cette exigence. Après examen de la chimie sous-jacente, ma conclusion est que, si l'occasion se présente, il est fort probable que l'évolution de la vie suive le cours qu'elle a suivi en réalité, du moins dans tous ses aspects essentiels.

La vie extraterrestre

La vie existe-t-elle ailleurs dans l'Univers[1] ? Les deux vaisseaux spatiaux Viking (lancés en 1976) transportaient un équipement destiné à répondre à cette question en recherchant des traces de vie sur Mars. Malheureusement, les résultats furent négatifs ou au mieux « ambigus ». Cela dit, Mars n'est que notre plus proche voisin. Qu'en est-il d'autres systèmes solaires ? Il y a environ 100 milliards d'étoiles dans notre galaxie, et il y a des milliards de galaxies dans l'Univers. Sur les milliards de milliards d'étoiles existantes, combien ont des planètes ? Combien de ces planètes auraient une histoire géologique comparable à celle de la Terre ? Sur combien de ces dernières trouverait-on le même milieu physico-chimique ambiant qui a permis la naissance de la vie sur la Terre ? Et enfin, sur combien des planètes présentant ces conditions la vie émergerait-elle réellement, et dans quelle mesure cette vie ressemblerait-elle à la vie terrestre ?

Personne ne connaît les réponses à ces questions, mais elles ont été en vedette depuis le jour mémorable (1er novembre 1961) où un certain nombre de scientifiques se réunirent à l'Observatoire radio-astronomique national, à Green Bank, en Virginie-Occidentale, pour lancer la recherche d'une intelligence extraterrestre (RIET). À cette occasion, les participants ont défini ce que l'on a appelé l'équation de Green Bank, qui inclut parmi les paramètres pertinents le nombre d'étoiles de l'Univers susceptibles d'avoir des planètes et la probabilité qu'une planète soit capable d'abriter la vie. Certains des plus grands experts en cosmologie ont étudié ces questions à la lumière des éléments disponibles. Bien que les estimations varient beaucoup sur le plan quantitatif, l'avis général est que l'histoire de la Terre n'est probablement pas unique. On considère qu'il n'est pas déraisonnable de compter un million de planètes « habitables » par galaxie. Même si cette valeur était surestimée de plusieurs ordres de grandeur, cela laisserait tout de même des milliards de milliards de berceaux de vie potentiels. Si ma lecture des faits est correcte, cela signifie que des milliards de milliards de planètes existent, qui ont abrité, abritent ou abriteront la vie. L'Univers est inondé de vie.

Malheureusement, les distances interstellaires sont telles que l'on risque de n'avoir jamais confirmation de ce fait, à moins que quelque part la vie extraterrestre n'atteigne un degré d'évolution qui la rende capable de nous envoyer des messages que nous sachions recevoir et décoder. D'où l'intérêt des congressistes de Green Bank pour la recherche d'une intelligence extraterrestre. En attendant, il faut se contenter du message que délivre la vie ici-bas, et ce message est qu'il doit y avoir abondance de vie là-haut.

La vie artificielle

Ce terme n'a rien à voir avec la vie dans un tube à essai (bien que cela puisse arriver un jour), mais plutôt avec la vie dans un ordinateur[2]. Depuis que le célèbre mathématicien hongro-américain Johannes von Neumann a mis au point le premier « automate cellulaire » à la fin des années quarante, les théoriciens ont manifesté un intérêt considérable pour la construction de modèles mathématiques de propriétés aussi typiques des organismes vivants que la complexité, l'auto-organisation, le développement, la reproduction et l'évolution. Ils ont porté une attention particulière à l'émergence spontanée de ces propriétés comme résultat d'interactions entre différentes variables censées représenter des catalyseurs et leurs réactifs, ou des gènes et leurs produits.

Ces modèles ont mis en lumière les conditions dans lesquelles l'ordre peut surgir du désordre à travers des fluctuations qui se produisent de façon aléatoire jusqu'à un moment où le système se trouve pris dans un réseau d'interactions qui le dirige vers une configuration organisée dynamiquement dans laquelle il s'installe. Ce qui est décrit, c'est l'exploration stochastique d'un « espace » qui, à la fin, conduit le système à tomber dans une « cuvette ». Stuart Kauffman[3], pionnier dans ce domaine et membre éminent du Santa Fe Institute, qui est devenu la Mecque de la vie artificielle, préfère les images opposées d'un « paysage accidenté d'aptitude », avec des « pics d'adaptation » séparés par des « vallées ». Je ne sais pourquoi, mais l'image de tomber dans une cuvette me semble mieux rendre compte de la réalité que celle de faire l'ascension d'un pic.

L'imagerie mise à part, ce que les nouvelles méthodologies informatiques ont révélé, c'est comment un système de variables interactives multiples peut s'échouer dans une cuvette (ou sur un pic), et comment, en fonction de la structure du terrain, il peut s'échapper et finir dans une autre cuvette (ou sur un autre pic), en procédant par sauts selon un processus non linéaire, comparable dans sa façon de se dérouler progressivement à ce que des spécialistes de l'évolution appellent un équilibre ponctué. Ce processus comprend de longues périodes de pseudo-stabilité, pendant lesquelles peu de choses changent, reliées les unes aux autres par des bonds occasionnels induits par quelque événement fortuit.

Selon Kauffman, la condition qui instaure ce processus est une espèce d'instabilité restreinte séparant le chaos de la fixité. « La vie », conclut-il, empruntant sa formule à ses collègues Norman Packard et Christopher Langton, « s'adapte au bord du chaos[4] ». L'évolution darwinienne opère dans les limites d'un terrain et ne peut être comprise que par rapport à la configuration de ce terrain.

Les études consacrées à « la vie artificielle » vont dans le sens de l'intérêt porté actuellement aux structures dissipatives, à la complexité, au chaos, aux catastrophes, aux turbulences et autres phénomènes qui obéissent à des relations non linéraires telles que des changements insignifiants peuvent précipiter des événements majeurs, ce que l'on appelle l'effet papillon : un papillon voletant à Rio déchaîne un orage sur Chicago. De nombreux phénomènes naturels doivent leur caractère relativement imprévisible à cet enchevêtrement de facteurs stochastiques et déterministes. Considérée dans une certaine perspective, la vie semblerait un exemple particulièrement frappant de ce genre d'occurrence. La possibilité que l'origine et l'évolution spontanées de la vie puissent être expliquées en termes de « gel » de quelque configuration fortuite de la matière n'est pas sans attrait, en particulier pour ceux qui rejettent les explications déterministes.

La modélisation, qui utilise d'élégants procédés mathématiques, a jeté une lumière précieuse sur les propriétés intrinsèques d'auto-organisation et d'autorégulation qui caractérisent tous les systèmes vivants. Elle a également éclairé certains aspects importants de l'évolution biologique. Mais le terme de « vie artificielle », utilisé par analogie avec « intelligence artificielle », risque d'induire en erreur. La vie est un processus chimique. Si jamais elle parvient un jour à être créée artificiellement, elle le sera par un chimiste, non par un ordinateur.

Quatrième partie

L'ÂGE DES UNICELLULAIRES

14

Les bactéries conquièrent le monde

L'ancêtre commun à toutes les créatures vivantes était très vraisemblablement une bactérie, ou procaryote. N'était une lignée – qui emprunta la voie longue, complexe et mystérieuse qui mena aux eucaryotes – toute sa progéniture ne serait constituée aujourd'hui que de bactéries. Et même si elles ne sont plus les seules, les bactéries constituent toujours la plus grande partie du monde vivant. Leur évolution à partir de l'ancêtre commun illustre la résistance et la versatilité étonnantes des formes de vie procaryotiques. Ces qualités leur ont permis de s'adapter à toutes sortes d'environnements différents, de s'établir et de prospérer dans presque tous les types d'habitat. La diversité des bactéries est effarante, et on n'a pas fini d'en inventorier tous les aspects. La raison de ce succès est simple : les bactéries sont construites pour *croître et se multiplier aussi rapidement qu'il est matériellement possible.* Elles incarnent la vie dans ce qu'elle a de plus brut, sans fioritures.

Le secret du succès bactérien

Un biotechnologue qui essaierait de construire une cellule dessinée pour se reproduire aussi vite que possible ne saurait obtenir mieux qu'une cellule bactérienne. Le génome bactérien est « profilé » pour une réplication rapide. Les gènes ne sont pas séparés par des introns et remplissent le chromosome au maximum, ne laissant presque pas de place pour de l'ADN inutile. La structure du chromosome lui-même est assez lâche, opposant peu d'obstacles au processus de réplication. En outre, les bactéries ne s'arrêtent quasiment jamais de dupliquer leur ADN, et elles parviennent à transcrire leurs gènes et à fabriquer tous les ARN et protéines nécessaires à leur croissance tout en continuant cette activité. Certaines commencent même un deuxième tour de réplication avant que le premier ne soit terminé. Dès que deux copies de leur génome sont disponibles, elles se divisent. C'est pourquoi il ne faut pas plus de vingt à trente minutes pour qu'une bactérie moyenne accomplisse un cycle complet de croissance et de division, par opposition aux quelque vingt heures dont ont besoin en moyenne les cellules animales ou végétales.

Le biotechnologue responsable de ce chef-d'œuvre de conception est la sélection naturelle. On est donc amené à se demander quel avantage évolutif fut le moteur de ce processus. Ce ne pouvait pas être la simple rapidité à produire une descendance. Par une croissance exponentielle non entravée, une seule cellule bactérienne pourrait couvrir toute la surface de la Terre de sa progéniture en moins de deux jours. Il faudrait à peine plus de deux mois à une cellule eucaryote pour arriver au même résultat. De toute évidence, le manque de ressources disponibles mettrait vite fin à la multiplication dans l'un comme dans l'autre cas. La reproduction ne semble guère avoir avantage à gagner une course contre la montre.

Non. Le principal avantage que les bactéries tirent de leur capacité de se reproduire vite réside dans le nombre considérable de mutants qu'elles sont en mesure d'offrir à la sélection naturelle. Dans le temps nécessaire pour qu'une cellule eucaryote se divise en deux, une cellule bactérienne pourra produire jusqu'à mille milliards de cellules, parmi lesquelles seront réparties plusieurs milliards de mutations dues aux seules erreurs de réplication. (Un génome bactérien contient environ trois millions de paires de bases, et le taux minimal d'erreur de réplication est de l'ordre d'une base insérée par erreur sur un milliard.) Beaucoup de ces mutations resteront neutres, c'est-à-dire qu'elles n'auront pas d'effet sur la capacité des cellules à se multiplier. Beaucoup d'autres seront nuisibles et seront éliminées par la sélection naturelle parce que les cellules affectées ne pourront pas se multiplier, ou se multiplieront moins vite que les autres. Mais il est probable que de temps en temps une mutation se révèle avantageuse, en particulier si l'environnement change. C'est pour cela que la lutte contre les microbes responsables des maladies est une lutte sans fin. Quels que soient les nouveaux antibiotiques que l'on découvre, il est probable qu'un mutant apparaîtra qui, résistant à l'antibiotique, proliférera en présence de celui-ci. Les bactéries ont sans aucun doute connu ce phénomène un nombre incalculable de fois au cours de leur longue évolution. Chaque fois que les conditions ambiantes changeaient, il se trouvait un mutant à qui ces nouvelles conditions profitaient. Cette versatilité a permis aux bactéries d'envahir toutes les niches écologiques possibles. Les bactéries couvrent en effet toute la surface de la Terre de multiples couches de vie grouillante. Elles sont les championnes de la survie.

La stratégie évolutive des bactéries illustre une forme statistique d'adaptabilité qui est étrangère à notre compréhension intuitive de ce mot. On a tendance à envisager l'adaptabilité en termes de réponses individuelles – conscientes et délibérées, ou inconscientes et automatiques – à des circonstances qui changent. On réagit au froid en se couvrant davantage ; nos pupilles réagissent à une forte lumière en se contractant. Si nous étions des bactéries, l'individu ne compterait pas. Nous laisserions la plupart d'entre nous mourir de froid ou devenir aveugles, comptant sur *la* personne qui se trouverait chaudement vêtue ou dont les pupilles seraient naturellement plus étroites pour reconstituer rapidement l'espèce en multipliant des individus pareillement bien adaptés. Que la température s'élève à nouveau ou que la lumière diminue, et la même stratégie ramènerait bientôt une population plus légèrement vêtue ou aux pupilles plus larges. Les êtres humains ne pourraient pas agir ainsi (même s'ils n'étaient entravés par aucun respect pour l'individu) parce qu'il faudrait à l'espèce trop de temps pour se remettre. Les bactéries le peuvent sans problème, grâce à la rapidité avec laquelle elles se reproduisent. Notez cependant que la stratégie bactérienne a également été suivie par des organismes plus complexes, mais de façon beaucoup plus lente et progressive, sur des très longues durées : les variations triées par sélection naturelle sont le principal ressort de l'évolution darwinienne.

Néanmoins, les bactéries possèdent aussi des mécanismes intrinsèques d'adaptation individuelle. Par exemple, lorsque certaines bactéries sont transplantées dans un milieu contenant du galactose (sucre du lait) comme seule source de carbone, elles réagissent en produisant les enzymes dont elles ont besoin pour utiliser ce sucre. Ce cas est célèbre dans l'histoire des sciences car il suggérait que, d'une certaine façon, le galactose « instruisait » les cellules à fabriquer les enzymes appropriés. François Jacob et Jacques Monod reçurent le prix Nobel pour avoir démontré que les bactéries ont en permanence la capacité de fabriquer les enzymes, mais qu'elles ne les fabriquent pas en l'absence du sucre parce que les gènes correspondants sont bloqués par une protéine, appelée répresseur, qui empêche leur transcription en ARN. Un dérivé du sucre débloque les gènes en se fixant au répresseur de telle sorte que celui-ci ne peut plus exercer son activité de blocage[1]. Ce mécanisme peut se comprendre dans le contexte global de la stratégie fondée sur l'économie qui caractérise l'évolution des bactéries. Il ne faut pas gaspiller du temps ni de l'énergie à fabriquer une substance tant que l'on n'en a pas besoin.

Le fonctionnement du système immunitaire chez les êtres humains et les animaux supérieurs offre un autre exemple fascinant de mécanisme apparemment instructif. Quand l'organisme est exposé à une macromolécule étrangère, appelée antigène, il réagit en fabriquant des anticorps correspondants, qui sont des protéines dont le rôle spécifique est de neutraliser l'antigène. Si l'antigène est porté par un virus, un microbe ou une cellule étrangère, provenant par exemple d'un transplant, une partie de la réponse consiste à fabriquer des cellules tueuses spécifiques de cet antigène particulier. Les malades atteints du cancer peuvent même ainsi monter une attaque contre leurs propres cellules tumorales. Les cellules chargées de fabriquer les anticorps et de tuer les cellules étrangères sont appelées lymphocytes. Elles sont produites dans la moelle osseuse d'où elles passent dans le sang. Au début des années cinquante, quand on commença à élucider ces mécanismes, il semblait évident que les lymphocytes recevaient leurs instructions des antigènes. Comment expliquer autrement que presque n'importe quel antigène puisse provoquer une réponse spécifique ? Seul l'immunologiste australien Macfarlane Burnet n'était pas de cet avis. Il proposa une hypothèse qui, à l'époque, semblait fantastique, mais se révéla parfaitement exacte : des lymphocytes capables de combattre presque n'importe quelle espèce d'antigène préexistent en petit nombre dans l'organisme. Lorsque des cellules de ce genre entrent en contact avec « leur » antigène, elles prolifèrent pour former un clone (population de cellules identiques) de cellules productrices d'anticorps ou de cellules tueuses spécifiquement façonnées pour reconnaître l'antigène étranger[2].

Appelé sélection clonale, ce mécanisme rappelle la stratégie bactérienne consistant à avoir des mutants qui attendent en coulisse et sont susceptibles de répondre à un vaste éventail d'occasions. Mais il est d'un niveau de sophistication beaucoup plus élevé. Les « mutations » des lymphocytes ne sont pas accidentelles mais programmées. Pendant leur maturation, les lymphocytes subissent des réorganisations génétiques complexes qui créent les millions (jusqu'à un milliard peut-être) de gènes différents responsables de leur diversité. Dans ce mécanisme, qui rappelle le jeu modulaire primitif par lequel les premiers gènes de grande taille furent assemblés, un morceau A d'un gène est pris au hasard parmi un ensemble de morceaux A différents, et uni à des morceaux B, C, D et E prélevés pareillement sur des ensembles correspondants. Grâce à ce processus et à quelques autres causes de diversification, chaque lymphocyte se retrouve avec une combinaison ABCDE différente, qui est traduite en une protéine de spécificité différente capable de reconnaître un antigène différent.

Le mécanisme par lequel la multiplication des lymphocytes est déclenchée de façon spécifique lorsqu'ils entrent en contact avec l'antigène approprié est lui aussi beaucoup plus perfectionné que ne l'est la prolifération passive des bactéries les mieux adaptées. C'est tout le problème du contrôle de la croissance – et de son dérèglement dans le cancer – qui se pose ici. Une fois que nous avons cessé de croître, la plupart de nos cellules cessent de se diviser. Les exceptions comprennent les cellules qui doivent être renouvelées parce qu'elles ont une durée de vie trop courte, comme c'est le cas de la plupart des cellules du sang, ou parce que nous les perdons à mesure qu'elles se flétrissent en surface, comme c'est le cas des cellules qui tapissent notre peau et nos muqueuses. La plupart de nos cellules, cependant, conservent la capacité de se multiplier sous l'effet d'une stimulation adéquate, par exemple dans la cicatrisation des blessures. D'énormes progrès ont été accomplis ces dernières années dans notre compréhension de ces mécanismes qui mettent en jeu l'activation d'un certain nombre de récepteurs par des « facteurs de croissance » spécifiques du type cellulaire. De nombreuses transformations cancéreuses sont dues à des altérations d'un gène codant pour l'un de ces récepteurs ou facteurs de croissance. Appelés oncogènes (gènes de cancer) pour cette raison, ces gènes appartiennent tous à la machinerie normale du contrôle de la croissance.

Dans la sélection clonale des lymphocytes, l'exposition à un antigène donné déclenche sélectivement la division des cellules qui reconnaissent l'antigène, qui forment ainsi une armée spécifiquement dirigée contre l'ennemi. Toute cette sophistication présente toutefois un inconvénient, à savoir la lenteur de la prolifération. Les lymphocytes ont besoin de deux semaines pour construire un clone que des bactéries produiraient en quelques heures. En outre, il y a le risque de dérapages de la machinerie de contrôle de la croissance, qui peuvent occasionner des maladies mortelles telles que le lymphome ou la leucémie, qui sont des « cancers des lymphocytes ».

Même si la biotechnologie moderne n'a pas inventé le multiplicateur ultrarapide, elle l'exploite aujourd'hui à plein. Pour le clonage des gènes, on introduit un morceau d'ADN étranger dans un hôte bactérien par des techniques d'ingénierie génétique, et on offre à la cellule ainsi manipulée la possibilité d'une croissance clonale sans restriction. Le jour suivant, des quantités appréciables du gène inséré, qui a été dupliqué avec l'ADN bactérien à chaque génération, sont disponibles pour le séquençage et d'autres utilisations. Si le gène a été inséré de telle sorte qu'il est effectivement exprimé, son produit peut être obtenu de la même manière en quantités quasiment illimitées. C'est de cette façon que l'insuline humaine est maintenant fabriquée industriellement par des bactéries. Même des cellules à multiplication lente sont aujourd'hui utilisées comme usines. Des lymphocytes, rendus capables de se multiplier indéfiniment par leur fusion avec une cellule cancéreuse, sont clonés à une grande échelle en vue de la production d'anticorps spécifiques, appelés pour cette raison anticorps monoclonaux.

La première fourche

Quelque part entre il y a 3,8 et 3,6 milliards d'années, certains membres de la population initiale de cellules ancestrales furent séparés du groupe par un phénomène géologique ou climatique qui les amena dans un environnement différent, moins favorable. Cela aurait pu entraîner leur disparition, n'était la présence de quelques rares mutants – rappelez-vous les bactéries exposées à un antibiotique – qui, se trouvant adaptés aux nouvelles conditions ambiantes, proliférèrent. Si nous savons cela, c'est parce que les deux branches, celle qui correspond à la population d'origine et celle qui naquit du groupe séparé, ont grandi, évolué, et se sont diversifiées en une abondance de variétés différentes que l'on trouve maintenant, souvent côte à côte, dans toutes les parties du monde. Et pourtant, des preuves incontestables de leur appartenance à l'un ou l'autre groupe – archébactéries ou eubactéries – et du gouffre originel profond qui sépare ces deux groupes restent inscrites dans les structures de certains composants clés, dans certaines réactions métaboliques caractéristiques et, spécialement, dans les séquences d'acides nucléiques et de protéines. Et ainsi, chose étonnante, des événements qui se produisirent il y a des milliards d'années dans des entités microscopiques qui n'ont laissé aucune trace déchiffrable dans les documents fossiles ont été mis au jour et reconstitués de façon assez détaillée grâce à la magie de la biologie moléculaire moderne.

Quel fut le changement environnemental qui déclencha la séparation ? On l'ignore mais on peut avancer une théorie. Si, comme c'est probable, bien que non certain, l'ancêtre universel était un procaryote de type archébactérien adapté à une température élevée, une hypothèse plausible est que le groupe dissident se soit trouvé dans un environnement moins chaud où la résistance à la chaleur devenait un inconvénient. On dispose de quelques arguments à l'appui de cette thèse. Tandis qu'il existe des archébactéries qui prospèrent à des températures atteignant 110 °C – avec une pression atmosphérique suffisante pour empêcher l'eau de bouillir –, on ne trouve pas d'eubactéries thermophiles à des températures dépassant 80 °C, et, selon le séquençage comparé, celles qui vivent à ces températures sont parmi les plus anciennes.

Si cette hypothèse est exacte, quel aspect de l'adaptabilité à la chaleur a pu être défavorable à la survie dans un environnement moins chaud et aurait pu être compensé par une mutation appropriée ? Les archébactéries extrêmement thermophiles survivent et se multiplient dans leur habitat inhospitalier parce qu'elles possèdent des protéines et d'autres constituants résistants à la chaleur. La plupart des protéines se déroulent et perdent irrémédiablement leur conformation spécifique lorsqu'elles sont chauffées à des températures de l'ordre de 50 à 70 °C. La coagulation du blanc d'œuf en est un exemple. Les enzymes habituels deviennent inopérants dans ces conditions. Les protéines des organismes thermophiles sont beaucoup plus résistantes à la dénaturation par la chaleur, propriété qui maintenant suscite un grand intérêt chez ceux qui voudraient utiliser des enzymes comme catalyseurs industriels.

Autre constituant caractéristique des archébactéries thermophiles[3], de toutes les archébactéries en fait : certains lipides membranaires spéciaux, appelés lipides éthers, qui forment des bicouches particulièrement solides. (Les éthers se forment par l'association, avec perte d'eau, de deux molécules d'alcool.) Chez les archébactéries les plus thermophiles, la bicouche est même soudée en une structure rigide par des ponts chimiques entre les extrémités hydrophobes des lipides des deux couches. Dans les lipides membranaires eubactériens, la liaison éther, rigide, est remplacée par une liaison ester, plus souple (entre une molécule d'alcool et une molécule d'acide), et les deux couches de la bicouche peuvent glisser librement.

Considérez maintenant ce qui aurait pu advenir à des bactéries hautement thermophiles exposées brusquement à un environnement (relativement) plus frais. La possession de protéines résistantes à la chaleur ne peut guère avoir constitué un sérieux handicap (surtout qu'une seule mutation aurait suffi à surmonter), à moins qu'une protéine spécifique ne se bloque dans une configuration défavorable en dessous d'une certaine température critique. À l'inverse, les lipides éthers rigides ont pu en constituer un. Pour mieux comprendre cela, pensez à du saindoux, à du beurre et à de l'huile. Chacune de ces denrées passe de l'état solide à l'état liquide à une certaine température. L'huile est liquide à la température ambiante, mais se solidifie au réfrigérateur. Le beurre est solide, mais fond par temps chaud. Le saindoux ne fond qu'à une température encore plus élevée. Ces trois corps gras naturels sont constitués de substances similaires appelées triglycérides. Des différences chimiques secondaires entre les triglycérides expliquent le fait qu'ils ne fondent pas tous à la même température.

Il en va de même des lipides membranaires. Selon leur composition chimique, les températures auxquelles ils fondent varient autant que celles du lard et de l'huile. Plus particulièrement, les lipides éthers fondent à des températures plus élevées que ne le font les lipides esters correspondants. En outre, il existe une nette corrélation entre la température de fusion des lipides d'une membrane cellulaire et la température de l'environnement occupé par la cellule. Cela est compréhensible. Les membranes ne peuvent accomplir leurs fonctions que si leurs bicouches lipidiques sont maintenues fluides. D'un autre côté, une trop grande fluidité des membranes peut mettre en danger la stabilité de la cellule. C'est pourquoi chaque type de cellule a des lipides membranaires fluides à la température ambiante normale, mais qui se congèlent entre 10 et 15 °C au-dessous de cette température.

Grâce à ces informations, il est facile d'imaginer ce qui a pu arriver à des ancêtres archébactériens particulièrement thermophiles qui, à la suite d'un changement climatique ou géologique, furent transférés d'une température ambiante de disons 110 à 80 °C. Leurs lipides éthers membranaires se seront congelés, les cellules se seront engourdies, les échanges avec l'environnement se seront arrêtés, et les cellules seront littéralement mortes de froid, bien que baignant dans une eau que nous trouverions encore brûlante. Seule une mutation débouchant sur la formation de lipides membranaires qui resteraient fluides dans le nouvel environnement pouvait sauver les cellules de leur triste sort. C'est, selon mon hypothèse, ce qui a pu se passer, la mutation en question étant un changement qui remplaça dans les membranes de la cellule mutante les lipides éthers par des lipides esters. Le prix que la cellule mutante et sa progéniture payèrent pour leur sauvetage était qu'elles ne pouvaient plus retourner dans leur berceau trop chaud. Mais le gain était immensément plus grand. Elles pouvaient envahir le monde entier. Les premières eubactéries étaient nées.

Cette histoire de la genèse des eubactéries est hypothétique. On ne peut exclure la possibilité inverse selon laquelle les lipides esters seraient un héritage provenant de l'ancêtre commun, alors que les lipides éthers auraient été acquis par les archébactéries. Mon choix repose sur l'hypothèse que la cellule ancestrale occupait un environnement chaud et possédait donc les lipides les mieux adaptés à cette condition. De nombreux scientifiques, mais non pas tous, partagent cette théorie.

Certains membres de la famille eubactérienne ont conservé une prédilection pour un environnement chaud – mais pas aussi chaud que celui occupé par les archébactéries les plus thermophiles – ou bien sont retournés à ce genre d'environnement dans une phase ultérieure de leur évolution. Vous pouvez en voir certains à l'œuvre, créant leur milieu favori par leur propre métabolisme dans le compost fumant au fond de votre jardin. La plupart des eubactéries, cependant, sont adaptées à des températures plus clémentes. Certaines prospèrent même dans les eaux glacées qui entourent les calottes polaires. À l'encontre des archébactéries qui, à quelques rares exceptions près, sont restées confinées dans la chaleur de leurs niches originelles et dans quelques environnements très spéciaux, les eubactéries se rencontrent partout ; elles sont de loin les procaryotes les plus abondants. Elles comprennent toutes les bactéries qui provoquent des maladies ainsi que celles, nombreuses et inoffensives, que nous abritons dans nos intestins et ailleurs dans notre corps, mais aussi une multitude d'autres organismes invisibles dont l'existence se révèle par la fermentation, la dégradation des aliments, le pourrissement de la matière organique, et autres manifestations naturelles. Les mycètes, qui sont des eucaryotes, jouent également un rôle important dans ces processus.

Des colonies exotiques

Pendant que les eubactéries conquéraient le monde, les archébactéries ont pu rester longtemps confinées aux eaux bouillantes de leur naissance, auxquelles elles étaient particulièrement bien adaptées. C'est à ce stade que ces organismes ont pu perdre la capacité de synthétiser la muréine, constituant caractéristique de la paroi cellulaire, que l'on ne trouve que chez les eubactéries. La muréine, du fait qu'elle contient à la fois des acides L-aminés et des acides D-aminés, et à cause de ses autres irrégularités structurelles, a les caractéristiques d'une substance primitive. C'est pourquoi la capacité de fabriquer la muréine a plus de chance d'être une propriété que les archébactéries ont perdue qu'une propriété que les eubactéries ont acquise. La plupart des archébactéries ont une paroi cellulaire, mais celle-ci est formée de constituants protéiques et de glucides différents de la muréine.

À la longue, certaines archébactéries s'aventurèrent hors de leur milieu originel et parvinrent à coloniser d'autres habitats[4]. Un groupe particulièrement prospère acquit – ou plus probablement conserva, puisqu'il s'agit peut-être d'un attribut métabolique primitif – la capacité d'utiliser de l'hydrogène pour la conversion anaérobie du gaz carbonique en méthane, et d'alimenter tous ses besoins énergétiques à l'aide de cette réaction. Le méthane est une substance très inflammable, le composant le plus volatil du gaz naturel.

En concordance avec leur origine probable, les méthanogènes les plus anciens, comme on appelle ces organismes, sont thermophiles. Les formes ultérieures acquirent la capacité de croître à des températures plus basses tout en conservant des lipides éthers dans leurs membranes. Ils sont maintenant établis dans presque tous les sites où de la matière organique est décomposée de façon anaérobie avec production d'hydrogène. On les trouve dans l'appareil digestif des animaux, en particulier des bovins, qui sont devenus des producteurs importants de méthane atmosphérique et contribuent par là à l'effet de serre (voir le chapitre 30). Les méthanogènes sont également abondants dans les sédiments marins et d'eau douce. De ces profondeurs boueuses, ils envoient vers la surface les bulles qui rompent le silence des marais de ce bruit sourd si caractéristique et alimentent les feux follets qui volettent la nuit à la surface des marécages.

D'autres archébactéries ont réussi à coloniser des eaux très riches en sel, même la saumure concentrée des mers mortes. Ce sont les seuls organismes vivants à occuper encore la mer Morte et le Grand Lac Salé. Ces remarquables organismes, dits halophiles (aimant le sel), comptent parmi eux le seul phototrophe archébactérien connu : *Halobacterium halobium.* À l'inverse de tous les autres phototrophes, cet organisme n'a pas besoin de chlorophylle pour capter la lumière, mais utilise une substance pourpre appelée bactériorhodopsine. Celle-ci est une protéine membranaire liée à un caroténoïde, un parent de la vitamine A, qui fait office de capteur de lumière.

Les caroténoïdes se rencontrent partout dans le monde vivant, notamment dans les membranes spécialisées des organismes phototrophes. Mais la bactériorhodopsine offre le seul exemple connu d'une substance de cette famille convertissant effectivement la lumière en énergie utilisable. Cet exemple est également unique à un autre égard. La lumière absorbée est directement utilisée pour produire de la force proton-motrice, sans la participation d'électrons. Contrairement à la chlorophylle, la bactériorhodopsine est une pompe à protons, non une pompe à électrons, alimentée par l'énergie lumineuse.

Il est intéressant, et peut-être révélateur, de remarquer que le plus proche parent chimique de la bactériorhodopsine est le pigment pourpre, sensible à la lumière, de l'œil des animaux. C'est à lui que s'appliqua d'abord le mot « rhodopsine », terme qui combine les racines grecques signifiant rose et vue. En raison de cette relation avec l'œil, les caroténoïdes sont aussi appelés rétinoïdes. Dans la vision, cependant, la rhodopsine excitée n'alimente pas un mécanisme de transformation d'énergie ; elle déclenche une série de signaux le long de nerfs qui relient l'œil au cerveau. Il est cependant tentant de voir dans ce pigment essentiel de nos yeux le descendant de quelque bactériorhodopsine présente chez un lointain ancêtre.

La révolution verte

Au chapitre 10, j'ai raconté comment, au cours de l'évolution, un cytochrome rouge se transforma en chlorophylle verte grâce à l'émergence d'une variante de la molécule de porphyrine dans laquelle le trou central se trouva occupé par un atome de magnésium au lieu d'un atome de fer. Cet événement eut très probablement lieu dans la branche eubactérienne, après qu'elle se fut séparée de la branche archébactérienne, car l'on ne connaît aucun organisme archébactérien doté de chlorophylle et que seul un petit nombre d'espèces eubactériennes sont phototrophes. C'est pour ces raisons que j'ai supposé que la cellule ancestrale n'était pas phototrophe. L'éventualité inverse, à savoir que la capacité de fabriquer la chlorophylle est un héritage ancestral qui aurait été perdu par toutes les archébactéries et par un grand nombre d'eubactéries, semble beaucoup moins vraisemblable. L'apparition de la chlorophylle eut des conséquences d'une extrême importance, d'abord pour les bactéries en question, puis finalement pour le monde vivant tout entier et pour notre planète elle-même.

Comme je l'ai déjà dit, le photosystème I apparut d'abord dans la conquête de l'énergie solaire par la vie naissante. Lorsqu'il reçoit de l'énergie lumineuse, le photosystème I devient capable de tirer des électrons de composants minéraux, parfois aussi de substances organiques, mais pas de l'eau. On trouve dans le monde d'aujourd'hui un certain nombre de bactéries phototrophes dont le fonctionnement repose sur le photosystème I.

La principale étape suivante de la révolution verte fut l'apparition du photosystème II, consommateur d'eau et producteur d'oxygène, sans doute descendant du photosystème I par modification évolutive. Les deux systèmes opèrent avec des chlorophylles apparentées mais différentes. Dans les organismes phototrophes actuels, le photosystème II est toujours associé au photosystème I, qui donne aux électrons pris à l'eau par le photosystème II le supplément d'énergie qu'il leur faut pour participer aux réductions biosynthétiques.

Dans le monde bactérien, l'association des deux photosystèmes se rencontre dans une classe nombreuse et très largement répandue de micro-organismes bleuâtres, appelés d'abord algues bleu-vert parce qu'ils ont tendance à s'associer en chaînes multicellulaires ressemblant à certaines plantes marines primitives (algues). Mais les algues véritables sont des organismes eucaryotes. Pour éviter toute confusion, les phototrophes procaryotes possédant les deux photosystèmes sont désormais appelés cyanobactéries (du grec *kyanos*, bleu).

Quand ces événements importants ont-ils eu lieu ? Selon de nombreux experts, ils remontent à au moins 3,5 milliards d'années, peut-être même 3,75 milliards d'années. La preuve la plus solide est apportée par les stromatolithes[5], ces roches stratifiées qui sont nées de la superposition de colonies bactériennes. Dans les colonies de ce type qui existent encore aujourd'hui, les couches supérieures sont occupées par des cyanobactéries, qui jouent le rôle essentiel de fournisseurs de nourriture aux couches hétérotrophes plus profondes. Les plus anciens stromatolithes connus remontent à 3,5 milliards d'années. Si les colonies bactériennes d'où proviennent ces roches ressemblaient à leurs homologues actuelles, la couche supérieure était formée d'organismes de type cyanobactérien, ce qui signifierait que le photosystème II, comme le photosystème I, est vieux d'au moins 3,5 milliards d'années.

Les traces de microfossiles du même âge corroborent ces estimations. L'expert en microfossiles de renommée internationale William Schopf[6], de l'université de Californie à Los Angeles, a identifié d'authentiques traces d'au moins sept organismes distincts ressemblant à des cyanobactéries dans des roches situées dans le nord-ouest de l'Australie et dont l'âge, établi avec précision, se situe entre 3,46 et 3,47 milliards d'années. Beaucoup de ces traces apparaissent comme des chaînes qui comptent jusqu'à plusieurs dizaines de cellules entourées d'une paroi, dont la morphologie ne les distingue pratiquement pas de certaines cyanobactéries actuelles.

Si l'identification de Schopf est exacte – il est le premier à admettre l'incertitude de critères purement morphologiques – la production phototrophe de l'oxygène commença il y a au moins 3,5 milliards d'années. Toutefois, tous les indices disponibles montrent que le taux d'oxygène moléculaire ne commença à croître dans l'atmosphère qu'il y a environ 2 milliards d'années, et n'atteignit un niveau stable qu'il y a environ 1,5 milliard d'années. Une explication plausible à ce décalage est que, pendant les deux premiers milliards d'années de phototrophie productrice d'oxygène, il y avait suffisamment de minéraux avides d'oxygène pour capter l'oxygène produit, et que le taux d'oxygène dans l'atmosphère ne commença à s'élever qu'après que ces pièges à oxygène furent saturés. Un important piège de ce genre a peut-être été le fer ferreux, dont on pense qu'il était très abondant dans les océans primitifs. La réaction du fer ferreux avec l'oxygène pourrait expliquer au moins en partie – il y a d'autres possibilités – les grandes quantités de dépôts d'oxyde mixte ferreux-ferrique (magnétite), le principal constituant des formations de fer stratifiées dont j'ai parlé au chapitre 3. Il est suggestif, et peut-être significatif, que la formation de minerais de fer stratifiés remonte au moins à 3,75 milliards d'années – les archives géologiques ne remontent pas plus loin. Elle continua sans interruption jusqu'à l'apparition de l'oxygène dans l'atmosphère, puis diminua progressivement jusqu'à s'arrêter il y a environ 1,7 milliard d'années.

Notez que si les minerais de fer stratifiés attestent la présence d'organismes phototrophes producteurs d'oxygène, l'ancêtre universel a dû apparaître quelque temps avant 3,75 milliards d'années, puisqu'il faut rendre compte de la séparation des eubactéries d'avec les archébactéries, de l'apparition de la chlorophylle dans une espèce donnée d'eubactéries et de l'évolution de l'autotrophie jusqu'au moment où de l'oxygène fut produit. Le laps de temps laissé à l'émergence de la vie, jusqu'à l'ancêtre commun, se limiterait ainsi à un maximum de quelque 200 millions d'années, l'intervalle entre le moment où la Terre devint pour la première fois vivable, il y a quatre milliards d'années, et l'âge minimal de l'ancêtre commun. Autrefois, ce laps de temps paraissait trop court pour un phénomène aussi complexe que l'origine de la vie. Mais, comme je l'ai déjà fait remarquer, il n'existe pas d'argument solide à l'appui de cette thèse. Deux cents millions d'années représentent une durée vraiment colossale, plus de vingt fois le temps qu'il a fallu à un singe pour devenir un être humain. Pendant ce laps de temps, la vie telle qu'on la connaît aurait pu apparaître et disparaître de nombreuses fois.

L'apparition de la phototrophie fut un événement déterminant dans l'extension de la vie sur la Terre, puisqu'elle permettait aux organismes vivants de se brancher directement sur l'immense réservoir d'énergie qu'est le soleil pour hausser des électrons au niveau d'énergie élevé que requiert la construction de biomolécules à partir de composants minéraux. Des formes de vie antérieures ont peut-être obtenu un résultat similaire avec l'hydrogène produit à l'aide de rayonnement ultraviolet par la conversion du fer ferreux en fer ferrique, vue au chapitre 3. Ce dernier mécanisme avait l'avantage d'être simple – avantage énorme à une époque où la vie faisait ses premiers pas – mais il ne pouvait rivaliser avec le processus fondé sur la chlorophylle, une fois mise en place dans la membrane cellulaire l'infrastructure nécessaire à ce processus.

Autre avantage de la phototrophie : elle libérait la vie autotrophe de sa dépendance à l'égard d'un milieu spécifique lui fournissant donneurs et accepteurs d'électrons appropriés. En particulier après l'acquisition du photosystème II, presque toute la surface de la Terre pouvait être colonisée. Notre planète verdit, et ses réserves en carbone, azote, et autres bioéléments s'investirent de plus en plus dans ce manteau vert. Cette situation, à son tour, favorisa largement l'apparition d'organismes hétérotrophes capables de se nourrir des biomolécules fabriquées par d'autres organismes. C'est ainsi que fut inaugurée la grande coalition qui, commençant avec les premières colonies de stromatolithes, en est venue à nous lier, nous, tous les autres animaux, tous les mycètes, et de nombreuses bactéries, aux plantes vertes et aux microbes phototrophes, dans le cadre d'un superorganisme planétaire, la biosphère, dont le métabolisme se manifeste par le recyclage continuel des principaux éléments biogéniques.

En termes d'évolution, la conséquence la plus importante de la phototrophie fut peut-être l'élévation du taux d'oxygène dans l'atmosphère. Le moment crucial à cet égard, quelle que soit la date de la première apparition du photosystème II, est la période comprise entre 2 et 1,5 milliards d'années avant notre ère, où se produisit ce qui fut probablement le plus grand désastre écologique – et la réaction d'adaptation des organismes vivants la plus révolutionnaire – que l'histoire de la vie ait connu.

La grande crise de l'oxygène

Jusqu'à la constitution du photosystème II, le monde était resté essentiellement dépourvu d'oxygène. On a tendance à considérer l'oxygène comme un élément indispensable, et il l'est en effet pour nous et pour tous les autres organismes aérobies, c'est-à-dire ceux qui « vivent dans l'air ». Pour les formes de vie primitives, en revanche, l'oxygène était un poison redoutable, ce qu'il est toujours pour ces bactéries dites « obligatoirement anaérobies », qui ne peuvent survivre qu'en l'absence d'oxygène. La toxicité de l'oxygène est due au fait qu'en présence d'organismes vivants il se transforme facilement en espèces chimiques très réactionnelles, telles que le radical hydroxyle libre, l'ion superoxyde ou l'eau oxygénée, qui peuvent gravement endommager des composants cellulaires indispensables, dont l'ADN et les bicouches lipidiques.

Quand l'oxygène fit son apparition, la vie n'avait pas de défenses contre ces poisons, si bien qu'un holocauste gigantesque menaçait. Heureusement, le processus était lent et l'évolution avait amplement le temps de mettre en œuvre ses principales stratégies d'adaptation. Les victimes furent probablement légion, mais quelques survivants émergèrent pour repeupler le monde de nouvelles formes de vie, transformant ainsi une catastrophe imminente en une riche source d'innovation.

Les premiers à s'adapter à l'oxygène furent ses producteurs. En elle-même, la mutation décisive qui donna naissance au photosystème II était mortelle. Elle a pu se produire de nombreuses fois, jusqu'à ce que le hasard l'associe à un autre changement génétique qui protégeait les cellules contre les effets toxiques de l'oxygène qu'elles produisaient. Ce changement fut peut-être la capacité de fabriquer de grandes quantités de certaines substances, appelées antioxydants ou capteurs de radicaux libres, qui peuvent absorber les substances réactionnelles nocives formées à partir de l'oxygène. Parmi ces antioxydants, on peut citer l'acide ascorbique, ou vitamine C, un certain nombre de thiols et le tocophérol, ou vitamine E. Ou bien les cellules acquirent peut-être un certain enzyme protecteur tel que la superoxyde dismutase, qui désactive l'ion superoxyde, ou la catalase, qui détruit l'eau oxygénée. Le besoin d'adaptations protectrices de ce genre pourrait expliquer le laps de temps qui a sans doute séparé l'apparition du photosystème II de celle du photosystème I.

Quand d'autres formes de vie se trouvèrent exposées à l'oxygène, leur première réaction fut de battre en retraite. Mais fuir l'oxygène, c'était aussi fuir la plupart des organismes phototrophes, principale réserve de nourriture des hétérotrophes. En outre, l'oxygène envahissait tout. Il s'engouffrait dans chaque fissure du sol et, étant soluble dans l'eau, allait jusqu'au fond des océans. Bientôt, les zones protégées pouvant abriter la vie anaérobie se firent rares. Une forte pression s'exerçait ainsi sur les organismes anaérobies en faveur de l'acquisition de mécanismes protecteurs comparables à ceux qui avaient permis aux phototrophes primitifs de produire de l'oxygène sans inconvénient. Par des mutations fortuites, de nombreuses bactéries, aussi bien autotrophes qu'hétérotrophes, devinrent ainsi capables de survivre en présence d'oxygène.

La plupart n'en restèrent pas là. Grâce à des phénomènes de mutation relativement simples, elles acquirent la capacité de transférer à l'oxygène, avec production d'eau, les électrons quittant leurs chaînes de transfert d'électrons. C'est ainsi que fut instaurée la fonction appelée aujourd'hui respiration. Ce fut une étape primordiale dans l'évolution, qui, en restituant l'oxygène à l'eau, inaugura le cycle planétaire eau-oxygène. L'oxygène omniprésent remplaça les minéraux spécifiques accepteurs d'électrons auxquels les organismes étaient enchaînés ; les électrons s'écoulant le long des chaînes de phosphorylation purent tomber sans restriction au niveau d'énergie le plus bas, ce qui maximisait le rendement énergétique potentiel du processus. Poussées par ces immenses avantages, beaucoup de bactéries évoluèrent au point de tomber sous la dépendance absolue de leur ennemi d'autrefois. Certaines parvinrent à exploiter à plein cette dépendance en acquérant des chaînes respiratoires qui permettaient des récupérations d'énergie proches du rendement maximal possible.

Certaines archébactéries acquirent également la capacité de détoxiquer et d'exploiter l'oxygène quand il commença à apparaître dans l'atmosphère. Les bactéries halophiles sont aérobies, comme le sont les bactéries thermoacidophiles, qui résident dans ce qui pourrait apparaître aujourd'hui comme la moins hospitalière des niches écologiques : des eaux très chaudes, très acides et empestant l'hydrogène sulfuré. Cependant, à son contenu en oxygène près, ce type de milieu a très bien pu être le berceau de la vie et le lieu de prédilection de l'ancêtre universel.

Malgré toutes ces adaptations, l'oxygène a conservé des restes de ses propriétés dangereuses pour la vie. Les globules blancs de notre sang tuent les microbes à coups de décharges de dérivés toxiques de l'oxygène (radicaux libres). Parfois, ces mêmes dérivés se forment accidentellement dans nos tissus, où ils peuvent contribuer au processus de vieillissement, causer des lésions génétiques ou déclencher des transformations cancéreuses. La recherche médicale s'intéresse beaucoup à l'administration d'antioxydants pour protéger les gens contre ce genre d'affections.

Les événements que je viens de rappeler auraient été difficiles à reconstruire sans le riche univers des bactéries, où existent encore des formes qui représentent presque tous les stades intermédiaires de l'évolution de la phototrophie et de la vie aérobie. Leur ancienneté, telle que la révèlent l'étude comparée des séquences moléculaires et d'autres indices, correspond en général à la position qu'on leur attribue dans la chaîne des événements. Mais leur histoire va plus loin. Certains des participants de la grande saga de l'oxygène jouèrent un rôle fondateur dans le processus remarquable par lequel un précurseur procaryotique devint l'ancêtre de tous les eucaryotes, y compris l'homme. Notre origine, comme celle de toutes les plantes et de tous les animaux qui nous environnent, est ainsi profondément enracinée dans les événements majeurs de l'évolution des eubactéries, comme le montreront les trois chapitres suivants.

15

Naissance d'un eucaryote

Il y a quelque 3,5 milliards d'années, tandis que les bactéries commençaient à couvrir triomphalement le monde de colonies prospères, un obscur rejeton se prit à évoluer dans une étrange direction, qu'un visiteur extraterrestre aurait certainement trouvée complètement aberrante et ne menant à rien dans le contexte de la vie sur la Terre telle qu'elle fonctionnait à l'époque. En fait, plus de deux milliards d'années plus tard, le « rien » devait se déployer en l'éventail immensément varié de groupes que forment les protistes, les plantes, les mycètes et les animaux, dont l'homme, soit presque toute la partie visible de la biosphère. La voie vers cette extraordinaire diversité de formes vivantes passa par un nouveau type de cellule, tout à fait différent de toutes les bactéries connues, passées ou présentes. Appelé eucaryote parce qu'il possède un véritable noyau, ce type de cellule a de nombreuses autres caractéristiques qui le distinguent clairement des bactéries, ou procaryotes.

La transformation procaryote-eucaryote

On ne connaît pas avec certitude la nature de l'obscur organisme qui est à l'origine de la branche des eucaryotes. La plupart des faits connus désignent un procaryote qui se détacha de la branche archébactérienne après la première fourche de l'arbre de la vie. En apparente contradiction avec cette hypothèse, les eucaryotes présentent quelques traits qui semblent provenir d'une eubactérie primitive. Ces anomalies ont été tour à tour attribuées à une évolution convergente, à un transfert génétique horizontal et même, comme le propose le chercheur allemand Wolfram Zillig[1], à la fusion, en des temps très reculés, d'un partenaire archébactérien avec un partenaire eubactérien. L'origine apparemment mixte des eucaryotes a également servi à étayer des propositions plus radicales, qui décrivent l'ancêtre eucaryote primitif comme une cellule antérieure aux procaryotes et dotée de gènes formés d'ADN ou même d'ARN[2].

Dans ce chapitre, j'admettrai que la branche eucaryote est née d'un ancêtre procaryote, probablement de type archébactérien, possédant en outre quelques traits eubactériens acquis d'une façon ou d'une autre. Cette hypothèse est la plus en faveur et concorde avec la plupart des faits connus. Le problème qui se pose est donc de retracer une voie menant d'une organisation de type procaryotique à une organisation de type eucaryotique. Cette voie doit être plausible d'un point de vue mécaniste ; elle doit être compatible avec les indices disponibles ; et elle doit pouvoir s'expliquer causalement par la sélection naturelle.

À première vue, la tâche est décourageante. Mettez côte à côte une bactérie moyenne et l'eucaryote même le plus primitif, et vous verrez des différences d'une ampleur telle que la transformation de l'une en l'autre devient presque inimaginable. Heureusement, nous disposons d'un précieux renseignement. Il est maintenant fermement établi que certaines parties des cellules eucaryotes, dont les mitochondries, les chloroplastes et, peut-être, les peroxysomes (voir le chapitre 17) – qui sont tous trois des granules entourés d'une membrane et ayant environ la taille d'une bactérie – sont en fait les descendants de bactéries qu'un ancêtre eucaryote s'incorpora il y a environ 1,5 milliard d'années et adopta de façon permanente comme endosymbiontes (de racines grecques qui, en sens inverse, signifient « vivre ensemble à l'intérieur »)[3]. Ainsi, l'histoire de la cellule eucaryotique peut se diviser en deux ères distinctes : l'ère pré-endosymbionte (entre 3,5 et 1,5 milliards d'années) et l'ère post-endosymbionte (d'il y a 1,5 milliard d'années à nos jours)[4].

Reconstruire la deuxième ère ne pose pas de problème majeur. Des cellules capturent des bactéries continuellement – les globules blancs du sang ne font pas autre chose quand nous souffrons d'une infection – et l'on connaît en détail les mécanismes de cette capture. Soit les bactéries capturées sont tuées et dégradées par leurs ravisseurs (c'est le cas général), soit elles attaquent leurs ravisseurs et les tuent. On connaît cependant un certain nombre de cas où les adversaires finissent par faire jeu égal, instaurant entre eux une cohabitation pacifique. Nous disposons ainsi de nombreuses indications sur lesquelles appuyer notre reconstruction.

La première ère, qui couvre la transition entre le procaryote ancestral et une cellule capable de capturer des bactéries et de les adopter comme endosymbiontes, est plus mystérieuse. Mais quelques données sont connues. D'abord, si l'incorporation de bactéries se déroulait en ces temps lointains comme de nos jours, les connaissances actuelles permettent d'identifier un certain nombre de propriétés qui ont dû être acquises au cours de la transition pour doter les cellules de la capacité de capturer des bactéries. Par ailleurs, un ensemble d'indices précieux nous sont fournis par les comparaisons de séquences et autres données biochimiques qui permettent de retracer les origines procaryotiques d'un certain nombre de structures des eucaryotes. Enfin, et c'est la source d'information la plus riche, nous connaissons quelques eucaryotes unicellulaires primitifs qui remontent à l'ère pré-endosymbionte ; ce sont eux évidemment qui peuvent donner la meilleure idée de ce que pouvait être la vie eucaryotique à cette époque-là. Examinons l'un de ces « fossiles vivants ».

Giardia, un fossile vivant

Les plus anciens eucaryotes connus sont les diplomonades, groupe comprenant *Giardia lamblia*, un micro-organisme parasite responsable d'un certain nombre d'infections intestinales graves chez les êtres humains et certains animaux[5]. D'après les comparaisons de séquences, *Giardia* se trouve à l'extrémité d'une branche qui s'est peut-être détachée du tronc eucaryotique principal il y a plus de deux milliards d'années, c'est-à-dire avant que l'oxygène ne commence à apparaître dans l'atmosphère terrestre. Cet organisme bénéficia ainsi d'un laps de temps extrêmement long pour évoluer et ne ressemble peut-être plus guère à l'ancêtre lointain qu'il partage avec les autres eucaryotes. Il a certainement changé, mais probablement pas au point de devenir méconnaissable. Il a tant de traits communs avec des eucaryotes plus récents que l'on peut sans risque d'erreur attribuer la plupart de ces traits – il reste toujours, restriction inévitable, la possibilité d'une évolution convergente – à un ancêtre commun pré-endosymbionte. *Giardia* devrait donc apporter des renseignements utiles sur cet ancêtre, laissant comme lacunes les propriétés qui se sont perdues au cours de l'évolution, par exemple lorsque cet organisme est passé d'un genre de vie autonome à un genre de vie parasite.

Giardia est un organisme unicellulaire, en forme de poire, de deux à trois centièmes de millimètre, ce qui lui donne un volume plus de 10 000 fois plus grand que celui d'un procaryote moyen. On a manifestement affaire à une cellule gigantesque comparée aux bactéries. Elle n'est pas entourée d'une paroi solide comme elles, mais seulement revêtue d'un fin duvet sans aucune rigidité. La cellule conserve toutefois sa forme caractéristique grâce à une série d'entretoises internes qui forment ce que l'on appelle le cytosquelette. Sur une face, une structure en forme de disque sert de ventouse permettant à la cellule d'adhérer à la paroi intestinale. Ce trait fut sans doute acquis à l'époque où la cellule s'adaptait à son habitat particulier.

Giardia est extrêmement mobile, propulsée par quatre paires de longs flagelles ondulants[6]. Ces organites sont totalement différents des appendices moteurs des bactéries, appelés aussi flagelles. Ils sont faits de bâtonnets de nature protéique, fins et creux, appelés microtubules, qui se combinent avec de nombreuses autres protéines pour former une tige longue et flexible capable de se plier en un mouvement sinueux grâce à l'énergie fournie par la scission de l'ATP. Les flagelles partagent cette structure fondamentale avec les cils, qui sont des appendices courts, vibrant rapidement, et qui, en général, se trouvent en grand nombre à la surface de la cellule qu'ils équipent. Ces deux espèces d'appareils moteurs ne se rencontrent jamais ensemble sur la même cellule comme en témoigne la distinction taxinomique entre flagellés et ciliés.

Les flagelles et les cils sont largement répandus dans l'univers des eucaryotes. Nous devons chacun notre existence au bon fonctionnement d'un flagelle qui propulsa une cellule, un spermatozoïde émis par notre père, dans une autre cellule, l'ovule présenté par notre mère. Il est tout à fait impossible qu'une structure aussi complexe qu'un flagelle d'eucaryote ait pu apparaître par deux fois, indépendamment l'une de l'autre, selon un phénomène d'évolution convergente. *Giardia* nous montre ainsi que le lointain ancêtre eucaryote avait déjà acquis toutes les principales protéines qui entrent dans la construction des flagelles.

Il est particulièrement instructif d'observer *Giardia* en train de se nourrir. Elle ingère des objets extracellulaires[7]. Elle fait ce que l'on sait que faisait la cellule ancestrale qui fut la première à abriter des endosymbiontes. Et elle le fait par un mécanisme quasiment identique à celui par lequel les globules blancs du sang et d'innombrables autres cellules eucaryotiques mangent des bactéries ou d'autres objets solides. Appelé phagocytose (de racines grecques signifiant manger et cellule), ce processus est tellement complexe que l'on est en droit d'affirmer, ici encore, qu'il existait déjà chez l'ancêtre pré-endosymbionte. Il n'y a pas à chercher plus loin pour expliquer comment les endosymbiontes entrèrent dans leurs cellules hôtes. Comme nous aurions pu le deviner à partir de la connaissance que nous avons du présent, ces invités de marque furent capturés par un phagocyte typique présentant les propriétés fondamentales des cellules similaires actuelles. Cette information est très précieuse. Lynn Margulis, biologiste à l'université du Massachusetts, connue pour avoir défendu la théorie des endosymbiontes à un moment où l'on ne disposait guère de preuves pour l'étayer, a postulé une invasion agressive par un « prédateur féroce » pour expliquer l'entrée des endosymbiontes[8]. À mon avis, *Giardia* rend cette hypothèse improbable. La capture par phagocytose semble une explication plus plausible, qui s'appuie sur les connaissances actuelles.

Observons *Giardia* en chasse. Voyez-la heurter par hasard une bactérie ou, peut-être, attirée par un signal chimique, se diriger vers elle d'une manière apparemment intentionnelle, comme le feraient les globules blancs de notre sang s'ils étaient dans une situation similaire. Que la rencontre soit due au hasard ou à la chimie, le résultat est que la bactérie une fois touchée reste collée à la surface de *Giardia*, comme une mouche à du papier tue-mouches. Mis en branle par ce contact, l'organisme entre en action, aspirant lentement à l'intérieur sa malheureuse victime qui disparaît petit à petit de notre vue. Il ne reste bientôt plus de trace de cette ingurgitation spectaculaire à la surface de la cellule, qui a retrouvé son apparence égale et lisse.

Les bactéries ne se font pas toutes prendre de cette façon, car l'adhérence nécessite la présence, à la surface du ravisseur, de récepteurs qui reconnaissent certains composants de la paroi cellulaire de la bactérie – encore un exemple de complémentarité du type clé-serrure. Si la clé ou la serrure fait défaut, la bactérie rebondit simplement après la collision et s'échappe. Il existe des bactéries qui profitent de ce défaut pour éviter de se laisser capturer, fait qui a joué un rôle extraordinaire dans l'histoire des sciences. Il se trouve que les pneumocoques infectieux, redoutables agents de la pneumonie bactérienne, doivent leur virulence à une paroi protectrice qui masque la serrure superficielle reconnue par une clé dont les globules blancs sont porteuses ; ils échappent à la capture. Les mutants inoffensifs ne peuvent fabriquer un composant de la paroi cellulaire ; ils exposent leur serrure et sont capturés. En 1928, Fred Griffith, médecin au ministère de la Santé britannique – suivi de près par l'Américain Martin Dawson, de l'Institut Rockefeller pour la recherche médicale (maintenant l'université Rockefeller), à New York – découvrit que la capacité génétique de fabriquer la paroi cellulaire qui protège les microbes contre la capture et les rend par là infectieux pouvait être transférée de bactéries pathogènes mortes à des bactéries non infectieuses vivantes. Seize ans plus tard, trois scientifiques de l'Institut Rockefeller, Oswald Avery, Colin MacLeod et Maclyn McCarty, annoncèrent à un monde d'abord incrédule qu'ils avaient purifié le « facteur transformant » et l'avaient identifié de façon indubitable comme étant une molécule d'ADN[9]. Cette expérience historique établit pour la première fois que les gènes sont formés d'ADN, non de protéines comme beaucoup le pensaient. Ce fut le point de départ d'une des courses scientifiques les plus épiques, qui fut remportée en 1953 par Watson et Crick quand ils déchiffrèrent la double hélice.

Au moment où ces recherches se déroulaient, le mécanisme de la phagocytose n'était pas encore connu. Aujourd'hui, grâce au microscope électronique et à d'autres techniques sophistiquées, on connaît le phénomène dans le détail. La bactérie capturée n'entre pas dans la cellule par un trou, comme on pourrait le croire. Elle est progressivement enveloppée par un repli de plus en plus profond, ou invagination, de la membrane cellulaire qui, elle, demeure intacte. Quand l'enveloppement est terminé, l'invagination se détache de la surface interne sans laisser de trace et se transforme en une poche intracellulaire fermée, ou vésicule, contenant la bactérie ingérée, entièrement entourée du morceau de membrane prélevé sur la surface cellulaire lors de l'ingestion. La fluidité des bicouches lipidiques, leur flexibilité et leur capacité à se sceller spontanément expliquent comment ce phénomène est physiquement possible.

Comment se déroule ce processus de capture ? On ne le sait pas en ce qui concerne *Giardia*, qui n'a pas été étudiée à cet égard, mais on connaît au moins deux mécanismes qui interviennent dans d'autres cellules. L'un, externe, s'appuie sur un accolement progressif du genre « fermeture Éclair » – ou mieux, un système de type « Velcro » puisqu'il s'agit de surfaces – entre les récepteurs du phagocyte et les partenaires complémentaires que leur offre la surface de la bactérie. Le second mécanisme est activé de l'intérieur de la cellule par un dispositif qui attire vers l'intérieur les pans de membrane dont les récepteurs sont occupés. Ce mécanisme permet d'absorber des gouttelettes fluides ; c'est la pinocytose (des mots grecs signifiant « boire » et « cellule »), déclenchée par la fixation de molécules solubles à des récepteurs de surface. Le terme générique d'endocytose recouvre toutes les formes d'ingestion par membranes, y compris la phagocytose et la pinocytose. Les vésicules intracellulaires formées par endocytose sont appelées endosomes.

Par la suite, d'autres événements induisent la prise dans une autre espèce de vésicules intracellulaires entourées par une membrane, appelées lysosomes (en grec, « corps digestifs »), dans lesquelles les matériaux ingérés sont exposés à de l'acide et à des enzymes digestifs, connaissant ainsi le même sort que les aliments dans notre estomac. L'acide est sécrété dans les lysosomes par une pompe à protons située dans la membrane lysosomale, tandis que les enzymes digestifs sont apportés dans les lysosomes à partir d'un autre ensemble de vésicules intracellulaires appelé réticulum endoplasmique, RE en abrégé. À mesure du déroulement de la digestion dans les lysosomes, les petites molécules nutritives produites par ce processus passent à travers la membrane lysosomale dans la cellule proprement dite, pour participer au métabolisme. À la fin, le contenu du lysosome, fait d'enzymes et de résidus non digérés, est souvent excrété dans le milieu extracellulaire au terme d'un processus qui porte le nom suggestif de défécation cellulaire ou, plus généralement, exocytose, qui est essentiellement l'inverse de l'endocytose. Au cours de ce processus, une vésicule ajoute sa membrane à la membrane cellulaire par fusion et évacue son contenu à l'extérieur.

Les enzymes digestifs destinés à être introduits dans les lysosomes sont simultanément (co-traductionnellement) fabriqués et introduits à l'intérieur des vésicules du RE par des ribosomes étroitement apposés aux membranes des vésicules. Ces parties du RE, qui sont ponctuées de ribosomes, sont dites « rugueuses » en raison de l'aspect granulaire des membranes en coupe transversale. Les enzymes nouvellement fabriqués sont transférés de ces parties rugueuses à des parties lisses (sans ribosomes) du RE, et, ensuite, à un complexe de poches membranaires appelé appareil, système ou complexe de Golgi – ou tout simplement Golgi – du nom du neuroanatomiste italien Camillo Golgi, lauréat en 1906, avec son collègue espagnol Santiago Ramon y Cajal, du prix Nobel de médecine. Tandis que les enzymes traversent les parties lisses du RE et le Golgi, leurs molécules subissent un certain nombre de modifications chimiques, que l'on nomme généralement traitement ou maturation.

Ensemble, les endosomes, les lysosomes, le RE lisse et rugueux et le Golgi forment un réseau intracellulaire complexe de poches et de vésicules, appelé parfois système cytomembranaire. Composé d'un grand nombre – jusqu'à plusieurs milliers – de compartiments distincts enclos de membranes, ce système commande un certain nombre de fonctions cellulaires importantes groupées sous les termes généraux d'import et d'export en gros. L'import se fait par endocytose et mène généralement à la digestion dans les lysosomes, parfois au stockage du matériau capturé ou à son passage à travers la cellule. L'export commence dans le RE rugueux, continue dans le RE lisse, le Golgi et les lysosomes, et se termine par la défécation par exocytose. L'export peut également suivre une autre voie, beaucoup plus importante dans la plupart des cellules, qui évite les lysosomes et mène directement du Golgi à l'évacuation exocytique. C'est cette voie de première importance qu'on appelle sécrétion.

La circulation des matériaux importés et exportés à travers les nombreux compartiments du système cytomembranaire se fait par des connexions permanentes ou, plus souvent, temporaires entre les compartiments et est dirigée par des structures externes appartenant au cytosquelette et par des récepteurs internes. L'énergie nécessaire à ces déplacements provient de la scission de l'ATP à l'aide de systèmes moteurs spéciaux liés au cytosquelette.

Le système cytomembranaire est l'apanage de toutes les cellules eucaryotes. *Giardia* nous apprend que ce système était déjà en place il y a deux milliards d'années. Même la machinerie de sécrétion, fondée sur le Golgi, existait déjà à cette époque-là[10].

Il n'existe pas dans *Giardia* de mitochondries, de chloroplastes, ou d'autres descendants possibles de bactéries ingérées. Même si ce type d'organites a bien pu être abandonné au cours de l'évolution, il est intéressant de noter que les microsporidies, qui sont après *Giardia* les plus anciens eucaryotes connus, sont également dépourvues d'organites dérivés d'endosymbiontes[11]. Ces faits, ainsi que d'autres indices, étayent solidement la thèse selon laquelle ces organismes très anciens descendent de branches qui se séparèrent du tronc eucaryotique avant l'adoption d'endosymbiontes. Cette généalogie fait de ces organismes les plus proches parents actuels – bien qu'encore extrêmement lointains – des eucaryotes pré-endosymbiontes.

Sur le plan du métabolisme, *Giardia* est obligatoirement anaérobie, c'est-à-dire adaptée à un environnement dépourvu d'oxygène. Cette adaptation pourrait bien remonter aux temps où les ancêtres lointains de *Giardia* se séparèrent de la branche eucaryotique, puisqu'à ce moment-là l'atmosphère terrestre ne contenait pas encore d'oxygène. Si tel est le cas, toute la lignée des ancêtres de *Giardia* survécut à la crise de l'oxygène et continua à évoluer pendant plus d'un milliard d'années, protégée de l'oxygène d'une manière ou d'une autre jusqu'au moment où elle trouva dans l'intestin d'un animal l'environnement sans oxygène qui lui convenait. Il est également possible – plus probable ? – que les cellules ancestrales s'adaptèrent à l'oxygène et perdirent ensuite cette propriété quand elles s'adaptèrent à leur mode de vie de parasite anaérobie. Il est cependant intéressant de noter que les principales chaînes de transfert d'électrons des eucaryotes appartiennent à des organites dérivés d'endosymbiontes, non à la membrane cellulaire ou au réseau cytomembranaire. Sauf cas de perte au cours de l'évolution, ce fait suggère que l'eucaryote primitif, qui était probablement anaérobie comme tous les organismes qui existaient il y a plus de deux milliards d'années, n'était peut-être pas pourvu de chaînes respiratoires membranaires et que ses descendants parvinrent à traverser la crise de l'oxygène sans l'aide de telles chaînes jusqu'à ce que les endosymbiontes viennent à la rescousse.

Pour autant qu'on sache, l'organisation génétique de *Giardia* semble être de type « classique ». Deux points méritent l'attention. D'abord, les ribosomes de cet organisme s'apparentent davantage, par certaines caractéristiques moléculaires, aux ribosomes procaryotiques qu'aux ribosomes eucaryotiques. Cette similitude concorde avec la thèse d'une séparation précoce d'avec la branche eucaryotique, avant l'apparition du type actuel de ribosomes des eucaryotes. Deuxième point particulièrement intéressant, *Giardia* a deux noyaux de même taille. Mais avant de nous pencher sur cette fascinante duplication, observons les noyaux eux-mêmes, signe distinctif de toutes les cellules eucaryotes.

Le noyau eucaryotique

Les noyaux de *Giardia* possèdent toutes les principales caractéristiques des noyaux eucaryotiques. Ainsi nommé parce qu'il se présente au milieu de la cellule comme le noyau d'un fruit (*nucleus* en latin, *karyon* en grec), ce corps volumineux, à peu près sphérique, est entièrement entouré d'une enveloppe à membrane double apparentée par sa structure et sa fonction au RE (la membrane externe est ponctuée de ribosomes). La face interne de cette enveloppe est renforcée par une solide doublure faite de fibres protéiques tissées très serré. Un grand nombre d'ouvertures renforcées, ou pores, insérées comme des hublots à travers l'enveloppe nucléaire, servent de passages régulés entre le noyau et le reste de la cellule, ou cytoplasme.

Les principaux éléments contenus dans le noyau sont les chromosomes (mot dérivé du grec signifiant « corps colorés »), ainsi nommés non parce qu'ils sont colorés, mais parce que les pionniers de la microscopie, examinant des préparations de cellules traitées avec certains colorants, les virent comme des corps intensément teintés. Les chromosomes des eucaryotes sont des édifices majestueux comparés à leurs homologues procaryotiques qui ne sont guère plus qu'un morceau d'ADN nu, circulaire. À l'inverse, le chromosome eucaryotique est une entité fortement structurée. Imaginez un mât miniature autour duquel s'enroulerait en spirale une guirlande de perles. Le mât constitue le squelette interne du chromosome, fait de protéines. Dans la guirlande, le fil est constitué d'ADN, et les perles de petites bobines protéiques autour desquelles le fil d'ADN s'enroule deux fois avant de passer à la bobine suivante. Ce fil emperlé se tord sur lui-même en un filin épais, un peu comme le cordon spiral d'un téléphone. Ce filin à son tour est réparti en une série de larges boucles ancrées à des points d'attache disposés en hélice autour du squelette central. En général, certaines des boucles sont déroulées, d'autres se pelotonnent en boules serrées. Quand une cellule commence à se diviser, toutes les boucles déroulées se pelotonnent elles aussi en boules serrées et le chromosome prend alors la forme d'un bâtonnet épais et noueux. C'est dans ces cellules en cours de division que l'on observa les premiers chromosomes sous la forme de bâtonnets teintés. Dans les cellules qui ne se divisent pas, la structure fondamentale du chromosome est cachée par l'inextricable enchevêtrement que forment les segments d'ADN déroulés. Et quel enchevêtrement ! Imaginez une ficelle très fine, de près de quatre kilomètres, enroulée autour d'un bâtonnet de soixante centimètres. C'est à cela que ressemblerait votre chromosome moyen, grossi cent mille fois.

L'existence d'un noyau a un certain nombre de conséquences fondamentales qui rendent l'organisation eucaryotique très différente de l'organisation procaryotique dont elle descend. D'abord, l'enveloppe nucléaire sépare la cellule en deux compartiments distincts qui ne communiquent que par les pores du noyau. Ce type de compartimentation diffère de celui qui est créé par le réseau cytomembranaire : celui-ci, avec ses multiples cavités interconnectées, tapissées de machineries de traitement chimique et de systèmes de transport, constitue une espèce de territoire intermédiaire à mi-chemin entre l'intérieur de la cellule et le monde extérieur. L'enveloppe nucléaire, elle, sépare deux métabolismes. Le principe de cette division est simple. Ne gardez dans le noyau que les fonctions qui sont intimement liées à l'ADN et laissez tout le reste dans le cytoplasme. Pour conserver les connexions qui s'imposent entre les deux, équipez les pores de systèmes spécifiques au moyen desquels s'effectuera le passage de toutes les substances qui doivent entrer ou sortir, avec un contrôle sévère de leur identité moléculaire.

Deux fonctions sont obligatoirement localisées à l'intérieur du noyau : la réplication de l'ADN et sa transcription. En raison des complications résultant de la structure du chromosome, la réplication de l'ADN nécessite une variété complexe de systèmes de démêlage pour rendre l'ADN accessible aux enzymes réplicateurs. Pour cette raison, le processus est au moins vingt fois plus lent chez les eucaryotes que chez les procaryotes. Cet inconvénient est compensé par le fait que l'ADN est réparti sur plusieurs chromosomes – il y en a quatre chez *Giardia*, quarante-six dans les cellules humaines – chacun pourvu de multiples sites de réplication. Chez les procaryotes, il n'y a qu'un seul site de réplication (ancré à la membrane cellulaire) à travers lequel le chromosome tout entier est dévidé pour la réplication. Chez les eucaryotes, il existe un grand nombre de ces sites, de sorte que l'ADN est dupliqué simultanément en de nombreux segments courts, qui sont ensuite assemblés. Grâce à ce dispositif, la totalité du génome eucaryotique (environ 180 centimètres d'ADN dans une cellule humaine) peut être dupliquée en une heure environ, à peine deux fois plus de temps qu'il n'en faut pour la réplication d'un génome procaryotique qui, lui, ne mesure qu'un millimètre de long. Pendant la réplication de l'ADN dans le noyau d'un eucaryote, toutes les protéines nécessaires à la construction des chromosomes sont importées du cytoplasme dans le noyau, où elles s'assemblent spontanément avec l'ADN nouvellement formé pour donner un deuxième ensemble de chromosomes complètement constitués, chacun uni à son frère préexistant par un pont, comme des frères siamois.

La transcription intranucléaire de l'ADN rencontre le même type de problèmes structuraux que la réplication de l'ADN, avec une complication supplémentaire : l'exportation à l'extérieur du noyau des ARN synthétisés. Seuls les ARN matures sont envoyés dans le cytoplasme. Clivage, élagage des extrémités, épissage et autres réarrangements d'ARN sont tous effectués dans le noyau. Un organite intranucléaire spécial, appelé nucléole, abrite la synthèse et la maturation des ARN ribosomiques (les ARN qui se combinent avec un ensemble de protéines pour former les ribosomes) qui, à tout moment, constituent de loin la plus grande part de la production d'ARN dans le noyau. D'autres systèmes complexes situés dans le noyau assurent l'épissage des ARN messagers, fonction très importante chez les eucaryotes supérieurs, mais peut-être pas chez *Giardia* qui, sans introns détectés jusqu'à présent, n'a peut-être nul besoin d'épissage d'ARN. Les ARN matures ne quittent pas le noyau de leur propre chef, mais en compagnie de protéines spéciales transporteuses d'ARN, qui entrent dans le noyau non accompagnées et retournent dans le cytoplasme avec leurs passagers.

Une conséquence importante de l'espèce de ségrégation que l'on vient de décrire est que la traduction des messages génétiques est, sur le plan topologique, séparée de leur transcription. Il n'en va pas de même chez les procaryotes, où l'on peut souvent voir des ribosomes occupés à fabriquer des protéines sur des brins d'ARN messagers qui sont encore en train d'être transcrits à partir d'ADN. Chez les eucaryotes, tous les ribosomes sont dans le cytoplasme, où ils fonctionnent avec des molécules d'ARN messager qui ont été synthétisées et convenablement traitées dans le noyau, puis autorisées à passer à travers les pores nucléaires pour être offertes aux ribosomes sous une forme intacte et accessible.

L'expression génétique peut ainsi être régulée à de multiples étapes, tant dans le noyau que dans le cytoplasme.

L'existence du noyau eucaryotique crée des problèmes particuliers pour la division cellulaire. Chez les procaryotes, après la duplication du chromosome, les cellules se divisent par une simple constriction, ou sillon, de la membrane cellulaire (et de la paroi externe) qui se forme de telle sorte que chaque cellule fille hérite l'un des deux chromosomes dupliqués avec la moitié de la membrane cellulaire originelle qui lui revient. Dans les cellules eucaryotiques, le cytoplasme se divise de façon à peu près similaire, mais pas avant que le noyau ait lui-même subi la duplication.

La division nucléaire est un phénomène spectaculaire, l'un des rares événements cellulaires que l'on puisse observer suffisamment en détail avec un microscope optique classique. Elle a fasciné des générations de biologistes. En résumé, les chromosomes sont d'abord dupliqués et condensés. C'est à ce moment qu'ils deviennent visibles sous forme de bâtonnets ou de filaments, ce qui explique que l'on donne le nom de mitose à la division nucléaire (du grec *mitos*, filament). Puis, l'enveloppe nucléaire est démantelée et remplacée par le fuseau, gréement complexe fait de microtubules, les mêmes structures qui forment la tige des flagelles. Les chromosomes dupliqués se rassemblent ensuite sur le plan équatorial qui divise le fuseau en deux moitiés. Le gréement entre alors en action, séparant de force les chromosomes appariés, et tirant un membre de chaque paire vers l'un des deux pôles du fuseau. À ce stade, on voit l'avantage de la disposition en « frères siamois » des chromosomes dupliqués. Elle permet aux chromosomes appariés de s'aligner dans la bonne position et au gréement de faire en sorte qu'un jeu complet et identique de chromosomes soit assemblé à chaque pôle du fuseau. Une fois ce travail d'assemblage terminé, le fuseau est démantelé et de nouvelles enveloppes nucléaires toutes neuves se forment autour de chaque ensemble de chromosomes.

Giardia a des noyaux caractéristiques qui se divisent selon le processus mitotique typique (à cela près que, comme chez un certain nombre de protistes primitifs, l'enveloppe nucléaire ne se démantèle pas[12]). On peut donc supposer que l'eucaryote primitif possédait déjà toutes les structures et propriétés adéquates qui entrent en jeu dans la fabrication et la division des noyaux eucaryotiques. Mais pourquoi faut-il que *Giardia* ait deux noyaux au lieu d'un seul, celui que l'on trouve commnunément dans les cellules eucaryotiques ? Et, corollaire, l'eucaryote primitif a-t-il également possédé deux noyaux à un certain stade de son évolution ? On ne connaît pas la réponse à ces questions, mais on peut en envisager une dont les implications sont telles qu'elle mérite d'être traitée séparément. Elle se rapporte à l'origine de la force la plus puissante de la nature : la sexualité, et sera traitée dans le chapitre suivant.

16

Le phagocyte primitif

L'image est claire. Quand la lignée de *Giardia* se sépara de ce qui allait devenir le tronc eucaryotique principal, il y a probablement plus de deux milliards d'années, presque toutes les caractéristiques essentielles des cellules eucaryotiques, à l'exception des organites dérivés d'endosymbiontes, étaient déjà apparues. La transformation cruciale procaryote-eucaryote s'effectua quelque part au cours du 1,0 à 1,5 milliard d'années après la bifurcation originelle qui mena à la branche eucaryotique. Pendant ce temps, un simple procaryote se transforma en phagocyte primitif, grosse cellule nucléée capable de capturer sa nourriture et de la digérer en son sein. Quelle voie cette transformation décisive suivit-elle ? Et plus particulièrement, pourquoi cette voie fut-elle effectivement empruntée dans la réalité ?

Les organismes actuels offrent un certain nombre d'indices précieux concernant la première question, mais nous ne disposons que de conjectures raisonnées pour nous aider à répondre à la deuxième. Rappelez-vous la règle : la prévision est exclue. Il n'y avait pas de but, pas d'idéal eucaryotique miroitant dans un avenir lointain, invitant les cellules en évolution à franchir les obstacles et à vaincre les difficultés. Chaque étape de ce voyage extraordinaire fut franchie dans le contexte de son époque, suite à une mutation fortuite procurant à la cellule affectée un avantage immédiat qui, dans ces conditions précises de lieu et de temps, favorisait sa survie et sa prolifération. Quelles forces sélectives cachées ouvrirent cette voie, pas à pas, sur un laps de temps immensément long, pour produire ce qui a peut-être été l'innovation la plus marquante de l'histoire de la vie ? Nous garderons cette question présente à l'esprit pendant que nous essaierons de retracer les principales étapes du voyage.

D'après ce que l'on a vu de *Giardia*, il y a vraiment deux acquisitions majeures dont il faut rendre compte dans le contexte d'une cellule qui augmente de volume : les cytomembranes et les éléments du cytosquelette, un noyau entouré d'une paroi naissant par une combinaison particulière de ces deux constituants. On ne dispose d'aucun indice sur l'origine du cytosquelette, qui est peut-être une véritable innovation. Mais on connaît l'origine des cytomembranes des eucaryotes. Selon l'ensemble des données disponibles, elles proviennent de la *membrane cellulaire procaryotique ancestrale.*

Extension d'un réseau

C'est peut-être un accident banal, dont les effets à long terme eurent finalement un impact énorme, qui entama toute la série des événements. Un procaryote hétérotrophe primitif perdit la capacité de construire une paroi cellulaire. Le plus souvent, ce déficit diminue les chances de survie, mais il n'est pas toujours fatal. Il existe dans la nature des bactéries sans paroi cellulaire, dont certaines sont extrêmement thermophiles. Dans le cas particulier que nous envisageons, les circonstances de l'accident étaient telles que non seulement la victime survécut mais qu'elle tira profit de son infirmité. L'organisme affecté résidait peut-être dans l'une de ces colonies bactériennes stratifiées qui commençaient à prospérer à cette époque et laissèrent leurs traces sous forme de stromatolithes. Vivant au sein de tapis bactériens, notre lointain ancêtre dénudé était à l'abri de nombreux accidents et n'eut guère à souffrir de sa nudité. Il put continuer à proliférer aux dépens de ses voisins et à produire une progéniture nue comme lui. Selon les indices fournis par les fossiles, les colonies de stromatolithes se sont maintenues, apparemment sans grand changement, depuis les premiers temps de la vie jusqu'à nos jours. Si, comme c'est possible, la transformation procaryote-eucaryote a exigé un environnement stable, capable de fournir une nourriture régulière pendant très longtemps, les colonies de ce genre ont pu répondre à cette nécessité.

Un autre événement qui s'est peut-être produit très tôt est l'acquisition de lipides membranaires de type ester. Tous les eucaryotes ont des lipides esters. C'est l'une des caractéristiques eucaryotiques qui ne concordent pas avec une origine archébactérienne. Les lipides esters sont caractéristiques des eubactéries, alors que toutes les archébactéries connues ont des lipides éthers. Il y a plusieurs explications possibles, que je ne citerai pas ici, à cette contradiction. Notons simplement que notre ancêtre présumé, dépourvu de paroi cellulaire, possédait probablement des lipides esters, ce qui signifie qu'il vivait sans doute dans un environnement plus tempéré que les bactéries thermophiles dont il est censé descendre. En outre, la possession de lipides esters, par la plus grande fluidité membranaire que cela conférait, fut peut-être un facteur important dans le processus par lequel la perte de la paroi cellulaire se transforma en avantage pour la vie hétérotrophe.

Pour apprécier cet avantage, imaginons notre cellule ancestrale nue. C'est une gouttelette informe, aplatie, qui se nourrit de restes de bactéries mortes qu'elle digère à l'extérieur grâce à des enzymes qu'elle sécrète comme le font tous les procaryotes hétérotrophes. C'est à ce stade que la nudité devient un avantage : il n'y a pas de camisole de force autour de la cellule, pas de barrière entre elle et les sources de nourriture. Aidée par la flexibilité de sa membrane, la cellule peut adhérer étroitement aux objets dont elle se nourrit, épouser leurs contours, et même les envelopper complètement, aidée dans tous ces mouvements par des récepteurs de surface, ou sites de fixation, capables de s'accrocher à certains composants de surface des corps bactériens. Grâce à ces contacts intimes, les enzymes digestifs déversés à travers la membrane cellulaire restent séquestrés entre la cellule et sa proie, à même d'agir de façon optimale. À leur tour, les petites molécules nutritives produites par la digestion peuvent facilement entrer dans la cellule à travers la membrane, là aussi sans perte ni retard. Notre hétérotrophe nu est un magnifique mangeur, un véritable champion dans la course à la nourriture, aussi longtemps que son environnement le protège suffisamment pour compenser l'absence de paroi cellulaire.

Deuxième avantage : notre héros peut grossir. La taille d'une cellule est limitée par la surface disponible pour les échanges avec l'extérieur – passage de nourriture vers l'intérieur et de déchets vers l'extérieur. Une cellule sphérique entourée d'une membrane lisse ne peut grossir au-delà d'une taille limite parce que le volume augmente en raison cubique du rayon, tandis que la surface n'augmente qu'en raison de son carré. Pour continuer à grossir, la cellule doit soit changer de forme – adopter la forme d'un bâtonnet ou d'un filament, par exemple, de sorte qu'elle dispose de plus de surface pour un volume donné – soit augmenter sa membrane par des replis vers l'intérieur (invaginations) ou vers l'extérieur (évaginations). À cet égard, notre ancêtre nu était passé maître dans l'art de la contorsion. Il pouvait atteindre n'importe quelle taille en plissant sa surface[1].

Mais qu'est-ce qui le pousserait à agir de cette manière ? Probablement qu'ainsi il se nourrissait plus efficacement. Plus une côte est découpée, plus sont abritées les criques où deux partenaires – les enzymes digestifs et la nourriture dans le cas présent – peuvent se rencontrer sans être dérangés. Ainsi, la sélection naturelle devait favoriser une cellule plus grosse aux contours plus irréguliers. Quiconque connaît bien les bicouches lipidiques et leur propension à se refermer d'elles-mêmes peut prévoir le résultat final. À mesure qu'une invagination devient plus profonde, le goulet qui y conduit se rétrécit, jusqu'à ce que – clic – il n'y ait plus de goulet du tout. L'invagination se détache de la surface pour former à l'intérieur de la cellule une vésicule fermée, tandis que la marque laissée dans la membrane cellulaire par l'amputation se cicatrise en se refermant d'elle-même. Une petite bulle enfoncée dans la surface d'une bulle plus grosse largue soudain ses amarres et se met à flotter à l'intérieur comme un fantôme – petit tour d'adresse que savent effectivement réaliser certains champions de l'art des bulles de savon. Dans la petite bulle interne, nourriture et enzymes digestifs se trouvent maintenant réunis et isolés du reste de la cellule. D'extracellulaire, la digestion est devenue intracellulaire[2].

Ce tour d'adresse, quand il se produisit naturellement, ne fut pas un événement trivial. Il inaugura un développement crucial dans l'évolution cellulaire : le mode de vie phagocytaire. Pour la première fois, les hétérotrophes avaient un estomac à eux. Désormais libérés de l'obligation de creuser un estomac dans leur environnement et d'y résider, ils pouvaient maintenant se permettre de se déplacer, en vivant de la nourriture qu'ils saisissaient. C'était un pas de géant dans la voie de l'émancipation cellulaire. Autrefois captive retenue dans la prison dorée d'une coquille nutritive, comme un ver dans un morceau de fromage, la cellule s'était transformée en un puissant chasseur qui pouvait battre le monde à la recherche de proies.

Le premier estomac cellulaire était un composé de nombreux éléments. Né d'un phénomène d'enveloppement, il servait de lieu de stockage pour la nourriture ingérée. En même temps, cet estomac primitif recevait des enzymes digestifs que lui envoyaient les ribosomes fixés à sa membrane. Ces ribosomes continuaient tout simplement le travail qu'ils effectuaient sur la membrane cellulaire, à cela près que les enzymes étaient maintenant recueillis dans l'estomac au lieu d'être évacués dans le milieu extérieur et agissaient directement sur la nourriture amassée. De par son origine, la membrane de l'estomac possédait tous les systèmes de transport présents sur la surface cellulaire, notamment une pompe à protons, originellement tournée vers l'extérieur et orientée maintenant vers l'intérieur de l'estomac, le rendant acide, et donc particulièrement bien adapté aux besoins des enzymes digestifs. Tout comme le nôtre, l'estomac des cellules a besoin d'acide pour donner à ses enzymes leur meilleure efficacité. D'autres systèmes de transport qui, autrefois, transféraient à l'intérieur de la cellule les petites molécules nutritives produites par la digestion extracellulaire, vidaient maintenant l'estomac cellulaire des produits de la digestion par le même moyen. D'autres encore, agissant dans la direction inverse, déchargeaient dans l'estomac les déchets qu'autrefois ils excrétaient dans l'environnement extérieur. Il y avait aussi, faisant saillie sur la face interne de la membrane de l'estomac, les récepteurs de surface de la cellule, notamment ceux qui avaient permis à la cellule d'adhérer à certains matériaux et de les ingérer. Enfin, il arrivait souvent que, par une inversion du processus qui lui avait donné naissance, l'estomac rejoigne la membrane cellulaire, restituant ainsi à celle-ci le pan qui en avait été retiré par le phénomène originel d'intériorisation, et déchargeant en même temps dans le milieu extérieur la nourriture non encore digérée, les déchets et les enzymes qu'il contenait.

Mettez tout cela ensemble, et vous comprendrez aussitôt que le premier estomac cellulaire combinait des fonctions qui, dans des organismes plus évolués, seraient appelées ingestion, sécrétion, digestion, absorption, excrétion et défécation. Grâce à notre incursion dans l'avenir, nous identifions dans cet estomac primitif les propriétés typiques tout à la fois des endosomes, des vésicules du RE rugueux et des lysosomes, et nous reconnaissons comme étant l'endocytose et l'exocytose les deux phénomènes reliant dans les deux sens l'estomac à la membrane cellulaire. L'évolution ultérieure peut se résumer comme une ségrégation progressive des diverses fonctions exercées par l'estomac primitif, aboutissant à séparer des parties d'un réseau de plus en plus complexe de vésicules intracellulaires toutes dérivées de la membrane cellulaire ancestrale. De façon analogue, mais à une échelle totalement différente, les mêmes fonctions sont distribuées depuis la bouche jusqu'à l'anus tout le long de notre propre appareil digestif, tandis qu'elles sont exercées par une cavité unique dans un organisme primitif tel qu'une méduse.

Les premières fonctions à se dissocier furent la prise de nourriture et le stockage des enzymes. Cela fut accompli par une intériorisation membranaire plus accentuée et par la migration des ribosomes précédemment associés à la membrane cellulaire vers un ensemble nouveau de poches intracellulaires. Ancêtres du RE rugueux, ces poches devinrent des réceptacles pour les enzymes digestifs nouvellement synthétisés, que les ribosomes liés à la membrane ne déversaient plus directement dans le milieu extérieur ou dans des invaginations et vésicules dérivées de la membrane cellulaire. Du fait de ce déplacement de fonction, la capture de nourriture était maintenant effectuée par des pans de membrane dépourvus de ribosomes, et les vésicules qui en résultaient servaient à stocker temporairement la nourriture ingérée, mais pas à la digérer. Le phénomène initial de repli aléatoire de la membrane se transforma ainsi en ce que l'on appelle maintenant endocytose, et les vésicules intériorisées devinrent les endosomes. Grâce aux récepteurs disposés sur la surface de la membrane cellulaire, les cellules purent se montrer sélectives et choisir leur « menu » parmi les matéraux présents dans le milieu environnant.

L'estomac proprement dit, ou lysosome, naquit sous la forme d'un compartiment distinct acidifié, situé entre les poches à surface rugueuse contenant les enzymes et les endosomes contenant la nourriture, et relié à ces deux sites par un phénomène appelé transport vésiculaire. Au cours de ce processus, des vésicules bourgeonnent et se détachent d'un site, en emportant dans leur sein du matériel stocké dans ce site, et viennent en aborder un autre où elles délivrent leur contenu. Pour reprendre l'analogie qui nous a déjà servi, une petite bulle se détache d'une plus grosse, comme cela arrive parfois à une bulle de savon prise dans un courant d'air. La petite bulle, à la dérive, se heurte ensuite à une autre, plus grosse, et les deux fusionnent. Le résultat est qu'un peu de matière (eau et savon) et un petit volume d'air sont transférés d'une bulle de savon à une autre. Dans le transport vésiculaire, du matériel membranaire est transféré de la même façon d'un sac fermé à un autre, non pas avec une petite quantité d'air mais avec un contenu de matériaux importants. De cette façon, la nourriture transférée à partir des endosomes et les enzymes transférés à partir des poches à surface rugueuse furent amenés à converger dans les lysosomes, où les enzymes pouvaient alors digérer la nourriture.

Les lysosomes ne gonflèrent pas indéfiniment à la suite de ce double transfert. Les petites molécules produites par la digestion étaient transférées dans le cytosol par des systèmes de transport (hérités de la membrane cellulaire) situés dans la membrane lysosomale, tandis que les résidus de la digestion étaient évacués des lysosomes vers le milieu extérieur par exocytose. Quant au tissu membranaire excédentaire, une partie était soustraite à la membrane lysosomale sous forme de vésicules revenant à vide à leurs sites d'origine, et le reste s'ajoutait à la membrane cellulaire par fusion au cours du processus final d'évacuation, ou exocytose. Grâce à ce recyclage continuel, le tissu membranaire restait distribué de façon stable entre la membrane cellulaire et les différentes parties du système membranaire intracellulaire, malgré le trafic intense dont elles étaient le siège.

Revenons à la comparaison avec l'appareil digestif des animaux. Nous sommes parvenus à un stade où existent une bouche (endocytose), une cavité digestive (le lysosome) et un anus (exocytose), ainsi qu'une glande digestive incorporée qui déverse des sucs digestifs comme le fait notre pancréas (RE rugueux). Une différence considérable, outre la différence colossale concernant l'échelle et donc la nature des structures en question, est que les parties ne sont pas reliées par des chenaux continus au flux régulé par des valves, mais par des connexions intermittentes établies par le transport vésiculaire. Dans les deux cas, l'intérieur du système digestif est maintenu constamment séparé du reste de l'organisme, à l'exception du transfert de matériaux sélectionnés que des machineries spécifiques font passer au travers de sa paroi.

Au cours de l'évolution ultérieure de cet appareil digestif intracellulaire primitif, les principales voies de circulation furent interrompues par des stations intermédiaires supplémentaires servant au stockage temporaire et au traitement chimique particulier des matériaux en transit, ou permettant de les trier et de les aiguiller de façon sélective grâce à des récepteurs spécifiques. De cette façon, les parties lisses du RE et les différents composants du complexe de Golgi s'intercalèrent entre le RE rugueux et les lysosomes. Les endosomes, d'un autre côté, se subdivisèrent en plusieurs sections, ce qui permettait de sauver de la digestion lysosomale une partie des matériaux ingérés et de les dévier en d'autres directions à l'intérieur ou à l'extérieur de la cellule.

Autre acquisition d'importance majeure, une déviation insérée entre la sortie du Golgi et les lysosomes conduisit les matériaux circulant le long de la voie RE-Golgi directement vers la surface de la cellule pour être déchargés dans le milieu extérieur, sans passer par les lysosomes. Cette voie finit par devenir l'axe principal de la sécrétion, le processus par lequel les cellules déversent dans leur alentour les constituants des structures extracellulaires et divers matériaux complexes tels que des enzymes, des hormones et d'autres agents actifs que les cellules fabriquent pour l'exportation. Toutes ces substances sont constituées de protéines fabriquées dans le RE rugueux, puis taillées et dotées de divers composants glucidiques, lipidiques et autres pendant qu'elles traversent le RE lisse et le Golgi. Cette nouvelle voie ne passait pas par les lysosomes, évitant ainsi d'endommager les matériaux transportés. La voie originelle menant aux lysosomes fut maintenue, mais sous le contrôle de récepteurs qui ne laissaient passer que des molécules portant une étiquette chimique particulière commune à tous les enzymes digestifs destinés aux lysosomes.

Le processus général d'intériorisation membranaire entraîna avec lui un site particulier de la membrane cellulaire procaryotique auquel le chromosome était accroché par le système servant à la réplication de l'ADN ; ce type d'attache est une caractéristique commune à tous les procaryotes. L'intériorisation de cette partie spécialisée de la membrane transporta le chromosome et son système de réplication à l'intérieur de la cellule, où ils furent progressivement entourés d'une enveloppe à double membrane close, dérivée de la membrane cellulaire et reliée, par sa structure et sa fonction, au reste du réseau membranaire intracellulaire. Cette migration membranaire fut une innovation d'une extrême importance. Elle marqua la naissance du noyau, partie de la cellule à laquelle les eucaryotes doivent leur nom.

Ma reconstitution historique de l'évolution du réseau cytomembranaire des eucaryotes est hypothétique, car on n'a jusqu'ici mis au jour aucun descendant connu des formes intermédiaires. Cependant, le modèle s'appuie sur de nombreuses indications inscrites dans les structures et les fonctions des molécules existantes. On trouve, éparpillées à travers le réseau membranaire intracellulaire des eucaryotes, des molécules indéniablement apparentées à certains systèmes associés à la membrane cellulaire des procaryotes : des systèmes de transport caractéristiques dans telle partie du réseau, des ribosomes avec systèmes de translocation de protéines dans telle autre, des complexes enzymatiques de synthèse lipidique dans une troisième, des systèmes d'assemblage et de translocation de glucides dans une autre encore, des récepteurs pour diriger la circulation dans une autre, des sites d'attache de chromosomes dans une autre encore, et ainsi de suite. La formation du réseau membranaire eucaryotique par intériorisation et différenciation d'une membrane cellulaire procaryotique ancestrale est tout à fait probable. Il ne nous manque que d'en connaître les détails.

Tout modèle d'évolution doit démontrer que chaque étape proposée ou presque présente un avantage sélectif. J'ai pris comme principale force agissante *la conquête progressive d'une plus grande autonomie hétérotrophe* à travers une plus grande capacité de trouver, d'ingérer et d'utiliser la nourriture, capacité qui, pour un hétérotrophe, est la condition clé de survie et de multiplication de l'espèce. Cette explication est plausible et concorde avec l'état actuel des connaissances. En outre, elle inscrit dans le temps le déroulement progressif d'un processus d'évolution qui compta un très grand nombre d'étapes successives et s'étendit sur une très longue période. Chaque petite étape du scénario proposé peut être considérée comme associée à une légère amélioration de l'efficacité de la vie phagocytaire.

Les étais et machines nécessaires

L'élargissement et l'intériorisation de la membrane n'auraient pas pu à eux seuls provoquer les innovations que je viens de décrire. Ce dont les cellules avaient en outre besoin, c'était de tuteurs internes – un cytosquelette – susceptibles d'empêcher que leur masse de plus en plus grande ne s'affaisse, mais n'affaiblissant pas pour autant leur pouvoir protéen de changer constamment de forme. En outre, les cellules avaient besoin de systèmes moteurs pour effectuer le travail exigé par l'ingestion, le transport et le déchargement de matériaux à travers les différentes cavités d'un réseau membranaire de plus en plus important. Un nombre étonnant de systèmes moléculaires complexes émergèrent pour satisfaire à ces besoins. Il est intéressant de remarquer que l'on n'a jusqu'à présent détecté aucun assemblage apparenté à ceux-là chez les procaryotes. Chez les bactéries, les structures de soutien et les flagelles sont totalement différents de leurs homologues eucaryotiques. À l'inverse du réseau cytomembranaire qui, de toute évidence, provient de la membrane cellulaire ancestrale, les systèmes du cytosquelette et les systèmes moteurs eucaryotiques semblent être de réelles innovations apparues lors de la transition procaryote-eucaryote. Ce point rend leur apparition particulièrement cruciale pour la transition. Malheureusement, on n'a encore mis au jour aucun indice touchant à l'origine de ces éléments. Soit ils sont absents, soit ils sont présents dans toute leur complexité. Il n'existe aucun signe des nombreuses formes intermédiaires qui ont dû marquer leur évolution.

De nombreuses structures intracellulaires et extracellulaires sont constituées de longues molécules filamenteuses, soit des protéines, soit des polymères glucidiques, qui sont entrelacées en toutes sortes de fibres, faisceaux, toiles, feuilles, plaquettes, paniers, et autres arrangements tridimensionnels. En général, ces structures sont stables et statiques. Dans les organismes multicellulaires, elles donnent à de nombreux types de cellules leur forme spécifique ou fournissent des charpentes externes permettant aux cellules de s'assembler pour former des tissus caractéristiques, tels ceux qui constituent la peau, les os, les ligaments, les muqueuses, les viscères, et ainsi de suite.

Des structures de ce genre auraient été de peu d'utilité à notre phagocyte naissant. Elles n'auraient fait que remplacer un carcan extérieur par un autre intérieur. Ce que l'évolution apporta, et par trois fois au moins, ce sont des molécules protéiques genre Lego, capables de s'assembler réversiblement en un dispositif rigide. Deux de ces molécules, l'actine et la tubuline, sont construites selon des principes similaires. Imaginez un ensemble de composants identiques susceptibles de s'unir par des systèmes de tenons et de mortaises, comme les pièces d'un jeu de construction. Chaque composant a un tenon à un bout et une mortaise à l'autre, de manière à pouvoir s'assembler indéfiniment de façon linéaire pour former un bâtonnet ou un filament. En outre, chaque composant a un tenon d'un côté et une mortaise de l'autre, ce qui permet un assemblage latéral des filaments. Dans l'actine, le lien latéral fait que deux filaments s'enroulent en une fibre hélicoïdale double. Dans la tubuline, ce lien est tel que treize filaments s'assemblent en spirale pour former un petit cylindre creux, ou microtubule.

Les fibres d'actine et les microtubules ont en commun de pouvoir être démantelés et réassemblés dans des configurations différentes à l'aide d'ATP. Ils servent ainsi à maintenir les cellules dans diverses conformations temporaires, dont la modification peut même amorcer un mouvement. La rigidité s'allie à la plasticité. Les fibres d'actine et les microtubules sont souvent associés à des protéines particulières qui changent de forme en scindant l'ATP, convertissant ainsi de l'énergie chimique en travail mécanique. Ces deux structures participent aussi, avec les moteurs moléculaires qui leur sont associés, à la construction d'édifices stables d'une grande complexité, qui sous-tendent les formes les plus perfectionnées des systèmes moteurs eucaryotes.

On sait déjà que les microtubules sont des éléments importants du cytosquelette de *Giardia*. Cet organisme contient deux magnifiques spécimens des structures extraordinairement variées qui peuvent être construites avec des microtubules et les moteurs qui leur sont associés. L'un, transitoire, est le fuseau mitotique, qui est assemblé à chaque division cellulaire et ensuite démantelé. L'autre, stable, est le flagelle, mince structure cylindrique construite à partir de neuf paires parallèles de microtubules en partie fusionnés entourant une hampe axiale faite de deux microtubules (cette structure 9 + 2 est également caractéristique des cils). Quelque cinq cents autres protéines complètent l'assemblage, parmi lesquelles figure une protéine particulière, la dynéine, qui a la propriété remarquable de se courber vigoureusement en scindant une molécule d'ATP. Les processus mécanique et chimique sont obligatoirement couplés. L'un ne peut pas se produire sans l'autre. Ainsi, si les deux bouts de la dynéine sont attachés à des structures séparées, la molécule amène les structures à se rapprocher l'une de l'autre, utilisant l'énergie libérée par la scission de l'ATP pour vaincre une résistance qui tendrait à s'opposer aux rapprochement. Ce phénomène est responsable du mouvement sinueux par lequel les flagelles propulsent les cellules.

La présence dans le plus ancien eucaryote connu de structures comptant parmi les assemblages moléculaires les plus élaborés trouvés dans tout le monde vivant est un fait impressionnant. Elle suggère fortement que l'émergence de ce type de structures joua un rôle essentiel dans la transformation des procaryotes en eucaryotes, peut-être au point d'en conditionner le déroulement dans le temps, car il est évident que l'on a affaire à une succession extrêmement longue d'étapes évolutives.

À ma connaissance, on n'a pas détecté la présence d'actine dans *Giardia*, ni d'ailleurs cherché à savoir si cet organisme en contenait. On ne sait donc pas si l'actine est aussi ancienne que la tubuline. Il est cependant vraisemblable qu'elle le soit, car l'actine se rencontre chez de nombreux protistes ainsi que chez tous les eucaryotes supérieurs, souvent sous la forme de faisceaux alignés de diverses manières contre la membrane cellulaire ou sous forme de câbles tendus en travers de la cellule comme des fils téléphoniques. Les faisceaux de fibres d'actine sont souvent joints bout à bout par des tiges axiales faites de molécules de myosine, une protéine motrice qui scinde l'ATP. Lorsqu'elle est approvisionnée en ATP et activée par des ions calcium, la tige de myosine agit comme une sorte de crémaillère à double sens qui tire les deux faisceaux d'actine l'un vers l'autre. Selon les parties de la cellule auxquelles les filaments d'actine sont attachés, ce mouvement peut provoquer toutes sortes de déplacements intracellulaires et de déformations cellulaires, dont l'espèce de reptation appelée mouvement amiboïde, du nom d'un protiste, l'amibe, dont c'est le mode typique de déplacement.

Les dispositifs d'actine-myosine les plus élaborés se rencontrent dans les cellules musculaires des animaux. Ils consistent en des arrangements caractéristiques de filaments d'actine et de fibres de myosine parallèles, maintenus ensemble par un certain nombre de protéines supplémentaires pour former les fibrilles musculaires. Ces magnifiques structures ont procuré aux utilisateurs du microscope électronique certaines de leurs expériences esthétiques les plus plaisantes, comparables seulement à celles qui sont procurées par l'observation des flagelles, cils, et autres assemblages de microtubules.

Une troisième espèce de composant protéique susceptible de former des assemblages grâce à l'énergie fournie par la scission de l'ATP est la clathrine, dont la forme tripode particulière permet d'assembler de nombreuses molécules en réseaux bidimensionnels de courbure variable, ressemblant au célèbre dôme géodésique construit par l'architecte américain Buckminster Fuller. Cette structure joue un rôle décisif dans l'endocytose à l'aide de récepteurs et dans certaines formes de transport vésiculaire. Quand des récepteurs viennent à être occupés sur la face externe d'une parcelle de la membrane cellulaire, ils subissent un changement de conformation qui entraîne des molécules de clathrine à s'assembler en un filet adhérent sur la face interne de la parcelle, en dépensant de l'ATP. Le filet se réarrange progressivement en dômes ou en corbeilles de plus en plus courbes, tirant avec lui la parcelle de membrane à laquelle il adhère ainsi que la proie qui lui est attachée, pour finalement détacher cette parcelle du reste de la membrane sous la forme d'une vésicule fermée, enclose par une membrane et contenant son butin, elle-même entourée d'un treillis de clathrine (qui bientôt se démêle). Bien qu'elle n'ait pas encore été détectée chez *Giardia*, la clathrine pourrait bien avoir aussi une histoire très ancienne, car on la trouve souvent associée à des mouvements membranaires.

La coquille de soutien interne et les pores de l'enveloppe nucléaire qui lui sont associés représentent une autre structure cytosquelettique ancienne d'une importance capitale. Constituée de nombreuses protéines différentes, cette structure complexe, ainsi que son enveloppe à double membrane, se démantèle à chaque division mitotique pour se reformer spontanément à la fin de la mitose autour de chaque ensemble de chromosomes de la nouvelle génération. Ce phénomène de reconstruction est l'un des exemples les plus remarquables qu'on connaisse de l'assemblage spontané d'une structure complexe. La recette est on ne peut plus simple : prenez un peu de jus de cellules en train de se diviser, jetez-y un peu d'ADN nu quelconque – même de l'ADN qui ne s'est jamais trouvé au contact d'une cellule eucaryotique –, ajoutez une pincée d'ATP, et voyez ce qui se passe : en l'espace de deux à trois heures, une enveloppe parfaitement respectable s'assemble autour de l'ADN, entièrement équipée de sa double membrane, de sa coquille intérieure et de ses pores. À l'intérieur de ce mini-noyau, l'ADN a même formé un fil emperlé, enroulé en un chromosome miniature. Au cours de ce processus, des centaines de pièces différentes qui étaient éparpillées dans l'extrait de cellule s'assemblent d'une façon qui paraît miraculeuse, convoquées par rien de plus que l'ADN ajouté et alimentées en énergie par l'ATP. On n'est pas loin du Boeing 747 de Hoyle s'élevant prêt à voler d'un dépôt de ferraille balayé par une tornade, à cette différence fondamentale près : toutes les pièces sont porteuses d'information. Il ne s'agit pas de débris mais bien plutôt de pièces de puzzle, conformées chacune pour occuper un endroit précis dans le tableau d'ensemble. Cependant, à l'inverse des pièces de puzzle qui sont découpées dans une image préexistante, les composants du noyau ont tous été produits par les tâtonnements aveugles de mutations suivies de tri par la sélection naturelle. Mais la façon dont les pièces sont assemblées est loin d'être le fruit du hasard. Une enveloppe nucléaire se forme en une série d'étapes strictement reproductibles qui sont programmées par les propriétés des pièces de l'assemblage et par celles des catalyseurs qui participent au processus.

On peut étendre l'exemple de l'enveloppe nucléaire à toutes les structures complexes du cytosquelette. Coupez un flagelle, par exemple, et tout l'édifice repoussera de sa racine par une série d'étapes définies. Dans tous les cas, les structures sont les produits d'un auto-assemblage spontané dont le programme est inscrit génétiquement dans les propriétés des composants appelés à s'assembler.

Comment des molécules telles que l'actine, la tubuline, la clathrine, les composants du noyau et les nombreuses autres protéines du cytosquelette ont-elles jamais pu émerger ? La notion qui aide le mieux à le comprendre est à mon avis celle de complémentarité, qui offre une indication sur ce qu'ont pu être les premières mutations décisives. Les protéines furent modifiées d'une manière qui les dotait de parties complémentaires leur permettant de s'attacher les unes aux autres. C'est ainsi que naquirent les premiers tuteurs qui permirent aux cellules de grossir sans s'affaisser. Après cela, une longue série d'autres mutations, dont chacune apportait un avantage sélectif, améliora ces protéines jusqu'à leur actuel degré de perfection et ajouta des centaines de nouvelles protéines qui se joignirent à elles pour construire des structures de plus en plus complexes, souvent pourvues de systèmes moteurs. Dans ce processus d'évolution, la plupart des intermédiaires furent éliminés par la sélection naturelle, mais des parentés moléculaires qui peuvent aider à reconstruire l'histoire des protéines en question commencent à être reconnues par l'étude comparée des séquences moléculaires.

Comme c'est le cas pour tout problème lié à l'évolution, la question se pose de savoir quels avantages ont poussé la sélection naturelle à chaque étape minuscule de ce long et lent processus par lequel les protéines du cytosquelette apparurent et furent perfectionnées. Une explication possible est que les nouvelles protéines ont toutes aidé les cellules à accroître leur volume et à étendre la surface de leur membrane en un réseau de compartiments intracellulaires de plus en plus perfectionnés. Une plus grande autonomie hétérotrophe a peut-être fourni le principal facteur sélectif qui fit progresser le développement coévolutif et mutuellement favorable du réseau cytomembranaire eucaryotique et des systèmes cytosquelettiques et moteurs. Le fait que de nombreuses nouvelles protéines aient dû naître pour transformer un procaryote en eucaryote peut très bien expliquer le temps excessivement long que cette transformation nécessita.

Pourquoi deux noyaux ?
Sexualité et organismes unicellulaires

Giardia possède deux noyaux apparemment identiques. Même taille, même forme, quatre chromosomes identiques, mêmes gènes. En tout cas, tout le laisse penser. Nous n'avons pas encore toutes les preuves en main, mais les indices dont nous disposons vont dans cette direction. Selon Karen Kabnick et Debra Peattie[3], de la Harvard School of Public Health, il y aurait de fortes chances pour que les deux noyaux de *Giardia* contiennent chacun une copie complète du même génome. Dans le jargon technique, chaque noyau est haploïde (du grec *haplous*, simple), et la cellule diploïde (du grec *diplous*, double). Ce sont deux mots clés qui donnent accès à l'ensemble de l'évolution des eucaryotes. Il convient de les retenir.

On conçoit aisément comment une cellule binucléée aurait pu apparaître. Une cellule « oublia » de se diviser après la duplication nucléaire, gratifiant sa progéniture de deux noyaux qui furent ensuite dupliqués et légués par paires, de génération en génération. Ou bien, deux cellules mononucléées s'unirent par fusion de leurs membranes périphériques pour donner une cellule binucléée. Ce phénomène, que l'absence d'une paroi cellulaire aurait pu favoriser, a lieu communément dans la nature et se provoque facilement. Il valut au scientifique britannique d'origine argentine Cesar Milstein et à l'Allemand Georges Köhler, qui fusionnèrent une cellule fabriquant des anticorps avec une cellule cancéreuse, le prix Nobel de médecine en 1984. La cellule hybride issue de cette fusion, qui combinait la propriété de fabriquer un certain type d'anticorps avec celle de la cellule cancéreuse de pouvoir se diviser indéfiniment, devint une usine autoreproductrice pour la production à grande échelle d'anticorps monoclonaux. Ce type d'usines tourne maintenant dans le monde entier et fournit des outils précieux à la recherche et à la médecine[4].

La possession d'un deuxième noyau alourdit la tâche de duplication de la cellule. Cet état de choses n'aurait pas été perpétué par l'évolution s'il n'avait conféré un avantage. En fait, celui de la diploïdie est énorme et se manifeste chaque fois qu'un gène subit une mutation. Supposez que celle-ci soit nuisible. Tandis qu'une cellule haploïde perd tout, la cellule diploïde, qui possède une copie de rechange du gène, survit. Dans les rares cas où la mutation est bénéfique, la diploïdie est également avantageuse. Elle permet à la cellule et à sa progéniture de bénéficier de la mutation et même d'explorer sur plusieurs générations si elle est payante ou non pour l'évolution, tandis que le gène non muté de la paire continue son travail. Une mutation nuisible au départ peut même ainsi devenir bénéfique, par une ou plusieurs autres mutations du même gène. Une des conséquences de tout cela est la diversification des gènes. Le même gène subit différentes modifications dans différentes cellules. Ainsi, de nombreuses variétés du même gène, ou allèles (autre mot clé), se trouvent ainsi dans le « pool génétique » (encore un autre mot clé) des espèces.

La diploïdie fournit l'exemple d'un nouveau type de stratégie évolutive, caractéristique des eucaryotes. Même si les bactéries s'adonnent parfois à la duplication des gènes – et en tirent des avantages évolutifs –, leur principale stratégie, soutenue par une multiplication rapide, repose sur l'expérimentation génétique à grande échelle par de très nombreux individus. C'est la quantité qu'ils exploitent plutôt que la qualité. Avec leur organisation de plus en plus complexe, et par conséquent un taux de prolifération plus lent, ce qui est à la fois une bénédiction et un fardeau, les eucaryotes furent conduits à élaborer une stratégie permettant un type d'expérimentation génétique similaire, mais accordant plus de valeur à chaque individu. La solution, c'était la diploïdie.

Deux autres acquisitions transformèrent la nouvelle stratégie en une nouvelle forme, extrêmement importante, du jeu combinatoire génétique. Parfois, des cellules binucléées « se rappelèrent » un peu tard qu'il fallait se diviser, et les cellules mononucléées ainsi créées se joignirent ensuite à nouveau à divers partenaires mononucléés pour donner naissance à des cellules binucléées ayant deux noyaux d'origine différente. En raison de la diversité génétique des noyaux individuels, ce brassage de noyaux aboutissait souvent à de nouvelles combinaisons génétiques qui subissaient le test de la sélection naturelle. C'était comme si on avait « battu les cartes » du pool génétique, et le champ de l'expérimentation génétique s'en trouvait agrandi. On ne sait pas si ce mouvement de va-et-vient entre diploïdie et haploïdie se produit jamais chez *Giardia*, mais il est tentant de penser qu'il a eu lieu à un certain stade de l'évolution des eucaryotes, dans la mesure où il apporte l'explication la plus simple à l'origine de la sexualité.

Dans toutes les formes de reproduction sexuée, des cellules diploïdes donnent naissance à des cellules haploïdes par une division cellulaire spéciale appelée méiose. La fusion de deux cellules haploïdes engendre ensuite une cellule diploïde possédant son propre ensemble caractéristique de gènes, différent de ceux des deux cellules diploïdes parentales. Dans l'espèce humaine, par exemple, toutes les cellules du corps sont diploïdes, à l'exception des cellules reproductrices. La maturation, aussi bien des spermatozoïdes que des ovules, se fait par méiose et produit des cellules haploïdes. Lors de la fécondation, un spermatozoïde haploïde fusionne avec un ovule haploïde, ce qui donne naissance à un œuf diploïde fécondé porteur d'une combinaison génétique unique.

Dans sa manifestation la plus grossière, que je suppose la plus ancienne, la sexualité se réduisait à un échange de noyaux entiers entre des cellules diploïdes. Un raffinement important fut introduit quand les deux noyaux haploïdes des cellules binucléées fusionnèrent pour donner un seul noyau diploïde contenant tous les chromosomes par paires. Cette fusion des deux noyaux en un seul exigeait qu'une innovation importante modifiât le mécanisme par lequel les cellules diploïdes donnaient naissance à deux cellules haploïdes. La simple division en deux cellules mononucléées n'était plus possible. Deux divisions mitotiques précédées d'une seule duplication des chromosomes aboutirent au résultat qu'il fallait et produisirent quatre cellules haploïdes mononucléées à partir d'une seule cellule diploïde. C'est le mécanisme de la méiose, processus extrêmement complexe qui a dû émerger à travers une longue série d'étapes, chacune commandée par un avantage sélectif. On ne connaît pas les détails de cette évolution, mais on peut deviner quel en a été le principal avantage : la diversification génétique et, par suite, la capacité de s'adapter à une grande variété de circonstances.

Dans une première phase, la méiose permettait d'échanger des chromosomes individuels plutôt que des noyaux. Ceci mena à une augmentation considérable des combinaisons possibles. Par exemple, une cellule diploïde contenant quatre paires de chromosomes non identiques peut donner naissance à seize combinaisons de chromosomes haploïdes différentes. Le nombre des combinaisons possibles est d'environ huit millions si le nombre d'haploïdes est de vingt-trois comme c'est le cas chez l'homme. Ensuite, le champ combinatoire fut élevé presque à l'infini grâce à l'enjambement *(crossing over)*. Dans ce phénomène, des chromosomes homologues (c'est-à-dire portant les mêmes gènes, souvent sous forme d'allèles différents) sont juxtaposés très près l'un de l'autre, de sorte que les segments d'ADN homologues peuvent passer d'un chromosome à l'autre, et réciproquement. Les chromosomes qui sont échangés après réarrangement par enjambement ne sont plus les chromosomes originels, mais des chromosomes-mosaïques constitués de morceaux prélevés plus ou moins au hasard sur les deux chromosomes parentaux. Cela garantit quasiment que chaque cellule haploïde formée par méiose à partir d'un type donné de cellule diploïde et, par conséquent, chaque cellule diploïde née de la fusion de deux de ces cellules haploïdes aura une constitution génétique unique, sauf lorsque la diversification génétique est entravée par des unions consanguines.

La forme de sexualité des eucaryotes est de loin supérieure à la conjugaison bactérienne. Elle a donné aux eucaryotes un moyen très puissant de diversification et d'adaptation qui explique en grande partie leur variété et leur prospérité. Il est intéressant de remarquer que les protistes primitifs ne recourent à la reproduction sexuée qu'en temps de crise. Cela concorde avec une caractéristique générale de l'évolution, qui, il y a très longtemps, inventa le principe du « si ça n'est pas cassé, ne le répare pas », non pas que l'évolution fasse preuve de bon sens, bien sûr, mais simplement parce que les mutations sont rarement bénéfiques quand tout se passe bien. Tant que les organismes sont adaptés à leur environnement, l'évolution reste largement conservatrice. Les cellules se multiplient par simple division, perpétuant le même génome. Mais, que la survie des cellules soit mise en danger par un quelconque bouleversement de l'environnement, et elles se lanceront dans une débauche de sexualité qui, interprétée en termes anthropomorphiques de lutte pour la vie, revient à la recherche effrénée d'une combinaison génétique mieux adaptée aux nouvelles conditions. Pour les organismes unicellulaires, la sexualité est une mesure d'urgence, pas une partie de plaisir.

17

Des invités qui s'incrustent

Avec l'apparition du phagocyte primitif, la transformation procaryote-eucaryote était pour l'essentiel acquise. Si l'on considère les nombreuses innovations qui furent nécessaires à cette transformation, la capture et l'adoption d'endosymbiontes apparaissent presque comme des événements banals. Et pourtant, ils furent d'une extrême importance pour l'évolution ultérieure. À de rares exceptions près, les eucaryotes d'aujourd'hui appartiennent tous à l'ère post-endosymbiontique. Il pourrait y avoir une bonne raison à cela, peut-être liée à l'oxygène.

Une bataille vieille comme le monde

Les flagelles que possède *Giardia* nous enseignent que le phagocyte primitif était une cellule mobile, totalement émancipée, qui avait depuis longtemps quitté l'abri des colonies bactériennes au sein desquelles nous le supposons né. Peut-être inclinait-il à grappiller çà et là à même la riche réserve de nourriture facilement accessible que lui offrait sa demeure d'autrefois, mais il a pu également profiter de sa liberté pour se transporter dans n'importe quel cours d'eau, lac, mer ou océan où il y avait des bactéries. Il est tout à fait possible qu'il ait proliféré dans différentes directions et qu'il se soit diversifié en une foule d'espèces adaptées à des environnements différents. Les produits de cette diversification précoce ayant survécu jusqu'à ce jour pourraient comprendre les diplomonades, les microsporidies, et peut-être d'autres membres, qui attendent encore d'être découverts, de ce vaste groupe encore incomplètement inventorié que constituent les protistes.

Il est vraisemblable que notre lointain ancêtre eucaryote ait amélioré ses chances de survie hétérotrophe en acquérant certaines des propriétés dont bénéficient aujourd'hui les phagocytes. Il possédait probablement des récepteurs de surface chimiotactiques sensibles à certains types de molécules et connectés à l'appareil flagellaire, de telle sorte que la cellule soit amenée à se rapprocher d'une réserve potentielle de nourriture et à s'éloigner des substances nocives. Très probablement possédait-il aussi des récepteurs d'endocytose qui l'aidaient à immobiliser et à ingérer ses proies. Peut-être, comme les globules blancs de notre sang, secondait-il les enzymes digestifs de ses lysosomes par des agents tueurs spéciaux. Peut-être même jouissait-il, comme certains protistes aujourd'hui, de tentacules urticants avec lesquels il engourdissait ses victimes au moyen de substances chimiques toxiques qu'il sécrétait.

Comme on pouvait le prévoir, les bactéries ne se contentèrent pas de subir le sort que leur infligeaient les phagocytes. Grâce à leur remarquable capacité de s'adapter à toutes sortes de circonstances – rappelez-vous l'histoire des antibiotiques – elles auront sans doute élaboré un certain nombre de contre-mesures comparables à celles pratiquées aujourd'hui par les bactéries pathogènes. Certaines, comme les célèbres agents de la pneumonie bactérienne, auront évité d'être détectées et capturées en construisant une paroi cellulaire protectrice. D'autres, comme les streptocoques et les staphylocoques, qui nous affligent de diverses infections désagréables, auront répondu à une agression en libérant des toxines qui endommagent les membranes cellulaires, réussissant ainsi à s'échapper après leur capture en tuant du même coup leur ravisseur. D'autres, par ailleurs, comme les agents de la tuberculose et de la lèpre (tous deux de la famille des mycobactéries), auront élaboré une stratégie de survie à l'intérieur des endosomes ou des lysosomes, se multipliant à l'intérieur de ces poches entourées d'une membrane et faisant ainsi grossir leurs cellules hôtes jusqu'à l'éclatement. D'autres auront combiné des stratégies de fuite et de survie en commençant par fracturer la membrane du lysosome ou endosome qui les emprisonnait, pour proliférer ensuite dans le cytosol.

Dans cet état de guerre permanent, il arrivait parfois que les deux adversaires fassent jeu égal. S'instaurait alors une sorte de trêve ou de pacte de non-agression réciproque, pendant lequel les bactéries captives et leur ravisseur se ménageaient mutuellement. Ces situations, lorsqu'elles avantageaient à la fois le geôlier et les prisonniers, étaient favorisées par la sélection naturelle et se transformaient peu à peu en relations amicales de longue durée. Le ravisseur devenait hôte et la victime son invité. On connaît aujourd'hui de nombreux cas d'endosymbiose, et il est possible d'avancer que beaucoup furent établis en ces temps lointains où les premiers phagocytes eucaryotes commencèrent à parcourir le monde à la recherche de proies bactériennes. Mais on ne peut manquer de remarquer un étrange décalage.

Si notre datation est correcte – d'énormes incertitudes minent toujours les reconstructions de ce genre –, les phagocytes primitifs apparurent il y a plus de deux milliards d'années, quand le lointain ancêtre de *Giardia* se sépara de la branche eucaryotique principale, alors que l'endosymbiose à long terme date d'il y a seulement 1,5 milliard d'années[1]. Il y a ainsi un immense fossé de plusieurs centaines de millions d'années entre le moment où les cellules acquirent la capacité de capturer des endosymbiontes et celui où des endosymbiontes à long terme furent effectivement adoptés. Plutôt que de m'attarder sur ce décalage à grand renfort de vaines spéculations, je voudrais simplement montrer une coïncidence qui peut être (ou ne pas être) significative. Les premiers endosymbiontes à avoir été adoptés de façon permanente étaient des bactéries utilisatrices d'oxygène, et leur adoption correspondit *grosso modo* à la grande crise de l'oxygène. Si l'on ajoute à cela le fait que le phagocyte primitif était très probablement anaérobie et, peut-être, mal équipé pour s'adapter à l'oxygène, surgit l'éventualité que la plupart des descendants du phagocyte primitif, à de rares exceptions près, comme l'ancêtre de *Giardia*, aient été exterminés par l'oxygène, ce qui aurait laissé comme principaux survivants ceux que sauva la présence d'endosymbiontes adaptés à l'oxygène. Bien que l'on n'ait pas de preuve pour l'étayer, l'hypothèse est séduisante. Les descendants de ces invités, à qui leurs hôtes ont dû la vie, comprennent les mitochondries et, peut-être, les peroxysomes.

Les mitochondries : les génératrices d'énergie des cellules

Les mitochondries (du grec *mitos*, filament, et *khondros*, grain) sont des composants particulaires remarquables de la vaste majorité des protistes et de toutes les cellules des plantes, des mycètes et des animaux. Leur forme varie grandement, de la sphère au filament. Leur taille, de l'ordre du millième de millimètre, rappelle celle de leurs ancêtres bactériens. Leur nombre peut atteindre plusieurs milliers par cellule. Elles sont entourées de deux membranes, l'intérieure étant repliée en forme de crêtes, ou cristae. Cette membrane interne, qui provient de la membrane cellulaire de l'ancêtre bactérien, est bourrée de chaînes respiratoires branchées sur l'oxygène, qui produisent de l'ATP au moyen de la force proton-motrice. L'intérieur de l'organite, ou matrice, contient des systèmes métaboliques très actifs qui dégradent une grande variété de substances pour y puiser les électrons qui servent à alimenter les chaînes respiratoires. La membrane mitochondriale externe, qui est relativement poreuse, provient probablement de la membrane externe de l'endosymbionte bactérien (gram-négatif) ou, ce qui est moins probable, de la membrane de la vésicule endocytaire dans laquelle la bactérie ancestrale fut enclose à l'origine. Dans toutes les cellules eucaryotiques aérobies, les mitochondries sont les principaux sites d'utilisation de l'oxygène et de production d'ATP. Elles sont les centrales productrices d'énergie des cellules.

Les comparaisons des séquences montrent que les mitochondries ont pour plus proche cousin – parent avec lequel elles partagent un ancêtre commun – un groupe de microbes aérobies actuels appelés bactéries pourpres non sulfurées. Quand ils furent capturés pour la première fois, ces organismes ancestraux s'établirent dans le cytoplasme de leurs ravisseurs, qui les approvisionnaient généreusement en nourriture en échange d'une protection contre l'oxygène. Cette relation ne pouvait durer qu'à condition que la prolifération des colons bactériens s'adapte au rythme plus lent de reproduction de leurs hôtes. On ne sait pas comment les choses se passèrent à court terme. Sur la longue durée, le problème fut résolu par le transfert des gènes de l'endosymbionte au noyau de la cellule hôte. Ce phénomène se produisit à une échelle considérable, de sorte qu'aujourd'hui très peu de gènes bactériens originels se trouvent encore dans les mitochondries. Ces vestiges d'une autonomie passée ont heureusement survécu, ainsi que les machineries appropriées de réplication, de transcription et de traduction, de façon à nous fournir la preuve indéniable de l'origine bactérienne des mitochondries. Conformément à cette origine, le génome mitochondrial est contenu dans un chromosome circulaire, relativement peu structuré et typiquement bactérien, et les ribosomes mitochondriaux possèdent également plusieurs propriétés bactériennes qui les distinguent clairement des ribosomes présents dans le cytoplasme environnant des mêmes cellules.

Quant au transfert qui fit passer l'ADN mitochondrial dans le noyau, il n'a en lui-même rien de très remarquable. Ce type de phénomène se produit régulièrement dans la transfection, manipulation génétique qui consiste à introduire de l'ADN dans le cytoplasme des cellules au moyen d'une micro-aiguille ou encore par d'autres méthodes. Cet ADN étranger s'intègre facilement au noyau, de sorte qu'il est répliqué en même temps que l'ADN d'origine nucléaire et transcrit en ARN messagers, qui sont correctement traduits dans le cytoplasme. On peut supposer que la même chose serait arrivée à de l'ADN introduit dans le cytoplasme à partir d'endosymbiontes, à la suite, par exemple, d'une lésion qu'ils auraient subie. Cependant, les protéines encodées par les gènes transférés auraient alors été synthétisés dans le cytoplasme de la cellule hôte, où elles auraient été de peu d'utilité. Pour accomplir leurs fonctions, il fallait que ces protéines fussent transférées dans les endosymbiontes, phénomène qui nécessitait quelques innovations majeures.

Aujourd'hui, les protéines mitochondriales fabriquées par les ribosomes cytoplasmiques sont transférées post-traductionnellement dans les organites par des machineries complexes consommatrices d'énergie, présentes dans les membranes mitochondriales et capables de reconnaître dans les protéines certaines séquences cibles spécifiques. Des machineries similaires existent dans la membrane cellulaire bactérienne et (introduites à l'origine par des invaginations de cette dernière) dans certaines parties du réseau cytomembranaire eucaryotique. On pense que le système mitochondrial s'est formé à partir de l'une de ces machineries, mais en s'adaptant à une espèce différente de séquence cible.

Deux faits rendent cette évolution moins improbable qu'elle ne paraît. D'abord, le temps ne pressait pas. Pendant que la sélection naturelle jouait avec toutes sortes de mutations, il restait un nombre suffisant d'endosymbiontes normaux encore dotés du gène en cours de transfert pour sauver la population de l'extinction. Ensuite, une fois qu'avait été mis en place pour une protéine le couple formé par la machinerie de translocation et la séquence ciblante, il suffisait que la même séquence apparaisse dans les autres protéines, événement qui aurait pu se produire par mutations ou encore par transposition de la séquence d'ADN correspondante. Là encore, le temps ne manquait pas. Pour paraphraser deux aphorismes, le nombre assurait la sécurité et seul le premier pas coûtait. Il reste toutefois à expliquer pourquoi le transfert de gènes de l'endosymbionte au noyau se fit à une si grande échelle, et pourquoi les endosymbiontes encore en possession des gènes en cours de transfert furent éliminés en faveur de ceux qui les avaient perdus. Sans doute des avantages évolutifs considérables ont-ils dû favoriser cette subversion génétique des endosymbiontes par leurs hôtes. Le plus puissant de ces avantages tenait probablement au fait que les gènes se trouvaient rassemblés en un lieu central, spécialement équipé, où la réplication concertée pouvait se dérouler, où divers réarrangements génétiques pouvaient avoir lieu, où la transcription pouvait être régulée et où l'ARN produit pouvait être remanié. Autre avantage probable : les endosymbiontes, une fois allégés de leurs gènes, pouvaient se consacrer plus complètement à leurs principales tâches, à savoir débarrasser leurs hôtes de l'oxygène et les approvisionner en ATP.

Pendant qu'elles se livraient à ce jeu évolutif, les mitochondries s'offrirent même le luxe, pratiquement sans exemple, de bricoler le code génétique. Ces déviations mitochondriales se produisirent assez tard, puisqu'on n'observe pas les mêmes chez les plantes, les animaux et les moisissures, et qu'elles diffèrent même parfois d'une espèce d'animaux ou de moisissures à l'autre. Elles furent probablement rendues possibles parce que le nombre de gènes concernés était assez petit pour permettre l'adaptation à un langage génétique différent.

Les mitochondries ont des chaînes respiratoires perfectionnées, permettant de récupérer le maximum d'énergie sous forme utilisable à partir du flux d'électrons passant à travers elles. C'est aussi le cas pour leurs plus proches parents bactériens, et ce dut l'être également, pense-t-on, pour l'ancêtre qu'elles ont en commun avec ceux-ci. Cette qualité convient au rôle actuel des mitochondries dans les cellules eucaryotiques, dont la plupart en sont arrivées à dépendre d'une manière vitale de la respiration mitochondriale et d'un approvisionnement en oxygène suffisant pour leurs besoins en énergie. Un tel degré de perfectionnement apparaît, cependant, comme un produit tardif de l'adaptation évolutive à l'oxygène. Si vraiment des endosymbiontes aérobies sauvèrent les eucaryotes de l'empoisonnement par l'oxygène, on s'attendrait à ce que ce premier sauvetage soit accompli par une forme plus primitive de micro-organisme aérobie. On a un candidat séduisant pour le rôle de descendant d'un tel organisme. Les spécialistes de la morphologie cellulaire l'appellent microcorpuscule, et les biochimistes, peroxysome. Il est présent dans la grande majorité des cellules contenant des mitochondries, que ce soit chez les plantes, les moisissures ou les animaux.

Les peroxysomes : protection contre la toxicité de l'oxygène

Les peroxysomes sont des entités particulaires un peu plus petites que les mitochondries et entourées d'une membrane simple, non apparentée au système cytomembranaire général et peut-être héritée d'un ancêtre endosymbionte. Ils contiennent divers systèmes métaboliques et détoxiquent l'oxygène ainsi que certains de ses dérivés nocifs, en particulier, comme leur nom l'indique, l'eau oxygénée (le peroxyde d'hydrogène). À l'inverse des mitochondries, ils remplissent cette fonction sans récupération d'énergie associée, ressemblant à cet égard à certaines bactéries aérobies primitives.

Leurs protéines sont fabriquées dans le cytoplasme et transférées post-traductionnellement aux particules par un système qui, comme celui des descendants d'authentiques endosymbiontes, s'appuie sur la reconnaissance de séquences ciblantes spécifiques. Le hic, c'est que les peroxysomes ne contiennent aucune trace de système génétique. Cela n'invalide en rien la thèse d'une origine endosymbiontique. Si les mitochondries ont abandonné au noyau plus de 99 % de leurs gènes, les peroxysomes, plus anciens, ont très bien pu en abandonner 100 %. Cependant, sans les restes d'un système génétique, l'argument en faveur d'une origine endosymbiontique perd beaucoup de sa force. En outre, les résultats des séquençages n'ont jusqu'à présent guère apporté d'indices d'une parenté quelconque avec les bactéries. La question reste ouverte.

Si les peroxysomes ont précédé les mitochondries dans le rôle de protecteurs contre la toxicité de l'oxygène, on peut se demander pourquoi ils ne furent pas éliminés après l'adoption des mitochondries, plus efficaces. Une réponse probable à cette question est que les peroxysomes, au cours de l'évolution, en vinrent à remplir certaines fonctions vitales, non liées à la détoxication de l'oxygène, que ni les cellules hôtes, ni les précurseurs des mitochondries ne pouvaient mener à bien. La pathologie génétique humaine étaye effectivement cette hypothèse. Un certain nombre de déficiences innées graves du métabolisme lipidique, dont certaines entraînent la mort prématurée des enfants affectés, ont pu être identifiées comme touchant les peroxysomes. Une de ces maladies, l'adrénoleucodystrophie (ALD), qui se caractérise par une incapacité de dégrader certains acides gras spéciaux, a été rendue célèbre par le film *Lorenzo's Oil*[2].

Les chloroplastes :
le lien des eucaryotes avec le soleil

Après que les mitochondries eurent été adoptées comme composants constants de presque toutes les cellules eucaryotes, une deuxième implantation décisive d'endosymbiontes bactériens se produisit. Plus exactement, il y eut une vague d'implantations de ce type, puisque certaines données indiquent que le même phénomène se répéta à plusieurs reprises. Chaque fois, les invités étaient des cyanobactéries, c'est-à-dire des représentantes les plus avancées des bactéries phototrophes productrices d'oxygène. Les hôtes étaient diverses cellules eucaryotiques, toutes bien pourvues en peroxysomes, en mitochondries et, peut-être, en autres systèmes leur permettant de résister à la production d'oxygène toxique au sein même de leur cytoplasme. Sans cet équipement, des phagocytes auraient été incapables d'héberger des cyanobactéries. Les cyanobactéries ingérées devinrent les organites caractéristiques des eucaryotes phototrophes, les chloroplastes. Les protistes qui les adoptèrent se transformèrent en diverses espèces d'algues unicellulaires vertes, rouges, ou brunes, dont l'un des groupes devait plus tard donner naissance à toutes les plantes vertes. Les lignées qui n'adoptèrent pas de chloroplastes engendrèrent, outre un certain nombre de protistes, tous les animaux et mycètes qui purent conserver le mode de vie hétérotrophe de leurs ancêtres grâce à la luxuriante prolifération de leurs lointains parents phototrophes.

Sensiblement plus grands que les mitochondries, les chloroplastes sont entourés de deux membranes et remplis de piles membraneuses contenant les machineries de la phototrophie. Ces piles s'apparentent à des formations similaires présentes chez les cyanobactéries. La matrice des organites, dérivée du cytosol de l'ancêtre cyanobactérien, contient un certain nombre de systèmes métaboliques, en particulier les enzymes clés qui opèrent l'assimilation du gaz carbonique, signe distinctif de l'autotrophie. Les chloroplastes présentent les principales caractéristiques des descendants d'endosymbiontes. Comme les mitochondries, ils ont un appareil génétique rudimentaire mais actif qui, en concordance avec leur moindre ancienneté, a conservé un plus grand nombre de gènes originels. Ils obéissent au code génétique universel. La plupart de leurs protéines sont fabriquées dans le cytoplasme et absorbées post-traductionnellement au moyen de séquences ciblantes spécifiques. Leur parenté avec les cyanobactéries apparaît dans les homologies séquentielles.

Autres endosymbiontes possibles

On a évoqué la possibilité qu'outre les mitochondries, les peroxysomes et les chloroplastes, d'autres composants des cellules eucaryotes proviennent de bactéries endosymbiontes. Cette origine a été proposée pour les hydrogénosomes, qui sont des organites cytoplasmiques entourés d'une membrane, d'environ la taille des mitochondries et dont la caractéristique, unique en son genre, est de pouvoir produire de l'hydrogène moléculaire[3]. Découverts par Miklos Müller, de l'université Rockefeller à New York, dans un groupe particulier de protistes anaérobies appelés trichomonades, qui sont des parasites de l'appareil génital chez l'homme et certains animaux, les hydrogénosomes ont également été détectés chez un certain nombre d'autres protistes non apparentés aux trichomonades et chez certains champignons. Les hydrogénosomes possèdent les mêmes propriétés principales que les organites dérivés d'endosymbiontes, à cela près que, comme les peroxysomes, ils ne semblent pas disposer de machinerie génétique. La distribution biologique de ces fascinants organites, bien que très limitée, suggère qu'ils sont peut-être apparus plus d'une fois.

Lynn Margulis[4] a suggéré que les flagelles, et par conséquent tout le système microtubulaire du cytosquelette, furent apportés dans les cellules eucaryotiques par des bactéries flagellées appartenant au groupe des spirochètes (qui comprend l'agent responsable de la syphilis). Certains indices, notamment l'association présumée d'ADN avec les centrioles (composants eucaryotiques dérivés de racines de flagelles), ont été invoqués à l'appui de cette hypothèse. L'interprétation des données demeure toutefois incertaine. Nous avons dit plus haut que les flagelles bactériens et ceux des eucaryotes n'avaient aucune parenté chimique. On ne dispose aujourd'hui d'aucune preuve du contraire.

On a également suggéré que le noyau eucaryotique, et, avec lui, tout le système génétique fondé sur l'ADN, a été importé par une bactérie ingérée[5]. Cette hypothèse implique l'existence d'un phagocyte primitif utilisant un système génétique fondé sur l'ARN. Il me semble difficile d'imaginer comment la cellule née de cette manière aurait pu utiliser à la fois un génome d'ARN et un génome d'ADN.

Un dernier regard en arrière

Parmi la profusion de branches procaryotiques qui ont surgi de l'ancêtre commun pour occuper toutes les niches disponibles sur notre planète, la lignée qui mène aux eucaryotes se détache en un tronc imposant, s'élevant très haut dans sa splendeur solitaire avant d'éclater soudain en une voûte de ramifications luxuriantes qui écrasent et éclipsent la prolifération bigarrée située plus bas. On a l'impression d'un événement unique, presque magique, une branche aberrante qui poussa au milieu de millions de rejetons « normaux » à la suite d'un extraordinaire concours de circonstances ou, peut-être, d'un seul événement fortuit. Cette impression pourrait être trompeuse.

L'arbre eucaryotique solitaire fut d'abord un petit buisson, comme tous ses parents procaryotiques. Sa croissance fut loin de suivre une voie droite et sans détours. Très vraisemblablement, son tronc est, en réalité, noueux et déformé, hérissé de moignons laissés par nombre de bourgeons abortifs et de rameaux flétris. Comme tous les autres processus de l'évolution, la transformation de procaryotes en eucaryotes procéda par tâtonnements et explorations, chaque progrès étant sélectionné parmi une quantité de tentatives qui n'ont pas laissé de trace. Cependant, à mesure que les choix étaient faits, ou, plus exactement, imposés par les forces sélectives du milieu environnant, le champ laissé aux progrès ultérieurs se rétrécissait de plus en plus. L'évolution a dû bricoler – pour reprendre une expression de François Jacob[6] – avec ce dont elle disposait, et elle a dû attendre une mutation favorable à l'intérieur des limites imposées par les engagements antérieurs. Il n'était pas question de recommencer à zéro pour essayer une nouvelle piste.

Malheureusement, il ne reste aucune trace du long chemin qui a conduit d'un procaryote à une volumineuse cellule phagocytaire, mobile et nucléée. On peut espérer, cependant, que des indices seront un jour découverts. Dans le riche univers des organismes unicellaires, d'étranges formes de vie attendent peut-être encore d'être isolées et décrites.

De tous les nombreux changements qui marquèrent l'apparition du phagocyte ancestral, les plus déterminants furent sans doute ceux qui menèrent à l'élaboration d'un cytosquelette et des systèmes moteurs qui lui sont associés. Ces structures étaient nécessaires pour soutenir la formation d'un système cytomembranaire intracellulaire et durent requérir un grand nombre d'innovations génétiques. On ne sait pas comment sont nées les nouvelles protéines structurelles, mais on peut être sûr que ce ne fut pas par un coup de baguette magique. Leur émergence, étape par étape, fut lente et progressive. Un facteur important parmi ceux qui ont amené l'évolution à sélectionner leur forme fut leur capacité à former des structures d'un ordre plus élevé par auto-assemblage, processus lui-même fondé sur la complémentarité chimique. Nous avons déjà rencontré la complémentarité chimique comme la propriété qui sous-tend l'appariement des bases et de nombreux autres phénomènes. Nous la découvrons maintenant comme le facteur clé de l'auto-assemblage des structures cellulaires, principalement à partir de composants protéiques. En raison de la gamme impressionnante de groupements chimiques qu'offrent les vingt acides aminés qui composent les protéines, les occasions pour les protéines de s'associer entre elles étaient presque illimitées et ne dépendaient que de quelque mutation fortuite pour se matérialiser.

Il est intéressant de remarquer que les deux plus importantes protéines structurelles des eucaryotes, l'actine et la tubuline, présentent l'une et l'autre des régions complémentaires sur la même molécule, de sorte que l'auto-assemblage peut se dérouler de façon réversible à partir d'une seule espèce de composant[7]. La complémentarité des régions polaires permet des associations bout à bout de longueur indéfinie, tandis que celle des régions latérales détermine l'organisation tridimensionnelle des brins obtenus sous la forme soit de filaments bicaténaires, soit de tubules creux constitués de treize brins. Jusqu'à présent, on n'a pas découvert d'analogie séquentielle entre les deux molécules. Il semblerait donc que des avantages sélectifs importants aient favorisé l'élaboration de molécules protéiques ayant la capacité de se fixer à leurs propres congénères. Par la suite, d'autres molécules apparurent qui pouvaient s'attacher aux premières structures de façon à former des assemblages plus complexes ou à les doter de systèmes moteurs.

Aucun indice fiable sur l'origine de ces deux protéines clés n'a encore été trouvé dans le monde procaryotique. On ne connaît pas non plus de protéines bactériennes présentant une semblable paire de régions complémentaires. Peut-être, s'il n'en a pas été détecté, est-ce parce qu'on n'a pas examiné un échantillonnage assez complet. Il est possible aussi que les mutations qui donnent naissance à ce type d'arrangements se produisent très rarement et que, du fait du hasard, elles ne se soient produites que dans la branche eucaryotique. Cependant, le fait qu'elles aient eu lieu deux fois dans cette branche milite contre cette possibilité. Une explication plus plausible est que les bactéries n'ont pas besoin de protéines capables d'auto-assemblage, ou même sont gênées par elles, de sorte que les mutations pertinentes, quand elles eurent lieu, furent rejetées par la sélection naturelle. Ce n'est que dans le cas particulier d'un hétérotrophe nu, abrité, ayant tout loisir d'agrandir sa cellule et d'étendre sa membrane, que les mutations trouvèrent un terrain favorable pour une sélection positive et de nouvelles améliorations sur le long chemin qui mena à l'actine et à la tubuline, ces chefs-d'œuvre d'ingénierie protéique. Ce chemin a dû, en effet, être bien long étant donné le degré de perfection atteint par ces deux protéines. C'est également un bel exemple du rétrécissement progressif du champ de l'évolution. L'actine et la tubuline sont toutes deux des protéines hautement conservées, qui présentent des structures très semblables dans tout le monde eucaryotique. Ce qui signifie qu'elles furent achevées, sans presque laisser la place pour de nouvelles améliorations, il y a deux milliards d'années ou plus.

L'actine et la tubuline ne sont que les deux produits les plus remarquables de cette extraordinaire aventure de l'évolution qui vit la naissance de nombreuses autres protéines, toutes inconnues dans le monde procaryotique, qui fournirent les étais structurels et les machineries motrices des premiers eucaryotes. Les principales forces sélectives étaient peut-être les mêmes dans tous les cas, fruit de l'amélioration du mode de vie phagocytaire. Le couronnement ultime, l'émancipation, fut probablement long à venir et ne fut obtenu que grâce à la remarquable constance, qui se maintint peut-être sur plusieurs centaines de millions d'années, des conditions physiques et chimiques fournies par l'environnement au sein duquel se produisit cette métamorphose historique. Qui sait ? Il y eut peut-être de nombreux autres essais dans la même direction, qui finalement avortèrent parce que les contraintes de l'environnement ne leur permirent pas d'arriver à bonne fin. Certains même réussirent peut-être, mais donnèrent naissance à des rameaux qui disparurent par la suite pour une raison ou une autre.

Dans la seconde phase de l'évolution des eucaryotes, après l'apparition du phagocyte primitif, cet organisme se diversifia et colonisa différents environnements, sans pourtant, semble-t-il, subir de changements majeurs sous la pression de la sélection naturelle, jusqu'à la vague – sans doute précipitée par la grande crise de l'oxygène – des adoptions d'endosymbiontes qui donna naissance aux eucaryotes modernes. Ce trait est typique de l'évolution. Un groupe donné peut rester statique pendant très longtemps, ne connaître que des mutations ponctuelles, qui ne modifient pas l'efficacité des molécules affectées mais constituent de précieux points de repère pour mesurer les distances évolutives. Puis, assez soudainement, le plus souvent à la suite de changements (climatiques ou autres) de l'environnement, une transformation assez rapide se produit, donnant l'impression que l'évolution a fait un bond, bien que ce sentiment s'explique avant tout par le caractère statique de la longue période qui a précédé. L'évolution progresse à des allures variables mais non discontinues.

Après l'apparition des premiers protistes équipés d'endosymbiontes, l'évolution adopta à nouveau une allure relativement statique et pratiqua surtout la diversification, des variations sans fin sur les mêmes thèmes fondamentaux : la phototrophie productrice d'oxygène et l'hétérotrophie aérobie, sans qu'un thème vraiment nouveau n'apparaisse. Puis, certaines cellules eucaryotiques « découvrirent » les avantages qu'il y avait à s'assembler et à mettre leurs efforts en commun. On ne sait pas précisément pourquoi elles mirent tant de temps à faire cette découverte. Une disposition accrue à la sexualité pourrait être un élément de réponse. Un changement majeur dans l'environnement qui rendit la coopération intercellulaire avantageuse pourrait en être un autre. Cette question sera examinée maintenant.

Cinquième partie

L'ÂGE DES MULTICELLULAIRES

18

Les avantages du collectivisme cellulaire

Pendant près de trois milliards d'années, les cellules restèrent isolées. Les bactéries le sont encore aujourd'hui ; si elles forment parfois des colonies – qu'on se souvienne des stromatolithes –, celles-ci ne constituent pas de véritables organismes[1]. Ceci peut s'expliquer par le mode de vie « égoïste » des bactéries, entièrement consacré à la production d'une descendance aussi nombreuse que possible.

Même les cellules eucaryotiques ne dépassèrent pas le stade unicellulaire pendant des centaines de millions d'années. Des cellules dotées d'attributs eucaryotiques, y compris des endosymbiontes, existent depuis plus d'un milliard d'années. Et cependant, les premières traces de vie pluricellulaire remontent à six ou sept cents millions d'années seulement. Les protistes, eucaryotes unicellulaires, abondent encore aujourd'hui.

On ignore ce qui amena certaines cellules eucaryotes à se grouper. On pense que des cellules commencèrent à s'assembler à la suite de mutations fortuites favorables à leur groupement et qu'elles restèrent ainsi du fait qu'elles se reproduisaient mieux en groupe que seules. Une fois établi l'état pluricellulaire, les avantages qu'offrait le collectivisme ne tardèrent pas à être exploités par l'évolution, jusqu'à donner naissance aux règnes végétal et animal, qui connurent une expansion et une diversification rapides. Pourquoi pareille découverte ne fut-elle pas accomplie plus tôt ? Pourquoi eut-elle lieu à ce moment précis et presque simultanément chez les autotrophes et les hétérotrophes ? Il est possible qu'une importante modification de l'environnement rendît le comportement coopératif plus avantageux, peut-être en favorisant la reproduction sexuée. Cette hypothèse est étayée par le comportement des myxomycètes, organismes pouvant être considérés comme intermédiaires entre les êtres unicellulaires et multicellulaires.

Les myxomycètes : un exemple instructif

Selon les données dont on dispose, la tentative la plus ancienne de coopération eucaryotique hétérotrophe fut menée par les lointains ancêtres d'organismes appelés myxomycètes. Ce nom est peu approprié. En effet, ces organismes n'ont rien de commun avec les mycètes. Ce ne sont pas non plus des plantes ni des animaux, au sens habituel du terme. Ce sont les survivants d'une expérience à laquelle se livra l'évolution voici plus d'un milliard d'années et qui n'a jamais accroché. Ils nous transmettent néanmoins un message intéressant.

Les myxomycètes sont constitués de protistes unicellulaires hétérotrophes, semblables aux amibes. Tout comme ces dernières, ils se déplacent à la recherche de leurs proies, qu'ils capturent par phagocytose et assimilent par digestion intracellulaire. Toutefois, si la nourriture se fait rare, les cellules échangent un signal chimique qui provoque leur groupement en une masse unique. L'agent de ce signal est l'adénosine monophosphate cyclique (AMPc), transmetteur chimique universel dérivé de l'ATP. Cette masse se met alors à ramper, laissant sur son passage une trace visqueuse, puis se redresse progressivement, formant ce que l'on appelle un corps frugifère. Cette structure fabrique parfois par reproduction sexuée, un type particulier de cellules appelées spores, qui se dispersent et demeurent à l'état dormant aussi longtemps que durent les conditions défavorables. Aussitôt que les circonstances s'améliorent, les spores mûrissent en formes amiboïdes qui reprennent le mode de vie unicellulaire.

La formation de spores est un phénomène commun dans l'univers unicellulaire. Un grand nombre de bactéries et de protistes réagissent à des modifications néfastes de l'environnement en s'entourant d'une enveloppe protectrice. Ils entrent alors dans un état de torpeur métabolique en attendant des « jours meilleurs ». Les myxomycètes sont le premier exemple connu de sporulation coopérative, phénomène que l'on rencontre chez beaucoup de plantes et de champignons.

Les myxomycètes illustrent en outre un mécanisme intéressant en ce qui concerne l'apparition des animaux, bien que dans un contexte différent. Au contact de l'AMP cyclique, les formes unicellulaires de l'organisme expriment de nouvelles molécules de surface possédant des sites mutuellement complémentaires, du type clef-serrure, qui maintiennent les cellules soudées les unes aux autres après une rencontre fortuite. Les cellules restent également unies d'une manière indirecte, grâce à des récepteurs de surface qui les lient à la matière extracellulaire visqueuse qu'elles sécrètent. Cette matière gluante fait office de tapis adhérent et laisse une trace reconnaissable. Les cellules animales sont elles aussi maintenues ensemble grâce à des molécules superficielles d'adhésion qui lient les cellules les unes aux autres (molécules d'adhésion cellulaire, MAC) ainsi qu'à des structures extracellulaires (molécules d'adhésion aux substrats, MAS).

La troisième leçon que nous donnent les myxomycètes, c'est le rôle de la reproduction sexuée à titre de mesure d'urgence. Au cours de l'évolution des eucaryotes multicellulaires, ce mode de reproduction est peu à peu devenu un facteur prédominant d'adaptabilité et de diversification évolutives.

L'importance de la reproduction sexuée

Les bactéries pratiquent la conjugaison et la recombinaison génétique. Toutefois la reproduction sexuée, avec alternance systématique entre diploïdie et haploïdie, est une prérogative des eucaryotes et apparut probablement pour la première fois chez le phagocyte primitif. Nous avons vu au chapitre 16 quels étaient les principaux avantages de la reproduction sexuée. Cependant, nous n'y avons pas pris en considération l'influence de cette forme de reproduction sur les mécanismes de l'évolution.

Lorsque les cellules se multiplient par simple division, les génomes sont reproduits intégralement, avec parfois apparition d'une combinaison mutante qui pourra elle-même être reproduite par la suite. La sélection fait son œuvre parmi les diverses formes d'un même génome, dont certaines pourront continuer à diverger côte à côte.

Les choses se compliquent dans la reproduction sexuée. Les gènes mutants s'associent en des combinaisons génétiques différentes à chaque nouvelle génération. Leurs effets évolutifs doivent être évalués sur une base statistique, à partir de leur capacité à se répandre dans le pool génétique de la population. Pour cette raison, deux lignées évolutives ne peuvent se séparer qu'en état d'isolement reproductif, c'est-à-dire seulement si elles n'ont pas la possibilité de se croiser. La génétique des populations s'intéresse à ces problèmes. Sa méthodologie est trop complexe pour que nous l'abordions ici dans le détail, mais l'existence de cette discipline méritait d'être évoquée car nous n'y reviendrons guère au cours de l'exposé simplifié que nous présenterons dans les prochains chapitres.

Principes du collectivisme cellulaire

Selon l'un des principes clefs du darwinisme moderne, l'évolution procède par mutations aléatoires, dont les effets sont passés au crible par la sélection naturelle. Toutes les découvertes de la biologie moléculaire étayent cette théorie. Cela ne signifie certes pas que le cours de l'évolution soit aléatoire. Quelques fils unificateurs courent à travers les processus de complexification pluricellulaire, à savoir : l'association, la différenciation, la structuration et la reproduction.

Association

Chaque cellule naît d'une division aux côtés d'une cellule sœur. Si quelque chose tend à maintenir ces deux cellules ensemble, elles ne se séparent pas. Telle est la situation si les cellules sœurs collent l'une à l'autre ou si elles partagent un abri commun. Quand chacune des cellules sœurs se divise à son tour, le même phénomène maintient réunies les quatre cellules qui en résultent. La répétition de ce processus donne naissance à une colonie de taille croissante.

Comme quantité de mutations qui favorisent ou entravent le comportement associatif des cellules peuvent survenir, il reste à la sélection naturelle à peser le pour et le contre de l'association. Le désavantage majeur est que les cellules risquent d'accéder plus difficilement aux sources de substances nutritives et d'énergie lorsqu'elles forment un groupe. En revanche, elles sont alors mieux protégées contre les prédateurs et les aléas de l'environnement et, surtout, jouissent des avantages de la coopération. La croissance d'une même colonie ne peut toutefois se poursuivre indéfiniment. À un moment donné, elle doit céder le pas à la reproduction.

Différenciation

Les véritables colonies, composées d'un seul type de cellules, sont extrêmement rares. L'association tire un avantage considérable de la différenciation, phénomène qui se produit lorsque des cellules génétiquement identiques cessent d'exprimer les mêmes gènes dans une même mesure. La différenciation prend sa source dans la régulation génétique, qui gouverne de nombreux comportements adaptatifs. La façon dont les bactéries s'adaptent au sucre de lait, en activant les gènes qui codent pour les enzymes nécessaires, en est un bon exemple (voir le chapitre 14). La régulation au moyen du contrôle transcriptionnel de l'expression génétique s'observe également chez les eucaryotes pluricellulaires. Ainsi, les filles voient leurs seins se développer et les garçons leur barbe pousser suite à la transcription de certains gènes dans les cellules concernées. Cette transcription est provoquée par les hormones dont la sécrétion déclenche la puberté. Le contrôle transcriptionnel des gènes joue un rôle majeur dans le développement. Il explique pourquoi des cellules ayant un même ensemble de gènes peuvent être très différentes, comme les cellules hépatiques, musculaires, etc., ou, chez les plantes, les cellules des racines, de l'écorce ou des feuilles. Tout dépend des gènes qu'elles expriment. Ces effets sont relayés par des protéines particulières, les facteurs de transcription, doués d'une aptitude à interagir avec certaines régions spécifiques de l'ADN. On appelle « régulateurs » les gènes codant pour des facteurs de transcription, à l'inverse de ceux qui codent pour des enzymes ou pour des protéines de structure, qui font partie du groupe des gènes « ménagers ».

La différenciation entraîne la spécialisation cellulaire et, partant, la division du travail entre les membres d'une collectivité ; tel est le secret de la coopération cellulaire et de la complexification croissante au cours de l'évolution. La différenciation s'étend à toutes les ramifications de l'arbre phylogénique. Entre l'algue et le magnolia, entre l'éponge et l'aigle, une différence importante est le nombre de types de cellules qui composent l'organisme. Toutefois, ceci n'est qu'un aspect de la diversité biologique. La structuration en est un autre.

Structuration

Le corps d'un être humain adulte contient des milliers de milliards de cellules, mais seulement environ deux cents types cellulaires. Ce sont essentiellement les mêmes types de cellules qui servent à construire le corps d'une souris ou d'une baleine ou même, à quelques différences près, le corps d'une grenouille ou d'un poisson, de la même façon que les mêmes types de briques et de planches peuvent servir à bâtir toutes sortes d'habitations, de la chaumière au manoir. L'importance fondamentale de la structuration est claire. Si nous souhaitons comprendre l'évolution, nous devons considérer avec attention ce que le biologiste américain Gerald Edelman a appelé la topobiologie[2], c'est-à-dire l'étude des mécanismes qui déterminent l'association des cellules différenciées en structures tridimensionnelles. Sachant que l'évolution procède par changements génétiques, les modifications qui produisirent une souris, une baleine ou un être humain à partir de leur ancêtre mammifère commun, ou même un poisson, une grenouille ou un mammifère à partir d'un vertébré primitif, doivent avoir été le fait de mutations affectant des gènes qui commandent la structuration.

Reproduction

Les organismes multicellulaires sont tous issus d'une cellule unique – spore ou œuf fécondé – génétiquement programmée pour mettre en œuvre avec une précision parfaite une série de divisions, de différenciations et de structurations coordonnées qui produiront des organismes similaires aux organismes parentaux et capables à leur tour de perpétuer l'espèce de la même manière : un tel scénario est rejoué de génération en génération. Ce comportement reproductif a plusieurs implications fondamentales en matière d'évolution.

D'abord, la cible de la mutation est la cellule germinale. Seules les mutations touchant des cellules germinales influent sur l'évolution des organismes multicellulaires. Une mutation somatique (du grec *sôma*, corps) peut avoir un effet crucial sur la viabilité de l'organisme affecté, mais parce qu'elle n'est pas transmissible, elle ne peut marquer sa descendance.

En second lieu, la cible de la sélection est l'organisme. Une cellule germinale ayant fait l'objet d'une mutation doit produire un organisme complet pour que l'effet de la mutation sur la viabilité et les chances de reproduction puisse être évalué par la sélection naturelle, du moins si la sélection doit être positive. Une sélection négative peut avoir lieu à n'importe quel stade après la fécondation.

Troisièmement, le plan de développement d'un organisme est inscrit dans le génome des cellules germinales. Pour avoir un impact évolutif, les mutations de cellules germinales doivent affecter des gènes qui commandent le développement, c'est-à-dire des gènes régulateurs.

Enfin, l'évolution est circonscrite par les contraintes qu'impose le plan de développement. Plus ce plan est complexe, plus les contraintes sont rigides. Lorsque quelques traits seulement sont tracés, un croquis peut encore se transformer en paysage, en nature morte ou en nu, suivant le caprice de l'artiste. Au fur et à mesure que les détails s'ajoutent, le projet devient de plus en plus contraignant. Fondamentale pour la compréhension de l'évolution des êtres multicellulaires, cette règle explique pourquoi on ne recense, en filigrane de la profusion d'organismes de toutes espèces, qu'un petit nombre de plans corporels distincts, qui tous remontent aux premiers stades de l'évolution.

19

La planète verte

Il y a un milliard d'années, les continents n'étaient que de vastes étendues arides de pierres et de lave, des déserts cuits par le soleil le jour et gelés la nuit, que de rares pluies venaient parfois rafraîchir mais qui, faute d'une couche arable, ne parvenaient pas à retenir l'humidité[1]. Par contraste, les océans grouillaient de toutes sortes de créatures unicellulaires. Les bactéries abondaient, ainsi que les eucaryotes unicellulaires qui déjà s'étaient diversifiés et foisonnaient alors en une multitude d'espèces phototrophes et hétérotrophes. Beaucoup d'entre elles avaient élaboré un mode de reproduction sexué, qui, dans certaines circonstances, se substituait à leur mode habituel de multiplication végétative par simple division. Dans ce laboratoire marin, les protistes formèrent toutes sortes d'associations, dont la plupart ne survécurent pas. Certaines d'entre elles, cependant, se révélèrent avantageuses et prospérèrent.

Les formes de vie eucaryotiques pluricellulaires naquirent sans doute de petits clones de cellules qui demeurèrent associées après leur production par divisions successives d'une cellule germinale unique. Les cellules étaient unies soit par des connexions intercellulaires, soit par une enveloppe ou une paroi externe commune. Sommairement parlant, le premier mécanisme aboutit aux animaux et le second aux plantes et aux champignons. Cette distinction reflète des modes de vie radicalement différents. Les animaux hétérotrophes durent préserver leur liberté de mouvement afin d'être en mesure de capturer leurs proies, fût-ce au prix d'une plus grande fragilité. À l'inverse, il suffisait aux plantes autotrophes d'absorber la lumière du soleil (et les minéraux nutritifs en solution), de sorte qu'elles pouvaient demeurer immobiles, l'immobilité dans un site favorable leur procurant même un certain avantage. Les mycètes, qui développèrent une hétérotrophie de type charognard en tirant parti de la décomposition d'organismes morts à l'aide de sécrétions digestives, purent sacrifier la mobilité aux avantages d'un revêtement protecteur. Au fil de l'évolution, ces différences fondamentales conduisirent les trois règnes dans des voies bien éloignées les unes des autres.

L'histoire la plus facile à retracer est celle des plantes[2], car on rencontre aujourd'hui encore des espèces que l'on croit représentatives des divers stades de l'évolution. Cette extrapolation du présent au passé n'est pas sans présenter quelques dangers. Les prétendus « chaînons manquants » qui vivent de nos jours ont tous évolué au cours de périodes très longues et ne ressemblent peut-être plus du tout à leurs lointains ancêtres. On pourrait même se hasarder à dire qu'il est parfaitement impossible qu'ils aient avec leurs ancêtres le moindre air de parenté. Sans quoi, pourquoi n'ont-ils pas, eux aussi, été éradiqués par la sélection naturelle ? Ce problème est bien réel, mais non insurmontable. Les évolutionnistes ne considèrent plus le changement comme un phénomène nécessairement concomitant de l'évolution, mais comme une chose qui ne se réalise que si les circonstances l'imposent, le plus souvent un changement environnemental. Si une forme de vie est bien adaptée à son milieu, elle restera inchangée aussi longtemps que sa niche ne subit aucune altération. Même une forme mal adaptée peut survivre indéfiniment si la compétition est faible. Le recours prudent de nombreux protistes à la reproduction sexuée illustre bien la résistance au changement inhérente à la nature.

Algues et varechs

C'est dans l'univers diapré des algues et des varechs que l'on retrouve aujourd'hui les traces des premiers végétaux pluricellulaires, depuis les minuscules organismes qui donnent aux étangs leurs reflets d'émeraude jusqu'aux épaisses algues brunes qui tapissent les récifs d'une chevelure moirée ondulant au rythme de l'assaut des vagues, ou ces varechs qui, selon la légende, prenaient au piège les marins assez imprudents pour s'aventurer dans la mer des Sargasses. Il existe au moins trois lignées évolutives d'algues, chacune liée à l'adoption endosymbiotique d'un genre distinct de cyanobactérie phototrophe. Il s'agit des algues rouges, brunes et vertes, par ordre d'apparition. À de rares exceptions près, dues à des régressions secondaires au mode de vie parasitaire, elles sont toutes phototrophes et produisent de l'oxygène moléculaire. Leurs chloroplastes contiennent tous de la chlorophylle verte, à laquelle s'ajoutent diverses quantités de pigments auxiliaires de couleurs variées.

On constate à l'intérieur de chacun de ces trois groupes une grande diversité de taille, de forme, de composition chimique, de métabolisme, de plan de développement et de comportement reproductif. Les algues ont pour caractéristique commune une paroi externe qu'elles édifient à l'aide de polymères glucidiques, parmi lesquels figurent la cellulose, polymère de glucose, qui joue un rôle structurel majeur dans l'ensemble du règne végétal, ainsi que diverses substances visqueuses ou gluantes dont un certain nombre sont utilisées dans l'industrie. Lorsque vous sucez une glace, il y a de fortes chances pour que la sensation de moelleux qui flatte votre palais soit causée par l'acide alginique, polymère glucidique extrait de certaines variétés de varech.

La structure morphologique des algues pluricellulaires est d'habitude assez simple. Elle consiste le plus souvent en filaments ramifiés, parfois en couches plates semblables à des feuilles, qu'aucun système vasculaire ne relie. Au nombre de leurs spécialisations les plus importantes, figurent l'organe de fixation, grâce auquel les algues adhèrent à des surfaces solides ; des vessies ou sacs à air, qui servent de flotteurs ; et enfin des organes reproducteurs primitifs. Le comportement reproductif des algues s'étend sur une échelle de complexité dont on dit souvent qu'elle récapitule l'histoire évolutive de la fonction reproductrice.

Les algues disposent toutes d'un mode de reproduction sexué entraînant la fusion de deux gamètes haploïdes (du grec *gamos*, mariage) d'où est issu un zygote diploïde (du grec *zygos*, joug). Les cellules haploïdes possèdent un seul jeu de chromosomes, tandis que les cellules diploïdes en ont deux. Dans la forme la plus simple de reproduction sexuée, sans doute la plus primitive de toutes, les deux gamètes sont d'apparence identique. Certains sont mobiles et exécutent des mouvements flagellaires pour se rencontrer. D'autres, dépourvus de mobilité, sont réunis passivement, grâce à des adaptations appropriées des parois qui les entourent. À l'autre bout du spectre, on trouve des gamètes qui présentent un dimorphisme sexuel marqué. L'un est petit et flagellé, comme les spermatozoïdes mâles ; l'autre, de plus grande taille, est immobile et contient des substances de réserve, à l'instar des ovocytes femelles. Ces deux types de gamètes sont généralement produits par les mêmes plantes, hermaphrodites, qui allient les attributs du dieu Hermès à ceux de la déesse Aphrodite.

En règle générale, chez les algues, les gamètes ne sont pas directement issus de la méiose, cette forme de division cellulaire qui a pour résultat la réduction par deux du nombre de chromosomes et la formation de cellules haploïdes à partir de cellules diploïdes. Les premières cellules haploïdes, appelées spores, traversent des phases plus ou moins complexes de multiplication et de développement avant de donner naissance aux gamètes. Dans une forme extrême de ce type de croissance, l'organisme est haploïde à tous les stades, à l'exception du zygote, qui entre en méiose aussitôt après sa formation. À l'autre extrémité, l'organisme est intégralement diploïde à l'exception des gamètes. Dans de nombreux cas, la situation est intermédiaire entre ces deux extrêmes. Une spore se transforme en organisme haploïde, celui-ci produit des gamètes, dont la fusion forme un zygote, qui, à son tour, devient un organisme diploïde donnant naissance à des spores haploïdes, et le cycle recommence. Les organismes haploïdes et diploïdes ont souvent des formes similaires. Appelé « alternance des générations », ce modèle est caractéristique de nombreuses algues ; il est devenu, sous d'innombrables variations, un leitmotiv de la vie végétale.

Les mousses à la conquête des terres

En dépit de la simplicité de leur forme d'organisation, les algues prospèrent encore aujourd'hui en milieu aqueux, auquel elles sont parfaitement adaptées. Pour quelle raison certaines d'entre elles ont-elles quitté la douceur des flots pour affronter les rigueurs de la terre ferme ? La surpopulation, l'exclusion par des espèces plus florissantes, la pâture excessive d'animaux, toutes ces explications ne sont guère convaincantes. Les obstacles à vaincre étaient d'une telle ampleur que seule une question de vie ou de mort a pu provoquer le changement d'habitat. Très vraisemblablement, certaines étendues d'eau furent coupées des océans et s'asséchèrent peu à peu. Seules survécurent les formes de vie qui réussirent à s'adapter à un environnement de plus en plus sec.

L'adaptation fut progressive suivant le gradient d'humidité décroissante, le long des rivages. Les formes les moins bien adaptées restèrent au bord de l'eau. Les mieux adaptées s'en éloignèrent. À l'origine, les plantes continuèrent à recevoir par intermittence, au gré des vagues et des marées, des apports essentiels en eau et en minéraux, de sorte que le premier obstacle à franchir fut de lutter contre la dessiccation entre les intervalles humides. Les plantes qui acquirent un revêtement cireux imperméable, ou cuticule, gagnèrent un avantage sélectif, auquel s'opposaient toutefois les exigences de la nutrition. La sélection naturelle favorisa les mutations permettant aux plantes d'assimiler l'humidité riche en minéraux présente dans le sol. Il en fut de même des perforations de la cuticule, précurseurs des stomates actuels, qui aidaient les cellules phototrophes à absorber le dioxyde de carbone atmosphérique et à dégager de l'oxygène. Tout aussi utiles furent les projections de surface grâce auxquelles les plantes se fixèrent au sol et résistèrent au vent qui menaçait de les éloigner de l'humidité indispensable à leur survie. Certains de ces appendices ajoutèrent à leur fonction celle de structures d'absorption ou rhizoïdes, formes primitives de racines.

Pour s'établir à demeure sur la terre ferme, il restait aux plantes à accomplir une dernière transformation. Leur reproduction dut s'organiser sans la participation de cellules germinales aquatiques. L'alternance des générations a offert à l'évolution les mécanismes appropriés. Les spores haploïdes se recouvrirent d'un revêtement protecteur et firent office de véhicules se prêtant à la dissémination aérienne. Les spores ainsi protégées purent demeurer dans le sol à l'état dormant jusqu'à ce qu'un taux d'humidité suffisant provoque la germination. Les plantes haploïdes nées des spores produisirent des gamètes mâles mobiles et des œufs femelles immobiles dans des structures voisines, où l'humidité fut préservée afin de permettre aux gamètes mâles de nager vers les œufs pour les féconder. Les zygotes diploïdes ainsi générés produisaient alors des spores haploïdes après une phase de développement abrégée. Grâce à ces adaptations, les mousses primitives commencèrent à recouvrir les rivages de tapis verts et moelleux qui se propagèrent vers l'intérieur des terres tandis que leurs rhizoïdes s'enfonçaient plus profondément dans le sol afin d'y puiser eau et minéraux.

Il semble que seule la variété des algues vertes parvint à conquérir la terre. Cette conquête se fit par une adaptation douce et progressive du plan originel. Des changements minimes furent privilégiés, à chaque étape par une plus grande aptitude à la survie et à la reproduction en milieu terrestre. La baisse continuelle du niveau des eaux exerça une pression sélective considérable en faveur de ces modifications, qui n'eussent été d'aucune valeur en milieu aquatique. Ces faits illustrent la forte influence des facteurs environnementaux sur l'orientation suivie par l'évolution et les contraintes intrinsèques qui obligent celle-ci à se déployer dans le cadre d'un plan corporel défini.

Une fois élaborée une bonne stratégie de survie, les pressions de l'environnement s'atténuent, tandis que les contraintes intrinsèques se font plus rigides. Ce qui suit alors est surtout une diffusion secondaire, la conquête d'un nombre croissant de niches écologiques grâce à une diversification croissante de détails. C'est pourquoi les mousses prospèrent encore aujourd'hui. On en recense près de 15 000 espèces adaptées aux climats les plus divers, du tropical à l'arctique, et fixées sur des supports très variés, depuis les écorces gorgées d'eau dans une forêt vierge jusqu'aux roches les plus nues.

La vascularisation, une acquisition fondamentale

Les premières plantes terrestres se cantonnèrent principalement aux régions côtières et humides, laissant de vastes étendues arides et sèches prêtes à être conquises à leur tour. Les anciens déserts furent occupés peu à peu par des plantes mutantes qui acquirent progressivement un système radiculaire capable de s'enfoncer de plus en plus profondément dans le sol et de puiser ainsi l'eau et les minéraux avec une efficacité accrue. Plusieurs changements accompagnèrent cette transformation. Le corps de ces plantes fut polarisé en deux zones de croissance séparées par un système de tiges connectives : d'un côté l'extrémité radiculaire, incolore et souterraine, de l'autre les bourgeons verts et aériens. C'est durant cette même période que les plantes devinrent sensibles au champ gravitationnel de la Terre (géotropisme) et tendirent à adopter un port vertical. Enfin, fait d'une importance fondamentale, elles acquirent des canaux permettant à l'eau et aux minéraux puisés dans le sol de remonter des racines jusqu'aux autres parties de la plante et aux produits photosynthétiques élaborés dans les parties vertes de descendre vers les racines et autres parties incolores. Grâce à la vascularisation, les plantes purent grandir en taille et déployer leurs parties photosynthétiques, aptes à absorber la lumière, en un système ramifié de feuilles aplaties. Un grand pas venait d'être franchi dans l'évolution.

Les premières plantes vasculaires se reproduisaient, comme leurs prédécesseurs, par l'alternance de générations haploïdes et diploïdes et se servaient de spores haploïdes comme moyen de dissémination, avec, toutefois, une prédominance marquée du stade diploïde. Alors que, chez les mousses, la forme haploïde, génératrice de spores, dominait, comme chez de nombreuses algues, la forme diploïde, génératrice de gamètes, est devenue dominante chez les premières plantes vasculaires. Les spores disséminés germaient dans le sol et donnaient naissance à des gamètes matures au terme d'une phase de développement discrète, souvent souterraine. Les gamètes fusionnaient alors pour former le zygote diploïde à partir duquel la plante se développait, pour atteindre souvent une taille considérable.

Grâce à ces développements, l'un des événements les plus décisifs de l'aventure de la vie allait pouvoir s'accomplir. Il y a quatre cents millions d'années environ, les vertes armées sorties des océans commencèrent à envahir massivement les terres, à la faveur des changements climatiques et géographiques qui survinrent alors et qu'elles contribuèrent à provoquer avec de l'eau qu'elles puisaient dans le sol. L'atmosphère devint plus humide, les pluies plus abondantes et le sol mieux à même de retenir l'humidité. Toutes sortes de bactéries accompagnèrent les envahisseurs, suivies de près par les premiers mycètes et animaux terrestres, qui vinrent à leur tour enrichir le biotope. Les plantes grandirent en taille et élaborèrent une substance polymérique, dure, qu'on appelle la lignine, qui permit la formation de troncs robustes. Les arbres firent leur apparition, parfois hauts d'une douzaine de mètres et d'un diamètre de près d'un mètre. La majeure partie des terres se mua en immenses marais tropicaux, abritant une végétation luxuriante qui se développait beaucoup plus rapidement que les organismes hétérotrophes qui y trouvaient leur nourriture. Les restes de ces plantes s'accumulèrent et se fossilisèrent, donnant lieu à d'énormes gisements riches en carbone, d'où nous tirons aujourd'hui le charbon. Voilà pourquoi on appelle « carbonifère » la période géologique qui s'étend de 360 à 286 millions d'années avant notre ère et qui fut le témoin de cette débauche de végétation.

Ces premiers conquérants ont disparu depuis longtemps. Parmi leurs lointains cousins identifiables grâce aux traces fossiles figurent les prêles ou queues-de-cheval *(Equisetum)*, les lycopodes, dont les spores poudreuses et inflammables servaient, au temps de ma jeunesse, à envelopper les monstres scéniques de voiles incandescents, et surtout les fougères, dont nous connaissons aujourd'hui près de 9 000 espèces. Ces plantes ne sont plus que l'ombre de leur gloire passée, les reliques d'une ère à jamais éteinte. Quelle fut la cause de leur déclin ? Comme pour la plupart des bouleversements survenus au cours de l'évolution, les grands responsables furent des modifications des conditions géographiques et climatiques.

La crise du permien et la formation de graines

Après cinquante millions d'années d'un développement spectaculaire, les prodigieux marais du carbonifère commencèrent à s'assécher et leurs forêts dépérirent peu à peu. Non seulement les plantes terrestres, mais aussi une grande partie de la vie marine, furent décimées lors de ce qui fut peut-être la plus terrible et la plus massive extinction de l'histoire de la vie sur notre planète, la grande crise du permien. (Le permien correspond à la période géologique s'étendant de 286 à 250 millions d'années avant notre ère[3].) La cause majeure de cette catastrophe fut probablement la dérive des terres émergées, qui se soudèrent en un continent unique, la Pangée. Les régions intérieures de cette masse se convertirent en un immense désert cerné de toutes parts par les terres, comme le désert de Gobi de nos jours. En outre, le climat se refroidit considérablement, peut-être du fait que des éruptions volcaniques catastrophiques (dans ce qui correspond aujourd'hui à la Sibérie) obscurcirent le ciel en voilant le soleil. La Pangée, située principalement dans la région du pôle Sud, fut recouverte d'une épaisse banquise. Des glaciers projetaient sur les côtes de gigantesques falaises ; celles-ci, en s'effondrant, abandonnaient des icebergs monumentaux qui, portés par les courants, s'en allaient refroidir les eaux jusque sous les tropiques. Le niveau de la mer baissa. Une part importante de la lumière solaire qui baignait la Terre se perdit par réflexion. La Terre était entrée dans la plus épouvantable période glaciaire de son histoire.

Les plantes réagirent à ce cataclysme en remplaçant les spores par des graines comme véhicules de dissémination. Ou, plus vraisemblablement, il existait déjà des espèces à graines qui ne prospérèrent que lorsque les circonstances firent de cette propriété un atout essentiel. Elles survécurent là où les plantes génératrices de spores ne résistaient pas.

La transition des spores aux graines marqua le signal de l'émancipation féminine. La première étape, déjà accomplie par quelques plantes sans graines comme les lycopodes, consista en une séparation des sexes au niveau des spores. Le spore d'un genre unique générant un organisme haploïde hermaphrodite, qui, à son tour, produisait deux gamètes, fut remplacé par deux spores qui, après la germination, devenaient deux entités distinctes, génératrices de gamètes. Les grandes macrospores donnèrent des organismes femelles, les petites microspores des organismes mâles. Les spermatozoïdes des organismes mâles durent alors chercher un organisme femelle afin de trouver un œuf à féconder, la suite des événements étant la même que chez les organismes hermaphrodites. L'œuf fécondé se développa en un embryon primitif, qui finit par s'implanter dans le sol.

Cette séparation donna l'avantage à l'exogamie sur l'endogamie, handicap majeur de l'hermaphrodisme, et permit à l'espèce de mettre à l'épreuve toutes sortes de formules génomiques diploïdes différentes. Mais les chances de fécondation s'en trouvèrent réduites. À l'étape suivante de l'évolution, cet obstacle fut contourné par le transfert du site de la fécondation du sol à la plante elle-même. Les macrospores ne furent plus disséminées pour germer dans le sol. Leur maturation s'acheva dans la plante, au sein d'organes spéciaux appelés ovules, où les ovocytes se développaient à l'intérieur d'un cocon composé de structures protectrices et nutritives.

Les spores mâles continuèrent à être dispersées sous la forme de grains de pollen transportés par le vent. Elles étaient désormais programmées pour n'atteindre la maturité que dans un ovule compatible. Le caractère aléatoire de ce mode de dissémination fut pallié par l'abondance des grains de pollen. Une fois un ovule atteint par un grain de pollen, celui-ci s'y transformait en un spermatozoïde qui pénétrait dans l'ovule pour féconder un oocyte. Le zygote résultant de ce processus se développait alors en un embryon primitif jusqu'à un stade où le développement s'arrêtait et où l'ovule se refermait autour de son occupant. Cet embryon protégé, à l'état dormant, devint la graine, qui fut ensuite disséminée.

Une fois les graines disséminées, leur revêtement protégeait les embryons du froid et de la sécheresse, jusqu'à ce que des conditions favorables conduisent ceux-ci à reprendre leur développement et à briser leur enveloppe protectrice. Les substances de réserve emmagasinées dans les graines fournissaient aux embryons les aliments nécessaires jusqu'au moment où les premières radicelles et folioles rendent possible une croissance autonome. Ce genre d'adaptation, sans utilité pour une plante vivant dans un marécage, devait permettre à une espèce de survivre lorsque les conditions géographiques et climatiques devinrent plus rigoureuses. Plus endurantes que les spores, les graines sont capables de résister à des conditions physiques extrêmes pendant des mois, si ce n'est des années ou même des siècles – le record, détenu par des graines de lotus trouvées dans un dépôt de tourbe en Mandchourie, dépasse les mille ans[4] – jusqu'à un moment favorable, fût-il éphémère, permettant la germination et l'implantation.

Après que la première vague de plantes à spores fut décimée par la sécheresse et le froid, une deuxième vague, équipée de graines résistantes et non de spores, envahit les terres inhospitalières de la Pangée. Parmi les descendants actuels de cette deuxième armée, on trouve les fougères à graines, les cycas, qui ressemblent à des palmiers, les ginkgos et surtout les conifères tels que : pins, épicéas, spruces, cyprès, séquoias, etc. Ensemble, ces groupes composent la superfamille des gymnospermes (du grec *gymnos*, nu, et *sperma*, graine). En réalité, leurs graines ne sont pas nues ; elles sont désignées ainsi par opposition aux angiospermes (du grec *aggeion*, enveloppe) dont les graines sont contenues dans des fruits.

Fleurs et fruits : le couronnement

Les angiospermes sont les formes végétales les plus évoluées et les plus répandues sur la Terre. Elles commencèrent à proliférer sur l'ensemble des continents il y a près de cent millions d'années. La Pangée était alors remontée vers le nord et s'était disloquée en masses continentales qui dérivaient vers leurs situations actuelles. Nul ne sait comment ces nouvelles plantes apparurent. On peut donc laisser libre cours à l'imagination. Un jour de cette époque reculée, une plante à graines subit une mutation, à la suite de quoi les feuilles situées autour des organes sexuels perdirent leur chlorophylle et devinrent blanches, ou peut-être jaunes ou roses si tant est qu'elles aient conservé quelques pigments auxiliaires. Pour la première fois, le paysage uniformément vert des prairies et des forêts primitives se trouva parsemé de taches claires, qui attirèrent ceux des insectes qui étaient génétiquement programmés pour se diriger vers la lumière. Grâce à cette circonstance fortuite, l'accident génétique subi par la plante se mua en avantage. Au cours de leurs pérégrinations, les insectes attirés par les feuilles claires recueillaient sur leur corps des grains de pollen des organes mâles des plantes et en redéposaient ensuite quelques-uns sur les organes femelles. La fréquence de pollinisation des plantes mutantes s'accrut, de même que leur taux de reproduction. Les insectes tirèrent eux aussi parti de cette mutation qui les guidait jusqu'au nectar nourricier, et se mirent à pulluler. Une fois entamée, cette nouvelle phase de l'évolution se poursuivit inéluctablement. D'autres mutations donnèrent lieu à des formes et à des couleurs nouvelles, ainsi qu'à des parfums variés, attirant les espèces les plus diverses d'insectes pollinisateurs et d'autres animaux encore – des oiseaux, des chauves-souris, etc. Propulsée par l'exemple le plus remarquable de relations mutuellement avantageuses jamais établies entre des plantes et des animaux, une révolution sans précédent émailla les vertes étendues de la Terre d'innombrables touches de couleur. Les fleurs étaient nées.

Les fleurs ont pour propriété essentielle de se transformer en fruits. Ce terme ne désigne pas seulement les oranges, le raisin, les pommes, prunes, baies et autres fruits tels que nous les entendons dans le langage courant ; il englobe aussi les noix, les épis de maïs, les cosses bourrées de pois et les nombreuses coques ailées ou duveteuses porteuses de graines que les herbes et les arbres laissent filer au vent les jours d'été. On peut définir un fruit comme une ou plusieurs graines enveloppées d'une coque – encore que des fleurs non fécondées puissent être amenées à donner des oranges ou du raisin sans pépins à destination de consommateurs difficiles. Issue de l'élément femelle de la fleur, la coque distingue les angiospermes des gymnospermes. Elle est constituée d'un revêtement protecteur et de tissus nourriciers et doit son origine à un procédé appelé double fécondation, apanage des plantes à fleurs. Tandis qu'un spermatozoïde s'unit à un oocyte pour former le zygote d'où sera issu l'embryon, un second spermatozoïde s'unit à une cellule diploïde dans la partie femelle de la fleur. La cellule triploïde résultant de cette seconde fécondation se transforme en coque. Sur ce thème fondamental, l'évolution a composé un nombre extraordinaire de variations pour le plus grand plaisir de nos sens.

Au cours de cette nouvelle phase de l'évolution, les plantes dotées d'organes mâles et femelles regroupés au sein d'une même fleur gagnèrent un avantage sélectif, encore que ce ne soit jamais devenu la règle. On rencontre en effet des plantes chez lesquelles les organes sexuels sont séparés, et même certaines qui existent sous deux formes distinctes, dont chacune possède un seul type d'organe sexuel. Quantité d'insectes et d'autres animaux participent au grand jeu de la pollinisation, les fleurs exhibant une variété étonnante d'appâts et de pièges sélectionnés pour leur pouvoir d'aider le pollen à atteindre sa cible.

Le schéma de la figure 19.1 récapitule très sommairement l'évolution des végétaux et montre comment les mutations clés des « organismes de bifurcation » ont permis de franchir chaque fois un pas significatif, tandis que les descendants de l'organisme non mutant nous donnent une idée des propriétés de l'organisme de bifurcation, le dernier ancêtre qu'ils ont en commun avec les espèces plus évoluées.

Les envahisseurs souterrains

Lorsque les plantes commencèrent à envahir les terres, elles ne tardèrent pas à être suivies par des hordes de charognards. Apparentés aux levures unicellulaires, ces opportunistes compagnons de conquête ressemblaient aux plantes primitives en ceci qu'ils formaient des structures tubulaires ramifiées, ou hyphes, entourées par de solides polymères glucidiques, et qu'ils se reproduisaient au moyen de spores ; ils étaient cependant incolores et strictement hétérotrophes. À la différence d'autres organismes hétérotrophes, ils étaient immobiles et incapables de capturer des proies, subsistant uniquement grâce à une forme primitive de digestion extracellulaire. Étroitement accrochés à leurs commensaux végétaux ou à des débris de plantes mortes, parfois à l'aide de minuscules radicelles, ils attaquaient ces substrats au moyen de puissants enzymes digestifs sécrétés par leurs cellules, puis absorbaient les produits solubles de cette digestion par perméation à travers leur surface.

Ce mode de vie primitif, d'apparence précaire, a fait ses preuves de façon remarquable, et c'est aujourd'hui l'apanage de plus de 200 000 espèces qui composent le vaste groupe

FIGURE 19.1

Survol de l'évolution végétale

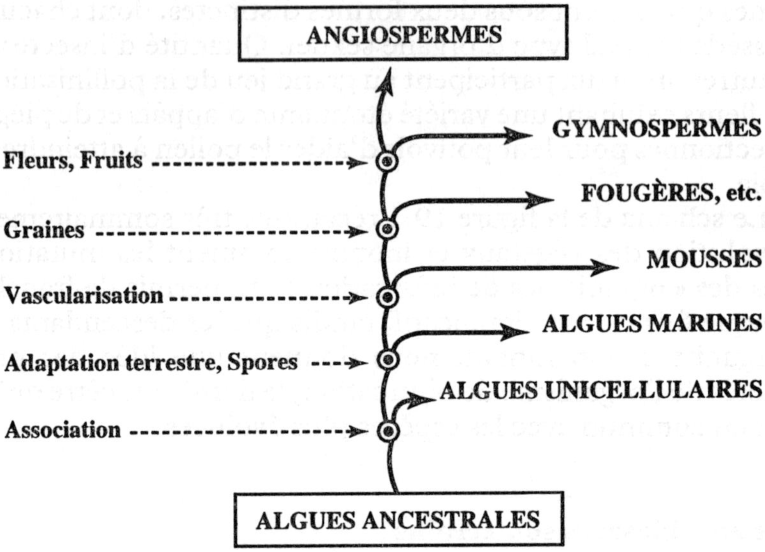

Ce schéma illustre les étapes les plus importantes de l'évolution des végétaux vers une complexité accrue. À chaque bifurcation, une lignée mutante ayant subi la modification génétique du plan corporel mentionnée à gauche diverge vers le haut de la lignée non mutante (représentée par la flèche incurvée vers la droite) conduisant à des embranchements existants.

des mycètes (du grec *mykês*, moisissure) : levures, moisissures, champignons, etc. Longtemps classés parmi les végétaux et envisagés comme des descendants de plantes dégénérées qui auraient perdu leurs chloroplastes, les mycètes sont aujourd'hui considérés comme formant un règne à part, distinct de ceux des végétaux et des animaux. Contrairement à ce que l'on croyait, le séquençage moléculaire a révélé que les mycètes étaient plus proches des animaux que des plantes[5].

Les mycètes sont des charognards de première importance et jouent un rôle considérable dans le recyclage des bioéléments. Certains d'entre eux sont des parasites et provoquent diverses maladies chez les plantes et, moins fréquemment, chez les animaux. D'autres sont employés depuis longtemps en raison de leur aptitude à catalyser des fermentations utiles à la confection du pain, du fromage et des alcools. Témoins de la versatilité chimique des mycètes, les mésaventures, parfois fatales, d'imprudents amateurs de champignons et le sort opposé des millions de patients sauvés par la pénicilline et autres antibiotiques fongiques. Beaucoup de champignons passent l'essentiel de leur vie sous terre, ne révélant leur présence que lorsqu'une excroissance reproductrice émerge soudain du sol pour disperser ses spores. Quelques-uns ont établi des associations symbiotiques durables avec des algues vertes pour former les lichens, l'une des formes de vie les plus résistantes.

Le plan des mycètes est demeuré simple. Il comprend principalement un réseau d'hyphes interconnectées appelé mycélium. Celui-ci peut couvrir de vastes zones s'étendant sur plusieurs kilomètres carrés. Le noyau des mycéliums fongiques est toujours haploïde, mais les cellules elles-mêmes sont souvent binucléées, comme celles de *Giardia*, le plus ancien des eucaryotes connus actuellement. La cause en est le délai, parfois très long et s'accompagnant d'un certain nombre de divisions cellulaires et autres étapes du développement, qui sépare la fusion nucléaire de la fusion cellulaire lors de la reproduction sexuée. Chez les plantes et les animaux, ces deux phénomènes se succèdent rapidement au moment de la fécondation. Chez les mycètes, lorsque la fusion nucléaire s'accomplit enfin, il en résulte un noyau diploïde qui subit une méiose quasi immédiatement et produit ainsi des noyaux haploïdes. Ceux-ci ont un contenu génétique modifié en raison des remaniements chromosomiques qui ont lieu au cours de la méiose et qui constituent le principal avantage évolutif de la reproduction sexuée. Les cellules mononucléaires haploïdes issues de la méiose donnent naissance à des spores, qui sont dispersées pour assurer la multiplication de l'espèce.

La sporulation constitue l'événement majeur de la vie de la plupart des mycètes. Elle s'accompagne de l'apparition de structures spéciales, dont les champignons sont l'illustration la plus spectaculaire. Dans certains cas, ces organes sont construits de manière à expulser les spores de force et à les disperser alentour. Les spores fongiques les plus célèbres furent disséminées un matin de septembre 1928 par une moisissure banale, *Penicillium notatum*, et atterrirent sur des cultures bactériennes dans le laboratoire d'un microbiologiste écossais, Alexander Fleming, à l'hôpital St Mary de Londres. En se développant, les spores en question formèrent une colonie verdâtre et cotonneuse qui tua tous les microbes autour d'elle, créant ainsi une zone circulaire claire qui, par bonheur, n'échappa pas à l'attention de Fleming. Le résultat, quinze ans plus tard, fut la pénicilline, médicament miracle obtenu grâce aux efforts persévérants d'un pathologiste australien, Howard Florey, et du chimiste Ernst Chain, émigré allemand qui prit plus tard la nationalité britannique. Ce résultat est aussi redevable en partie aux circonstances particulières créées par la Seconde Guerre mondiale et à l'extraordinaire dépense d'énergie et d'argent qu'elle suscita, dépense qui n'aurait peut-être jamais été consentie en temps de paix[6].

20

Les premiers animaux

À l'époque où des algues unicellulaires phototrophes s'associaient pour former les algues primitives, des protistes hétérotrophes furent eux aussi conduits, au gré des mutations, à éprouver les vertus et les inconvénients de l'association pluricellulaire, laissant à la sélection naturelle le soin de prononcer le verdict définitif. En raison du besoin impérieux de nourriture qui domine la vie hétérotrophe, les avantages sélectifs qui guidèrent l'évolution animale différaient de ceux qui entraînèrent l'évolution végétale, dépendant avant tout des améliorations apportées par l'association et la coopération cellulaires à l'aptitude à se nourrir et à se reproduire.

Cette évolution a eu pour résultat une étonnante diversité de formes de vie, que les efforts conjugués de la taxonomie, de l'anatomie et de la physiologie comparées, de la paléontologie et, plus récemment, de la biochimie et de la biologie moléculaire ont permis d'ordonner en un arbre généalogique majestueux retraçant l'histoire et l'évolution des animaux existants et disparus[1].

Phylogenèse et ontogenèse

Le premier arbre détaillé du règne animal fut l'œuvre d'Ernst Haeckel, naturaliste et philosophe allemand du XIXe siècle. Disciple enthousiaste de Darwin, il était un maître imaginatif dans l'art de tisser à l'aide de faits épars des généralisations séduisantes et audacieuses. La plus célèbre d'entre elles se résume par cet aphorisme : « L'ontogenèse récapitule la phylogenèse », ce qui signifie qu'au cours de leur développement embryologique (ontogenèse), les animaux traversent des étapes successives qui rappellent celles du développement de l'espèce au cours de l'évolution (phylogenèse). Appelé « principe de récapitulation[2] », cet énoncé, bien que ne devant pas être pris au pied de la lettre, exprime une vérité profonde. Les résultats les plus récents de la biologie moléculaire révèlent en effet que le développement est le sésame de l'évolution animale, qui a principalement procédé par la voie de modifications génétiques affectant le plan corporel.

Il convient ici d'éclaircir un malentendu qui a pu se faire jour. Beaucoup d'entre nous, en voyant un arbre retraçant l'évolution animale, ont tendance à imaginer que notre lignée a passé par une série d'étapes sous la forme d'éponges, de méduses, de vers, de mollusques, etc. Cette manière de voir est fausse. Les animaux que nous connaissons sont les ramifications ultimes de l'arbre de la vie, les derniers résultats d'un long développement. *Nos lointains ancêtres forment le tronc de l'arbre de l'évolution.* Afin de les reconstituer, il nous faut descendre par une opération mentale de l'extrémité des petites brindilles, par des branches de taille croissante jusqu'à la fourche où une branche maîtresse se détache du tronc. Nous y découvrirons des formes considérablement moins spécialisées que celles qui occupent l'extrémité des branchages. Par définition, ces « organismes de bifurcation » représentent des populations ancestrales d'une importance majeure qu'une mutation divisa en deux groupes qui se séparèrent et commencèrent à évoluer dans des directions divergentes. En règle générale, ces directions étaient liées à deux habitats distincts dont chacun conféra à l'un des deux groupes un avantage reproductif sur l'autre. L'une des directions se déploya en un système complexe de ramifications dont fut issu un groupe important d'animaux qui existent encore de nos jours. L'autre prolongea le tronc de l'arbre jusqu'à la bifurcation suivante. C'est la succession de ces organismes de bifurcation qui forme notre ascendance et que nous devons reconstituer. Il s'agit d'un exercice précaire, car l'arbre ne nous est connu que grâce aux brindilles terminales qui sont encore en vie et à quelques vestiges fossiles dont la situation exacte sur l'arbre s'avère souvent difficile à déterminer. Toutefois, grâce au séquençage comparé, nous sommes désormais en mesure d'évaluer avec une assurance croissante la distance qui sépare deux rameaux du dernier organisme de bifurcation qu'ils ont en commun.

L'éveil de la vie animale

La première expérience associative réussie dont il reste une trace fut le fait d'anciens représentants de la famille des choanoflagellés. Il s'agit de protistes aérobies monoflagellés et hétérotrophes. Leur nom provient de ce que leur flagelle émerge du fond d'un entonnoir servant à recueillir les aliments (*khoanê* en grec). Il est possible que de telles cellules aient commencé par s'assembler en structures sphériques creuses qui alliaient des modes coopératifs de propulsion et d'alimentation.

Au fil du temps, de nouvelles mutations aplatirent cette sphère pour former une minuscule crêpe à double paroi dont le ventre et le dos se composaient de types de cellules différents. Le feuillet cellulaire ventral, épais, servait à ramper et à capturer de la nourriture ; le feuillet dorsal, plus mince, jouait un rôle protecteur et permettait également à l'organisme de nager (figure 20.1). Parfois, la partie centrale du corps de l'animal se soulevait au-dessus du fond marin, créant ainsi un espace qui faisait office de cavité alimentaire primitive. À l'instar de son ancêtre protiste, il recourait à un mode de reproduction sexué dans certaines conditions, par exemple en cas de surpopulation. Ce processus mettait en jeu des cellules-œufs volumineuses, bourrées de substances nutritives. Une fois fécondées, ces cellules étaient libérées et reproduisaient en se développant des copies de l'organisme parental.

Ce récit nous indique comment les caractéristiques fondamentales du collectivisme cellulaire – association, différenciation, structuration et un plan corporel inscrit dans le génome – ont pu apparaître dans le règne animal. Si le compte rendu est imaginaire, le résultat est bien réel et se fonde sur la description de *Trichoplax adhaerens*, un membre du petit embranchement des placozoaires, lui-même compris dans le groupe des diploblastes, qui rassemble toutes les plus anciennes formes de vie animale connues. Le terme « diploblaste » évoque un plan de corps à deux feuillets. L'un d'eux, appelé ectoderme, dérive du feuillet dorsal de l'organisme ancestral et devint la peau des animaux ; l'autre, l'endo-

FIGURE 20.1

Quelques étapes clés de l'évolution des premiers animaux

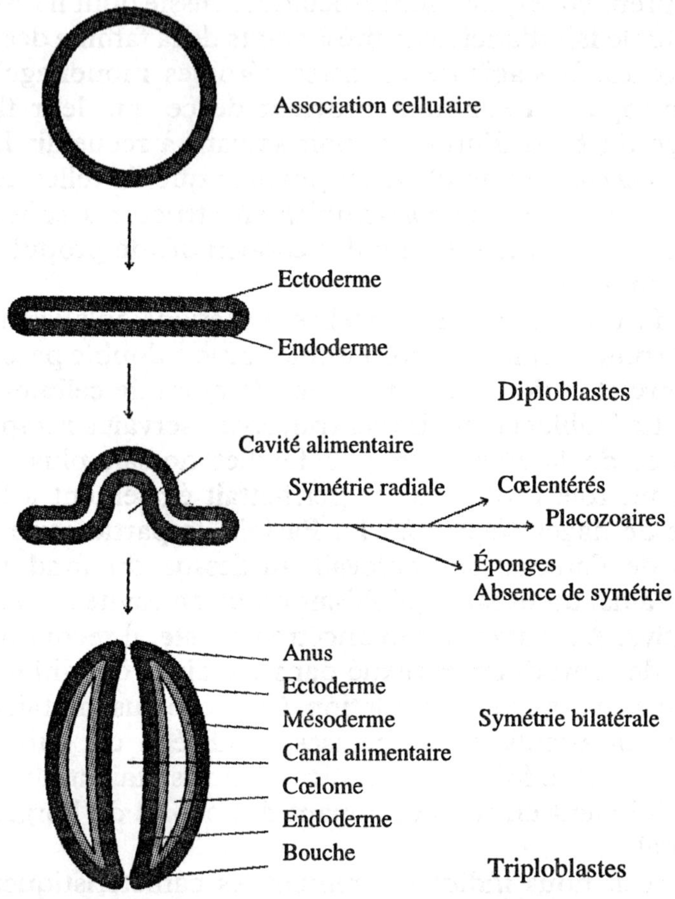

La partie supérieure de la figure représente la transformation d'une monocouche cellulaire de forme sphérique en placozoaire, ancêtre de tous les diploblastes, par l'intermédiaire d'une poche aplatie – avec un endoderme ventral et un ectoderme dorsal différenciés – qui se soulève ensuite dans sa partie centrale pour former une cavité alimentaire tapissée de cellules endodermiques. Plus bas sont illustrées les premières étapes de la transformation de diploblastes en triploblastes : 1) apparition d'un troisième feuillet, le mésoderme, qui tapisse une cavité interne, ou cœlome ; 2) allongement du corps, qui acquiert une symétrie bilatérale ; 3) transformation de la cavité alimentaire en un canal alimentaire qui devient unidirectionnel, avec un orifice à chaque extrémité, une bouche et un anus.

derme, provient de la couche ventrale de l'organisme ancestral et donna le revêtement muqueux de l'appareil digestif.

Le diploblaste primitif et ancestral fut le point de départ de deux grandes lignées divergentes. La première continua à exploiter le plan de corps original, tandis que l'autre commença à réorganiser la crêpe à deux feuillets en un réseau de canaux connectés entre eux. Les cellules qui revêtaient ces canaux faisaient circuler l'eau en permanence à l'aide de leurs flagelles vibratiles ; elles capturaient les bactéries et autres particules alimentaires plus petites dans cette eau en mouvement, qui leur fournissait en outre un apport en sels minéraux et en oxygène et qui évacuait les déchets. Dans l'habitat pauvrement approvisionné où vivaient ces organismes, ce changement se révéla bénéfique pour eux. Ainsi, plutôt que de ramper lentement pour trouver leur nourriture, ils trouvèrent avantage à filtrer de grandes quantités d'eau dans leurs canaux. La mobilité n'étant plus une nécessité, ils devinrent fixes, acquirent un ample squelette de support et continuèrent à exploiter les ressources de leur nouveau plan de corps en élaborant un labyrinthe toujours plus complexe de cavités et de canaux. Leurs descendants actuels sont les éponges, dont le squelette protéinique, une fois nettoyé et traité, caresse notre peau avec une douceur qu'aucune matière plastique ne peut égaler.

Dans la seconde lignée diploblaste, la tendance du *Trichoplax* à soulever le milieu de son corps pour former une cavité où est entreposée et digérée la nourriture fut accentuée et exploitée plus avant. Ces organismes prirent la forme de poches miniatures à double paroi s'ouvrant sur l'extérieur par un étroit orifice. Cette transformation dota les organismes d'une cavité digestive circonscrite, ce qui procurait un net avantage pour autant qu'une quantité de nourriture suffisante pénètre dans la cavité. Cette condition fut satisfaite par des mutations ayant pour effet de garnir le bord de la poche d'appendices capables de capturer les aliments. Le résultat fut une minuscule méduse primitive, ancêtre commun de l'hydre, des polypes, anémones de mer, méduses et autres organismes apparentés, connus sous le nom collectif de cœlentérés.

Le lien de parenté entre ces animaux ne saute peut-être pas aux yeux – pas plus d'ailleurs que leur nature animale. Pourtant, en regardant de plus près les myriades de minuscules alvéoles d'un récif corallien ou la tige d'une anémone de mer, vous verrez émerger des êtres construits selon le même plan général qu'une méduse. Il existe un certain nombre d'espèces qui changent de forme, tantôt polype fixe et tantôt méduse nageant librement.

Le corps de ces organismes présente une symétrie radiale autour d'une cavité alimentaire centrale en liaison avec l'extérieur au moyen d'un orifice unique qui sert à la fois de bouche et d'anus. Cet orifice est entouré de divers tentacules, armés de poisons urticants, parfois mortels, qui capturent les proies et les introduisent dans la cavité où elles sont digérées et assimilées. L'organisme évacue ses déchets par le même orifice. Ces animaux se composent d'un certain nombre de types de cellules différenciées, comprenant parfois des cellules musculaires ou nerveuses. Leur constitution leur permet de flotter et de se laisser dériver au gré des courants. Certains se déplacent de manière plus active à l'aide d'une sorte de propulsion à réaction, provoquée par une contraction de la cavité centrale. Ils utilisent la reproduction sexuée, mettant en jeu des spermatozoïdes et des oocytes typiques. La plupart sont hermaphrodites, mais certains ont des formes mâles et femelles distinctes.

Les éponges, les cœlentérés et quelques autres animaux qui leur sont apparentés sont tout ce qui subsiste aujourd'hui de l'expérience des diploblastes. Leurs ancêtres se partageaient les mers en compagnie des algues – ainsi que d'une multitude de microbes – il y a quelque six ou sept cents millions d'années. S'ils déployaient en ces temps reculés une variété aussi grande qu'aujourd'hui, ils auraient à eux seuls fait le bonheur d'un plongeur sous-marin. Visitez un « jardin sous-marin » sous les tropiques, faites abstraction des poissons, des crabes et autres crustacés, des vers, des poulpes et des coquillages et vous aurez une idée de ce à quoi pouvait ressembler le paysage marin à l'époque lointaine des premiers animaux – et de ce qu'il pourrait être aujourd'hui encore si des mutants n'avaient pas élaboré un nouveau plan corporel.

L'heure de gloire du ver

Le nouveau plan corporel se caractérise par deux changements majeurs (figure 20.1). Jusqu'alors radiale, la symétrie devient bilatérale ; le corps, initialement de forme circulaire, s'allonge ; la poche alimentaire se transforme en canal, cul-de-sac d'abord, puis ouvert aux deux extrémités, avec une polarisation bouche-anus permettant le transit directionnel et la digestion progressive des aliments. Ces modifications s'accompagnèrent de la formation d'une tête, où des cellules nerveuses commencèrent à se rassembler autour de la bouche pour créer les premiers rudiments d'un cerveau, ainsi que de l'apparition d'organes excréteurs et reproducteurs bien développés.

Pendant, avant ou après ces changements – nous ne disposons pas d'information sur l'ordre chronologique –, un troisième feuillet de cellules, connu sous le nom de mésoderme, se détacha du feuillet ventral, endodermique, du diploblaste ancestral. Ainsi apparut le plan à trois feuillets des triploblastes, qui caractérise la majeure partie du monde animal[4].

Le corps de ces nouveaux venus étant entièrement mou, nous n'en possédons pas de restes fossilisés. Toutefois, des boues pétrifiées datant de plus de six cents millions d'années ont conservé l'empreinte de leurs sillons et de leurs gîtes, autant de signes révélateurs de l'importance et de la diversité du groupe à cette époque. Leurs descendants actuels les plus primitifs sont les vers plats, ou plathelminthes, dont quelques-uns ont adopté une forme de vie parasitaire et n'ont qu'un système alimentaire atrophique. On trouve parmi eux le ténia, ou ver solitaire, qui habite le tube digestif des mammifères, ainsi que les schistosomes, ou douves, agents de plusieurs maladies tropicales graves. Viennent ensuite les némertiens, les plus anciens animaux dotés d'un canal alimentaire unidirectionnel, et tout un ensemble d'autres vers primitifs, dont les vers ronds, ou nématodes, que l'on rencontre partout et qui seraient le type d'animaux le plus répandu au monde. Les nématodes comprennent de multiples parasites des mammifères, comme les ascaris, longs de plus de trente centimètres, qui prospèrent dans l'intestin du cheval ; les oxyures, bien connus des parents ayant des enfants en bas âge ; et les agents, beaucoup plus dangereux, de maladies redoutées comme la trichinose, l'ankylostomiase et l'éléphantiasis (provoqué par des filaires).

On comprend aisément que le plan corporel de ces modestes vers soit décrit comme primitif par les zoologistes, qui connaissent la complexité beaucoup plus grande des insectes, des poissons, des oiseaux et des mammifères. Et pourtant, un observateur explorant les fonds marins en ces époques reculées n'aurait pas manqué d'être frappé par une telle merveille de complexité, dont nous pouvons avoir un aperçu en observant le petit nématode *Caenorhabditis elegans*, qui, de tous les animaux, est aujourd'hui celui dont on possède la connaissance la plus approfondie[5]. Il se compose de 959 cellules exactement, chacune d'entre elles ayant été localisée avec une grande précision et suivie depuis son origine, à partir de la cellule œuf, au travers de huit à dix-sept cycles successifs de division mitotique. De nombreuses études ont mis en évidence la manière dont se déroule ce développement à partir du programme inscrit dans le génome de la cellule œuf. On a provoqué des mutations en tout genre, tué des cellules isolées au moyen de pistolets à laser miniatures, pratiqué de délicates interventions chirurgicales, tout cela contribuant à explorer le réseau d'interrupteurs génétiques qui gouvernent la mise en œuvre du programme et à décrypter les mystérieux signaux qui permettent à chacune des 959 cellules de se différencier adéquatement et de trouver la place qui lui convient. L'image qui en ressort, stupéfiante de précision et de complexité, défie l'imagination et demandera encore bien des années de recherche pour être parfaitement comprise.

Le milieu intérieur et le lien avec l'oxygène

Avec les nématodes, l'évolution accomplit, encore qu'imparfaitement, une étape d'importance majeure, à savoir l'ouverture d'une cavité interne ou cœlome (du grec *koilos*, creux). La cavité alimentaire, pourvue d'un ou de deux orifices, ne constitue pas une véritable cavité interne. Elle communique avec l'extérieur, ce qui n'est pas le cas du cœlome. Dans sa forme la plus simple, c'est une gaine creuse à double paroi intégralement tapissée de cellules mésodermiques (le troisième feuillet qui distingue les triploblastes des diploblastes) qui, en quelque sorte, isole le canal alimentaire endodermique de la peau ectodermique (figure 20.1). Dans le corps humain, le cœlome est principalement représenté par les cavités abdominale et thoracique ; le revêtement mésodermique forme le péritoine, qui entoure les viscères abdominaux, et la plèvre, qui enveloppe les poumons.

Le cœlome et le canal alimentaire unidirectionnel reliant la bouche à l'anus furent deux acquisitions décisives qui vinrent s'ajouter au plan triploblastique fondamental. Ils offrirent à l'évolution un vaste champ de possibilités à exploiter, donnant lieu à une profusion d'animaux marins nouveaux, dont certains, pour la première fois dans l'histoire, possédaient des parties dures. Marquée par une soudaine abondance de vestiges fossiles fort divers, appartenant pour certains à des espèces animales bizarres et depuis longtemps disparues, cette période est décrite par les paléontologues comme la grande explosion, le grand rayonnement du cambrien[6]. (Le cambrien est la période géologique comprise entre 600 et 520 millions d'années avant notre ère.)

Par quoi cette explosion a-t-elle bien pu être provoquée ? Où se situe-t-elle dans le cadre général de l'évolution animale ? Le chercheur de Harvard Andrew H. Knoll[7] cite au nombre des facteurs probables l'élévation du taux d'oxygène dans l'atmosphère. L'apparition de cyanobactéries munies du photosystème II générateur d'oxygène entraîna, lorsque les minéraux susceptibles d'absorber l'oxygène furent saturés, un accroissement régulier de la teneur en oxygène dans l'atmosphère, qui déclencha à son tour une crise catastrophique dans le monde des procaryotes. Après que certains microbes se furent adaptés à l'oxygène, celui-ci commença à être consommé en quantité croissante jusqu'à l'établissement d'un équilibre dynamique où la consommation égalait la production et où le niveau d'oxygène dans l'atmosphère restait stable. D'après Knoll, ce niveau était largement inférieur à son taux actuel de 21 % de la pression atmosphérique et accusa une seconde hausse importante pendant la période précambrienne, peut-être à la suite de la prolifération des algues eucaryotes. L'explosion cambrienne aurait coïncidé avec cette seconde hausse et aurait été rendue possible par elle. L'analyse isotopique de dépôts de carbone précambriens[8] indique effectivement un excès d'activité photosynthétique (qui avantage l'isotope de carbone ^{12}C aux dépens du ^{13}C, plus lourd) par rapport à la capacité des organismes aérobies d'oxyder la matière organique produite. Cette disparité se serait soldée par une augmentation du taux d'oxygène atmosphérique.

Knoll nous prévient que cette explication reste hypothétique. Un rapport entre l'explosion cambrienne et l'oxygène reste néanmoins probable. Mais il se pourrait que la soudaine multiplication des formes de vie ait été causée par une plus grande aptitude des animaux à consommer l'oxygène plutôt que par une augmentation de l'oxygène dans l'atmosphère, ou encore par une combinaison de ces deux facteurs. Tous les animaux ont un besoin absolu d'oxygène. Cette nécessité impose de lourdes contraintes aux animaux marins, qui doivent s'approvisionner en oxygène dans l'eau, celle-ci tirant l'oxygène de l'atmosphère. En raison de la faible solubilité de l'oxygène dans l'eau, les animaux aquatiques exigent un approvisionnement considérable en eau fraîchement oxygénée ainsi qu'un moyen efficace pour absorber l'oxygène de l'eau. Les diploblastes et les triploblastes primitifs répondaient à ces contraintes en maintenant des courants d'eau rapides le long ou à l'intérieur de leur corps et en ayant pratiquement chacune de leurs cellules en contact direct avec l'eau en mouvement. Mais des animaux marins plus évolués n'auraient pu survivre sans un mécanisme permettant d'extraire l'oxygène de l'eau et de distribuer le gaz vital dans toutes les parties du corps. L'évolution a dû attendre le développement d'un tel mécanisme pour qu'apparaissent des organismes d'une plus grande complexité. Une fois ce mécanisme bien en place, le rythme de l'évolution pouvait s'accélérer, entraînant l'explosion cambrienne.

La solution donnée par l'évolution au problème de l'oxygénation fut la création de ce que le grand physiologiste du

XIXe siècle Claude Bernard[9] a appelé le *milieu intérieur*, un liquide interne de composition spécifique irriguant toutes les cellules du corps. Grâce à ce liquide, l'oxygène absorbé par les cellules en contact direct avec l'eau de mer pouvait être transmis aux cellules situées plus profondément. Trois acquisitions vinrent accroître l'efficacité de ce transfert : 1° la formation de branchies, organes spécialisés dans les échanges de surface et composés de minces replis cutanés déployant une superficie totale considérable et permettant à l'oxygène de passer rapidement de l'eau ambiante au liquide interne ; 2° l'adjonction au liquide interne de molécules porteuses d'oxygène – soit l'hémoglobine, hémoprotéine rouge renfermant du fer, soit l'hémocyanine, protéine de couleur bleue renfermant du cuivre – qui augmentèrent beaucoup sa capacité en oxygène ; 3° la constitution de pompes (cœurs) faisant circuler le liquide et facilitant le transport de l'oxygène. Sous leur forme primitive, les cœurs n'étaient que de simples épaississements contractiles d'un tube en communication directe avec la cavité principale du corps (circulation ouverte). Les tubes soutenant les cœurs finirent par s'associer pour former un circuit fermé (circulation fermée) et le milieu intérieur se divisa en deux compartiments : le sang circulant, présent à l'intérieur des tubes, et la lymphe, ou liquide intercellulaire proprement dit, stationnaire. Cette division nécessita l'insertion, dans le circuit des vaisseaux sanguins, de deux réseaux intercalés, hautement ramifiés, de conduits finement gainés (capillaires), chaque réseau offrant une surface déployée assez vaste pour que les échanges d'oxygène s'effectuent en quantités suffisantes. Un de ces réseaux traversait les branchies et servait à recueillir l'oxygène de l'eau ambiante et à le transporter vers le sang. L'autre traversait les tissus et permettait un passage efficace de l'oxygène du sang vers les tissus.

Ces innovations s'accompagnèrent de deux autres avantages non négligeables. Les nutriments résultant des aliments digérés dans le canal alimentaire pouvaient être recueillis et distribués dans l'ensemble du corps, ce qui nécessita un nouveau réseau capillaire entourant le canal digestif. À l'inverse, les déchets produits dans le corps pouvaient être déchargés dans le sang et transférés – par encore un autre réseau capillaire – à des cellules collectrices groupées dans des organes excréteurs, les néphridies ou reins primitifs.

La mise en place de mécanismes rudimentaires d'échange pour l'oxygène, les nutriments et les déchets au moyen d'un *milieu intérieur* (circulant) marque un tournant dans l'évolution animale. Dès lors, les organismes furent en mesure d'acquérir une épaisseur dépassant celle de deux ou trois couches de cellules, et toute une variété d'organes purent voir le jour. Les cellules qui tapissaient le canal alimentaire commencèrent à se différencier en plusieurs types de cellules, dont certaines formèrent des organes distincts (les glandes) qui élaborèrent des enzymes digestifs et les déversèrent dans le canal par des conduits. La sécrétion était née. Diverses variétés de cellules mobiles, spécialisées dans la défense contre les micro-organismes pathogènes, se mirent à patrouiller le corps, véhiculées d'abord par le liquide interne, puis par le sang. L'immunité faisait ses premiers pas. En réaction à la taille et au volume grandissants de l'organisme et de ses organes, certaines cellules se muèrent en cellules bâtisseuses qui édifièrent des structures de soutien extracellulaires composées de protéines et de polymères glucidiques. Les cellules contractiles s'unirent pour former des muscles, disposés de manière à exécuter des mouvements coordonnés. Des organes reproducteurs, souvent volumineux, se développèrent également, permettant la création et la maturation des gamètes ainsi que la fécondation au moyen d'une grande diversité de mécanismes, dont la copulation. Enfin, une régulation et une coordination appropriées se révélant de plus en plus nécessaires, les cellules nerveuses tissèrent des réseaux de plus en plus complexes, tandis que des cellules glandulaires modifiées, synthétisant des transmetteurs chimiques (hormones), sécrétèrent leurs produits, non plus dans le canal alimentaire mais dans le milieu interne.

Ainsi s'élabora la structure fondamentale du corps des animaux, ainsi que les fonctions clés que sont la capture, la digestion et l'assimilation de la nourriture, l'absorption de l'oxygène, l'élimination des déchets, la locomotion et la reproduction, toutes liées par la circulation et coordonnées par des réseaux de neurones ainsi que par des transmetteurs chimiques. Tel qu'il était alors, le monde des vers aurait pu apparaître aux yeux d'un explorateur sous-marin comme essentiellement achevé, ne laissant à l'évolution que quelques détails à ajouter ci et là. Ce que notre explorateur n'aurait pu prévoir, c'était la puissance créatrice de la duplication.

21

Les animaux emplissent les océans

Les musiciens ont découvert qu'ils pouvaient, avec un bon thème, créer une œuvre riche en répétant un grand nombre de fois le thème en question selon des variations différentes. Les compositeurs de musique sérielle ont poussé cette idée jusqu'à l'extrême, passant d'une variation à l'autre par des étapes quasiment imperceptibles. Quelque chose de semblable s'est produit dans l'évolution animale. Une fois élaborée l'épure fondamentale, les innovations furent le résultat de duplications et de variations du plan originel.

Duplication du corps : la voie vers l'innovation

Le premier pas dans cette nouvelle direction fut accompli par une remarquable modification génétique qui déboucha sur la formation d'un animal à segments multiples, en tout point semblable à un chapelet de vers primitifs reliés bout à bout par des connexions réduites au minimum. Chacun des segments de cette étrange créature était en lui-même un organisme complet, équipé d'un canal alimentaire, de deux néphridies, d'un réseau circulatoire relié à deux branchies situées sur des excroissances latérales du corps, d'organes sexuels mâles et femelles, d'une innervation rayonnant à partir d'un groupe centralisé de cellules nerveuses (ganglion), d'un ensemble de muscles circulaires et longitudinaux et, enfin, d'un épais revêtement cutané, ou cuticule. Séparés par des cloisons incomplètes, les segments étaient principalement reliés les uns aux autres par la peau, le canal alimentaire (qui était continu), deux grands vaisseaux sanguins (courant le long du dos et du ventre de l'organisme) et un cordon nerveux reliant les ganglions. Primitivement, la tête et la queue de l'organisme avaient la même forme que les autres segments.

De toute évidence, cet organisme était fait d'un certain nombre de copies du même individu, reliées par leurs extrémités. Et cependant, un biologiste moléculaire envoyé sur Terre à cette époque aurait découvert que la plupart des gènes existaient dans le génome de l'organisme sous la forme d'exemplaire unique. Seuls un petit nombre de gènes, rassemblés en un groupe, étaient présents en autant de copies qu'il y avait de segments, et étaient disposés le long du chromosome dans le même ordre que les segments. Les produits issus de la traduction de ces gènes n'étaient ni des enzymes, ni des protéines de structure ; c'étaient des protéines qui réagissaient avec d'autres gènes ou groupes de gènes pour les activer ou les désactiver, ce qui indique que les gènes dupliqués appartenaient à la grande famille des gènes régulateurs. Dans l'organisme ancestral, non segmenté, ces gènes commandaient des interrupteurs centraux qui contrôlaient la réalisation du plan corporel. En conséquence de la duplication de ces interrupteurs génétiques, les instructions se répétèrent, et des doubles de l'organisme se formèrent. À l'origine, les segments étaient tous identiques. Bientôt, cependant, les gènes dupliqués subirent diverses mutations et les segments devinrent différents. Les premiers gènes dupliqués à subir des mutations au cours de ce développement évolutif, se situaient à l'avant et à l'arrière du chromosome, d'où la formation de parties spécialisées, la tête et la queue.

On a identifié et séquencé plusieurs des gènes régulateurs impliqués dans ces phénomènes. Ils ont en commun une séquence très bien conservée de 180 paires de bases, ou « homéobox » (du grec *homos*, même). La suite de soixante acides aminés que le décodage de cet homéobox inscrit dans les protéines correspondantes possède une structure caractéristique lui permettant de se fixer à l'ADN, comme il convient à des protéines qui influencent la transcription de certains gènes (facteurs de transcription). Les gènes homéotiques sont très anciens. On les retrouve dans l'ensemble du monde animal et même chez les végétaux et les champignons[1].

La segmentation constitue un mécanisme fondamental de diversification évolutive, peut-être le plus important de toute l'histoire de la vie. Elle déclencha une extraordinaire combinatoire à partir de modules complets, à l'origine viables, qui pouvaient être mutés, fusionnés, redupliqués, éliminés et autrement remaniés, et tout cela par l'effet magique de modifications génétiques simples ou peu nombreuses, offrant ainsi à la sélection naturelle une grande variété de plans d'organisation à mettre à l'épreuve. Des chercheurs travaillant sur la drosophile (ou mouche du vinaigre), l'objet central de la recherche génétique classique, ont pu se rendre compte de l'étonnante souplesse créative de ce jeu. Ils ont pu produire, par des mutations simples de gènes homéotiques, des mouches sans tête à deux queues, des animaux dotés d'une paire supplémentaire d'ailes ou de pattes, ou d'étranges monstres exhibant des pattes sur leur tête en lieu et place des antennes. Utilisant les ressources de la biologie moléculaire moderne, ces chercheurs ont commencé à débrouiller les remarquables mécanismes grâce auxquels les gènes homéotiques dirigent le développement.

Les invertébrés pullulent

Les premiers résultats de ce nouveau jeu ressemblaient de près aux annélides actuels, ainsi appelés parce que leur corps se présente comme une série d'anneaux (du latin *anulus*, anneau). Le ver de terre est un membre terrestre bien connu de cet embranchement, qui comprend également toute une variété de polychètes, vers marins dont un certain nombre vivent dans des tubes rigides de leur propre fabrication et capturent leurs proies à l'aide d'appendices multicolores qu'ils agitent à l'embouchure du tube. Les sangsues constituent elles aussi une classe d'annélides.

L'évolution ne s'arrêta pas au plan d'organisation des annélides, encore très répétitif. Après de multiples variations, dont nous connaissons mal les étapes intermédiaires, elle aboutit au groupe d'animaux le plus répandu sur la Terre aujourd'hui : les arthropodes, ou animaux formés de pièces articulées (du grec *arthron*, articulation, et *pod*, dérivé d'un mot grec signifiant pied). Ce groupe est représenté dans la mer par les crustacés (crevettes, crabes et leurs semblables) et par les chélicérates (araignées de mer et limules) et, sur terre, par les araignées, les scorpions, les tiques, les mille-pattes et surtout le groupe immense des insectes.

Regardez un homard ou une crevette. Vous reconnaîtrez sans peine le plan segmenté hérité de l'organisme ancestral. Il y a deux branchies et deux pattes par segment, mais avec une variation considérable dans la spécialisation de chaque segment. Plusieurs segments antérieurs ont fusionné pour former la tête, tandis que les pattes se sont transformées en antennes, pinces, mandibules et autres appendices servant d'organes sensoriels ou d'auxiliaires de l'alimentation. Les membres se composent de pièces articulées. Les segments principaux du corps et de la queue sont le siège des muscles, tandis que les viscères sont regroupés dans la partie antérieure du corps. La circulation est ouverte et l'oxygène est transporté par l'hémocyanine, à l'encontre de ce qui se passe chez les némertiens et les annélides, plus anciens, dont les représentants actuels disposent d'un système circulatoire fermé et utilisent l'hémoglobine pour transporter l'oxygène. Le corps de l'arthropode est entièrement recouvert d'une carapace dure faite de chitine, polymère glucidique semblable à la cellulose. Les animaux perdent leur carapace à intervalles réguliers pour permettre à leur corps de croître. Pendant la mue et jusqu'à ce qu'une nouvelle carapace se forme, l'animal est temporairement vulnérable. Cet état fait la délectation des amateurs de crabes à carapace molle.

De la branche reliant les annélides aux arthropodes se détache quelque part le vaste embranchement des mollusques, englobant les conques, les clams, les huîtres, les moules et les nombreux autres coquillages que nous avons l'habitude de désigner sous ce nom, ainsi que les calmars et les pieuvres, pourtant bien éloignés en apparence.

L'événement à la suite duquel certains vers segmentés s'engagèrent sur la voie menant aux mollusques fut peut-être une mutation qui conféra à un élément protéinique contenu dans les structures écailleuses du dos de l'animal la capacité de favoriser la formation de cristaux de carbonate de calcium. Les écailles cornées devinrent des plaques dures, minéralisées, qui assurèrent à l'animal une protection accrue et lui valurent, ainsi qu'à ses descendants, d'être retenus par la sélection. Les vestiges de cette ancienne structure sont encore visibles chez les chitons, mollusques primitifs, de forme allongée, à symétrie bilatérale, munis d'un canal alimentaire – équipé d'une bouche à l'avant et d'un anus à l'arrière –, de deux rangées latérales de branchies ainsi que, sur le dos, d'une série de plaques protectrices durcies par des dépôts de carbonate de calcium.

Au cours de l'évolution ultérieure du mollusque ancestral, les plaques dorsales fusionnèrent et ne formèrent plus qu'une seule coquille : la segmentation fut en grande partie perdue et le corps se replia et s'enroula sur lui-même, de sorte que la bouche, l'anus, les branchies et les parties excrétrices et génitales se regroupèrent à l'avant du corps, entre une tête renfermant un cerveau rudimentaire et des organes sensoriels sensibles à la lumière (yeux), au toucher (antennes) et à la gravitation (otocystes), et un pied ventral musculaire, servant à la locomotion. Par la suite, l'évolution joua surtout avec la forme des coquilles, pour la plus grande joie des collectionneurs de coquillages et des chasseurs de fossiles, qui profitent pleinement de la durabilité des dépôts minéraux.

Parmi les nombreuses formes adoptées par les mollusques, certaines présentaient peut-être un avantage sélectif, mais la plupart des variations sur le thème coquillage résultèrent vraisemblablement des caprices de l'évolution, sans influence majeure sur le potentiel reproducteur des animaux. Cela illustre un aspect capital de l'évolution : un changement ne doit pas nécessairement présenter un avantage pour être retenu par la sélection naturelle, en particulier dans les situations de faible compétition ; il suffit qu'il ne soit pas néfaste au point de provoquer l'éradication de l'animal. Des développements importants dans l'histoire des mollusques, conséquences probables d'une sélection positive, furent la duplication de la coquille menant à l'apparition des coquillages bivalves, ou son atrophie comme chez les seiches (qui ne possèdent qu'une plaque interne) ou même sa disparition complète comme chez les poulpes.

Ce tableau très schématique de l'univers des mollusques – le deuxième par ordre d'importance dans le règne animal puisqu'il compte plus de 50 000 espèces vivantes et à peu près autant d'espèces fossiles – aurait achevé notre description de l'arbre de la vie animale – mais alors qui l'aurait décrit ? – si une étonnante inversion de la tête et de la queue ne s'était produite chez quelque annélide ancestral ou, plus exactement, au cours du développement embryonnaire de cet animal.

Une inversion décisive : le tête-à-queue de la bouche

Afin de mieux comprendre cette nouvelle bifurcation, particulièrement importante, dans l'arbre de la vie animale, penchons-nous brièvement sur le développement de l'embryon. Avec Haeckel, qui, le premier, révéla cette similitude, notons que pendant leur développement, les embryons animaux semblent bien récapituler l'évolution de leur espèce[2]. Les cellules issues des premières divisions de l'œuf fécondé forment une sphère, la blastula, qui se transforme en sac à deux feuillets, la gastrula, munie d'une seule ouverture, le blastopore. La cavité gastrulaire devient ensuite le tube digestif puis, chez tous les animaux hormis les plus primitifs, elle ouvre un second orifice et se mue en canal. C'est à ce stade que le développement fut modifié par une mutation d'où résulta une nouvelle lignée évolutive. Dans les groupes d'animaux considérés jusqu'à présent, le blastopore devient la bouche et le nouvel orifice, l'anus. C'est la raison pour laquelle on les appelle protostomiens (la bouche en premier). L'inversion historique qui fut le point de départ de la nouvelle lignée fit du blastopore l'anus et du nouvel orifice la bouche. C'est ainsi qu'apparut le groupe des deutérostomiens (la bouche en second), d'où devaient un jour naître les vertébrés. Sans ce renversement décisif, il n'y aurait peut-être eu ni poissons, ni amphibiens, ni reptiles, ni oiseaux, ni mammifères, ni humains.

Par le passé, plus d'un biologiste s'est demandé avec perplexité quel mécanisme avait bien pu gouverner la modification si étonnamment brutale du plan d'organisation du corps par laquelle la branche des deutérostomiens s'est détachée du tronc des protostomiens. Notre étonnement n'est pas moins grand aujourd'hui, mais grâce à notre connaissance des gènes homéotiques, nous commençons à entrevoir un début d'explication. Si la mutation d'un gène homéotique peut à elle seule remplacer la tête d'une mouche par un second arrière-train, il est possible qu'une ou plusieurs mutations de même nature aient inversé la place de l'anus et de la bouche chez quelque annélide ancestral. Il s'agit là d'une pure spéculation, mais il est malaisé d'imaginer comment un changement aussi radical du plan de développement aurait pu survenir autrement que par un bouleversement majeur du type de ceux qui, nous le savons, peuvent être produits par des mutations de gènes homéotiques.

La première conséquence de ce bouleversement que nous sommes à même de constater chez des organismes existants, c'est une modification anatomique qui regroupa les structures chargées d'absorber la nourriture et l'oxygène. La partie avant du canal alimentaire, le pharynx, se mua en une sorte d'appareil bilatéral de filtrage composé de deux rangées face à face de minces fentes bordées de branchies. Ces fentes branchiales correspondent à des segments successifs du plan d'organisation du corps. Les animaux munis de ce nouvel appareil prenaient par la bouche de grandes quantités d'eau, qu'ils rejetaient par les fentes branchiales. L'oxygène était absorbé au passage de l'eau par les branchies, tandis que les particules alimentaires étaient retenues par les fentes qui faisaient office de filtres, souvent aidées dans cette tâche par des structures de surface très fines, pareilles à des peignes. La nourriture était ensuite conduite depuis les fentes jusqu'au canal alimentaire. Cette méthode combinée d'absorption de l'oxygène et de la nourriture n'est pas sans rappeler le mécanisme auquel avaient recours éponges, polypes et anémones de mer pour entretenir un flux d'eau constant.

La naissance des vertébrés

D'autres événements majeurs qui survinrent au cours de l'évolution des deutérostomes entraînèrent la formation d'une structure segmentée creuse, située le long du dos de l'animal et renfermant les éléments essentiels du système nerveux. Si nous pouvons ajouter foi au principe de Haeckel, l'une des premières étapes consista en une centralisation des cordons nerveux dans un tube neural dorsal formé par un repli de l'ectoderme appelé la crête neurale. Il se forma ensuite sous le tube neural une tige dure et résistante, la corde dorsale, marque distinctive des embryons sinon des adultes des membres du phylum des cordés, dont les premiers représentants sont les lancelets. Enfin, il y a près de cinq cents millions d'années, le tube neural et la corde dorsale furent entourés par des structures segmentées cartilagineuses : les premières vertèbres.

Ce développement offrait comme avantage majeur la protection du fragile tube neural à l'intérieur d'une gaine solide. Imaginez les dangers que courrait notre moelle épinière si elle n'était protégée par la colonne vertébrale. La segmentation se révéla fort utile à l'édification de cette gaine de protection, en permettant l'utilisation de matériaux durs et solides pour la confection des vertèbres, tout en évitant les inconvénients d'une rigidité excessive. Cette chaîne dorsale segmentée laissait à la colonne vertébrale suffisamment de souplesse dans ses mouvements pour que la locomotion ne s'en trouve pas entravée. Par la suite, la corde dorsale, qui avait constitué un échafaudage précieux pour l'édification de l'épine dorsale, devint plus embarrassante qu'avantageuse ; elle finit par ne plus jouer qu'un rôle transitoire dans le développement embryonnaire, pour être dégradée ultérieurement. Il y eut un prix à payer en échange de l'avantage que procure une colonne vertébrale segmentée, comme en font douloureusement l'expérience les victimes d'une hernie discale ou, plus grave, d'une paralysie causée par une lésion de la colonne. Cependant, ce prix n'entrava pas l'évolution, puisqu'il ne fut exigé qu'un demi-milliard d'années plus tard, lorsqu'un primate adopta la position verticale.

Les premiers vertébrés avaient des os cartilagineux et ressemblaient davantage à des vers qu'à des poissons ; ils étaient dépourvus de mâchoires et leurs nageoires étaient fort rudimentaires. Si l'on en croit les vestiges fossiles, il se trouvait parmi eux d'étranges créatures d'apparence féroce et revêtues de cuirasses. Leurs plus proches descendants sont les lamproies, qui, bien que différentes de leurs lointains ancêtres, partagent avec eux quelques caractéristiques primitives.

La grande innovation suivante fut la formation de mâchoires articulées, probablement à partir de voûtes cartilagineuses soutenant les fentes branchiales antérieures. Au cours de cette même phase, le corps acquit une variété de nageoires renforcées par des os cartilagineux et mues par des muscles. Les animaux devinrent de puissants nageurs et de dangereux prédateurs. Les poissons cartilagineux, qui comprennent les requins et les raies, sont sans doute leurs descendants les plus directs.

Comme pour les mollusques, l'ultime changement d'importance consista en l'acquisition d'une structure protéinique capable de favoriser la formation de cristaux minéraux. Dans ce cas, les cristaux se composaient d'un phosphate et d'un carbonate mixte de calcium, comme on en trouve dans le minéral appelé hydroxyapatite. Les structures cartilagineuses élastiques se transformèrent en des os solides. La plupart des poissons que nous connaissons aujourd'hui sont les descendants de ces premiers poissons osseux.

Les échinodermes : une bizarrerie de l'évolution

Avant les événements qui aboutirent à l'apparition des premiers vertébrés, il se produisit une étrange bifurcation dans la branche des deutérostomiens, peu après sa séparation d'avec le tronc des protostomiens. Conséquence, peut-être, d'un bouleversement génétique homéotique, le plan d'organisation du corps du deutérostomien ancestral, à forme allongée et à symétrie bilatérale, fut conservé à l'état larvaire, puis remplacé chez l'adulte par un plan à symétrie quintuple rayonnante, où un canal alimentaire fortement comprimé et enroulé sur lui-même était entouré de cinq segments virtuellement identiques. Le monstre qui en résulta trouva une niche favorable et prospéra, donnant naissance aux oursins, aux étoiles de mer, aux holothuries et autres créatures caractérisées par une symétrie quintuple rayonnante. On les regroupe sous le nom d'échinodermes (du grec *echinos*, hérisson), même si elles ne sont pas toutes hérissées de piquants à la manière des oursins.

FIGURE 21.1
Survol de l'évolution des invertébrés

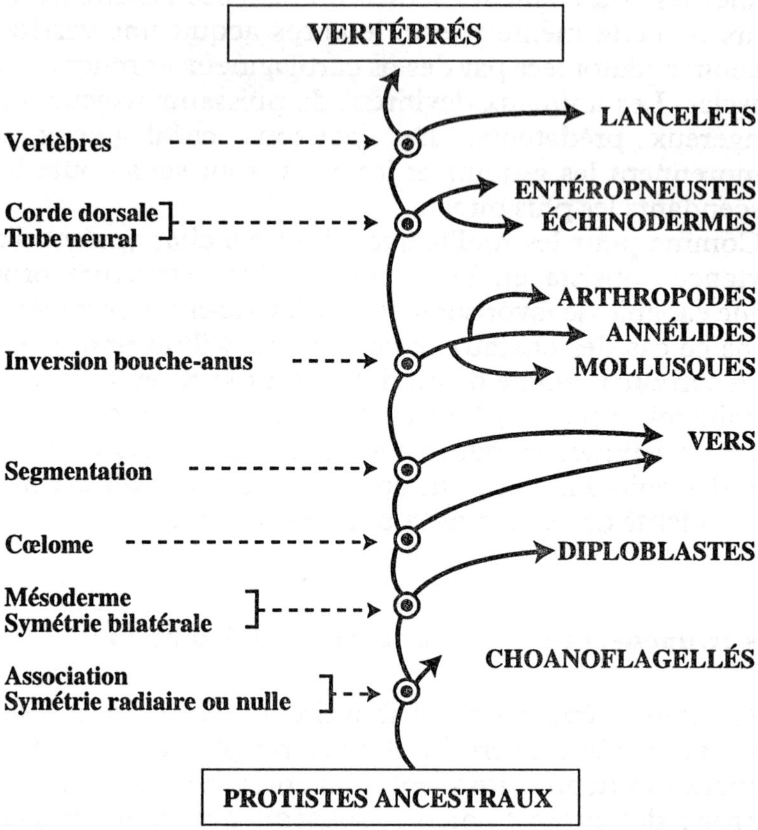

Semblable à la figure 19.1, celle-ci illustre les étapes les plus importantes de l'évolution des animaux vers une complexité accrue, depuis les choanoflagellés ancestraux jusqu'aux premiers vertébrés. À chaque bifurcation apparaît une lignée évolutive mutante, qui a subi la modification génétique du plan corporel indiquée à gauche et qui diverge vers le haut de la lignée non mutante (figurée par la flèche incurvée vers la droite), aboutissant à des embranchements existants.

L'évolution des invertébrés, de leur ancêtre unicellulaire jusqu'au premier vertébré, est récapitulée schématiquement par la figure 21.1. Comme dans la figure 19.1, le graphique montre comment des modifications clés du plan corporel des « organismes de bifurcation » conduisirent à d'importants progrès évolutifs, tandis que les descendants des organismes n'ayant pas subi la mutation donnent une idée de ce à quoi ressemblait le plan corporel de l'organisme de bifurcation, le dernier ancêtre qu'il possède en commun avec les espèces plus évoluées.

22

Les animaux sortent de l'eau

Lorsque les plantes et les champignons envahirent les terres, il y a quatre cents millions d'années, de nouveaux pâturages s'ouvrirent à l'exploitation animale. Dans ce milieu neuf, des changements qui n'étaient d'aucune utilité pour les animaux aquatiques des périodes plus anciennes se muèrent en avantages. Pour pouvoir profiter des riches ressources alimentaires nouvelles offertes par les plantes terrestres, les animaux adaptés au milieu aqueux devaient être en mesure de résister au manque d'eau, d'utiliser l'oxygène atmosphérique (respiration), de se mouvoir sur la terre ferme (du moins ceux qui n'en avaient pas encore les moyens) et de se reproduire hors de l'eau. Ces adaptations furent progressives et s'accomplirent en premier lieu le long des côtes et dans les régions marécageuses encore de temps à autre inondées. Hormis les invertébrés inférieurs, la plupart des animaux aquatiques furent amenés à résoudre d'une manière ou d'une autre les difficultés posées par la vie terrestre. Je n'en mentionnerai que deux types, les arthropodes et les vertébrés qui, ensemble, représentent la majeure partie de la faune terrestre.

Insectes et consorts : les grands conquérants des terres

Les arthropodes eurent la part belle, étant déjà protégés par un revêtement imperméable et munis de pattes fonctionnelles. Cependant, leurs fragiles branchies n'auraient pu résister longtemps à la dessiccation. Ce qui aida les arthropodes à utiliser l'oxygène fut la formation de minces invaginations tubulaires dans leur carapace. Ces minuscules conduits d'air, ou trachées, se transformèrent peu à peu en un réseau finement ramifié de canalisations qui pénétraient dans toutes les parties du corps et leur permettaient d'être en contact direct avec l'air ambiant. Grâce à la minceur des parois de ces canalisations, l'oxygène pouvait diffuser dans les tissus et le gaz carbonique pouvait en sortir. Les mouvements du corps servaient à renouveler l'air dans les conduits, de manière à remplacer l'oxygène consommé et à empêcher l'accumulation du gaz carbonique.

Tous les types d'arthropodes élaborèrent le même mode de respiration à l'aide de trachées, y compris les mille-pattes aux très nombreux segments ; les cloportes, qui font partie des rares crustacés terrestres ; les araignées et les scorpions, comme tous les autres chélicérates ; ainsi que les innombrables espèces d'insectes, terrestres dans leur immense majorité. Ces animaux si divers n'ont pas tous hérité leurs trachées d'un ancêtre commun. Ce dont ils ont hérité, c'est d'un plan corporel qui n'autorisait qu'une seule solution au problème de la respiration ou, peut-être, rendit cette solution préférable aux autres, en raison de certaines propriétés de la cuticule chitineuse que tous les arthropodes ont en commun. Il s'agit là d'un exemple typique de convergence.

De nombreux arthropodes marins se reproduisent par copulation. Les ancêtres des arthropodes terrestres n'avaient donc pas besoin d'eau pour que les spermatozoïdes trouvent les ovocytes et les fécondent. La reproduction sur la terre ferme exigeait en revanche que l'œuf fécondé et l'embryon soient protégés et nourris. Au début, les animaux se bornèrent à utiliser l'eau comme milieu de développement larvaire, à l'instar de leurs ancêtres marins et comme font aujourd'hui encore beaucoup de moustiques et autres insectes. Au fil du temps, ils adoptèrent ou construisirent des abris d'une incroyable diversité, le plus souvent maintenus humides d'une manière ou d'une autre, où le développement larvaire pouvait se poursuivre loin de l'eau sans embûche.

Grâce à des vulgarisateurs comme Richard Attenborough, en Grande-Bretagne, la télévision a permis au grand public de découvrir les fantastiques opérations effectuées pour le bien de leurs petits par les bousiers, les termites, les abeilles, les guêpes et bien d'autres insectes. La remarquable coordination et l'intentionnalité apparente de ces rituels, accomplis fidèlement de génération en génération par des créatures minuscules munies d'une cervelle pas plus grosse qu'une tête d'épingle, ont frappé plus d'un observateur : on y a vu un chef-d'œuvre d'organisation quasi miraculeuse, apparemment peu compatible avec une conception matérialiste, darwinienne de la vie et de l'évolution. Et pourtant, ces comportements complexes ne sont qu'un jeu d'enfant au regard des prodigieux événements moléculaires et cellulaires qui gouvernent le développement de ces mêmes animaux à partir des œufs fécondés. Si nos yeux étaient capables de discerner ce qui se passe à l'intérieur d'une larve déposée dans l'alvéole d'une ruche, nous ne nous intéresserions pas une seconde à la construction de la ruche elle-même.

Beaucoup d'insectes traversent même deux phases successives de développement complètement distinctes. De la chenille au papillon, du ver à soie au bombyx adulte, et de l'asticot à la mouche, l'animal meurt et se décompose dans une tombe qu'il a lui-même édifiée, cocon ou autre chrysalide, ne laissant vivants que quelques vestiges embryonnaires (les disques imaginaux). Du caveau au berceau, il n'y a qu'un pas, et voici qu'un nouvel organisme voit le jour, suivant un plan corporel totalement différent. À côté d'une telle magie architecturale, inscrite sur quelques décimètres d'ADN, que sont quelques gestes stéréotypés servant à bâtir un abri primitif ? C'est comme si nous admirions les bâtisseurs du Taj Mahal pour leur habileté à fabriquer une hutte faite de terre et de paille.

Les amphibiens : les premiers poissons sortis de l'eau

Pour émerger des eaux, les poissons durent franchir un plus grand nombre d'obstacles. Ils prirent leur temps, traversant d'abord une phase intermédiaire, mi-aquatique mi-terrestre, assez stable cependant pour donner naissance à une classe importante et toujours vivante de vertébrés, les amphibiens. Nous ignorons comment se déroula la transition, mais nous pouvons émettre quelques hypothèses.

L'un des événements clés de l'évolution fut sans doute l'apparition chez certains poissons d'une poche remplie d'air et reliée au pharynx. L'air contenu dans cette poche provenait des branchies. Il était convoyé par le sang qui circulait dans un réseau de plus en plus étendu de capillaires entourant la poche. Parmi les avantages de cette poche, notons la flottabilité ajustable, fonction principale de ce qui constitue aujourd'hui la vessie natatoire. En outre, à la manière d'un plongeur sous-marin, les poissons transportaient ainsi une réserve d'oxygène utilisable en cas d'urgence, lorsque l'oxygène présent dans le sang atteignait un niveau dangereusement bas. Dans ce cas, l'oxygène diffusait dans la direction opposée, de la poche vers le sang. Cette adaptation ouvrait la porte à la respiration, la poche préfigurant un poumon primitif. C'est ce que nous pouvons observer dans un aquarium, lorsque le poisson rouge remonte à la surface pour prendre une bouffée d'air frais ou, et c'est alors plus spectaculaire, dans certains lacs tropicaux d'Afrique, d'Amérique du Sud ou d'Australie, où des dipneustes survivent des mois durant dans la vase qui s'assèche, attendant la prochaine saison des pluies. C'est vraisemblablement ainsi que les amphibiens « apprirent » à respirer, tout en conservant la capacité d'utiliser l'oxygène dissous.

On peut imaginer que des poissons échoués capables de respirer devaient se tortiller et agiter leurs nageoires pour tenter de trouver l'ombre, l'humidité et la nourriture. Les plus lestes étaient munis de deux paires de nageoires ventrales, lobées et charnues, qui leur permettaient à la fois de ramper et de nager. Selon les vestiges fossiles, des poissons de ce type proliféraient il y a cent millions d'années. On croyait qu'ils s'étaient éteints depuis fort longtemps jusqu'à ce que, un jour de décembre 1938, l'un d'entre eux vînt se prendre dans les filets d'un chalutier au large de la côte est de l'Afrique du Sud[1]. Cette prise inhabituelle fut portée à l'attention du curateur du musée de New London, Marjorie Courtenay-Latimer. Celle-ci décrivit l'animal à un ichthyologue, James Leonard Briefly Smith, qui le reconnut : c'était un fossile vivant, connu des paléontologues sous le nom de cœlacanthe. Il fallut quatorze années d'épisodes mouvementés – offres de récompenses affichées dans de nombreux villages de pêcheurs sur le pourtour de l'océan Indien, don d'un avion spécial par le président sud-africain Daniel F. Malan – pour que soit découvert un second spécimen de ce poisson rare.

Capturé au large des Comores, il put enfin faire l'objet d'un examen méticuleux. Les cœlacanthes sont des poissons abyssaux ; ils n'utilisent pas leurs nageoires pour marcher. Ils ont cependant un ancêtre commun avec d'anciens dipneustes d'eau douce à nageoires lobées qui envahirent les terrains marécageux peu après les plantes, il y a près de quatre cents millions d'années, grâce à une succession de mutations aléatoires qui transformèrent les nageoires en pattes articulées. La sélection naturelle n'aurait sans doute pas retenu ces modifications dans un habitat aquatique. Sur la terre ferme, elles furent d'une aide précieuse.

Avant que ces conquérants ne s'installent définitivement dans leur nouveau milieu, il leur restait à résoudre le problème de la reproduction hors de l'eau. La plupart d'entre eux se passèrent de solution et conservèrent les pratiques de leurs ancêtres aquatiques. Ils frayaient dans l'eau et leurs œufs devenaient des larves capables de nager. En effet, l'eau ne manquait pas et ils n'étaient soumis à aucune pression sélective en faveur d'une véritable reproduction terrestre. Or l'évolution procède rarement sans incitation sélective. Les animaux furent conduits à perfectionner leur appareil respiratoire et leur aptitude à marcher, en raison non pas du manque d'eau mais de l'abondance de la nourriture terrestre. C'était l'époque où les grandes forêts du carbonifère étaient florissantes et élaboraient les excès de matière organique qui font aujourd'hui ronfler chaudières et fourneaux. Outre les plantes, quantité d'insectes, d'escargots et de vers abondaient également sur les terres pour satisfaire l'appétit d'animaux aux préférences plus carnivores.

Les amphibiens connurent des jours fastes, mais nombre d'entre eux furent ensuite anéantis par la grande crise du permien. Parmi leurs survivants figurent les tritons et les salamandres, qui conservèrent la queue de leurs ancêtres marins. D'autres, à l'instar des grenouilles et des crapauds, ne conservent cet appendice qu'à l'état larvaire, pendant lequel ils nagent comme des poissons. La transformation du têtard en grenouille adulte est un autre exemple frappant de métamorphose, moins spectaculaire que la réincarnation totale de certains insectes, mais impressionnant malgré tout. L'atrophie de la queue et l'émergence des quatre pattes sont les modifications les plus remarquables qui accompagnent cette métamorphose.

Ces événements sont déclenchés par la sécrétion de thyroxine, hormone renfermant de l'iode, essentielle à la croissance de tous les vertébrés supérieurs. Chez les êtres humains, une carence de thyroxine en début de croissance peut entraîner le nanisme et un retard du développement mental. Lorsque cette substance pénètre dans la cellule, elle se fixe à un récepteur protéique intracellulaire, qui devient ainsi capable d'activer un certain nombre de gènes. Il s'agit d'une intéressante variation sur le thème des supergènes régulateurs qui, comme les gènes homéotiques, commandent la transcription d'un certain nombre d'autres gènes par leurs produits protéiques. Mais dans ce cas précis, on constate une petite originalité. Le produit du gène, le récepteur de thyroxine, n'agit comme facteur de transcription que lorsqu'il a fixé l'hormone. Parmi les autres hormones agissant de cette manière figurent l'ecdysone, qui influence la mue, la formation de chrysalides et la métamorphose des insectes, ainsi que certaines hormones stéroïdes qui contrôlent de nombreux aspects de la vie sexuelle des mammifères, y compris le commencement de la puberté, le cycle menstruel et la grossesse.

Ces divers phénomènes illustrent un autre fait d'importance générale : le rôle de la mort programmée de cellules dans les processus de développement. La décomposition du corps de la chenille et l'atrophie de la queue du têtard en constituent des exemples spectaculaires, mais il en existe beaucoup d'autres. Lorsque, au cours de la mutation poisson-amphibien, les nageoires lobées se transformèrent en pattes articulées, l'extrémité des pattes se divisa en cinq doigts non pas à la suite de bourgeonnements mais par la mort sélective de tissus intercalaires. Ce burinage continue à être « récapitulé » lors du développement embryonnaire. Les membres du fœtus se développent d'abord sous la forme de bourgeons arrondis, que la mort sélective programmée de certaines cellules taille ensuite en forme de doigts.

Les reptiles « inventent » l'œuf amniotique

Des millénaires de sécheresse intense et de froids glaciaux marquèrent le début de la grande crise du permien. Les forêts luxuriantes du carbonifère, les fougères et les lycopodes dépérirent. Les marais s'asséchèrent. Les animaux marins, habitués à la chaleur des mers et des lacs tropicaux, disparurent en quantités considérables. Les amphibiens payèrent, eux aussi, un lourd tribut. N'étaient les fossiles mis au jour par les bouleversements géologiques, les découvertes fortuites de promeneurs attentifs et les recherches méticuleuses des paléontologues, nous n'aurions pas la moindre idée de cette splendeur perdue ni du cataclysme planétaire dont elle fut victime.

Comme il arriva quantité de fois, la vie reprit le dessus ; l'évolution répondit aux défis écologiques par des adaptations appropriées. Elle parvint même à tirer parti du désastre, profitant de la grande crise du permien pour réaliser une de ses avancées les plus décisives. Tandis que les plantes à graines prenaient possession des marécages froids et asséchés, laissés nus par le dépérissement des plantes à spores, un obscur amphibien prit soudain de l'importance en acquérant l'équivalent de la graine pour les animaux : un œuf rempli de liquide.

Au lieu de pondre ses œufs fécondés dans de l'eau, comme c'est normalement le cas chez les amphibiens, la femelle de cette espèce transitionnelle clef les enveloppait dans une poche remplie de liquide, l'amnios, où l'embryon pouvait poursuivre son développement aquatique normal. Après le milieu intérieur de Claude Bernard baignant cellules et tissus, voilà qu'était recréé un milieu extérieur susceptible d'abriter l'embryon pendant son développement. Une coquille à la fois dure et poreuse protégeait cet incubateur marin de substitution, tandis qu'une membrane finement vascularisée, l'allantoïde, produite par l'embryon et tapissant la surface interne de la coquille, servait aux échanges gazeux et à l'expulsion des déchets. Une seconde poche, renfermant une riche substance nutritive – le vitellus – fournissait à l'embryon la nourriture dont il avait besoin. Ainsi, le développement de l'organisme jusqu'au stade où il put survivre en milieu terrestre s'effectua complètement dans le milieu protecteur, nourricier et adéquatement renouvelé du liquide amniotique. La vraie reproduction terrestre commençait. Le premier reptile était né.

Jusqu'à la grande crise du permien, cette créature ne connut qu'un succès modeste. Puis les reptiles se développèrent et rayonnèrent au point que quelques-unes des nouvelles espèces perdirent leurs pattes, tout en demeurant sur la terre ferme, tandis que d'autres retournèrent vivre dans un habitat aqueux, et continuèrent – comble du paradoxe – à pondre leurs œufs sur terre, au grand péril de leur progéniture, comme le font aujourd'hui les tortues de mer. Les lézards, les serpents et les tortues sont les principaux reptiles existant de nos jours, mais les représentants les plus spectaculaires de ce groupe sont les dinosaures, les plus célèbres de tous les fossiles. Je ne m'appesantirai pas sur les aventures de ces créatures fantastiques, dont certaines atteignirent des tailles gigantesques et adoptèrent des formes bizarres et terrifiantes, du moins à nos yeux. Les lecteurs désireux de contempler une reconstitution très vivante de l'époque des dinosaures se rendront au musée Peabody de l'université Yale. On y trouve une fresque murale aux couleurs saisissantes de 35 mètres sur 5, exécutée par Rudolph Zallinger entre 1943 et 1947, et qui représente, sur fond de végétation contemporaine, toute l'histoire des dinosaures, depuis l'émergence des premiers amphibiens voici quelque quatre cents millions d'années jusqu'à l'extinction des derniers dinosaures, plus de trois cents millions d'années plus tard. Grâce à la superproduction de Steven Spielberg, *Jurassic Park,* il nous est désormais loisible de voir les dinosaures évoluer en pleine action.

La disparition des dinosaures, survenue il y a soixante-cinq millions d'années, est devenue l'une des énigmes les plus passionnantes de tous les temps. Les dinosaures ne furent pas les seules victimes de cette extinction de masse, mais ce sont eux qui frappent le plus notre imagination. Bien d'autres animaux disparurent pendant la même période, comme ces merveilleux mollusques à coquille spirale qu'étaient les ammonites. Les plantes à fleurs, elles aussi décimées, furent remplacées un certain temps par des fougères. De nombreuses hypothèses furent avancées pour expliquer cette mystérieuse hécatombe jusqu'à ce que, en 1978, le prix Nobel de physique américain Luis Alvarez et son fils Walter, ainsi que d'autres collaborateurs, fassent une remarquable observation. Ils découvrirent qu'une mince couche de roches sédimentaires déposées au moment de l'extinction était vingt fois plus riche en iridium que les strates avoisinantes[3]. L'iridium est un élément rare, plus abondant dans les matériaux cosmiques que sur la Terre. Les physiciens en avaient mesuré la teneur afin de calculer la vitesse à laquelle les matériaux témoins de la grande extinction avaient été déposés au fond des anciennes mers. Si la sédimentation avait été rapide, les matériaux devaient renfermer moins de poussière cosmique, et donc moins d'iridium. Il se serait produit l'inverse si la sédimentation avait été lente. Les chercheurs étaient à l'affût de modifications ténues ; ils ne comptaient pas découvrir un écart aussi considérable. Cette heureuse découverte, fruit du hasard, illustre comment le progrès scientifique dépend parfois de la chance, cette muse qui ne se laisse jamais courtiser mais qui parfois accorde gratuitement ses faveurs à ceux qui se mettent en quête de la vérité, quand bien même ils partent avec une idée fausse en tête. Encore faut-il savoir reconnaître une telle bénédiction. Comme le dit un jour le grand Louis Pasteur, le hasard ne favorise que les esprits préparés[4].

Dans le cas qui nous occupe, il aurait été impossible de ne pas remarquer ce don du hasard. Les scientifiques ne purent trouver qu'une solution pour expliquer l'anomalie : il y a soixante-cinq millions d'années, un énorme astéroïde d'un diamètre d'au moins dix kilomètres s'est écrasé sur notre planète. D'abord reçue avec beaucoup de scepticisme, cette hypothèse est à présent largement acceptée. Des indices de nature à la corroborer ont été découverts en bien d'autres points du globe et on a même retrouvé la zone probable d'impact, une étendue de plus de 320 kilomètres de diamètre, à Chicxulub, sur la côte septentrionale de la péninsule du Yucatán, au Mexique.

Comment un tel événement, une simple égratignure sur l'écorce terrestre, a-t-il pu provoquer une catastrophe d'ampleur planétaire ? Simplement sous l'effet de la force brute. D'après les estimations, l'impact aurait libéré l'équivalent de cent millions de mégatonnes d'énergie, soit 10 000 fois l'énergie totale qui serait libérée si toutes les bombes atomiques du monde explosaient en même temps ! Pendant des années, des nuages de poussière, de fumée et de suie obscurcirent le soleil. Des incendies ravageurs détruisirent la vie animale et végétale sur de vastes étendues continentales. À une période de froid intense (hiver d'impact) succéda un réchauffement brutal dû à l'effet de serre provoqué par les gaz libérés. Des pluies acides empoisonnèrent les eaux. Au regard de cette scène d'apocalypse, l'image qu'en donne la Bible paraît bien pâle et les avertissements des écologistes fort dérisoires. Une fois encore cependant, la force irrésistible de l'évolution vint à la rescousse et tourna la catastrophe en bénédiction. Et quelle bénédiction, du moins de notre point de vue égoïste et anthropocentrique, puisque nous ne serions peut-être pas ici si, il y a soixante-cinq millions d'années, un astéroïde n'était pas entré en collision avec la Terre, provoquant l'éradication des dinosaures.

L'utérus des mammifères : perfectionnement ultime de la reproduction

Les dinosaures étaient-ils, comme tous les reptiles actuels, des animaux à sang froid ? Ou au contraire à sang chaud ? Cette question fait l'objet d'un débat animé. Même si nous ignorons la réponse, nous pouvons affirmer qu'au moins une lignée de dinosaures détenait ou acquit la capacité de maintenir une température corporelle d'environ 37 °C. Ces animaux demeuraient actifs par temps froid – contrairement aux autres reptiles, plus lents, qui n'atteignaient cette température que lorsqu'ils se prélassaient au soleil – mais ils avaient en contrepartie des besoins alimentaires plus grands. Ils mirent à profit leur agilité pour satisfaire leur appétit et devinrent des prédateurs carnivores. Leur corps se recouvrit d'une épaisse fourrure, les protégeant des pertes de chaleur et leur permettant de prospérer dans des régions froides où le reptile ordinaire n'aurait pas survécu. Enfin, les femelles prirent l'habitude, avantageuse pour la survie et la propagation de l'espèce, de couver leurs œufs jusqu'à l'éclosion, après quoi elles gardaient leurs petits auprès d'elles, à l'abri du froid. Les petits, quant à eux, pour assouvir leur faim, se mirent à lécher la substance grasse sécrétée par certaines glandes de la peau situées sur le ventre de leur mère. Une chose en entraînant une autre, conformément au cheminement habituel de l'évolution, associant mutations aléatoires et sélection naturelle, cette sécrétion se transforma en lait et les glandes de la peau en organes d'allaitement spécialisés et commandés par des hormones : les glandes mammaires.

Pendant près de deux cents millions d'années, les mammifères menèrent une existence modeste et obscure. Leur taille dépassait rarement celle d'un lapin, ils se tenaient à l'écart des dinosaures, de plus en plus voraces et féroces. Mais lorsque sonna l'heure de l'épreuve, les créatures monstrueuses succombèrent, tandis que les petits animaux à fourrure survécurent. On connaît la suite de l'histoire. Un dernier développement d'importance majeure mérite pourtant d'être évoqué. À un moment donné, un mammifère femelle cessa de pondre des œufs, de sorte que l'incubation et l'éclosion eurent lieu à l'intérieur de son corps. À l'origine, les petits naissaient dans un état de développement fort immature ; ils étaient si fragiles qu'ils devaient immédiatement être transférés dans une poche ventrale protectrice, ou marsupium, où ils avaient accès aux glandes mammaires. Par la suite, les embryons devinrent capables de prolonger leur séjour dans la matrice de leur mère, et d'atteindre ainsi un stade de développement beaucoup plus avancé à la naissance. Ils y parvinrent en puisant aliments et oxygène dans le sang maternel à l'aide d'extensions en forme de racines : les villosités chorioniques insérées dans la paroi de la matrice, qui subit des adaptations correspondantes. Ce lien intime entre le fœtus et l'utérus devint le placenta.

Aujourd'hui, les placentaires gouvernent le monde, qu'ils ont peuplé d'une grande variété d'espèces adaptées à tous les environnements possibles, y compris les océans. Les mammifères ovipares (monotrèmes), comme l'ornithorynque, sont rares de nos jours. Les marsupiaux sont majoritairement confinés sur le continent australien, où ils furent isolés en raison des circonstances géographiques et ne se trouvèrent jamais en compétition avec des placentaires jusqu'à une

FIGURE 22.1

Survol de l'évolution des vertébrés

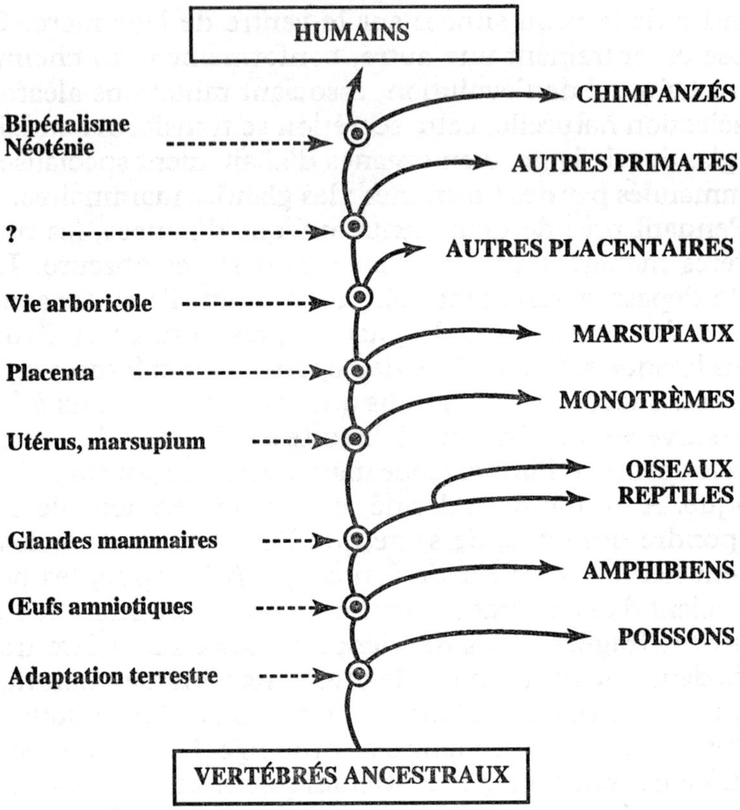

Semblable aux figures 19.1 et 21.1, celle-ci illustre les étapes les plus importantes de l'évolution des animaux vers une complexité accrue, depuis les premiers vertébrés jusqu'aux êtres humains. À chaque bifurcation apparaît une lignée évolutive mutante, qui a subi la modification génétique du plan corporel indiquée à gauche et qui diverge vers le haut de la lignée non mutante (figurée par la flèche incurvée sur la droite), aboutissant à des embranchements existants.

époque récente, lorsque ces derniers furent importés par les colons européens. Si nous laissons la sélection naturelle faire son œuvre, les marsupiaux australiens ne tarderont pas à s'effacer devant les placentaires, comme en d'autres parties du monde.

Parmi les nombreuses ramifications de la branche des mammifères, les primates arboricoles méritent une attention particulière. Ce rameau se détacha de la branche principale il y a des dizaines de millions d'années, à une époque où les dinosaures abondaient encore, puis passa par une longue succession de bifurcations et d'adaptations qui, il y a seulement six millions d'années quelque part en Afrique orientale, aboutirent à la brindille – qu'on n'aurait pu distinguer des autres à l'origine – qui permit à la vie d'entrer dans l'âge de la pensée. Nous y reviendrons dans la partie suivante de cet ouvrage.

Les dernières étapes de l'évolution animale, des premiers vertébrés à l'espèce humaine, sont représentées par la figure 22.1, qui, comme la figure 21.1, est destinée à mettre en relief les principales modifications génétiques du plan corporel des organismes de bifurcation.

La conquête des cieux

À la différence des humains, ce n'est pas parce qu'ils le désiraient que les animaux se mirent à voler. La conquête des cieux fut le résultat d'opportunités accidentelles : l'accident le plus simple consistait en toute modification anatomique permettant à l'animal d'allonger, en planant, la portée de son saut. Les poissons volants (et les écureuils volants), par exemple, ont parfaitement tiré parti d'extensions membraneuses de leurs nageoires ou de leurs membres. S'il s'avère utile de planer, la sélection naturelle prend soin de conserver ces extensions. À un stade plus avancé, un battement de ces extensions permet de maintenir et de propulser l'animal dans les airs. On pense que les dinosaures volants, appelés ptérosauriens, se sont ainsi adaptés au vol, avec une envergure pouvant dépasser neuf mètres. De nos jours, les mammifères volants, comme les chauves-souris, procèdent ainsi, utilisant une sorte de sonar remarquable pour s'orienter dans le noir et localiser les insectes dont ils se repaissent. Toutefois, les conquérants des cieux les plus extraordinaires et les plus mystérieux sont sans conteste les insectes et les oiseaux.

Nul ne sait comment libellules, papillons, abeilles, moustiques et autres insectes volants ont acquis leurs ailes. On ne sait même pas s'ils ont hérité ces ailes d'un ancêtre commun ou s'ils parvinrent à prendre leur envol séparément par évolution convergente. À la différence des ailes des autres animaux volants, celles des insectes ne sont pas des membres modifiés. Formées par un aplatissement et un déploiement du revêtement chitineux recouvrant le dos de l'animal, elles sont mues par des muscles d'une prodigieuse efficacité. Quant à savoir comment pareil dispositif a pu être élaboré, c'est une question encore sans réponse.

Le dernier legs important des dinosaures avant leur disparition fut les oiseaux. Ceux-ci se posèrent sur le monde il y a quelque cent cinquante millions d'années, comme l'a révélé le célèbre archéoptéryx, fossile découvert en 1864 dans une carrière de schiste à Eichstätt, en Bavière. Cet animal insolite aurait passé pour un petit dinosaure, selon tous les critères, n'était l'empreinte de plumes miraculeusement préservées dans la pierre tendre. Ce sont, de fait, les plumes qui firent de ce reptile un oiseau. Ces admirables appendices sont de la même famille que les cheveux, les cornes, les ongles et les écailles ; comme eux, ils sont constitués à partir d'une protéine de structure particulière très résistante, la kératine. De toute évidence, les plumes ne sont pas apparues tout d'un coup, transformant en un tournemain leurs heureux acquéreurs en machines volantes. De nombreuses étapes successives ont dû être nécessaires pour transformer une fourrure en cette magnifique combinaison de pennes et de barbes. Pendant toute cette période, il ne pouvait être question de voler. Le vol vint plus tard en quelque sorte, encore que d'une immense valeur. C'est un autre avantage qui a dû servir de moteur à la sélection naturelle. Bien des chercheurs se sont interrogés sur la nature de cet avantage. L'explication la plus vraisemblable à ce jour semble être une meilleure régulation thermique. Que cette thèse soit correcte ou non, le phénomène est une illustration remarquable des procédés tortueux auxquels recourt parfois l'évolution pour parvenir à des résultats sans aucun rapport avec ses causalités initiales. Dès que des ébauches de plumes permirent à l'animal d'amorcer une forme même primitive de vol, la maîtrise de ce mode de locomotion extraordinairement avantageux devint un puissant moteur du perfectionnement évolutif du dispositif. Comme les mammifères, les oiseaux ont envahi toutes les niches écologiques possibles, auxquelles ils ont adapté leurs habitudes alimentaires. Certains ont même renoncé à leur principal atout évolutif pour retourner à un mode de vie pédestre.

Selon les palynologues, ces détectives scientifiques qui reconstituent l'histoire du monde en examinant les pollens fossiles, les plantes à fleurs connurent une diversification remarquable il y a cinquante millions d'années. On attribue ce succès à la conquête des cieux par les insectes et les oiseaux.

Le moteur de l'évolution

L'histoire des plantes et des animaux sur la Terre souligne les cheminements tâtonnants, imprévisibles de l'évolution dans sa progression vers une complexité accrue, chaque étape étant reliée à la suivante par un organisme de bifurcation, disparu de longue date, qui ouvrit au hasard une porte sur le progrès. Ces deux lignées évolutives témoignent en outre des contraintes que les plans corporels existants font peser sur chaque nouvelle avancée. À cet égard, les animaux firent preuve d'une plus grande « inventivité » que les plantes, mettant en œuvre des changements aussi spectaculaires que la duplication du corps et l'inversion protostomien-deutérostomien. Plus conservatrice, l'évolution des plantes se contenta de suivre un thème unique, la croissance par ramification.

Tout en étant gouvernées par des critères de sélection différents – les plantes ont besoin de lumière, les animaux de nourriture –, les deux lignées rencontrèrent un certain nombre de difficultés communes auxquelles elles apportèrent des solutions comparables. Ainsi, elles répondirent à la taille et à la complexité grandissantes du corps par la vascularisation. De même, la conquête des terres, qui obligea les deux lignées à prendre des mesures sévères d'économie d'eau, leur posa des problèmes analogues. Le plus important des problèmes communs fut la nécessité du succès reproductif, critère de sélection par excellence.

Il faut remarquer que les deux lignées adoptèrent la reproduction sexuée dès le début. Ce qui, pour les protistes unicellulaires, ne représentait qu'une mesure d'urgence devint l'un des principaux modes de diversification génétique lors de l'évolution des organismes pluricellulaires. Les avancées ultérieures furent associées dans les deux lignées à l'élaboration de mécanismes de fécondation plus efficaces, à une meilleure protection de l'œuf fécondé et à une sauvegarde accrue de l'embryon en voie de développement. De la fécondation et du développement en milieu aquatique aux spores, aux graines et enfin aux fleurs et aux fruits dans la lignée des plantes (figure 19.1), à la copulation, à l'œuf amniotique et à la matrice des mammifères dans la lignée animale (figure 22.1), la tendance est manifeste. Tout aussi impressionnante est la répartition des fonctions reproductrices entre les sexes. Chez les plantes comme chez les animaux, l'alimentation et la protection de l'embryon pendant son développement sont les prérogatives des femelles. Le mâle, dont le rôle se limite à la fécondation, compense l'absence de spécialisations complexes par une production extravagante de pollen ou de sperme.

Le rôle joué dans l'évolution par les catastrophes naturelles mérite également d'être noté. L'évolution est ponctuée d'extinctions massives qui prirent parfois des proportions cataclysmiques. Presque toujours, la vie a réagi en faisant preuve d'une créativité remarquable. Il semble que lorsque l'évolution ralentit, ce n'est pas tant par manque d'une mutation aléatoire appropriée que parce que l'environnement ne lance pas de défis assez stimulants.

23

Le tissu de la vie

Lorsque nous avons retracé l'histoire de la vie sur la Terre (figure 23.1), nous nous sommes surtout intéressés à la structure centrale de l'arbre, à la ligne tracée par l'émergence successive de formes de vie douées d'une complexité croissante. Mais chaque étape importante de cette progression a également donné naissance à des branches latérales dont les ramifications s'étendent jusqu'à nos jours. L'histoire de la vie n'est pas seulement une croissance verticale vers une plus grande complexité ; c'est aussi une expansion horizontale vers une plus grande diversité. Chaque coupe transversale de l'arbre témoigne d'une diversification croissante au fil du temps et permet de récapituler l'histoire passée de l'arbre à l'aide des rameaux terminaux des branches existant à l'époque considérée. Une coupe transversale correspondant à la période d'il y a trois milliards d'années montrerait deux moignons robustes et peu diversifiés soutenant les archébactéries et les eubactéries d'alors, et dissimulant presque un minuscule bourgeon isolé, dont aucun observateur n'aurait pu imaginer qu'il deviendrait un jour l'énorme tronc des eucaryotes. Il y a quatre cents millions d'années, une coupe aurait laissé apparaître une variété de bactéries des deux types, de nombreuses sortes de protistes, une profusion d'algues, quelques mousses et champignons primitifs, quantité d'éponges, de cœlentérés, de vers, de mollusques, d'arthropodes et d'échinodermes, dont beaucoup sont éteints depuis longtemps, et, surgissant de ce que nous savons aujourd'hui être le tronc principal, un certain nombre de poissons primitifs. Quoique plus riche que le précédent, ce tableau n'engloberait pas d'arbres, de fleurs, d'insectes, d'amphibiens, de reptiles, d'oiseaux ni de mammifères. Lorsque nous nous livrons à de telles reconstitutions, nous identifions rétrospectivement le tronc à la branche qui allait par la suite aboutir aux innovations les plus importantes.

FIGURE 23.1

Histoire résumée de la vie sur la Terre

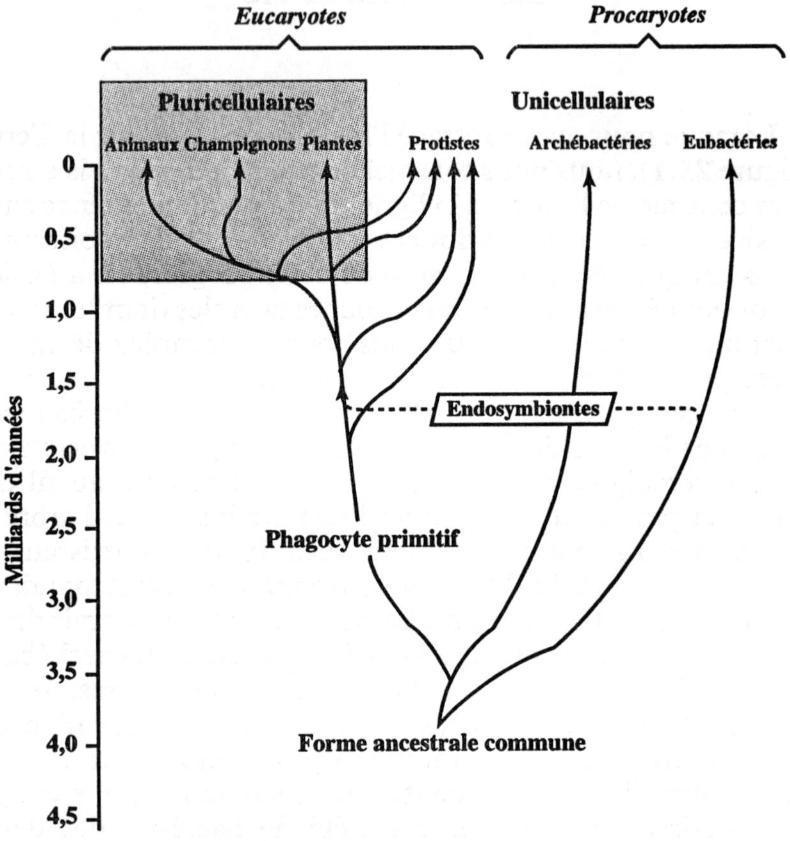

Cette figure résume de manière extrêmement schématique l'histoire de la vie sur la Terre. On notera l'apparition tardive des organismes pluricellulaires, après trois milliards d'années de vie unicellulaire. Toute coupe transversale de cet « arbre » révèle les formes de vie présentes sur la Terre à l'époque indiquée.

Toutefois, cette identification n'aurait pas été évidente pour des contemporains et peut changer avec le temps. Aujourd'hui, nous plaçons notre espèce au sommet de l'arbre. Du moins la plupart d'entre nous le font. Mais d'ici dix millions d'années, qui nous dit que nous ne nous retrouverons pas sur une branche secondaire, ou que nous n'aurons pas disparu ?

Le nouveau tronc prolongerait alors ce qui nous apparaît aujourd'hui comme une branche secondaire ; il pourrait porter une forme de vie plus complexe que celle des êtres humains, échappant à la puissance de notre imagination.

Les coupes transversales de l'arbre de la vie ne sont pas simplement constituées de points séparés, comme le seraient les coupes effectuées dans un arbre réel. Dans l'arbre de la vie, les points sont reliés entre eux par un réseau complexe de connexions ; ils dessinent un tissu. Au fur et à mesure que l'image formée de points devient plus complexe, le tissu lui aussi se complique. Nous examinerons dans ce chapitre quelques-uns des aspects fondamentaux du développement de ce tissu.

Le maillon primordial

Pour la plupart d'entre nous, la vie apparaît comme un processus créateur, générateur de formes par la synthèse de protéines, d'acides nucléiques et autres molécules spécialisées. L'ère du plastique a attiré notre attention sur l'importance de la biodégradation. Les protéines ne sont pas intrinsèquement plus fragiles que nombre de polymères artificiels. Ce qui les fragilise, c'est qu'elles sont biodégradables. Si la vie n'avait pas élaboré les moyens de décomposer les produits de sa propre industrie, il n'y aurait pas de biosphère mais seulement une coque inerte de biopolymères, une « plastosphère » semblable à celle que l'ingéniosité humaine s'emploie aujourd'hui à constituer.

Le couplage entre biosynthèse et biodégradation constitue le lien primordial du tissu de la vie. Vraisemblablement, ce lien existait déjà chez le premier ancêtre commun de toutes les formes de vie. Même si cet organisme était autotrophe, il devait avoir la capacité de fragmenter les biopolymères ; il devait posséder des enzymes digestifs. Ces catalyseurs biologiques sont les plus simples qui soient et n'ont sans doute pas manqué d'apparaître très tôt. Ils étaient en outre nécessaires pour permettre à l'organisme de survivre en l'absence d'une source d'énergie – un phototrophe dans le noir, par exemple – en consommant des restes de cellules mortes ou des parties de sa propre substance. C'est ce que font aujourd'hui tous les autotrophes.

Pour que de tels processus puissent fonctionner, il fallait aux cellules des garde-fous contre l'autodigestion suicidaire. Les bactéries actuelles font face à ce problème en associant la décharge extracellulaire des enzymes à leur synthèse par des ribosomes fixés à la membrane cellulaire. D'autres mesures de sécurité comprennent un ensemble de contrôles chimiques qui contraignent les enzymes digestifs à demeurer inactifs à l'intérieur des cellules et ne les libèrent qu'au moment et à l'endroit voulus. Les principaux enzymes digestifs que nous sécrétons dans l'estomac et l'intestin sont ainsi synthétisés sous la forme de « zymogènes » inactifs, qui ne sont activés que lorsqu'ils sont en contact avec le milieu gastrique ou intestinal. Si les enzymes sont activés trop tôt, comme dans le cas d'une pancréatite, les tissus peuvent subir des lésions mortelles. Un troisième type de protection consiste à enfermer les enzymes à l'intérieur de poches digestives (lysosomes) entourées d'une membrane dont la couche interne est résistante aux enzymes. Toute lésion de ce revêtement peut également entraîner d'importants dégâts dans les tissus, comme on l'observe dans de nombreuses affections pathologiques.

À l'origine, la biosynthèse dominait la biodégradation, de sorte que la vie bactérienne peupla progressivement de vastes régions de la Terre de colonies florissantes et autonomes. Bientôt, ces colonies devinrent une source de nourriture pour les formes mutantes qui avaient perdu la capacité de se développer de manière autotrophe et s'étaient muées en hétérotrophes obligatoires. Comme le montrent les stromatolithes, des associations stratifiées de bactéries autotrophes et hétérotrophes existaient déjà dans plusieurs parties du monde il y a environ 3,5 milliards d'années, ou peut-être même plus tôt encore. L'organisation de ces tapis reflète les exigences et les tolérances de leurs organismes constitutifs.

La strate supérieure était occupée par les phototrophes qui avaient besoin d'une intensité lumineuse maximale. Venaient ensuite des phototrophes capables d'utiliser la lumière filtrée par les couches supérieures. Puis divers hétérotrophes, chacun d'entre eux étant adapté à son environnement immédiat.

Chaque strate entretenait avec ses voisines supérieure et inférieure des relations mutuelles qui tendaient à stabiliser la colonie dans un équilibre dynamique. Par nécessité, les phototrophes ajustaient leur prolifération à la capacité de consommation des hétérotrophes sous-jacents, tandis que les hétérotrophes maintenaient leur voracité à des niveaux compatibles avec la préservation des autotrophes qui constituaient leur réserve de nourriture.

On peut ainsi considérer les colonies génératrices de stromatolithes comme des pseudo-organismes, composés de plusieurs types de cellules et maintenant un équilibre dynamique grâce à un certain nombre de circuits d'autorégulation. Cette organisation émergea spontanément et fut perpétuée par des mécanismes automatiques guidés uniquement par le filtrage aveugle de la sélection naturelle, qui élimina les formes incompatibles avec le fonctionnement de la colonie et favorisa les autres. La comparaison de stromatolithes datant de diverses périodes et de colonies actuelles donne à penser que l'organisation fondamentale de ces formations n'a pas considérablement évolué en plus de 3,5 milliards d'années.

Au fur et à mesure de la croissance de l'arbre de la vie, les liens entre autotrophes et hétérotrophes se sont développés. Ce sont eux qui, aujourd'hui encore, gouvernent les grands équilibres de la biosphère. Ils sont devenus plus complexes en raison de l'apparition d'hétérotrophes mangeurs d'hétérotrophes, organismes qui se nourrissent indirectement d'autotrophes, parfois par l'intermédiaire d'une longue chaîne alimentaire. Ainsi une seiche peut tirer sa subsistance de l'activité biosynthétique de micro-organismes phototrophes (phytoplancton) en festoyant d'un crabe repu des restes d'un poisson qui avait lui-même consommé une crevette nourrie de phytoplancton. Nous profitons nous-mêmes de l'énergie solaire en mangeant de la viande qu'un bœuf a fabriquée en tirant parti de la présence dans son estomac de micro-organismes capables de décomposer l'herbe en nutriments utilisables.

Des équilibres dynamiques semblables à ceux qui existent dans un stromatolithe vivant contribuent également à stabiliser les différentes parties de la biosphère. Une population de renards ne peut croître de façon disproportionnée par rapport aux lapins dont ils se nourrissent. En contrepartie, le nombre de lapins est limité par la prolifération des renards qui les tuent. Les quantités de lapins et de renards connaissent ainsi des oscillations cycliques, la prolifération des uns coïncidant avec le déclin des autres. Cet exemple classique est connu comme le cycle Lotka-Volterra, des noms des chercheurs qui en effectuèrent l'étude théorique dans les années 1920[1]. Toutefois, de telles interactions simples entre prédateur et proie illustrent mal les relations complexes qui unissent les constituants des écosystèmes réels. Même les plus simples des champs ou des marais constituent des systèmes multifactoriels organisés en réseaux d'une haute complexité par des interactions dynamiques entre les plantes, les animaux, les mycètes et les micro-organismes qu'ils renferment. À leur tour, de tels systèmes créent, en se joignant, des réseaux plus vastes et plus complexes, pour se refermer enfin en un gigantesque tissu d'une complexité prodigieuse qui enveloppe la Terre entière : la biosphère.

La compréhension de ce tissu est l'un des principaux objectifs de la recherche écologique. En dépit de nombreuses études de terrain et de la puissance grandissante des simulations par ordinateur, ce domaine de la recherche n'a pas encore dépassé le stade de l'enfance, en raison de la complexité extrême et d'une certaine imprévisibilité des interconnexions qu'il s'efforce de démêler. Un insecte rare peut influencer l'équilibre de toute une forêt tropicale en raison de son rôle dans la pollinisation de certaines plantes essentielles. Quelques principes régulateurs clefs de portée générale demeurent applicables.

Le métabolisme de la biosphère

La biosphère et les sous-systèmes qui la constituent continuent pour l'essentiel à être gouvernés par le lien primordial entre autotrophes et hétérotrophes, agents du recyclage de la matière et de l'énergie. La couverture verte tire l'énergie de la lumière solaire, le carbone du gaz carbonique, l'azote du nitrate ou de l'azote atmosphérique, le soufre, le phosphore, le sodium, le potassium, le calcium, le magnésium, le fer et les autres éléments nécessaires de sels minéraux dissous, et l'eau de toute source disponible. Ces matériaux sont transformés en constituants biologiques, l'oxygène constituant le principal sous-produit.

Une partie des produits bio-organiques accumulés par les phototrophes pénètre dans la chaîne alimentaire et sert, directement ou indirectement, à nourrir les animaux et autres hétérotrophes. Ces organismes utilisent leurs aliments pour synthétiser leurs propres molécules constitutives et satisfaire leurs besoins en énergie. Ce faisant, ils consomment de l'oxygène et décomposent une bonne partie de leurs aliments en gaz carbonique et autres déchets. La tâche est achevée par des vers, des mycètes et des bactéries qui décomposent les plantes et les animaux morts ainsi que les déchets incomplètement métabolisés tels que l'acide urique, l'urée et l'ammoniaque. Ainsi, l'oxygène produit par les phototrophes est consommé et le gaz carbonique, l'azote, le nitrate et l'ensemble des constituants minéraux qu'ils utilisent sont régénérés. Ces cycles se déroulent en partie en milieu anaérobie, grâce à la participation de mécanismes de fermentation ou à l'intervention d'accepteurs d'électrons autres que l'oxygène. Certaines activités autotrophes s'accomplissent sans l'aide de la lumière, alimentées par l'oxydation de donneurs d'électrons minéraux.

Dans l'ensemble, ces phénomènes sont gouvernés par le même type de mécanismes autorégulateurs qui maintenaient l'équilibre dynamique des colonies bactériennes primitives. La synthèse et la décomposition tendent à s'équilibrer, de sorte que la biosphère demeure dans un état de stabilité dynamique et que les principaux éléments biogéniques sont recyclés. Il se produit cependant des variations locales, parfois à grande échelle. Les gisements de tourbe, de charbon et de pétrole rappellent une époque où la biosynthèse l'emportait de loin sur la biodégradation. Les vestiges fossiles témoignent des grands bouleversements qui altérèrent à plusieurs reprises la composition de la biosphère. Les menaces que les interventions humaines font peser sur les équilibres naturels sont tout aussi impressionnantes et d'autant plus inquiétantes que nous en sommes les grands responsables. Afin de mieux comprendre ces problèmes, il nous faut prêter attention non seulement aux interactions entre les membres vivants des écosystèmes, mais aussi à celles entre les organismes vivants et leur environnement.

L'environnement

Le tissu de la vie est intimement lié à l'environnement par un réseau très dense d'interactions. La vie dépend de l'environnement, c'est une évidence. La température, la lumière solaire, les précipitations, l'accès aux nutriments essentiels et d'autres facteurs environnementaux conditionnent la capacité de certaines plantes à pousser dans une région donnée, déterminant ainsi les possibilités de développement des animaux, des mycètes et des micro-organismes dans cette même région. En revanche, les influences exercées par les organismes vivants sur leur environnement sont peut-être moins évidentes. Pourtant, elles étaient (et sont toujours) d'une importance fondamentale. Si la vie n'existait pas, notre planète serait différente du tout au tout.

La vie a radicalement modifié l'équilibre qui règne sur Terre entre oxydation et réduction. Les grandes quantités de fer ferreux des océans archéens se sont trouvées emprisonnées, en partie sous forme ferrique, dans des minéraux tels que la magnétite et la pyrite. L'hydrogène sulfuré a été en majeure partie oxydé ou incorporé à des minéraux ; on ne le trouve plus désormais que dans quelques régions volcaniques, où il émerge des fissures de la Terre pour être rapidement oxydé par l'oxygène contenu dans l'atmosphère. Le changement le plus spectaculaire fut la hausse de l'oxygène atmosphérique, due pour l'essentiel à l'activité des phototrophes. À son tour, ce changement modifia la composition de nombreuses roches et donna lieu à la couche d'ozone (la molécule d'ozone, O_3, est formée de trois atomes d'oxygène), qui protège aujourd'hui la Terre et ses habitants d'un excès de rayons ultraviolets provenant du Soleil.

L'abondance de l'eau sur notre planète est, elle aussi, une conséquence importante de la vie. Sans les organismes vivants, la Terre serait aujourd'hui presque entièrement desséchée, à l'image de Mars. L'eau aurait en effet été progressivement décomposée par le rayonnement ultraviolet. L'hydrogène résultant de cette décomposition aurait échappé dans l'espace extra-atmosphérique tandis que l'oxygène aurait été capté par certains minéraux qui en sont avides. La vie décompose l'eau elle aussi, mais de manière à conserver l'hydrogène et à permettre la reconstitution de l'eau. Les organismes vivants jouent également un grand rôle dans la conservation de l'humidité du sol et dans la formation des courants atmosphériques qui apportent la pluie aux continents. Sans la vie, les étendues terrestres seraient restées arides et desséchées, telles qu'elles étaient jusqu'à ce que les organismes vivants commencent à émigrer des océans.

La vie a également exercé une influence majeure sur la façon dont le gaz carbonique et ses sels, les carbonates, se répartissent sur la Terre. Le gaz carbonique ne représente aujourd'hui que 0,031 5 % en volume des gaz atmosphériques, et il est dissous dans les océans à la faible concentration qui correspond à ce taux. Le niveau prébiotique de ce gaz était peut-être jusqu'à cent fois supérieur. Une conséquence prévisible d'un taux atmosphérique de gaz carbonique aussi élevé aurait été une rétention considérable de chaleur, causée par ce que l'on appelle l'effet de serre (voir chapitre 30). Il s'avère en fait que le jeune soleil était moins chaud à l'époque et que la chaleur qu'il envoyait à la Terre était inférieure de 25 % à ce qu'elle est de nos jours. La teneur élevée en gaz carbonique de l'atmosphère joua le rôle d'une couverture de protection, de sorte que la température de la surface de la Terre se maintint aux environs de 20 à 25 °C, d'après les meilleures estimations des experts[2]. Puis, la vie se développant et commençant à consommer le gaz carbonique, plus de chaleur s'échappa de la Terre, tandis qu'elle en recevait simultanément davantage du soleil qui se réchauffait, de sorte que les deux effets s'annulèrent.

Le carbone emprunté par la vie au gaz carbonique prébiotique fut incorporé au tissu organique de la biosphère et, grâce à la luxuriance du carbonifère, entreposé en partie dans les vastes gisements souterrains, d'où il rejoint à présent le pool de gaz carbonique lorsque nous brûlons des combustibles fossiles. Une partie importante du gaz carbonique prébiotique a également été fixée, principalement sous la forme de carbonate de calcium, dans les coquilles et autres structures fabriquées par des organismes marins. La sédimentation, le métamorphisme et la remontée à la surface causée par des mouvements tectoniques ont produit les pierres à chaux, les marbres et les autres roches calcaires criblées de fossiles qui émergent aujourd'hui en de nombreux points du globe. Les blanches falaises de Douvres, les majestueuses cathédrales naturelles qu'ont sculptées d'invisibles rivières coulant dans les profondeurs souterraines, les pierres lustrées de Carrare dont sont issus tant de chefs-d'œuvre, tout cela n'existerait pas si la vie n'était pas apparue sur notre planète.

Ainsi la biosphère n'est pas une simple pellicule de matière vivante enveloppant la Terre comme un manteau. Gigantesque processeur de surface alimenté par l'énergie solaire, elle est intimement liée à la Terre par une myriade de relations réciproques, soustrayant et ajoutant simultanément de la matière à l'écorce terrestre, aux océans et à l'atmosphère, les remodelant constamment et se laissant remodeler par eux. La vie et la Terre sont si indissociables qu'elles apparaissent aux yeux de certains comme unies dans une sorte de super-organisme planétaire composé d'éléments vivants et de parties inertes, unis par un réseau de relations cybernétiques. Cette conception a été popularisée sous le nom de Gaia.

Gaia

Pour les anciens Grecs, Gaia était la Terre, la déesse mère. Depuis longtemps tombée dans l'oubli, bien qu'elle soit fixée dans certains mots comme géologie, géographie et géométrie, elle a récemment été ressuscitée par James Lovelock[3], scientifique anglais réputé, F.R.S. (Fellow of the Royal Society), les initiales les plus convoitées par les scientifiques britanniques. Physicien de formation, Lovelock est l'heureux inventeur de divers instruments scientifiques et tire un revenu confortable des brevets qu'il déposa dans sa jeunesse. Il est installé dans un moulin du XVIIIe siècle réaménagé, à la limite entre le Devon et les Cornouailles, les comtés situés à l'extrême sud-ouest de l'Angleterre. Coombe Mill (Experimental Station) est à la fois la maison de Lovelock et le laboratoire bourré d'ordinateurs où il simule les caprices et les fantaisies de Gaia.

Ce qui distingue Gaia d'autres concepts de la Terre, c'est l'homéostasie, ou autorégulation. Dans Gaia, la vie et la Terre n'entretiennent pas simplement des interactions aléatoires, elles interagissent d'une façon qui tend à corriger les déséquilibres qu'elles s'infligent mutuellement. Le « monde des marguerites » est l'une des études théoriques menée par Lovelock. Sur une planète, on sème un mélange de marguerites claires et foncées qui ont les mêmes besoins pour leur croissance, mais diffèrent par la proportion de lumière qu'elles absorbent et reflètent. Les marguerites foncées absorbent davantage de lumière et en reflètent moins que les marguerites claires. Sur une planète froide, les marguerites foncées connaissent un sort meilleur que les marguerites claires parce qu'elles retiennent plus de chaleur. Elles s'étendent ainsi progressivement, depuis les régions tropicales, où elles ont vu le jour, en direction des régions plus froides, qu'elles contribuent à réchauffer. Si, toutefois, la quantité de lumière projetée sur la planète augmente, comme il arriva à la jeune Terre, il fera trop chaud pour que les marguerites poussent. Les marguerites claires, qui reflètent davantage la lumière et contribuent à refroidir leur environnement, sont maintenant favorisées et prennent le pas sur les foncées. Les marguerites claires et foncées font ainsi office de thermostat. Elles réagissent aux variations de température de façon à les contrecarrer ; elles tendent à maintenir la température de l'environnement à un niveau constant. Ce simple modèle n'est pas sans rappeler celui de Lotka et Volterra sur les proies et les prédateurs, à la différence que le modèle du monde des marguerites fait intervenir la vie et l'environnement, et non pas deux formes de vie.

Peu à peu, Lovelock a compliqué le monde des marguerites en ajoutant jusqu'à vingt variétés de fleurs de teinte différente, et même des lapins et des renards. Le résultat est à chaque fois le même : l'autocorrection, même en cas de perturbations délibérément introduites. À l'aide de ces simulations expérimentales, Lovelock a étayé, par ce qu'il considère comme des arguments de plus en plus probants, ce qui n'était au départ, il le reconnaît lui-même, qu'une hypothèse intuitive. Selon la théorie Gaia, la Terre est un organisme vivant qui règle automatiquement son environnement de telle sorte que les conditions de vie y soient optimales.

Gaia fut accueillie de façon mitigée par la communauté scientifique. Le concept a été adopté avec enthousiasme par Lynn Margulis[4], qui en est devenue l'un des plus ardents défenseurs. Selon feu Lewis Thomas, les idées de Lovelock « pourront peut-être un jour être reconnues comme l'une des discontinuités majeures de la pensée humaine[5] ». Le cosmologue Freeman Dyson a lui aussi adhéré au concept Gaia. Il écrit : « Le respect de Gaia, c'est le commencement de la sagesse[6]. »

D'autres en revanche ont été gênés par le caractère apparemment téléologique du concept et par le langage quasi mystique dans lequel il a été primitivement exposé. Lovelock concède que le style de ses premiers écrits a pu induire en erreur, mais il proteste vigoureusement en affirmant que Gaia est une véritable théorie scientifique, susceptible d'être mise à l'épreuve par l'observation et l'expérimentation.

Les écologistes se méfient du concept Gaia pour une raison différente. En effet, Gaia décrit la Terre comme un organisme robuste, capable de résister à bien des agressions, et non comme la structure fragile qu'ils estiment menacée de tous bords par l'activité humaine. Cependant, Lovelock ne mérite certainement pas qu'on l'accuse d'être insensible à la cause de l'environnement. S'il s'est montré assez critique à l'égard de l'accent mis sur certaines menaces, comme les carcinogènes faibles et l'énergie nucléaire, il a en revanche dénoncé éloquemment ce qu'il a surnommé les trois C mortels[7] (« cars, cattle, chain saw ») – voitures, bétail et tronçonneuses –, qu'il accuse de saccager la campagne anglaise.

L'histoire de la vie sur la Terre fournit un certain appui aux idées de Lovelock. Cette histoire a traversé une succession de catastrophes, provoquées entre autres par des mouvements tectoniques, des éruptions volcaniques, des changements de climat et l'impact d'astéroïdes, qui détruisirent une bonne partie de la flore et de la faune. Non seulement la vie rebondit, mais elle élabora à chaque fois des innovations décisives. Cependant, il fallut des millions d'années pour que tout cela se produise. Nous ne pouvons guère nous reposer sur la résistance naturelle de Gaia si nous voulons préserver la Terre pour nos enfants et petits-enfants.

24

Les vertus de l'ADN « de rebut »

L'une des différences fondamentales entre d'un côté les eucaryotes, en particulier les plantes et les animaux supérieurs, et de l'autre leurs lointains cousins procaryotiques concerne ce que l'on pourrait appeler leur degré de parcimonie en ADN. Les procaryotes économisent au maximum l'ADN qu'ils contiennent. Leur génome ne renferme à peu près aucun nucléotide qui n'intervienne dans le codage ou le contrôle. Selon les termes employés par le prix Nobel de chimie de Harvard Walter Gilbert, le génome bactérien est « profilé », sans doute en raison de la forte pression évolutive en faveur d'une prolifération rapide[1].

En un contraste saisissant, le génome eucaryotique se compose principalement d'ADN non codant sans fonction évidente. On l'appelle parfois ADN « de rebut » ou « ballast ». Moins de 5 % de l'ADN humain a une fonction de codage. Les salamandres font encore beaucoup mieux, ou beaucoup moins bien, tout dépend du point de vue[2]. Certains de ces animaux ont vingt fois plus d'ADN que nous, ceux de l'ouest des États-Unis battant même de plusieurs fois ceux de l'est. Heureusement pour notre amour-propre, la quantité d'ADN ne mesure pas à elle seule la qualité d'ensemble de son propriétaire. Les salamandres de l'ouest ne sont manifestement pas plus intelligentes que leurs congénères de l'est. Les salamandres ne nous sont pas supérieures du simple fait qu'elles possèdent plus d'ADN.

L'ADN égoïste

Qu'il se trouve de l'ADN apparemment inutile dans le génome des plantes et des animaux supérieurs exige un éclaircissement. Selon l'éthologue britannique Richard Dawkins, l'explication réside dans l'« égoïsme » de l'ADN[3]. L'unité de sélection, c'est l'ADN et non le corps. Ce dernier n'est qu'un moyen de réplication de l'ADN, de même qu'on a pu dire que la poule n'était que le moyen dont disposait l'œuf pour produire un autre œuf. Je cite Dawkins : « Le véritable "objectif" de l'ADN est de survivre, ni plus ni moins. La plus simple façon d'expliquer le surplus d'ADN, c'est de supposer qu'il s'agit d'un parasite, ou au mieux d'un passager inoffensif mais inutile, pris en stop dans les machines à survivre créées par l'autre ADN[4]. » Ce concept inventif n'explique pas la différence frappante entre les procaryotes et les eucaryotes dans leur utilisation plus ou moins parcimonieuse de l'ADN, ni pourquoi, en dépit de variations importantes (comme chez les salamandres), la proportion d'ADN « de rebut » dans le génome des eucaryotes a augmenté au fur et à mesure de leur complexification évolutive.

Une partie de l'ADN des eucaryotes semble ne jouer aucun rôle évident. Ce sont des gènes « morts », des copies de gènes fonctionnels devenus inutilisables à la suite d'une mutation nuisible. On trouve également de longs segments intercalaires entre les gènes et de multiples répétitions d'une même séquence, qui n'ont pas de fonction apparente. À l'inverse, le génome bactérien ne renferme pas de gènes morts, ni de segments intercalaires inutilement longs, ni de séquences répétitives apparemment superfétatoires. Si, comme il paraît vraisemblable, le « profilage » évolutif est responsable de cette quête continuelle de « minceur génomique », les eucaryotes n'ont sans doute pas été soumis au même type de pression.

De fait, les cellules eucaryotiques ne se multiplient pas sans cesse aussi vite qu'elles le peuvent. La réplication de l'ADN s'y produit sans hâte et n'occupe qu'une partie du temps exigé pour la division cellulaire. Elle peut être ajustée à n'importe quelle longueur d'ADN, tout simplement en répliquant simultanément un plus grand nombre de segments d'ADN. Cette faculté n'existe pas chez les bactéries, qui sont limitées à une seule origine de réplication. Il est donc possible que les eucaryotes transportent de l'ADN « égoïste » de génération en génération parce que l'avantage qu'ils auraient à s'en débarrasser n'est pas suffisant pour faire agir la sélection naturelle. On ne peut toutefois exclure la possibilité que cet ADN joue un rôle, dans la structure des chromosomes, par exemple, ou de quelque autre façon qui nous est inconnue.

Les gènes segmentés

Ce n'est pas là, tant s'en faut, toute l'histoire de l'ADN « de rebut » des eucaryotes, ni même son chapitre le plus curieux. On trouve de l'ADN non codant non seulement entre les gènes mais aussi en leur sein. Beaucoup de gènes d'organismes eucaryotiques se composent de segments distincts, dont le nombre varie entre deux et plus de cent. Appelés exons (parce qu'ils sont exprimés), ces segments sont séparés par des séquences interposées, ou introns, qui, dans la plupart des cas, ne sont pas exprimées en quoi que ce soit d'utile. Les exons sont courts, d'une longueur relativement uniforme, soit, pour plus des deux tiers d'entre eux, entre cinquante et deux cents nucléotides. À l'inverse, la longueur des introns est beaucoup plus variable, de moins de dix nucléotides à plus de cinquante mille. Les gènes segmentés sont transcrits intégralement, exons comme introns, en des ARN segmentés correspondants. Ces derniers subissent ensuite un traitement compliqué comprenant l'excision des introns, qui sont le plus souvent dégradés, et l'épissage des exons en ARN matures.

Imaginez qu'après avoir émaillé un texte de charabia vous imprimiez ce salmigondis, puis que vous découpiez les passages en charabia, recollant ensuite ensemble les parties du texte qui ont un sens. Une personne saine d'esprit ne prendrait pas autant de risques d'erreur inutiles dans le traitement de l'information. Le brouillage des textes génétiques paraît d'autant plus absurde que le charabia alourdit considérablement le fardeau de la transcription et de la réplication. En outre, lors de l'épissage, aucune lettre ne doit manquer ou être mal placée, car cela risquerait de transformer le message tout entier en un galimatias incompréhensible. Enfin, la dépense d'énergie que suppose cet exercice apparemment futile n'est pas du tout négligeable. Pour ces raisons, aucun scientifique n'aurait pu imaginer avant 1977 l'existence de gènes segmentés. La « colinéarité » avait valeur de dogme. La surprise, rarement égalée dans le domaine scientifique, fut donc complète lorsque, cette année-là, deux biologistes moléculaires, Phillip Sharp, de l'institut de technologie du Massachusetts (MIT, Boston), et le Britannique Richard Roberts, chercheur au Cold Spring Harbor Laboratory de Long Island, découvrirent de manière indépendante des indices indubitables révélant qu'un gène était divisé en plusieurs segments, qui étaient ultérieurement découpés et épissés dans l'ARN transcrit[5]. Cette découverte valut à ses auteurs le prix Nobel 1993.

L'évolution sélectionna l'épissage des gènes et l'affina jusqu'à un degré remarquable de précision, ce qui signifie que les gènes segmentés conférèrent des avantages déterminants, à la mesure des risques qu'ils entraînaient. Selon Gilbert, le plus grand avantage des gènes segmentés pour les cellules, c'était le « brassage d'exons[6] », la faculté d'effectuer diverses combinaisons à partir des mêmes modules d'ADN et de les mettre à l'épreuve de la sélection naturelle, à la manière dont on croit que les gènes d'ARN furent initialement assemblés (voir chapitre 7). Se substituant aux modules d'ARN initiaux plus courts, les exons furent réarrangés à l'intérieur du génome en une grande variété de gènes « mosaïques » différents. Les chances de diversification se multiplièrent considérablement. Les cellules douées d'une telle souplesse évitèrent d'être enfermées progressivement dans une camisole de force génomique. Leurs options restèrent ouvertes et elles conservèrent leur capacité d'innovation.

Les mêmes exons ont effectivement servi dans la confection de gènes différents, permettant ainsi à certains motifs peptidiques fondamentaux d'être réutilisés dans des contextes variés[7], de même qu'on assemble diversement des interrupteurs, des micropuces, et d'autres pièces détachées pour fabriquer des machines différentes. Le brassage des exons se rejoue d'une manière particulièrement remarquable chez chaque individu, au cours du développement du système immunitaire (voir chapitre 14).

L'origine des introns

À quel moment de l'histoire de la vie les introns ont-ils fait leur apparition dans l'ADN ? Cette question fait l'objet d'un vif débat. Ce que l'on sait de leur évolution indique que les introns sont apparus tardivement et se sont répandus lentement dans la seule lignée eucaryotique. Pratiquement inexistants chez les procaryotes, ils sont rares chez les eucaryotes inférieurs et augmentent en nombre au fur et à mesure de l'évolution. Ce fait donne à penser que les introns ont pénétré dans le génome pendant ou après la transition procaryote-eucaryote et qu'ils se sont ensuite multipliés comme une espèce de virus jusqu'à occuper un nombre croissant de sites à l'intérieur des gènes (et aussi entre ceux-ci, ce qui pourrait rendre compte d'une partie de l'ADN « de rebut »). Un corollaire de cette thèse, bien que non obligé, est que l'invasion du génome par des segments d'ADN errants a joué un rôle décisif dans l'évolution des eucaryotes en multipliant le nombre et la variété des réarrangements génétiques soumis au crible de la sélection naturelle.

Curieusement, on peut aussi soutenir la thèse de l'antiquité des introns, éloquemment défendue par Gilbert[8]. Ce que l'on sait de la construction modulaire des gènes suggère qu'un événement semblable au brassage des exons, mais faisant intervenir des molécules d'ARN plus petites, avait déjà joué un rôle capital dans les premières protocellules. Ce fut également le cas de l'épissage de l'ARN, qui remplit une fonction essentielle lors des premiers jeux combinatoires avec les minigènes d'ARN pour réapparaître par la suite dans une nouvelle fonction, celle de convertir en ARN matures les ARN transcrits à partir des gènes segmentés. Si les premiers gènes d'ADN avaient été segmentés en exons, il pourrait exister une filiation ininterrompue entre les premières formes d'épissage de l'ARN et son utilisation actuelle chez les eucaryotes. En revanche, si les exons constituent une innovation tardive, il reste à expliquer pourquoi l'épissage de l'ARN est réapparu après une éclipse de deux milliards d'années.

La théorie selon laquelle les premiers gènes ont été segmentés par des introns implique que la perte de ces derniers a eu pour effet de freiner l'évolution. Les bactéries ont perdu pratiquement tous leurs introns ancestraux et sont demeurées procaryotes jusqu'à ce jour. Les eucaryotes inférieurs, comme les levures, ont conservé quelques introns et évoluèrent davantage. Et ainsi de suite jusqu'aux plantes et aux animaux supérieurs, qui sont ceux qui ont conservé le nombre d'introns le plus élevé. L'idée que l'innovation dépend de la prolongation d'un état flexible et informe, dans lequel beaucoup de choses sont encore possibles, est évidemment très séduisante. Elle est en outre conforme à l'opinion selon laquelle des étapes décisives dans le façonnage du plan corporel au cours de l'évolution furent franchies grâce au recul du moment d'un engagement définitif en matière de développement.

Ce ne sont pas les arguments théoriques qui détermineront si l'évolution résulte de la perte ou de l'acquisition d'introns. Ce sont les faits qui décideront. À l'appui de la théorie de l'acquisition, on a découvert qu'un certain nombre d'introns dérivaient de morceaux d'ADN errants, ou éléments transposables[9]. L'existence de tels éléments fut mise en lumière entre 1940 et 1950 par une obscure généticienne des plantes, l'Américaine Barbara McClintock. À partir de la distribution des taches bigarrées sur les épis de maïs, elle déduisit que celles-ci devaient résulter du transfert de certains segments d'ADN d'une cellule fille à une autre au cours de la méiose. Longtemps ignorée, cette découverte révolutionnaire finit par être reconnue comme fondamentale et valut à son auteur – modeste et réservée – une renommée mondiale et le prix Nobel 1983[10]. On sait à présent que chez les procaryotes et les eucaryotes, certains segments d'ADN sont munis de séquences terminales qui permettent leur excision et leur insertion dans un autre site, non seulement à l'intérieur du même génome mais aussi d'une cellule à l'autre, entre des organismes d'espèces identiques ou distinctes et même par-delà la frontière entre eucaryotes et procaryotes. Plusieurs de ces intrus ont été surpris à atterrir au beau milieu d'un gène, en le rendant inactif et causant ainsi une déficience génétique. Un certain nombre d'introns ont été identifiés à des éléments transposables d'origine manifestement récente. Ces découvertes n'ont pas clos le débat, mais les données actuelles suggèrent que les gènes segmentés sont une acquisition tardive[11].

L'univers des exons

Un nombre grandissant d'exons présents dans des gènes différents se sont révélés être des descendants apparentés de segments d'ADN ancestraux communs. Ce résultat suggère que toutes les protéines présentes dans la nature pourraient provenir de la combinaison d'un nombre restreint de modules génétiques. Selon des estimations de l'école de Gilbert, il aurait suffit de 7 000 exons seulement – avec une fourchette allant de 950 à 56 000 – pour assembler tous les gènes eucaryotiques connus[12]. Bien que ces évaluations de l'« univers des exons » soient loin de faire l'unanimité, le simple fait que le problème se soit avéré abordable et ouvert à une solution acceptable indique que le nombre d'exons à l'aide desquels les gènes ont été bâtis doit constituer une infime proportion du nombre donné par simple estimation statistique, nombre si élevé qu'il en devient impossible à manipuler (4^{50}, soit un millier de milliards de milliards de milliards de séquences possibles pour un segment de cinquante nucléotides seulement). Cela implique qu'une exploration étendue de l'« espace » combinatoire des exons a pu être possible, même au cours des phases tardives de l'évolution animale et végétale. Nous avons souligné l'importance de ce point au chapitre 7.

Sixième partie

L'ÂGE DE LA PENSÉE

25

Le pas vers l'humain

Soixante-dix empreintes de pas dans la cendre volcanique – deux individus de tailles différentes marchant côte à côte et un troisième dans les pas du plus grand – restèrent pétrifiées durant 3,5 millions d'années dans ce qui est aujourd'hui le Laetoli, région aride située dans le nord de la Tanzanie, jusqu'à ce que Mary Leakey, appartenant à la fameuse lignée kenyane de chasseurs de fossiles[1], les découvre en 1977. Ces traces antiques témoignent de l'existence, en ces temps lointains et dans cette partie du monde, de créatures qui marchaient debout sur des pieds ressemblant aux nôtres. De telles créatures sillonnaient sans doute une grande partie de l'Afrique de l'Est à cette époque. La plus connue est une jeune « personne » du sexe féminin nommée Lucy – en souvenir de la chanson des Beatles *Lucy in the Sky with Diamonds* – qui fit la une de la presse en 1974 lorsque ses restes étonnamment intacts (presque la moitié du squelette) furent découverts dans la région des Afars en Éthiopie par Donald Johanson de l'Institut de recherche sur les origines de l'homme à Berkeley en Californie[2]. Lucy a à peu près le même âge que les marcheurs du Laetoli. Son anatomie pelvienne indique qu'elle aussi marchait sur deux jambes ; tout comme le propriétaire de cette articulation de genou, datée d'il y a 3,9 millions d'années, qui fut également découverte par Johanson dans la région des Afars. Ces premiers hominidés (préhumains) sont aujourd'hui connus sous le nom d'*Australopithecus afarensis*.

Le nom *Australopithecus*, signifiant singe (*pithekos* en grec) du Sud (*australis* en latin), fut inventé, avec l'épithète *africanus*, par Raymond Dart, natif de l'Australie, après qu'il eut découvert en 1924, dans une caverne de Taung (en Afrique du Sud), un crâne fossilisé appartenant à un jeune primate immature de type simien, universellement connu aujourd'hui sous le nom d'« enfant de Taung ». En raison de la position de l'ouverture du crâne par laquelle la moelle épinière se rattache au cerveau, Dart affirma que l'enfant de Taung marchait debout et représentait une espèce intermédiaire entre le singe et l'homme. Cette affirmation souleva une farouche résistance de la part de l'*establishment* paléo-anthropologique de l'époque. Ce n'est plus à présent un sujet de polémique, puisque nous savons que l'enfant de Taung, vieux « seulement » de deux millions d'années, fut précédé par des singes marchant debout qui vivaient presque deux millions d'années auparavant.

D'après l'analyse comparative des séquences moléculaires, nos plus proches parents encore en existence sont les chimpanzés d'Afrique centrale, et les derniers ancêtres que nous avons en commun avec eux vivaient il y a environ six millions d'années. Il n'y a donc rien d'étonnant à ce qu'on ait trouvé en Afrique les premières traces de la piste qui conduit du chimpanzé à l'homme. Le fait que ces très anciennes créatures marchaient debout renforce l'hypothèse selon laquelle le bipédisme a joué un rôle important dans les commencements de la lignée humaine.

Des indices tels que ceux que je viens de décrire, patiemment recueillis en Afrique ainsi que dans d'autres parties du monde, ont permis aux spécialistes de recomposer une image fragmentaire de l'avènement de l'homme[3], à l'intérieur du contexte plus large de l'évolution des primates, telle qu'elle nous est révélée par l'observation des fossiles et par l'analyse comparative des séquences moléculaires. Je me contenterai de raconter l'histoire dans ses grandes lignes, sans entrer dans le détail des nombreuses controverses qui divisent encore les experts sur l'âge, l'identité, la généalogie et la parenté du propriétaire, depuis longtemps défunt, d'une dent, d'un maxillaire, d'un fragment de crâne ou de quelque autre vieux morceau d'os. Mais je me concentrerai davantage sur les caractéristiques spécifiques qui font de nous des humains et sur les mécanismes possibles de leur émergence dans l'évolution.

Grimper dans les arbres et en redescendre

Il y a bien des millions d'années, quand les dinosaures étaient encore là, un petit mammifère, apparenté aux rongeurs, élut domicile dans les arbres, où il trouva de la nourriture, un abri et la sécurité. Les nouveaux habitats entraînent de nouvelles adaptations. À travers la sélection naturelle, cet étrange nouveau venu dans un monde jusque-là peuplé essentiellement d'oiseaux et d'insectes évolua de telle façon qu'il acquit de longs bras, des doigts puissants capables de saisir sur les quatre membres, une queue préhensile et des yeux disposés de manière frontale, ce qui lui donna une meilleure vision stéréoscopique. On peut voir, dans le monde d'aujourd'hui, les représentants d'espèces qui ont peut-être eu rang d'intermédiaires dans cette transformation fatidique sous la forme des lémuriens de Madagascar et des tarsiers à grands yeux de Malaisie, suivis par les hordes de petits singes qui brisent le calme des forêts tropicales du monde entier par leurs cris perçants, leurs cabrioles aériennes et l'exhibition impudique de leur sexualité.

La grande aventure des primates aurait pu s'arrêter là si un groupe de singes ne s'était pas retrouvé isolé, il y a quelque 30 millions d'années, dans une jungle africaine inhospitalière où la survie réclamait une plus forte constitution, de nouvelles capacités et une plus grande habileté. La réponse de l'évolution à ce défi fut le *Proconsul*, l'ancêtre des singes hominiens, plus fort et doté d'un cerveau plus performant. Pouvant atteindre plus d'un mètre de hauteur, les robustes descendants du *Proconsul* envahirent une grande partie du Vieux Monde, donnant par la suite naissance aux gibbons et orangs-outans de l'Asie du Sud-Est et, plus tard, aux gorilles et chimpanzés d'Afrique centrale.

Finalement, il y a environ six millions d'années, se produisit un événement encore plus décisif. Certains habitants des arbres, directement apparentés aux ancêtres des chimpanzés d'aujourd'hui, quittèrent leur logis arboricole pour la savane, où ils amorcèrent la lignée évolutive dont émergea l'espèce humaine. Cet événement historique crucial se produisit quelque part en Afrique de l'Est, où il fut peut-être provoqué par les bouleversements géographiques et climatiques qui engendrèrent la formation de la grande fracture tectonique connue sous le nom de Rift Valley. La forêt perdit du terrain et devint de plus en plus surpeuplée, offrant ainsi moins de nourriture recelant davantage de menaces tapies dans les ombres. En revanche, les savanes, étendues à ciel ouvert qui gagnaient sur les anciens espaces boisés, avaient bien des richesses à offrir à des créatures susceptibles de s'y adapter. Le bipédisme, auquel les ancêtres voisins du chimpanzé s'étaient déjà essayés, fit l'affaire. Il permettait à ces animaux de rester en position debout et d'acquérir ainsi une meilleure vision de leurs proies et de leurs ennemis à travers les herbes hautes ; et surtout, il libérait les mains.

Observez les chimpanzés aujourd'hui, et vous comprendrez tout ce que les ancêtres que nous partageons avec eux avaient probablement réussi à faire avec leurs mains : porter leurs petits, se toiletter, ouvrir leur chemin à travers les fourrés, ramasser la nourriture, cueillir les baies et autres friandises, éplucher les bananes, porter les aliments à leur bouche, saisir leurs partenaires en amour, combattre leurs ennemis et leurs rivaux, chasser, faire des gestes, émettre des signaux et même utiliser des pierres et des bâtons comme armes ou comme moyen de se procurer la nourriture. Observez leurs yeux attentifs, leurs sourcils froncés, la moue de leurs lèvres lorsque leurs mains sont occupées à réaliser quelque opération délicate et manifestement réfléchie, et vous pourrez, avec un peu d'imagination, apercevoir les rouages d'une pensée en action sous ce front oblique. Ce qui s'est passé dans la jungle africaine il y a six millions d'années a joué un rôle essentiel dans l'apparition de la pensée humaine. Du cerveau à la main et, en retour, de la main au cerveau, ainsi s'initia un va-et-vient d'impulsions, s'amplifiant de lui-même, qui allait changer le monde.

Sans que l'on sache bien pourquoi, les chimpanzés n'ont pas tiré profit des progrès de leurs aïeux. Il se peut que les forêts qu'ils habitaient n'aient pas fait peser sur leur survie et leur capacité de reproduction une menace suffisamment importante pour les inciter à changer d'endroit. L'évolution a tendance à stagner lorsqu'elle n'est pas stimulée. La crise de l'Est africain, qui entraîna un groupe de singes vers la savane, fournit ce stimulus. Elle les poussa à devenir bipèdes, à développer leur dextérité et à unir leurs efforts. Ces animaux vivaient en petits groupes, se déplaçaient ensemble, coopéraient dans la chasse et le combat, partageaient la nourriture et l'abri, se reproduisaient essentiellement à l'intérieur du groupe, gardaient le contact par l'intermédiaire de signaux sonores et apprirent même à prendre des risques personnels pour le bien de la communauté. Ces nouvelles qualités ne furent pas le produit d'une élaboration consciente. Elles furent acquises de haute lutte à travers l'élimination, par l'effet de la sélection naturelle, des rejetons qui n'en étaient pas pourvus. Pendant ce temps s'établissaient, entre le cerveau et d'autres parties du corps, de nouvelles connexions s'intensifiant d'elles-mêmes, et qui aboutirent à des rudiments de communication verbale et de comportement social. Les groupes les plus florissants se fermèrent de plus en plus sur eux-mêmes, en rejetant les familles plus bestiales, et donnèrent par la suite naissance à l'*Australopithecus*, dont descendra l'*Homo* (homme en latin).

Australopithecus afarensis, africanus, robustus, boisei ; Homo habilis, ergaster, erectus, rudolfensis, neanderthalensis, sapiens – nous laisserons ces noms aux experts, ainsi que les querelles que ceux-ci se livrent pour déterminer qui apparut le premier et où, et qui avait des liens de parenté avec qui. Tous ces membres de notre famille lointaine subsistaient par la chasse et la cueillette, se déplaçant d'un endroit à l'autre suivant ce que leur expérience leur avait appris des saisons pendant lesquelles certains fruits abondaient ou les petits de leurs proies étaient particulièrement vulnérables. Certains trouvèrent refuge dans des cavernes et s'y installèrent quelque temps jusqu'à ce que, la nourriture se raréfiant, ils soient obligés de partir. Beaucoup taillaient des pierres pour découper les produits de leur chasse, aidés en cela par des transformations anatomiques de leurs mains – et, plus particulièrement, le pouce opposable – qui leur donnaient une plus grande habileté. Un certain nombre d'entre eux exploitaient le feu qui tombait du ciel. Ils apprirent comment le rallumer, en utilisant les étincelles produites par des silex, lorsqu'il s'était éteint de lui-même ou à cause de la pluie. Les mâles se livraient pour la possession des femelles des combats féroces, quoique dans une certaine mesure ritualisés. Les groupes rivaux gardaient généralement leurs distances et arpentaient des territoires différents, n'entrant en conflit que lorsque deux d'entre eux jetaient leur dévolu sur un même terrain particulièrement riche ou lorsqu'ils manquaient de femelles.

C'est en commun qu'ils nourrissaient leurs petits, les protégeaient et en prenaient soin. Ils émettaient différents types de grognements, dont chacun avait sa propre signification, ce qui leur permettait de communiquer à distance ou de nuit. Ils vivaient rarement plus vieux que ne l'exigeait la nécessité de donner naissance à une progéniture suffisante. Quelques-uns dépassaient l'âge de la reproduction et étaient peut-être alors pris en charge par le groupe en échange de services rendus. La sélection naturelle avantagea les groupes qui prenaient soin de leurs aînés non reproductifs par rapport à ceux qui abandonnaient ou tuaient leurs anciens, car la capacité de reproduction globale des groupes altruistes s'en trouvait accrue. Par exemple, les vieux pouvaient s'occuper des petits pendant que les plus jeunes adultes consacraient leurs forces et leurs compétences à d'autres projets utiles. Dans les moments de danger, l'expérience des anciens pouvait également constituer une aide à la survie du groupe.

Ces créatures étaient-elles des singes ou des humains ? La limite est floue, difficile à tracer. Tout ce que l'on peut dire, c'est qu'ils devinrent un peu moins singes et un peu plus humains en l'espace de six mille millénaires – durée incroyablement courte ou incroyablement longue selon la façon dont on la considère : moins d'un millième de l'âge de la vie sur Terre, et pourtant trois mille fois le temps qui s'est écoulé depuis la naissance du Christ, plus de cinq cents fois autant que toute l'histoire humaine dont nous avons trace. À notre échelle du temps, l'apparition de l'espèce humaine représente un long processus imperceptible, à peine sensible d'une génération à l'autre, même si le saut nous semble aujourd'hui considérable. Entre les plus proches ancêtres que nous partageons avec des chimpanzés et nous, plus de 300 000 générations se sont succédé.

L'Ève mitochondriale

Dans cette histoire, les points de repère sont peu nombreux et éloignés les uns des autres, disséminés sur plusieurs millions d'années et une large étendue géographique, non seulement en Afrique mais aussi en Europe et en Asie. Puis, la piste semble revenir, il y a environ 200 000 ans, vers un endroit précis d'Afrique où vivait une femme dont certains pensent qu'elle serait notre mère à tous. Ce fut l'objet de l'étonnante annonce faite en 1987 par Alan Wilson, de l'université de Berkeley en Californie, aujourd'hui décédé, et ses collaborateurs, Rebecca Cann et Mark Stoneking. Ces chercheurs récoltèrent 157 échantillons de tissus humains en provenance d'Afrique, d'Asie, d'Europe, d'Australie et de Nouvelle-Guinée, et y prélevèrent, pour les analyser, une petite quantité d'ADN présente dans les mitochondries, organites à fonction respiratoire dérivés d'endosymbiontes bactériens, dont ils ont conservé quelques gènes. Deux raisons motivèrent le choix de l'ADN mitochondrial pour cette étude. Tout d'abord, les spermatozoïdes n'apportent pas de mitochondries lors de la fécondation, ce qui veut dire que les mitochondries sont exclusivement transmises par l'intermédiaire des ovules féminins. Ceci rend l'analyse génétique plus simple. De plus, l'ADN mitochondrial possède une plus grande vitesse de mutation que l'ADN nucléaire, de sorte que l'on pouvait s'attendre qu'un grand nombre de différences importantes apparaissent sur quelques centaines de milliers d'années seulement.

Les « empreintes digitales » ainsi relevées se révélèrent d'une grande diversité, mais il apparut clairement qu'elles étaient toutes issues d'une même molécule ancestrale, qui appartenait, selon l'arbre généalogique reconstitué à partir des données, à un être du sexe féminin ayant vécu en Afrique il y a environ 200 000 ans. Il n'en fallait pas plus pour que les médias se fassent l'écho de cette histoire sous le titre prévisible : « Ève était africaine », et agrémentent leurs récits de toutes sortes de commentaires et de conclusions, erronés pour la plupart. Les scientifiques, eux aussi, se jetèrent avidement sur cette histoire, mais s'aperçurent vite qu'elle comportait de nombreux points faibles. Les chercheurs revinrent à la charge avec de nouveaux résultats confirmant leurs premières conclusions, mais ceux-ci furent à leur tour invalidés par leurs contradicteurs[4]. Le débat n'est pas encore clos à ce jour, mais il a perdu une grande partie de son intensité depuis le décès du regretté Alan Wilson, le principal défenseur de l'hypothèse de l'Ève africaine. Que convient-il d'en penser ?

Une chose est sûre, c'est que la méthode utilisée pour construire la première version de l'arbre était défectueuse. On pourrait, à partir des mêmes données, construire d'autres arbres enracinés à des époques différentes et dans des lieux différents. Il est peu probable, cependant, que l'existence d'« Ève » remonte à beaucoup plus de 500 000 ans (200 000 ans n'étant pas exclus) et il est, en revanche, vraisemblable pour d'autres raisons qu'elle ait vécu en Afrique. Le point essentiel, à savoir que nous descendons tous d'une seule et même femme, demeure à ce jour incontesté. Mais il se peut qu'il soit sans grande signification. Il n'implique certainement pas que l'ensemble de l'espèce humaine provienne d'un couple unique ou qu'Ève ait possédé quelque qualité exceptionnelle.

Imaginons une population ancestrale comprenant un certain nombre de membres du sexe féminin dont chacun peut initier une lignée caractérisée par la transmission, de mère en fille, d'un génome mitochondrial donné. À mesure que le temps passe et que les générations se succèdent, ces lignées sont condamnées à s'éteindre l'une après l'autre faute d'éléments féminins pour transmettre le gène. Au bout du compte, il ne restera plus qu'une seule lignée. On démontre que le temps nécessaire pour arriver à une telle situation dans une population stable est égal à la durée d'une génération multipliée par deux fois la taille de la population de départ. Ainsi, si l'on admet un temps de génération égal à vingt ans, le temps nécessaire pour qu'une population se réduise à la descendance d'une Ève originelle unique équivaut à quarante fois la taille de la population de départ. Autrement dit, si Ève vivait il y a 200 000 ans, elle peut avoir eu jusqu'à 4 999 congénères féminines, auquel cas la survie de sa lignée peut être attribuée au hasard et est sans signification particulière.

On peut néanmoins envisager qu'Ève ait possédé et transmis à sa descendance féminine, grâce sans doute à l'ADN mitochondrial, une caractéristique qui aurait aidé sa progéniture à l'emporter sur tous les autres hominidés. Peu de généticiens, cependant, seraient disposés à croire qu'un gène mitochondrial puisse produire un effet d'une telle portée.

Selon une explication peut-être plus vraisemblable, l'espèce humaine actuelle trouverait son origine dans une population marquée par une forte consanguinité. Ce qui revient du même coup à dire que la mutation décisive aurait tout aussi bien pu se produire dans l'ADN nucléaire d'Adam.

Un autre aspect de cette Ève mitochondriale est de nature à nous laisser perplexe : elle exclut toute admixtion plus récente de femmes « étrangères » (de Neandertal, par exemple) parmi nos ancêtres, ce qui s'accorde mal avec le comportement qu'on attribue généralement aux mâles conquérants. À moins que les femelles vaincues n'aient possédé quelque trait particulier qui les rendît repoussantes aux yeux de leurs nouveaux maîtres – on a évoqué leur incapacité de parler comme un élément dissuasif possible, encore que le mâle conquérant ne soit pas réputé rechercher les plaisirs de la conversation – cela signifierait que les hybrides issus du « croisement » avaient de faibles chances de survie ou étaient simplement inaptes à la reproduction, ce qui impliquerait que les descendants d'Ève étaient devenus assez différents des autres hominidés pour former une espèce distincte. Cette question prend place au cœur du débat qui oppose les défenseurs d'une conception monophylétique des origines humaines aux tenants d'une conception polyphylétique. Une chose est claire en tout cas : cette Ève mitochondriale a encore beaucoup à nous apprendre.

La pomme d'Adam

Qu'on croie ou non à la thèse de l'Ève mitochondriale, il n'en demeure pas moins qu'un de nos ancêtres, celle-là ou un(e) autre, avait sans doute acquis une particularité qui conféra à sa descendance un avantage évolutif décisif. Quelle était cette particularité ? La réponse à cette question fascinante pourrait nous être apportée par les linguistes qui se sont intéressés à l'origine et à l'évolution du langage. Il se peut que cet ancêtre soit né avec une anomalie génétique ayant entraîné la descente du larynx à l'intérieur du cou. En effet, comme le signale le linguiste américain Philip Lieberman[5], de l'université Brown, cette caractéristique anatomique est spécifique des humains modernes et n'apparaît que tardivement au cours de sa croissance. Chez les nouveau-nés, ainsi que chez les chimpanzés et tous les autres animaux, le larynx est placé beaucoup plus près de la bouche. Même l'homme de Neandertal, dont l'espèce a disparu il y a environ 35 000 ans, présentait cette disposition anatomique, si l'on en croit Lieberman, bien que ce point soit contesté[6]. C'est la position basse de notre larynx qui nous permet d'émettre une variété de sons largement supérieure à celle de tout autre animal. Ainsi l'apparition de la lignée humaine moderne est-elle peut-être due à la faculté de parler et, grâce à celle-ci, au pouvoir de communiquer d'une manière de plus en plus raffinée et, ainsi, de conquérir le Monde.

Il fallut du temps pour que le nouveau groupe parvienne à assumer une position dominante, sans doute parce que l'émergence d'un véritable langage a nécessité un grand nombre d'étapes évolutives. Néanmoins, chacune de celles-ci était marquée par un enrichissement de la communication entre les individus, une consolidation du lien social et une plus grande efficacité à combiner les compétences et partager les efforts. À un moment donné, une autre transformation importante se produisit. La physiologie féminine évolua de sorte que, contrairement aux femelles des autres espèces animales, les femmes devinrent constamment réceptives sexuellement. Cette modification unique eut pour effet de resserrer considérablement les relations entre hommes et femmes ainsi que la cohésion au sein de chaque famille. Pour le physiologiste américain Jared Diamond, elle constitue un événement clé de l'avènement de l'humanité.[7]

Il y a quelque 50 000 ans, l'évolution de nos ancêtres se mit assez brusquement à porter une abondance de fruits, avec l'apparition, en un temps relativement court, d'une multitude de nouvelles inventions. Les humains de cette époque fabriquèrent des outils et des armes de plus en plus sophistiqués, bâtirent des abris à côté des cavernes de leurs aïeux, équipèrent leurs habitations d'âtres et de lampes à huile en pierre, cousirent des peaux d'animaux pour s'en faire des habits protecteurs, construisirent des embarcations suffisamment sûres pour leur permettre de naviguer jusqu'à des contrées lointaines. Enfin, ils devinrent de redoutables chasseurs et pêcheurs. Ils inaugurèrent le voyage et le commerce, se répandirent à travers l'Europe et l'Asie, traversèrent l'océan pour rejoindre l'Australie, poussèrent jusqu'à la Sibérie et la Mongolie et, de là, se frayèrent un chemin dans le paysage désolé des glaces de l'Arctique pour envahir les Amériques. Ils établirent une série de colonies qui développèrent leurs propres sous-cultures, chacune étant le résultat de l'adaptation au terrain, au climat et au biotope locaux. Ils commencèrent à considérer la nature avec respect et émerveillement, et à vénérer les forces cachées qui l'animent. Ils exprimèrent leurs émotions à travers des peintures et des sculptures, prirent soin de leurs malades, ensevelirent leurs morts et parèrent le cou et les poignets de leurs femmes d'ornements composés de perles, de coquillages et d'os façonnés. La culture était née, apportant avec elle une nouvelle forme de transmission héréditaire qui modifia complètement les règles de l'évolution.

D'autres découvertes suivirent : la poterie, l'agriculture, la domestication des animaux, la préparation des aliments, le travail du métal et le chariot à roues. Puis vint l'écriture. Il ne fallut aux hommes que quelques millénaires de plus pour se donner les moyens de marcher sur la Lune, de manipuler la vie et d'exterminer d'un coup des dizaines de millions de leurs semblables.

26

Le cerveau

De tous les changements qui ont marqué la transformation du singe en un être humain, le plus évident et le plus important est l'augmentation de la taille du cerveau, qui a triplé en l'espace de quelques millions d'années. Cette augmentation est à l'origine du développement considérable de nos capacités intellectuelles[1]. Le moment est venu de nous intéresser aux neurones, les plus remarquables de toutes les cellules eucaryotes, et aux règles qui gouvernent leur assemblage.

La magie des neurones

Un neurone est essentiellement un appareil émetteur-récepteur miniature. Tout comme les autres cellules, il possède un corps comprenant un noyau, un réseau cytomembranaire, des éléments cytosquelettiques et cytomoteurs, des organites et tous les autres attributs caractéristiques des cellules animales. Le corps cellulaire assure toute l'intendance nécessaire à la vie du neurone, c'est-à-dire son alimentation en énergie, son entretien et ses réparations. Les parties émettrices et réceptrices sont constituées de fines extensions filamenteuses qui peuvent être extrêmement longues : jusqu'à un mètre chez les humains et dix mètres chez les baleines. L'émetteur consiste en une fibrille simple appelée axone, qui ne se divise généralement en ramifications terminales qu'aux alentours de sa cible. Le récepteur est habituellement composé d'arborescences touffues appelées dendrites (du grec *dendron*, qui veut dire arbre). Un neurone fonctionne comme un relais à sens unique, du dendrite à l'axone. Si un dendrite subit une perturbation physique ou chimique, l'axone émet un signal constitué en général par la décharge d'une substance chimique spécifique appelée neurotransmetteur. Cette substance provoque à son tour une réaction dans toutes les cellules équipées des récepteurs adéquats et reliées à l'extrémité émettrice de l'axone par une connexion particulière appelée synapse. Suivant la nature de la cellule cible, la réaction peut consister en une contraction (cellule musculaire), une sécrétion (cellule glandulaire), la stimulation ou l'inhibition d'un nouveau signal (autre neurone).

La faculté de pousser des extensions vers l'extérieur est une propriété générale des cellules eucaryotes. Ces protubérances, ou pseudopodes (pseudo-pieds en grec), qui servent à la perception, à la préhension de la nourriture ou aux déplacements, ont habituellement une existence éphémère et se rétractent vite après avoir été constituées. L'assemblage et le désassemblage de microtubules jouent un rôle important dans ces phénomènes réversibles. On peut supposer que l'apparition des neurones est due à la stabilisation de telles extensions – les microtubules évanescents se changèrent en neurotubules stables – et à leur polarisation qui fit d'elles des émetteurs et des récepteurs à sens unique. Les cellules des plantes, parce qu'elles sont confinées à l'intérieur de parois solides, ne se sont jamais transformées en neurones. En revanche, les cellules animales connurent cette modification très tôt. Hormis les éponges, tous les animaux possèdent des neurones. À bien des égards, on peut considérer que toute la saga de l'évolution animale a été écrite par ces étonnantes cellules qui, grâce à leurs propriétés combinatoires uniques, ont pu tisser des réseaux régulateurs toujours plus perfectionnés, capables de soutenir une complexité sans cesse croissante.

Les premiers neurones formèrent sans doute des connexions directes entre les cellules de la peau et celles des muscles, de sorte que si la cellule de la peau subissait une perturbation, il s'ensuivait une contraction de la cellule musculaire. Établies entre des cellules convenablement situées, de telles connexions pouvaient se révéler très utiles, par exemple en provoquant l'évitement ou la recherche de l'objet perturbateur. La sélection naturelle préserva les plans corporels génétiques produisant les connexions neuronales les plus avantageuses.

Un progrès décisif fut accompli quand les neurones commencèrent à établir des connexions entre eux. Une chaîne de deux neurones ou plus pouvait dès lors relier les cellules de la peau à celles des muscles. Fait particulièrement important, les neurones de différentes chaînes pouvaient être reliés par des neurones transversaux qui activaient ou bloquaient la production du signal émis par un neurone selon ce qui se passait à l'intérieur d'un autre neurone. Ce fut là un développement crucial, qui ne pouvait pas ne pas être retenu par la sélection naturelle, puisqu'il permettait aux neurones connectés de « s'informer » entre eux de leurs activités et de « programmer » chacun ses propres activités en conséquence. La chaîne circulaire de neurones que l'on trouve chez certaines méduses représente un des plus simples et, sans doute, un des plus anciens systèmes de ce type. Elle permet à l'animal de contracter son corps de manière coordonnée et ainsi de se propulser.

Une fois les connexions entre neurones rendues possibles, les liaisons directes de la peau aux muscles furent remplacées par des liaisons indirectes dans lesquelles des neurones jouaient le rôle d'intermédiaires. Ces cellules se spécialisèrent en neurones sensoriels (transmettant des signaux de la peau à un neurone), en neurones moteurs (transmettant des signaux d'un neurone à un muscle), et en neurones intermédiaires (transmettant des signaux d'un neurone à un autre neurone). En outre, les axones et les dendrites multiplièrent leurs ramifications jusqu'à ce qu'en fin de compte chaque neurone fût en mesure d'envoyer simultanément des signaux à des milliers de neurones et, réciproquement, d'en recevoir d'un nombre aussi important. Une diversification supplémentaire fut apportée par la multiplication des neurotransmetteurs et de leurs récepteurs spécifiques, qui formèrent divers types de synapses à vecteurs chimiques distincts. Ainsi, un jeu de combinaisons aux possibilités presque infinies était amorcé. Sa réalisation la plus complexe à ce jour est le cerveau humain, qui contient plus de cent milliards de neurones comptant chacun en moyenne 10 000 connexions et mettant en jeu au moins cinquante variétés différentes de synapses. Même en rassemblant tous les ordinateurs du monde, on ne parviendrait pas à construire un système de traitement de l'information aussi riche.

L'équipement d'une tête

Au cours de l'évolution du système nerveux, les cellules se groupèrent pour former des entités collectives, appelées ganglions, et leurs extensions sensorielles et motrices s'unirent en faisceaux, appelés nerfs. Avec l'apparition des premiers animaux segmentés, ce genre de dispositif a été multiplié. Ainsi, chez le ver de terre, chaque segment possède une paire typique de ganglions, connectés à la peau et aux muscles par des nerfs sensoriels et moteurs. Des cordons nerveux reliant les ganglions entre eux permettent aux différents segments de coordonner leurs activités. Suite à la polarisation entre la bouche et l'anus, le système nerveux de la partie frontale du corps s'enrichit progressivement, tandis qu'augmentaient le nombre et la variété des cellules sensorielles situées dans cette région du corps, où elles étaient idéalement placées pour prévenir l'animal d'une rencontre bénéfique ou dangereuse. La formation du cerveau fut donc consécutive à la formation de la tête. Un autre développement important eut lieu lorsque, chez les chordés, les cordons nerveux latéraux (sauf la partie constituant le système nerveux végétatif, qui commande les viscères) furent remplacés par un tube central (l'axe cérébro-spinal) capable de s'agrandir par extension et repli de sa surface, comme l'illustrent de manière frappante les circonvolutions du cerveau humain.

Le cerveau primitif avait pour fonction essentielle de rassembler les informations en provenance de l'environnement et du corps lui-même, et de traiter ces informations avec production de réactions motrices appropriées. Il est facile de comprendre que toute modification du « câblage » du système entraînant une réaction plus adéquate, comme, par exemple, prendre plus rapidement la fuite à l'approche d'un prédateur ou bondir sur une proie avec plus de vivacité devait apporter un avantage évolutif significatif. Une fois que les neurones eurent fait leur apparition, une pression sélective s'exerça sans relâche sur le système nerveux pour l'amener vers toujours plus de complexité.

L'amélioration de la capacité de recueillir les informations était une condition nécessaire du progrès. D'où l'apparition de cellules spécialisées, sensibles à divers signaux physiques et chimiques, dont la pression, l'étirement, les sons, la chaleur, le froid, la lumière, l'électricité, les blessures et quantité de substances chimiques. Certaines de ces cellules se groupèrent en organes d'une complexité et d'une sensibilité prodigieuses. L'objet de la plus grande admiration est généralement l'œil. Mais n'oublions pas l'oreille de la chauve-souris, qui reconstruit, à chaque instant, l'image d'un environnement sans cesse changeant, grâce à la répercussion d'ultrasons émis par l'animal lui-même, ni l'odorat subtil du limier et, surtout, de ces insectes mâles capables de détecter des phéromones attractives émises par des femelles se trouvant à plusieurs centaines de mètres de là. À cette distance, c'est littéralement molécule par molécule que la substance entre en contact avec les cellules olfactives de l'animal.

La perfection des organes sensoriels est l'un des attributs les plus étonnants des animaux, souvent cité par les adversaires du darwinisme à l'appui de la thèse selon laquelle l'évolution n'a pu avoir lieu sans le secours d'un principe directeur. Cet argument a été illustré par la célèbre allégorie de l'horloger que nous devons au théologien anglais William Paley[2]. Dans son ouvrage intitulé *Natural Theology – or Evidences of the Existence and Attributes of the Deity Collected from the Appearances of Nature*, publié en 1802, ce respectable ecclésiastique remarque que si vous « trouviez une montre par terre », vous en concluriez forcément que « cette montre a bien dû être fabriquée par quelqu'un ». Il s'appuie ensuite sur cette parabole pour montrer que l'organisation propre aux êtres vivants est le signe de l'existence d'un Créateur.

Le livre de Paley parut plus d'un demi-siècle avant *The Origin of Species* de Darwin. On peut donc lui pardonner de s'être quelque peu égaré dans son raisonnement. En revanche, nous n'avons plus aujourd'hui de telles excuses. Comme nous l'explique l'éthologue britannique Richard Dawkins dans *The Blind Watchmaker* (l'horloger aveugle)[3], la sélection naturelle peut à elle seule expliquer l'apparition d'une entité aussi complexe que l'œil. Pour y parvenir à partir d'une simple cellule sensible à la lumière, variété qui abonde depuis l'aube de la vie, il suffit d'une succession de petites modifications du plan de développement, associées chacune à un avantage sélectif. L'argument selon lequel 5 % d'un œil n'aurait présenté aucun intérêt est fallacieux. 5 % d'un œil – non pas bien sûr, un morceau de cornée ou de rétine, mais une structure primitive qui, quand elle est exposée à la lumière, provoque l'émission d'un signal par un neurone – vaut mieux, à l'évidence, que pas d'œil du tout. Que l'efficacité de cette structure augmente même d'une fraction de pourcent, et un avantage évolutif significatif en résultera. Le nombre de petites étapes de ce type se multipliant sur des centaines de millions d'années, on imagine sans peine qu'elles aient pu aboutir à la formation d'un œil, voire, comme c'est précisément le cas, de plusieurs sortes d'yeux obtenues indépendamment par évolution convergente[4]. On ne peut mettre en question la conclusion de Dawkins : l'Horloger est bel et bien aveugle. Mais peut-on en déduire, comme le fait Dawkins, qu'il n'y a pas d'Horloger ? C'est là une inférence dont les évolutionnistes orthodoxes, y compris Darwin lui-même[5], n'ont pas tous reconnu la nécessité logique.

Au départ, le cerveau répondait aux données sensorielles par des réactions motrices simples. Et ici, j'utilise le mot *simple* dans un sens relatif. Ce qui se passe dans le cerveau d'une pieuvre lorsqu'elle fonce sur un crabe que ses yeux ont repéré est déjà d'une complexité effarante. Et cependant, cela est d'une simplicité presque ridicule en comparaison de ce qui se passe dans votre cerveau lorsque vous lisez cette phrase. Chez les vertébrés inférieurs, le traitement de l'information sensorielle occupe toujours la majeure partie du fonctionnement du cerveau. Une part importante de la masse du cerveau des poissons, par exemple, est réservée aux centres qui gouvernent l'odorat et la vue ainsi qu'aux connexions qui les rattachent aux systèmes moteurs. Ce qui change lorsque l'on monte dans l'échelle animale, c'est l'importance croissante que prennent les structures associatives et, notamment, le cortex. Il s'agit d'une nappe de tissus nerveux, épaisse de quelque trois millimètres, qui entoure le reste du cerveau, plus ancien. La taille de cette enveloppe, corrigée en fonction du poids du corps, est soixante fois plus importante chez le chimpanzé que chez les mammifères inférieurs, et trois fois plus chez l'homme que chez le chimpanzé. Dans l'espèce humaine, le cortex forme les multiples replis des circonvolutions cérébrales, qui couvrent une surface totale de près de deux dixièmes de mètre carré. Cette partie du cerveau, environ 450 grammes de tissu nerveux, est le siège des processus mentaux les plus complexes.

Le câblage du cerveau

Comment la structure du cerveau est-elle déterminée par le génome, et comment ce schéma fut modifié au cours de l'évolution ? À l'origine, chaque détail de l'organisation neuronale était inscrit dans le plan génétique. Chez le nématode *Caenorhabditis elegans*, chacun des 302 neurones – qui représentent presque le tiers du nombre total de cellules que possède l'animal – occupe une situation spécifique[6]. Bientôt, cependant, le nombre de neurones et de connexions les reliant entre eux devint tel que le génome n'avait plus la capacité suffisante pour contenir toutes les informations concernant l'ensemble du réseau. Seules les combinaisons génétiques commandant la formation des divers types de neurones demeurèrent strictement codées, en même temps qu'un nombre réduit de déterminants chimiques qui président à l'assemblage des cellules dans l'espace et le temps, grâce essentiellement à des molécules d'adhésion cellulaire (MAC), à des molécules d'adhésion au substrat (MAS), et à des facteurs de croissance spécifiques produits par sécrétion. Le reste du schéma se dessine de façon épigénétique, c'est-à-dire au cours du développement. Le cerveau ne diffère pas de l'estomac ou du foie à cet égard. Il est évident que dans ces organes, chaque cellule n'occupe pas non plus une position déterminée génétiquement. Ce qui fait la singularité du cerveau, c'est la complexité du réseau de connexions que les cellules établissent entre elles. La complexité du développement du cerveau dépasse de plusieurs ordres de grandeur celle du développement de n'importe quel autre organe parce que des millions de milliards d'axones et de dendrites doivent se chercher, se trouver et établir entre eux une liaison efficace au moyen d'une synapse fonctionnelle.

La solution de l'énigme du développement du cerveau nous est dictée à la fois par la logique et par l'expérience : elle tient à ce que seules les grandes lignes de l'organisation cérébrale sont inscrites dans le schéma génétique. Les détails, eux, varient. Il n'est pas deux individus, même jumeaux vrais, qui possèdent les mêmes connexions neuronales ; et ces connexions changent au cours du développement embryonnaire et, surtout, post-natal. Cinq mois avant la naissance, le cerveau humain compte déjà tous les neurones qu'il lui sera à jamais donné de fabriquer. Contrairement à ce qui se passe pour les autres types de cellules, la multiplication des neurones s'arrête là. Ensuite, ils meurent, à raison de centaines de milliers par jour, *in utero* déjà. J'ai perdu plusieurs milliards de neurones depuis ma naissance. Entre le moment où j'ai commencé à écrire cette phrase et le moment où je l'ai terminée, j'en ai perdu environ une centaine de plus. Cette idée est inquiétante, mais je ne me fais pas trop de soucis car mes amis neurobiologistes m'assurent qu'un grand nombre de connexions cérébrales sont superflues et redondantes et que, même si je ne peux pas remplacer les neurones perdus, je peux toujours établir de nouvelles connexions en maintenant un niveau suffisant d'activité.

La plasticité résiduelle de mon cerveau est néanmoins très limitée par rapport à celui d'un nouveau-né. Un bébé vient au monde muni de tous les neurones qu'il lui sera jamais donné de posséder, mais ceux-ci présentent relativement peu de connexions entre eux, juste assez pour assurer les fonctions essentielles du corps, ainsi que certaines activités motrices élémentaires telles que téter, pleurer, effectuer des mouvements symétriques des membres et, très tôt, sourire, cette propriété si attachante et spécifique au petit de l'homme. À ce stade, le réseau d'axones et de dendrites qui constitue le cortex n'est encore qu'une forêt plutôt clairsemée. Mais il est le lieu d'une activité fébrile qui se poursuivra durant de longues années, à travers l'enfance, l'adolescence et le début de l'âge adulte, tout en se ralentissant au fur et à mesure que croît le nombre de connexions établies.

Un observateur qui contemplerait cette activité serait frappé par son aspect à la fois incohérent et ordonné. Des milliards d'axones et de dendrites poussent et rétractent dans toutes les directions des excroissances qui semblent flairer leur chemin sur des pistes invisibles, jusqu'à ce qu'une de ces extensions trouve ce qui paraît être le signal approprié et poursuive sa route, participant ainsi à un déploiement progressif d'arborescences. De multiples contacts se nouent au cours de ces explorations. Certains sont éphémères, d'autres se transforment en synapses, tissant ainsi un réseau d'interconnexions dont la densité augmente petit à petit. Le grand neuro-anatomiste espagnol Santiago Ramón y Cajal (1852-1934) nous a laissé de saisissants dessins représentant la croissance de cette jungle luxuriante, dont le peintre catalan Joan Miró pourrait bien s'être inspiré.

Le développement des arborisations neuronales est un mélange remarquable d'événements déterministes et stochastiques. L'aspect déterministe se manifeste par le fait que la projection sur les zones sensorielles et motrices du cortex des différentes parties du corps dessine une « carte » identique chez tous les êtres humains, ce qui relève à l'évidence d'un déterminisme génétique. L'aire visuelle, par exemple, est divisée en bandes alternées – en tranches de tissu cortical, pour être plus précis – dont chacune reçoit les signaux transmis par un seul œil. Imaginez une surface zébrée dont toutes les bandes noires sont reliées à l'œil droit et les bandes blanches à l'œil gauche. Chacun de nous présente cette caractéristique. En revanche, l'exacte délimitation des bandes est variable – de même que la peau d'un zèbre n'a jamais exactement le même dessin que celle d'un autre zèbre – et subit l'influence de circonstances qui n'ont rien à voir avec les gènes. Par exemple, si on coud ensemble les paupières d'un œil à la naissance, les bandes correspondant à l'œil couvert restent atrophiées alors que celles correspondant à l'œil actif s'élargissent d'autant, comme le montrent des expériences faites sur des chats dans les années soixante-dix par les chercheurs américains, lauréats du prix Nobel, David Hubel (né au Canada) et Torsten Wiesel (né en Suède)[7].

C'est là la partie indéterminée du développement cérébral. Les neurones doivent émettre des signaux réguliers pour établir des connexions synaptiques avec d'autres neurones ou, plus exactement, pour les maintenir. Ce qui est frappant dans le développement neuronal, c'est que les neurones commencent par mettre en place une surabondance de connexions lâches, pour renforcer ensuite progressivement celles qui sont utilisées et défaire les autres. Ce phénomène capital a été baptisé « stabilisation sélective » par le biologiste français Jean-Pierre Changeux[8], « neuro-darwinisme » par le biochimiste américain, aujourd'hui spécialisé dans l'étude du système nerveux, Gerald Edelman[9], et, avec une ironie bien à lui, « neuro-edelmanisme » par Francis Crick[10], qui, lui aussi, s'intéresse à ce domaine d'étude depuis quelques années. Changeux fait également référence à Darwin dans la phrase suivante : « Le darwinisme des synapses prend le relais du darwinisme des gènes[11]. »

Pour comprendre cette référence, il nous faut examiner le mécanisme de la sélection naturelle tel qu'il a été défini par Darwin. Il comporte trois phases : la variation, le filtrage et l'amplification. Tout d'abord, du fait de mutations fortuites, un grand nombre de variants apparaissent. Ceux-ci sont ensuite filtrés en fonction de leur capacité d'adaptation à un environnement donné. Et finalement, les variants retenus sont amplifiés grâce à leur pouvoir de prolifération supérieur. Edelman (qui acquit la célébrité – ainsi qu'un prix Nobel – pour avoir établi la structure entière d'une molécule d'anticorps) cite comme un autre exemple d'un tel mécanisme la sélection clonale, processus par lequel les cellules fabriquant les anticorps appropriés se développent en réaction à une agression microbienne ou virale (voir chapitre 14). Au sein du système immunitaire, le facteur de variation est obtenu par l'intermédiaire de réarrangements génétiques qui donnent naissance à un large éventail de cellules programmées pour fabriquer des anticorps distincts. Les antigènes procèdent alors au filtrage en se liant aux cellules qui présentent à leur surface les anticorps correspondants. Cette liaison induit une multiplication cellulaire qui assure l'amplification. Selon Edelman, le processus par lequel le cerveau se structure met en œuvre une triade analogue. Le facteur de variation est introduit sous la forme d'une grande quantité de connexions neuronales, dont la formation est plus ou moins fortuite. Le filtrage s'opère par l'usage et conduit à l'amplification par renforcement des connexions fréquemment utilisées qui se transforment alors en synapses. L'analogie est un peu boiteuse en ce qui concerne cette troisième phase, qui n'implique pas une prolifération sélective. Néanmoins, le message qui se dégage de ces trois mécanismes est identique, en ce sens que tous trois aboutissent à un phénomène d'adaptation qui s'opère sans prédétermination, instruction ou intentionnalité.

Les connaissances récemment acquises sur le développement du cerveau sont d'une importance capitale et devraient être martelées aux oreilles de tous les futurs parents. La manière dont vous traitez vos enfants façonne littéralement leur cerveau. Si vous voulez qu'ils développent un réseau neuronal riche, qui est la condition d'une riche personnalité, vous devez leur parler dès la naissance, leur chanter des chansons, les caresser, attirer leur attention visuelle, leur donner des jouets aux formes et couleurs diverses ; en somme, vous devez leur apporter une multitude de stimulations sensorielles grâce auxquelles ils pourront construire les innombrables circuits neuronaux qui sous-tendent l'épanouissement de la vie mentale. Priver un enfant de telles stimulations revient à enrayer définitivement son développement psychique, comme l'atteste l'étude de nombreux cas. Cependant, l'histoire remarquable de Helen Keller[12], qui devint sourde et aveugle à l'âge de deux ans – elle avait alors déjà acquis une personnalité exceptionnellement développée – et à qui une gouvernante prodigieusement dévouée et persévérante, n'ayant accès au cerveau de l'enfant qu'à travers le toucher, enseigna le langage, démontre la fantastique plasticité du cerveau dans sa phase de développement, sa capacité de se structurer à l'aide des signaux dont il dispose, quels qu'ils soient. Pourtant, malgré les efforts déployés par des chercheurs fervents, aucun bébé chimpanzé n'a jamais pu apprendre à « parler » autre chose qu'un langage de signes très rudimentaire.

Ce que nous *pouvons* faire est inscrit dans nos gènes. Ce que nous *faisons* de nos potentialités dépend de notre environnement, particulièrement durant les années cruciales de la petite enfance. Voilà la leçon que nous enseigne la neurobiologie moderne à propos de la fameuse controverse entre l'inné et l'acquis.

De l'importance d'être retardé

Dans le langage de tous les jours, le mot *retardé* signifie « arriéré ». Et cependant, il se pourrait qu'il désigne le secret de notre réussite. Les livres de vulgarisation font grand cas du fait que nous avons plus de 98 % de gènes en commun avec les chimpanzés. Il s'agit là en fait d'une sous-estimation. Le chiffre exact est plus près de 99,9 %. La méthode par laquelle on est parvenu au chiffre de 98 % consiste à mesurer toutes les différences moléculaires entre l'ADN humain et celui des chimpanzés. Or, la plupart de ces différences se situent hors des régions codantes de l'ADN ou affectent ces régions d'une manière telle que les propriétés des produits des gènes ne sont pas significativement modifiées. En termes d 'ADN réellement exprimé, nous sommes virtuellement identiques aux chimpanzés. Pas complètement bien sûr, mais la différence génétique est très faible. Il ne pourrait en être autrement étant donné le peu de temps que nos derniers ancêtres simiens ont pris pour devenir des humains. En quoi consista donc la modification minime de notre génotype, qui exerça une telle influence sur le produit de son expression, le phénotype ? Il est fort probable que nous devons ce changement au fait d'être retardés, à ce qu'on appelle, en termes scientifiques, la néoténie[13].

Une différence frappante entre les humains et les primates supérieurs concerne le déroulement temporel des processus de développement. Chaque étape de la vie, des premiers pas de l'enfant jusqu'à la vieillesse et à la mort, est atteinte plus tardivement par les humains que par les singes anthropoïdes. Le seul événement de la vie humaine qui ne soit comparativement que très peu retardé est la naissance. La période de gestation est de quarante semaines chez les humains, alors qu'elle est de trente-quatre semaines chez les chimpanzés, trente-sept chez les gorilles et trente-neuf chez les orangs-outans. Cette exception s'explique sans doute par le fait que la naissance à un stade plus avancé aurait été impossible pour des raisons anatomiques. En réalité, le nouveau-né humain est un prématuré dont la gestation ne peut être menée à son terme par suite de la taille de sa tête. Seule une transformation profonde du squelette féminin, impossible dans un temps si court, aurait pu autoriser une naissance plus tardive. Pour la sélection naturelle, les bénéfices apportés par l'augmentation de la taille du cerveau se sont avérés suffisants pour valoir le risque d'une naissance prématurée. Aucun nouveau-né animal n'est aussi désarmé que le nouveau-né humain. Il suffit de regarder un jeune poulain. Il se dresse sur ses jambes, avec une certaine maladresse, certes, mais avec succès, presque aussitôt né. Un bébé, lui, met huit à neuf mois pour commencer à se déplacer à quatre pattes, et presque deux fois plus pour marcher tout seul.

C'est à ce ralentissement graduel du rythme de développement, permettant – et c'est l'élément essentiel – au cerveau de poursuivre sa croissance, que l'on doit cette transformation progressive qui, sur une période de quelque six millions d'années, a changé une sorte de chimpanzé anthropoïde en humain. Il est évident, d'après les différents crânes qui ont été découverts, que la taille du cerveau a augmenté, à un rythme moyen d'environ 160 grammes par million d'années. Mais le simple fait de posséder un cerveau plus grand n'est pas suffisant. Ce qui importe, c'est la façon dont il est, ou peut être, utilisé.

Notre cousin de Neandertal avait un cerveau aussi gros que le nôtre, peut-être plus gros encore, et pourtant il ne parvint à concevoir qu'une culture rudimentaire. Chez nos ancêtres directs eux-mêmes, l'apparition d'une culture raffinée ne remonte qu'à approximativement 40 000 ans, période que Diamond a baptisée le Grand Bond en avant. La taille du cerveau humain n'a pratiquement pas évolué durant le court laps de temps qui nous sépare de cette époque. Selon la plupart des auteurs, c'est la parole qui fit la différence. Si la théorie de Lieberman, à laquelle nous avons fait référence dans le chapitre précédent, est exacte, l'homme de Neandertal ne présentait pas la configuration anatomique qui lui aurait permis de diversifier son discours et se contentait de communiquer par gestes et par grognements. En revanche, on peut penser, comme nous l'avons vu, que la transformation déterminante pour l'acquisition de la parole – la descente du larynx – pourrait remonter chez nos ancêtres à au moins 200 000 ans. Mais cela ne veut pas dire que les descendants d'Ève soient devenus des Caruso ou des Callas du jour au lendemain. Il n'est sans doute pas trop de 160 000 ans pour que l'appareil vocal parvienne à sa conformation actuelle et, en particulier, pour que les centres du cerveau régissant la parole s'organisent convenablement. C'est seulement à partir de ce moment qu'un véritable langage put se développer, offrant ainsi aux hommes le moyen de créer une culture et de construire une civilisation. Diamond résume ainsi cette question : « Jusqu'au Grand Bond en avant, la culture humaine s'était développée à la vitesse d'un escargot, au cours de millions d'années. Cette vitesse était imposée par la faible allure des transformations génétiques. Après le bond, le développement culturel ne fut plus soumis à l'évolution génétique et, malgré l'insignifiance de nos transformations anatomiques, l'évolution culturelle prit un essor beaucoup plus important au cours des 40 000 dernières années que dans les millions d'années qui les précédèrent[14]. » Pour que la parole soit possible, il fallait cependant qu'apparaisse la conscience, la plus mystérieuse des propriétés humaines.

27

Le fonctionnement de la pensée

Il n'existe pas, dans l'Univers connu, de mystère plus grand que la pensée humaine, mis à part l'Univers lui-même. Née du cerveau, critiquement dépendante de lui à chaque instant, atteinte en même temps que lui de toutes sortes de déficiences étranges directement liées à la partie du cerveau touchée, la pensée est, sans aucun doute, un produit de l'activité polyneuronale.

Par ailleurs, la pensée humaine est, de manière collective, créatrice de l'ensemble de la technologie, de la science, de l'art, de la littérature, de la philosophie, de la religion et du mythe. Elle élabore nos idées, nos raisonnements, nos intuitions, nos réflexions, nos inventions, nos projets, nos croyances, nos doutes, nos imaginations, nos fantasmes, nos désirs, nos intentions, nos aspirations, nos frustrations, nos rêves et nos cauchemars. Elle fait jaillir des évocations de notre passé et façonne des projets pour notre avenir ; elle soupèse, décide et ordonne. Elle est le siège de la conscience, du sentiment de soi, de la personnalité, détentrice de la liberté et de la responsabilité morale, juge du bien et du mal, à la fois inventeur et agent de la vertu et du péché. Elle est au centre de tous nos sentiments, émotions et sensations, du plaisir et de la souffrance, de l'amour et de la haine, du ravissement et du désespoir. La pensée se situe à l'interface entre ce qu'on a coutume d'appeler le monde de la matière et celui de l'esprit. Elle est notre fenêtre sur la vérité, la beauté, la charité et l'amour, sur le mystère de l'existence, la conscience de la mort, le caractère tragique de la condition humaine.

Cerveau et pensée

Il n'y a pas de pensée sans cerveau, mais une grande part du fonctionnement du cerveau se fait sans l'intervention de la pensée. La conscience n'est que la pointe émergente d'un iceberg. Elle surgit des couches corticales du cerveau, au-dessus d'un vaste réseau complexe de centres et de connexions déployant une activité intense, mais inconsciente. Notre système nerveux opère, dans une large mesure, sans que nous ayons conscience de ce qui se passe ou que nous soyons capables de modifier en quoi que ce soit le cours des événements. Nous ne percevons pas et ne maîtrisons pas davantage la multitude des impulsions qui gèrent en permanence les battements de notre cœur, le diamètre de nos vaisseaux sanguins, les mouvements péristaltiques de nos intestins, les sécrétions de nos glandes et nos nombreuses autres fonctions corporelles. Même nos mouvements conscients dépendent, pour une large part, d'opérations nerveuses inconscientes. Lorsque nous saisissons un objet ou lorsque nous marchons d'un pas leste, nous sommes totalement inconscients des instructions complexes qui sont, à chaque instant, envoyées à un grand nombre de nos muscles pour leur signifier soit de se contracter, soit de se relâcher. Nous ne percevons pas plus les signaux d'une égale complexité par lesquels nos yeux, nos muscles et d'autres parties de notre corps transmettent des informations à notre ceveau, ni le jeu subtil d'interactions entre impulsions sensorielles et motrices qui créent la coordination. En outre, bon nombre d'activités qui nécessitent une attention consciente lors de leur apprentissage, comme faire du vélo ou conduire une voiture, deviennent de plus en plus automatiques et inconscientes à mesure qu'augmente notre habileté.

Ce dernier phénomène est à rapprocher d'une autre caractéristique capitale, déjà mentionnée au chapitre précédent. Le cerveau construit une part importante de son câblage au cours de l'apprentissage. Il est intéressant de constater que le conscient précède l'inconscient dans ce processus. Lorsque j'ai commencé à apprendre le piano, il me fallait faire des efforts extrêmement pénibles pour amener mes doigts à exécuter les mouvements, même les plus simples. Plus tard, j'ai pu faire des gammes et jouer de brefs morceaux sans avoir à y prêter la moindre attention consciente, simplement en laissant se dérouler le programme de signaux coordonnés emmagasiné dans mon cerveau. Lorsque je m'efforçais de déchiffrer une œuvre nouvelle, ces schèmes devenus automatiques se combinaient aux perceptions conscientes en une interaction d'informations internes et externes pour guider mes doigts à travers la partition inconnue. Chez les musiciens éprouvés, cette interaction atteint un extraordinaire degré de rapidité et d'efficacité. Ce type de structuration de réseaux, d'abord commandée par la conscience, puis devenant inconsciente lorsque les connexions sont stabilisées, est caractéristique de toutes les formes d'apprentissage.

C'est dans ce domaine particulier de l'intégration neuronale que la recherche moderne sur le cerveau a effectué quelques-uns de ses progrès les plus révélateurs. Le système visuel, notamment, a été abondamment étudié[1]. Lorsque nous regardons un objet, nous percevons simultanément un certain nombre de composantes de forme, de couleur et de mouvement qui sont en quelque sorte intégrées pour former une image unifiée et cohérente. On a découvert que chaque composante est perçue par un groupe particulier de cellules rétiniennes et que chacun de ces groupes transmet ses informations à un groupe de neurones situé dans une zone distincte du cortex visuel. On a pu identifier jusqu'à trente-deux régions différentes dans le cortex visuel du macaque. Le problème essentiel qui se pose, et qu'on appelle problème de la liaison *(binding problem)*, consiste à comprendre comment ces multiples représentations sont corrélées et intégrées en une image unique. La réponse tient au phénomène auquel Edelman[2] a donné le nom de réintroduction *(reentry)*, un entrecroisement d'impulsions échangées « horizontalement » entre différentes régions du cortex visuel. Ce que nous « voyons » émerge de ces interactions par un processus analogue à la résonance – cette harmonisation physique de fréquences vibratoires qui peut faire se briser un verre en cristal sous l'effet d'une seule note de musique ou s'effondrer un pont sous les pas cadencés d'un détachement militaire – résonance qui met en phase les activités des diverses régions. Le produit de ce processus est lui-même relié à un réseau tout aussi complexe de signaux moteurs auto-intégrés qui guident les muscles de nos yeux quand nous concentrons notre attention sur une partie de l'image ou quand nous suivons un objet en mouvement.

L'émergence de la pensée

La pensée humaine est un produit de l'évolution. Or, la transition du singe à l'être humain n'a pas marqué le commencement de ce processus d'évolution, elle n'en est que l'aboutissement. Cette vérité évidente est longtemps restée étouffée sous l'emprise tyrannique de l'école béhavioriste américaine de John Watson et B.F. Skinner[3], qui rejetait implacablement hors du champ de la recherche psychologique toute approche introspective ou analogique. Même la pensée humaine, sans parler d'une quelconque propriété analogue chez les animaux, devait être considérée comme une boîte noire dont seules les entrées et les sorties étaient accessibles à l'observateur. Cette vision est de plus en plus contestée par les éthologues contemporains. À leur tête se trouve l'Américain Donald Griffin[4], ancien professeur de l'université Rockefeller de New York et associé aujourd'hui au musée de zoologie comparative de Harvard, célèbre pour avoir découvert que les chauves-souris se repèrent en percevant les échos des ultrasons qu'elles émettent. Au cours des années récentes, Griffin est devenu le fervent défenseur de l'idée que les animaux sont doués de conscience, de réflexion et de pensée, mots clés qui apparaissent dans les titres des trois ouvrages qu'il a publiés sur ce thème en 1976, 1984 et 1992. Face à une opposition souvent vigoureuse de la part de spécialistes en éthologie animale appartenant à l'école dominante, il prétend reconnaître conscience et intentionnalité non seulement chez les mammifères supérieurs mais également chez les oiseaux, les poissons et même les fourmis et les abeilles. Tous les chercheurs ne sont pas prêts à suivre Griffin jusque-là, mais la plupart admettent aujourd'hui – ce que, sans aucun doute, vous avez toujours su – que votre chien éprouve des sentiments quand il vous regarde avec des yeux « éplorés » ou que le chimpanzé qui ramasse une petite branche, la dépouille de ses brindilles et de ses feuilles, l'enfonce dans une termitière, la ressort et, la léchant avec une évidente délectation, engloutit les insectes qui s'y raccrochent, « sait » ce qu'il fait, pourquoi il le fait et, à la vérité, a planifié toute l'opération dans l'idée de se régaler d'une petite friandise[5].

Il faut reconnaître, cependant, que ces convictions ne s'appuient pas sur des faits scientifiquement établis. Nous ne connaissons, au sens strict, que notre propre conscience et nous présumons, par analogie, qu'elle existe chez les autres. En conversant avec vous, je peux raisonnablement en retirer la conviction que quelque chose d'analogue à ma conscience existe dans votre cerveau, bien que vos expériences me demeurent inaccessibles. Il n'est pas très difficile d'étendre ce genre de supposition à un chien ou un chimpanzé, qui nous sont suffisamment proches. En revanche, plus le fossé se creuse entre nous et l'animal, plus la lecture de sa pensée devient périlleuse. Ce qui passe pour pensée dans le cerveau d'une pieuvre ou d'une abeille doit être fort rudimentaire et bien loin de nos propres expériences intérieures.

Nous ne pouvons en connaître les détails, et peut-être ne les percevrons-nous jamais. Mais nous pouvons au moins tenir pour probable que la conscience animale s'est développée par étapes successives à mesure qu'augmentait la complexité structurelle du cerveau. Les étapes ultimes, qui ont marqué le passage du singe à l'humain, se sont accomplies à une vitesse étonnante, grâce aux avantages émanant du renforcement des liens sociaux et du progrès de la communication, dont l'acquisition du langage constitua l'aboutissement. Le chemin qu'emprunta ce processus évolutif ne fut pas des plus directs. Il n'existe pas de gène du langage. Les gènes ne font que fixer certaines règles qui guident et limitent la manière dont le cerveau opère son propre câblage au cours du développement. Une mutation s'avère favorable si elle modifie les règles de manière à permettre au schéma connectif d'intégrer de nouveaux éléments d'information. Les bénéfices de cette modification se manifestent par une plus grande capacité de survie et une meilleure faculté de reproduction, lesquelles contribuent à la propagation du gène modifié.

En partant du fait que l'esprit humain est le produit de l'évolution, le physicien Max Delbrück, né en Allemagne et aujourd'hui disparu, qui travailla un temps avec le grand physicien danois Niels Bohr avant d'émigrer aux États-Unis et d'être finalement reconnu comme le père de la biologie moléculaire moderne, est parvenu à de passionnantes conclusions[6]. Il a fait remarquer que la manière dont nous appréhendons le monde, y compris notre perception consciente de l'espace, du temps et de la matière, a été façonnée par des facteurs strictement utilitaires liés à la survie et à la prolifération de l'espèce ; elle risque de n'avoir qu'un rapport assez éloigné avec la réalité. À cet égard, le bon sens et l'intuition peuvent se révéler particulièrement trompeurs. Seule l'exploration de la nature par la science a commencé à nous faire entrevoir la véritable réalité à travers ses concepts étranges et déconcertants d'énergie quantique, de dichotomie et de complémentarité onde-particule, de mécanique probabiliste, d'indétermination, de relativité, voire de non-cohérence logique. La conscience représente peut-être l'ultime frontière de cette exploration.

La pensée n'est pas seulement le produit d'une histoire évolutive ; elle est également le produit d'une histoire épigénétique et continue à se façonner tout au long de la vie de l'individu. Ce que nous avons dit plus haut du câblage du cerveau constitue un élément essentiel de cette histoire, de même que la mémoire, cette capacité remarquable qu'a notre cerveau d'emmagasiner les informations de manière à pouvoir les rappeler à peu près à volonté. En effet, la continuité dans le temps est une propriété fondamentale des opérations du cerveau qui donnent naissance à la pensée ; elle nous est indispensable pour avoir la sensation de demeurer la même personne alors que le temps s'écoule[7].

Nous considérons donc la pensée comme une propriété tardivement apparue, liée à l'expansion du cortex et émanant d'un cerveau façonné génétiquement par l'évolution et épigénétiquement par le développement de structures anatomiques de plus en plus complexes exécutant des opérations de plus en plus complexes. Mais qu'*est* la pensée ? Quelle est la nature de la conscience, du moi intérieur ?

La conscience expliquée ?

Dans ce titre, seul le point d'interrogation est de moi. Les mots eux-mêmes, parés de l'assurance que leur donne la forme affirmative, constituent le titre d'un ouvrage du philosophe américain Daniel Dennett publié en 1991[8]. Les certitudes de l'auteur ne seront probablement pas partagées par l'ensemble de ses lecteurs. Certains auront peut-être au contraire le sentiment qu'il n'explique pas réellement la conscience, mais qu'il s'en débarrasse en la démontant jusqu'à ce qu'il ne reste plus rien à expliquer. La conscience n'existe pas : Dennett ne le dit pas explicitement, mais ses conclusions reviennent à l'affirmer.

Dennett n'est qu'un des nombreux philosophes contemporains à mettre en doute la réalité de nos expériences mentales. La philosophe Patricia Smith Churchland[9] remet en cause la validité de ce qu'elle appelle la « psychologie populaire », qu'elle définit comme la « psychologie du bon sens – cette tradition psychologique suivant laquelle les comportements s'expliquent comme étant mus par des croyances, des désirs, des perceptions, des attentes, des visées, des sensations, etc. ». Ayant comparé la psychologie populaire à la « physique populaire », ou « physique intuitive », c'est-à-dire la physique d'avant Galilée, Newton et Einstein, elle conclut que « la psychologie populaire est peut-être... totalement erronée ».

L'ignorant en philosophie que je suis hésite à contester ce qui, à l'évidence, est le fruit d'une réflexion savamment approfondie. Mais un autre philosophe américain, John Searle, m'y encourage lorsque, citant Dennett, Churchland et quantité d'autres, il demande : « Comment se fait-il qu'autant de philosophes et de spécialistes des sciences cognitives puissent dire autant de choses qui, à mes yeux du moins, paraissent manifestement fausses[10] ? »

Les lecteurs qui ne sont pas familiers des courants philosophiques dominants seront sans doute surpris d'apprendre de Searle que « beaucoup, sinon la plupart, des penseurs les plus avancés dans le domaine de la philosophie de la pensée renient quotidiennement des faits évidents de la réalité mentale tels que l'existence véritable en chacun de nous d'états mentaux conscients subjectifs et le fait qu'on ne peut rien substituer à ces états[11] ». Searle entreprend ensuite de décrire, de disséquer et finalement de démonter un certain nombre de systèmes contemporains parmi lesquels : le matérialisme éliminatoire, le fonctionnalisme, le physicalisme, le cognitivisme, l'épiphénoménalisme, « et ainsi de suite, tristement, à n'en plus finir », ce qui justifie l'expression caustique d'Edelman lorsqu'il qualifie la philosophie de « cimetière d'ismes[12] », ou le commentaire de Crick qui considère que « compte tenu de la piètre contribution des philosophes au cours des deux mille ans qui viennent de s'écouler, ils feraient mieux d'afficher un peu de modestie plutôt que cette condescendance qui les caractérise généralement[13] ».

Ces quelques citations sont éloquentes et montrent bien que la recherche sur la pensée n'en est qu'à ses débuts. Et ce n'est pas par manque d'étude : des dizaines de livres n'ont-ils pas été écrits sur la question ces dernières années par des neurobiologistes, des psychologues, des éthologues, des anthropologues, des sociologues, des théoriciens de la connaissance, des linguistes, des spécialistes des ordinateurs et des philosophes, sans compter les théologiens ? Malheureusement, chacun défend une thèse différente, essentiellement parce que l'idéologie joue un rôle plus important dans l'étude de la psychologie humaine que dans toute autre discipline scientifique. Il ne m'est guère possible de rendre justice à cette masse d'informations et de controverses dont une grande partie est extrêmement technique, mais j'en extrairai quelques-uns des thèmes principaux.

L'ascension et la chute du dualisme

Une élégante solution au problème du lien entre cerveau et pensée fut énoncée dans la première moitié du XVIIe siècle par le physicien, mathématicien et philosophe français René Descartes[14]. Après avoir prudemment suggéré – il ne voulait pas subir le même sort que Galilée – que le corps humain soit considéré comme une machine fonctionnant entièrement selon les lois de la physique, Descartes résolut le problème du corps et de l'esprit en postulant une âme indépendante, en relation avec le corps par l'intermédiaire de la glande pinéale (qui est située au milieu du cerveau, ce qui constitue pour Descartes une caractéristique anatomique tout à fait révélatrice). La physiologie a depuis bien longtemps mis fin à l'idée que la glande pinéale puisse être le siège de l'âme, mais le dualisme cartésien a survécu plus longtemps, car il offrait une façon intellectuellement et émotionnellement satisfaisante de réconcilier les aspects spirituel et matériel de la nature humaine. Cependant, l'idée dominante chez les hommes de science d'aujourd'hui est que le dualisme enfreint les lois de conservation de l'énergie en supposant qu'un objet non matériel pourrait influencer le comportement de systèmes matériels. Ce courant comporte une exception de taille en la personne du neurobiologiste et prix Nobel australien John C. Eccles, qui a toujours défendu avec vigueur une conception dualiste des relations entre le corps et l'esprit, en partie avec le concours de Karl Popper, récemment décédé, le philosophe des sciences peut-être le plus influent de notre époque[15].

Les thèses de ces deux vénérables nonagénaires sont généralement écartées avec une expression d'indulgence amusée, voire de dérision, par la jeune génération de neurobiologistes et de philosophes. La plupart de ceux qui travaillent sur cette question ont une conception « moniste » ou « matérialiste » de l'interaction entre le cerveau et la pensée, inspirée de celle qui fut avancée un siècle après Descartes par un autre philosophe français, Julien Offroy de La Mettrie (1709-1751), dans un livre au titre sans ambiguïté : *L'Homme-Machine.* Une autre figure du siècle des Lumières, le médecin Pierre Jean Georges Cabanis[16] (1757-1808), résuma cette conception dans son célèbre aphorisme : « Le cerveau sécrète la pensée comme le foie sécrète la bile », qu'on attribue parfois au physiologiste hollandais Jakob Moleschott[17] (1822-1893) sous une autre forme : « Le cerveau sécrète la pensée comme le rein sécrète l'urine. »

Le monisme moderne se présente sous une grande variété de formes. J'ai déjà mentionné la plus radicale, qui va jusqu'à nier la réalité des expériences subjectives. Une autre, plus modérée, accepte la conscience mais la considère comme un épiphénomène sans conséquence, un produit de l'activité neuronale du cortex n'exerçant aucun pouvoir sur cette activité. Selon cette conception, ce sont nos neurones qui font tout le travail, y compris celui qui engage notre capacité de choisir, de vouloir et de décider, que nous attribuons instinctivement à quelque chose que nous appelons notre moi intérieur et auquel nous conférons les qualités de libre arbitre et de responsabilité. Notre impression de maîtrise est une illusion. Nous ne sommes que des spectateurs pourvus d'une minuscule fenêtre à travers laquelle nous observons une toute petite fraction de ce que notre cerveau fait pour nous. Le fait que nous observions ne change rien au résultat final. Nous ne décidons pas plus de courir lorsque nous mettons un pied devant l'autre que nous ne décidons d'accélérer notre rythme cardiaque lorsque nous courons. La différence tient simplement à ce que nous avons la possibilité d'entrevoir les interactions neuronales grâce auxquelles nous nous mettons à courir, alors que cette possibilité ne nous est pas accordée en ce qui concerne les mécanismes qui provoquent l'accélération de notre rythme cardiaque.

L'expression « la différence tient simplement » ne clarifie guère cette différence. Qu'est-ce qui distingue un événement polyneuronal conscient d'un événement polyneuronal inconscient ? Aucune réponse n'est apportée à cette question, si ce n'est cet énoncé purement phénoménologique, qui ne constitue en rien une réponse, selon lequel les événements neuronaux deviennent conscients quand ils dépassent un certain seuil de complexité ou s'organisent suivant des schémas de câblage spécifiques du cortex du cerveau. De plus, il reste toujours le problème d'identifier l'observateur, celui qu'on appelle l'homoncule, ce petit homme qui, de l'intérieur, regarde l'écran du « théâtre cartésien », comme le dit Dennett[18], le « fantôme dans la machine », expression qu'inventa par dérision, en 1949, le philosophe matérialiste Gilbert Ryle[19], et que l'écrivain contesté Arthur Koestler reprit, de manière provocante, comme titre d'un ouvrage paru en 1967[20]. C'est pour éluder cette difficulté que les monistes purs et durs préfèrent se passer de la conscience une bonne fois pour toutes. Dennett compare, par exemple, les expériences subjectives à un système de poupées russes dans lequel, à force de débusquer tous les observateurs-à-l'intérieur-de-l'observateur, il finit par ne plus rester d'observateur du tout. Ainsi, on se débarrasse de l'homoncule par la magie de la régression infinie.

Il existe une théorie, dite de « l'état central » ou de « l'identité », qui porte la subjectivité au-delà de l'épiphénoménalisme tout en restant fidèle au matérialisme moniste orthodoxe, et qui jouit actuellement des faveurs de bien des experts. Selon cette théorie, les événements neuronaux et mentaux constituent deux aspects d'une même chose. Le moi n'est pas un observateur mais un participant. Les pensées et les sensations représentent des facettes indissociables de certains événements polyneuronaux se produisant dans le cortex. Si, par exemple, je « m'interroge » dans mon esprit sur la meilleure conduite à adopter entre serrer la main à mon ennemi et lui asséner un coup de poing au menton, différents circuits neuronaux de mon cerveau jouent différents scénarios en associant à chacun les représentations conscientes de leurs conséquences rationnellement envisageables ainsi que des effets émotionnels les accompagnant. Si j'opte finalement pour le geste pacifique, c'est parce que le scénario de la poignée de main a fini par s'imposer en tant que déclencheur d'un comportement moteur, lié qu'il était à des sensations agréables de soulagement, de chaleur, de magnanimité, voire de condescendance et de vertueuse autosatisfaction.

Pour expliquer ce processus, on invoque à nouveau Darwin, un peu malgré lui. On considère que les différents réseaux entrent en compétition et que la combinaison gagnante est celle qui présente la meilleure capacité d'adaptation à l'environnement local (neuronal-mental). Les antécédents historiques propres à chaque cerveau jouent un rôle déterminant au cours de ce processus de sélection. Une éducation chrétienne, en renforçant les réseaux qui conduisent à « tendre l'autre joue », favorisera sans doute le choix d'une attitude de pardon. En revanche, une enfance passée dans la rue, profondément marquée par un contexte de violence, d'autodéfense et de vengeance, est susceptible de donner l'avantage au scénario des représailles.

On invoque une explication darwinienne similaire pour rendre compte du processus de résolution des problèmes. Différents réseaux neuronaux présentent différents scénarios conceptuels qui entrent en concurrence à l'intérieur du contexte écologique des réseaux préétablis de données acquises, de schèmes de pensée, d'inclinations, de préjugés, et d'autres produits des expériences antérieures. Le vainqueur de cette compétition, si vainqueur il y a, est la solution adoptée, la sélection de celle-ci résultant de la fusion d'un grand nombre de circuits dans une sorte de processus de résonance unificateur semblable au mécanisme inconscient par lequel une image cohérente surgit de l'intégration d'un grand nombre de données visuelles. Une intense sensation de plaisir – l'éclair de l'illumination, l'exaltation de la découverte – apparaît comme la contrepartie subjective de cette « mise en phase » des divers circuits, un « déclic » qui se produit dans le cerveau, alors que l'étape de compétition qui la précède, cette succession souvent interminable de tentatives infructueuses que l'on appelle « se creuser la cervelle », s'accompagne des pires tourments. C'est pourquoi le plaisir va souvent de pair avec une sensation de délivrance. Cependant, la satisfaction ne garantit pas que la solution soit juste. D'innombrables erreurs, fruit d'une laborieuse et pénible gestation, ont vu le jour dans un débordement de jouissance cathartique.

On peut étendre ce raisonnement à d'autres expériences agréables, reliant chaque fois le plaisir à la résonance de réseaux neuronaux et assimilant l'intensité de l'excitation à la plénitude et à la richesse du phénomène de résonance. Non seulement les conquêtes de l'intellect, mais également l'émotion artistique, la délectation musicale, la ferveur religieuse et l'extase mystique pourraient naître d'une manière similaire de la résonance de circuits neuronaux. Et il pourrait en être de même des sentiments puissants que produisent en nous l'amour passionné, l'orgasme, ou les drogues hallucinogènes. Ce qu'on appelle les « vibrations » sont peut-être plus qu'une simple métaphore.

La théorie de l'identité se distingue des autres en ce qu'elle implique directement les expériences subjectives dans le processus original de câblage du cerveau. Lorsque des données sensorielles, y compris des paroles prononcées ou des mots écrits, pénètrent notre cerveau pour la première fois, elles arrivent chargées d'une signification émotionnelle et conceptuelle et sont emmagasinées comme telles dans notre mémoire, de telle sorte que le rappel du schème neuronal associé à une certaine donnée réveillera automatiquement les sensations et concepts correspondants. Ainsi le moi se trouve peu à peu façonné, dans ses aspects physiques et mentaux indissociables, par l'afflux de perceptions auquel le cerveau est sans cesse exposé depuis l'instant de la naissance, ou peut-être même plus tôt. De la simple instruction jusqu'au lavage de cerveau, tout ce qui est éducation, formation, conditionnement, programmation ou imprégnation passe par ce genre de traitement et d'enregistrement simultanés, auquel sont soumises les sensations physiques et les événements mentaux en corrélation avec elles. Cerveau et pensée sont ainsi câblés ensemble d'une manière indissoluble.

Edelman est un partisan convaincu du monisme. Dennett[21] le décrit comme un théoricien qui « a essayé de tout mettre ensemble, depuis les détails neuro-anatomiques jusqu'à la psychologie cognitive, aux modèles informatiques et aux controverses philosophiques les plus abstruses ». Mais je ne suis pas d'accord avec Dennett lorsqu'il conclut à l'« échec instructif », même si je dois avouer qu'il m'est impossible de suivre Edelman jusqu'au bout, en dépit de nos longues et amicales discussions.

L'argument central d'Edelman est que toute théorie de la pensée, pour être acceptable, doit être compatible avec ce que l'on sait du fonctionnement du cerveau, et de préférence en être déduite ; car c'est à partir de ce fonctionnement que se manifeste la conscience[22]. En se fondant sur cette prémisse indiscutable, que négligent trop souvent les philosophes et les psychologues qui comptent sur la seule introspection, Edelman prend pour point de départ de ses réflexions les mécanismes neuronaux sur lesquels s'appuient des fonctions clés du cerveau telles que la perception, la mémoire et la parole. Dans plusieurs livres, il a expliqué en détail, en faisant peu de concessions aux non-spécialistes, comment selon lui la conscience a pu émerger de ces fonctions, qui, elles-mêmes, expriment une organisation morphologique produite historiquement par l'évolution darwinienne et le câblage épigénétique. Son œuvre est un édifice impressionnant qui, cependant, porte principalement sur les mécanismes neuronaux sous-jacents à la conscience, et non pas sur la nature de la conscience en elle-même. Edelman choisit délibérément (il le dit en note) de ne pas parler des « controverses et catégorisations qui, classiquement, entourent le problème pensée-cerveau ni des hypothèses philosophiques qui s'y rapportent[23] », à ceci près qu'il rejette sans ambiguïté le dualisme cartésien et adhère, on l'a dit, à un monisme matérialiste. Il affirme que : « À penser les fonctions du cerveau en termes de sélection naturelle, on se préserve de cette horrible notion de l'homoncule[24] » ; et comme Dennett, c'est par une infinie régression qu'il se débarrasse de cette horreur. Très révélatrice aussi est la phrase suivante : « Les propriétés mentales ne peuvent varier lorsque les états du cerveau ne varient pas et donc sont des propriétés surajoutées[25]. » On dirait de l'épiphénoménalisme, bien qu'on puisse aussi donner de la phrase une interprétation compatible avec la théorie de l'identité.

Crick est lui aussi un biologiste moléculaire qui, plus tard, s'est mis à s'intéresser à la neurobiologie. Il a résumé ses idées dans *The Astonishing Hypothesis*, ouvrage consacré pour l'essentiel aux recherches contemporaines sur la vision. Ce que Crick appelle « l'étonnante hypothèse » (à laquelle il adhère sans réserve), c'est le monisme dans toute sa rigueur : ce sont les neurones qui font tout ou, selon l'expression que Crick met dans la bouche de l'Alice de Lewis Carroll : « Vous n'êtes tous qu'un paquet de neurones[26] » (paquet *de cartes* chez Carroll). La conscience n'est rien d'autre qu'un phénomène corrélatif de certaines activités polyneuronales.

Comme Edelman cependant, Crick aborde le problème de façon strictement empirique et refuse de pousser la spéculation au-delà des limites de l'expérimentation scientifique. Il reconnaît à la fin que son livre « n'a pas grand-chose à voir avec l'âme humaine[27] », conclusion quelque peu inattendue pour un livre qui porte en sous-titre : « La recherche de l'âme par les moyens de la science ».

La puissance mentale

Toutes les formes de monisme ont ceci de commun qu'elles voient dans la conscience une propriété qui provient d'événements neuronaux ou qui leur est associée, mais rien de plus : elles refusent à la conscience le pouvoir d'influencer à son tour ces événements. Même Searle, en qui nous avons rencontré l'un des principaux critiques du matérialisme moderne, partage cette opinion. Il nous met en garde aussi contre « l'illusion de l'homoncule[28] » et définit ainsi la conscience : « un attribut émergeant de certains systèmes de neurones » qui ne peut lui-même influencer le comportement des neurones. Comme il l'écrit : « Ce qu'il y a de naïf ici, c'est l'idée que la conscience est en quelque sorte sécrétée par le comportement des neurones du cerveau, mais qu'une fois sécrétée elle possède une vie à elle[29]. »

Un auteur se singularise en adoptant cette idée naïve tout en revendiquant la qualité de moniste : c'est Roger Sperry, neurobiologiste américain aujourd'hui disparu, qui reçut un prix Nobel pour ses travaux sur les spécialisations fonctionnelles des hémisphères cérébraux droit et gauche. Sperry a expliqué comment « la logique matérialiste à laquelle il avait longtemps fait confiance fut ébranlée pour la première fois » en 1964, quand il parvint à cette conclusion : « Les pouvoirs mentaux qui en émergent doivent logiquement à leur tour exercer un pouvoir causal sur les événements électro-physiologiques de l'activité cérébrale[30]. » En développant cette notion, Sperry insiste fortement sur son caractère moniste. « Je définis comme moniste cette position, ainsi que la théorie sur la pensée et le cerveau qui la fonde ; et je la considère comme une des principales réfutations du dualisme[31]. » Mais cet énoncé est précédé par ceci : « Si je me déclare mentaliste, c'est que je considère les phénomènes mentaux subjectifs comme des réalités premières exerçant une puissance causale, en tant qu'elles sont éprouvées subjectivement ; elles ne se réduisent pas à leurs éléments physico-chimiques, elles sont différentes d'eux et les dépassent. » Nous nous approchons là dangereusement du dualisme, me semble-t-il, et c'est ce que Eccles aurait dit à Sperry.

L'assaut le plus résolu contre l'épiphénoménalisme a été lancé par le mathématicien d'Oxford Roger Penrose. Après avoir amplement passé en revue les mathématiques et la physique théorique contemporaines, y compris le calcul algorithmique, la nature de la vérité mathématique, la mécanique quantique et la théorie de la relativité, il apporte en conclusion une analyse du problème de la pensée et du corps. Il fait une distinction entre l'aspect passif de ce problème (« Comment un objet matériel [le cerveau] peut-il *faire surgir* une conscience[32] ? ») et son aspect actif (« Comment se peut-il qu'une conscience, par l'action de sa volonté, exerce effectivement une *influence* sur le mouvement d'objets matériels [qui obéit apparemment à un déterminisme physique][33] ? »).

Pour Penrose, on ne saurait douter que la conscience exerce une action. Si elle ne le faisait pas, elle n'aurait jamais été un avantage sous l'angle de la sélection naturelle. Pourquoi donc « la Nature a-t-elle pris la peine de former des cerveaux *conscients* alors que des cerveaux dépourvus de conscience, des automates comme le cervelet, sembleraient avoir tout aussi bien fait l'affaire[34] » ? Penrose trouve dans la mécanique quantique une solution à ce problème, parce qu'« au niveau des quanta, il est licite que des alternatives différentes coexistent en superposition linéaire[35] ». Il imagine que « l'action de la pensée consciente est étroitement liée au fait d'éliminer des alternatives en les résolvant, de ne laisser subsister qu'une des possibilités qui se trouvaient auparavant en superposition linéaire[36] ».

Le moi et le libre arbitre

La question de la conscience active est intimement liée au problème du libre arbitre. Si comme le veulent toutes les théories monistes, les événements neuronaux du cerveau déterminent le comportement, qu'ils soient conscients ou non, alors il sera difficile de faire une place au libre arbitre. Mais si celui-ci n'existe pas, il ne saurait y avoir de responsabilité, et la structure des sociétés humaines devra être remise en cause. Même parmi les plus intransigeants des matérialistes, très peu sont disposés à pousser ce raisonnement jusqu'à sa conclusion logique. Ils manifestent une remarquable ingéniosité dans leurs efforts pour échapper au piège.

Certains profitent des moindres échappatoires offertes par la mécanique quantique, les règles d'incertitude, la théorie du chaos, les fluctuations probabilistes, l'hétérogénéité au niveau microscopique, ou toute autre forme d'indétermination admise par la physique, pour relâcher la camisole de force du déterminisme neuronal. D'autres parlent d'imprévisibilité. Cependant, ni l'indétermination ni l'imprévisibilité n'expliquent l'action de choisir, de projeter ou de vouloir.

Certains penseurs affirment l'inexistence du libre arbitre mais nous recommandent de ne pas tenir compte de ce fait troublant. Voyez cette déclaration du philosophe allemand Albert Rensch[37], qui défend la thèse de l'identité quant au fonctionnement du cerveau. Dans son ouvrage *Biophilosophy*, Rensch affirme : « Il y a beaucoup plus d'indices *contre* le libre arbitre que *pour*[38] » (les italiques sont de lui). Il reconnaît pourtant que « à nier que la volonté soit libre, on risque des conséquences qui léseraient gravement nos idées sur l'éthique, la religion et le droit[39] », et finit par dire que le point important n'est pas que nous soyons libres, mais que nous nous comportions comme si nous l'étions : « Le concept de liberté est lui-même pour beaucoup dans la détermination de nos pensées[40]. » Pour moi, cela revient à dire que la vérité est importante à condition que nous ne la connaissions ou ne la croyions pas.

D'autres, enfin, regardent bien en face cette vérité avant d'user d'un tour de passe-passe intellectuel pour affirmer que le fait de savoir que nous ne sommes pas libres nous rend en réalité plus libres : étrange application de la promesse biblique « Et vous connaîtrez la vérité, et la vérité vous rendra libres[41] ».

On nous dit que l'impression que nous avons d'être personnellement libres, tout comme notre concept de l'espace, du temps et de la matière, se trouve inscrite dans notre nature parce qu'elle a joué un grand rôle dans l'adaptation de notre espèce au cours de son évolution : mais pas plus que ces concepts, elle ne correspond nécessairement à la réalité. Pour fonctionner, ajoute-t-on, la société humaine est obligée de prescrire des règles auxquelles ses membres doivent obéir. C'est pourquoi nous, membres de cette société, avons évolué jusqu'à éprouver ce sentiment de responsabilité dont la société a besoin pour fonctionner. Que nous sommes libres, nous le croyons pour la même raison que nous croyons que la matière est solide et soumise aux règles de la causalité, tout simplement parce que ces croyances ont aidé au succès de notre espèce au cours de l'évolution. Elles n'en sont pas forcément vraies pour autant.

Ceux d'entre nous qui rechignent à se considérer comme des automates auxquels l'évolution donnerait l'illusion du libre arbitre se voient adresser de sévères mises en garde. On nous rappelle d'abord qu'une théorie n'est pas nécessairement fausse du simple fait que nous ne la comprenons pas : n'en va-t-il pas ainsi de la théorie de la relativité ? Par ailleurs, ajoute-t-on, il se peut que beaucoup d'entre nous ne comprennent rien aux raisonnements par lesquels certains experts réconcilient reconstructions objectives de l'esprit humain avec leur vécu subjectif. C'est là notre problème, non celui des experts. Par une seconde mise en garde, évidemment justifiée, on nous dit qu'une théorie n'est pas rendue fausse du seul fait qu'elle heurte notre conviction intime. L'histoire de l'humanité regorge de convictions erronées. Il nous faut apprendre à nous méfier de ces certitudes spécieuses que notre esprit se fabrique lorsqu'il est confronté à l'inexplicable. Comme l'a fait remarquer Patricia Churchland, la « psychologie du sens commun » pourrait bien aller rejoindre dans les oubliettes de l'histoire la « physique du sens commun[42] ».

De tels arguments sont difficiles à réfuter. Mais ils laissent sans solution le problème de savoir *qui* ou *quelle entité* éprouve cet illusoire sentiment de liberté. Ceux qui nient l'existence de la conscience ou n'y voient qu'un épiphénomène sans importance, un participant impuissant, nagent dans la contradiction dès l'instant qu'ils s'expriment et se conduisent comme s'ils étaient libres de prendre des décisions. Peut-être répondraient-ils qu'ils usent de raccourcis afin d'éviter les encombrantes périphrases du genre de : « Mes neurones cérébraux, façonnés par la combinaison de facteurs complexes liés à l'évolution de l'espèce et au développement de l'individu, réagissent à l'ensemble de stimuli internes et externes auxquels ils sont exposés par une impulsion qui guide ma main à écrire », tout ceci pour remplacer « je crois ». Ils doivent en effet trouver difficile de se conduire comme cela dans la vie de tous les jours.

Faut-il pour autant en revenir au dualisme cartésien ? C'est l'opinion d'Eccles, et il propose une explication fondée sur le principe de l'incertitude : l'esprit immatériel pourrait, en affectant un champ de probabilité, modifier sans dépense d'énergie les chances qu'un événement susceptible d'influencer le comportement neuronal a de se produire au niveau d'un micro-site d'une synapse. Il identifie cet événement comme étant la décharge d'une seule de ces vésicules synaptiques qui contiennent un neurotransmetteur[43]. Pour la plupart des spécialistes en biologie cellulaire, cependant, cette explication ne peut qu'apparaître totalement irréaliste eu égard à ce qu'on sait des mécanismes de la décharge vésiculaire. L'hypothèse du micro-site, si elle constitue le dernier recours du dualisme cartésien, ne peut qu'annoncer la défaite de celui-ci.

Le philosophe Popper, autre dualiste, ou « interactionniste », ne prend pas la peine de chercher un mécanisme précis et se contente d'indiquer que le « cerveau est un système ouvert constitué de systèmes ouverts[44] ». Eccles et lui, en fait, rejoignent un certain nombre de monistes en recourant à telle ou telle forme d'indétermination physique pour permettre à la conscience de se glisser dans le système sans dépense d'énergie ; ils diffèrent des monistes en ce qu'ils voient dans la conscience une entité à part.

Le dualisme et la plupart des formes de monisme ont un problème en commun : ils reposent sur une définition préconçue de la matière. Comme l'a fait remarquer Searle, ceux qui refusent de regarder en face la réalité de la conscience et motivent ce refus par un matérialisme moniste sont induits en erreur par un résidu inaperçu de dualisme consistant à opposer le matériel au mental. Ils sont pris au piège de leur propre définition a priori de la matière comme quelque chose qui exclut les expériences mentales subjectives. « Le matérialisme, écrit-il, est en ce sens la plus fine fleur du dualisme[45]. »

Mais sur le libre arbitre, Searle reste évasif. Il ne le mentionne qu'en passant, « à supposer que cela existe[46] », et soutient que l'intentionnalité doit recevoir la même interprétation que celle que nous donnons aujourd'hui en biologie à la notion de finalité. Il était courant jadis de considérer que le cœur est fait pour faire circuler le sang dans nos artères. Désormais, nous disons que si le sang circule dans nos artères, c'est parce que le cœur a la structure qui est la sienne, et nous expliquons celle-ci – qui paraît conçue en vue d'une certaine finalité – en disant qu'elle est le produit de la sélection naturelle. Les individus dont le cœur se trouvait mal exercer sa fonction ont été éliminés. De la même manière, si nos neurones visuels se comportent de telle façon, ce n'est pas *afin* de nous permettre de voir clairement les objets : en fait, nous voyons clairement les objets parce que nos neurones sont l'aboutissement d'une sélection qui n'a laissé subsister que ceux qui se comportent ainsi. Ce « renversement des explications[47] » est parfaitement conforme au darwinisme orthodoxe et il n'y a rien à lui reprocher. Mais il ne permet pas d'expliquer comment je tourne mon regard dans telle ou telle direction par suite de ce que je ressens comme une décision que j'ai prise librement.

Avant de conclure ce rapide examen des théories censées expliquer ce qui se passe dans notre cerveau lorsque nous éprouvons un sentiment ou pensons quelque chose, il nous faut prêter attention à ce que cette activité a produit. Si nous voulons comprendre la pensée en tant que machine, nous devons étudier aussi ce que cette machine a produit, c'est-à-dire la culture de l'humanité.

28

Les œuvres de la pensée

La culture de l'humanité est un produit collectif et coopératif de cerveaux humains. Il existe chez certaines espèces animales des rudiments de culture, sous la forme de comportements qui sont dans une plus ou moins large mesure transmis par un apprentissage fondé sur l'imitation. Bien qu'abhorrée par l'école behavioriste, cette idée est maintenant acceptée à titre de possibilité par bon nombre d'éthologues. Par exemple, d'après les études de l'Américain Peter Marler[1], de l'université Rockefeller de New York, le chant des oiseaux n'est pas totalement instinctif : il est en partie façonné par l'imitation. Dans l'Angleterre des années trente, on avait remarqué que quelques mésanges avaient découvert comment déchirer à coups de bec la capsule en papier d'étain des bouteilles de lait (que le laitier, traditionnellement, posait sur le seuil des maisons), ce qui leur permettait de se délecter de la crème[2]. Cette habitude, très probablement apprise par imitation, se répandit dans une grande partie du pays. Chez les mammifères, notamment les primates, l'enseignement joue un rôle important dans la transmission, d'une génération à l'autre, de conduites telles que la chasse, la construction d'abris, l'utilisation d'objets comme outils, les pratiques sociales et la communication ; tout cela finit par constituer pour chaque espèce une sorte de « tradition » qui s'ajoute à la transmission génétique classique. Au cours de l'évolution des hominiens, cette forme d'hérédité culturelle a peu à peu pris une importance croissante à mesure que s'amélioraient les moyens de communiquer, pour s'accélérer et se généraliser de façon impressionnante lorsque sont nés le langage et, plus encore, l'écriture. Aujourd'hui, toute acquisition culturelle peut être aussitôt enregistrée, ce qui permet ensuite de la disséminer et de la rendre accessible dans le monde entier.

L'évolution culturelle

L'évolution culturelle est très différente de l'évolution darwinienne. Elle est beaucoup plus rapide et ressemble davantage au type d'évolution qu'avait postulé au début du siècle dernier le naturaliste français Jean-Baptiste de Monet, chevalier de Lamarck (1744-1829). Lamarck, l'un des fondateurs de l'évolutionnisme, est célèbre pour avoir plaidé en faveur de la théorie de l'hérédité des caractères acquis. Nous avons cessé de croire avec Lamarck que ce qui a donné un long cou à la girafe, c'est que d'innombrables générations de girafes ont tendu le cou pour atteindre les feuilles du sommet des arbres. Nous admettons bien plutôt avec Darwin que les girafes génétiquement équipées d'un cou plus long se sont trouvées à même de survivre plus facilement et de donner naissance à une progéniture plus nombreuse parce qu'elles étaient avantagées pour atteindre les feuilles du haut. En revanche, la capacité d'allumer un feu, par exemple, qui constitua un avantage sélectif primordial pour les préhumains qui en disposaient, n'a pas été transmise par les gènes, mais grâce à la communication.

L'évolution culturelle et l'évolution biologique, si différentes soient-elles, ne sont pas sans rapports. Les inventions ont été faites par des individus qui devaient sans doute leur talent à une combinaison particulière de gènes. En outre, l'invention, une fois acquise (par exemple : comment allumer un feu, comment affûter un silex), conférait un avantage sélectif aux individus génétiquement doués des aptitudes appropriées. Cette subtile interaction récriproque entre les deux types d'évolution a été soulignée par de nombreux anthropologues et spécialistes de l'évolution. Même les concepts abstraits sont sujets à un genre d'évolution de type darwinien. Par exemple, il existe une concurrence entre les croyances, et celles qui gagnent sont celles qui confèrent un avantage reproductif à leurs partisans.

Dans l'histoire récente de l'humanité, si le processus lamarckien d'évolution culturelle joue un rôle beaucoup plus important que le processus darwinien d'évolution biologique, c'est surtout parce que les acquis culturels se diffusent beaucoup plus vite que les modifications génétiques. Nos gènes, et donc notre potentiel inné, ne diffèrent guère de ceux de l'homme de Cro-Magnon qui vivait il y a 15 000 ans. Avec un peu de chance – un numéro gagnant à la loterie génétique et un environnement familial et social favorable –, un nouveau-né de Cro-Magnon transplanté dans notre siècle pourrait devenir un Einstein ou un Picasso. À son époque, le même individu serait peut-être devenu l'inventeur d'un outil nouveau ou un peintre rupestre d'avant-garde. La différence que met entre les deux cas cet intervalle de 15 000 ans tient essentiellement au patrimoine culturel ; il réside dans l'accumulation de connaissances, de technologies, de pratiques artistiques, de croyances, de mœurs et de traditions qu'ont acquises et transmises les quelque six cents générations qui se sont succédé pendant ce temps.

Culture et pensée

La culture est produite et assimilée par des cerveaux humains. Elle se transmet d'un cerveau à l'autre soit par communication de vive voix, soit par les livres, les arts et autres médias. De ce fait, la culture nous renseigne énormément sur la pensée humaine. Popper[3] aborde cette question d'une manière très éclairante : il divise la réalité en trois parties qu'il appelle « Mondes ». Le Monde 1 est « l'univers des entités physiques ». Il comprend l'univers matériel. Les êtres vivants, y compris l'homme et son cerveau, appartiennent au Monde 1. Popper appelle « Monde 3 » le monde de la culture. Il contient toutes les abstractions, notions et concepts, les théories scientifiques, les principes technologiques, les canons esthétiques, les valeurs morales, les mythes religieux et les autres créations de la pensée humaine. Le Monde 3 s'allie au Monde 1 pour former tous les objets façonnés par l'homme, tels que les outils, les machines, les maisons, les vêtements, les livres, les disques, les bandes magnétiques, les tableaux, les statues et les autres artefacts, qui sont constitués de matière mais portent l'empreinte du Monde 3. Le Monde 2 est l'interface entre les Mondes 1 et 3. C'est le royaume de la pensée, qui opère comme un transducteur à double sens entre les activités neuronales, qui appartiennent au Monde 1, et les entités comprises dans le Monde 3.

Dans ce contexte, certaines idées actuelles sur la pensée humaine paraissent saugrenues. La théorie de la relativité, *L'Origine des espèces,* le plafond de la chapelle Sixtine, *Le Clavier bien tempéré, Le Discours de la méthode, La Divine Comédie,* tout cela aurait été produit par des épiphénomènes dépourvus de pertinence ou par l'interaction aveugle de circuits neuronaux dans le cerveau d'Einstein, de Darwin, de Michel-Ange, de Bach, de Descartes et de Dante ? On a peine à le croire. Et pourtant, les faits sont indéniables. L'activité des circuits neuronaux du cortex cérébral est à la fois nécessaire et suffisante pour qu'il y ait création culturelle.

La clé du mystère se trouve dans le Monde 2 de Popper, mais non pas, à mon avis, dans la conception dualiste que Eccles et lui se font de ce Monde comme interface entre matière et esprit. Je préfère écouter le conseil de Searle selon lequel il faut débarrasser notre définition de la matière de tout présupposé dualiste[4]. Si nous voulons échapper à l'aporie dualisme-monisme, il nous faut élargir notre concept de matière pour y inclure la pensée humaine avec tout son potentiel et sa capacité d'accéder au Monde 3, au lieu de vouloir à toute force rétrécir notre notion de la pensée pour la faire entrer dans notre définition préconçue, « matérialiste », de la matière. Il faut considérer la pensée comme une manifestation particulière de la matière.

S'il devait s'avérer nécessaire pour cela de faire appel à une propriété que n'ont pas encore évoquée les physiciens, ce ne serait pas la première fois. Au cours de son histoire, la physique s'est maintes fois trouvée dans l'obligation, parfois à contrecœur, d'élargir sa définition de la matière. Au concept aristotélicien de substance, il a fallu ajouter la gravitation, l'électromagnétisme, la relativité, les quanta, les forces intra-atomiques forte et faible. L'une des manifestations le plus récemment incluses dans la définition de la matière a été la vie. Le vitalisme, cette dichotomie entre vie et matière qu'acceptaient si aisément jadis tant les physiciens que les biologistes, voilà encore une forme de dualisme qui a dû céder la place aux conceptions modernes. On ne considère plus les organismes vivants comme constitués de matière « animée » par un principe vital non matériel. Pourtant nul ne conteste que l'être vivant consiste en une manifestation particulière de la matière possédant une organisation particulière. Pourquoi ne pourrions-nous pas considérer la pensée de la même façon ?

Edelman n'est pas disposé à le faire. Il demande : « Si les choses sont si étranges, pourquoi ne pas aller un peu plus loin dans l'étrangeté en envisageant que des champs ou dimensions physiques supplémentaires non encore découverts puissent révéler la vraie nature de la conscience ? », et rejette carrément ce recours à la physique comme « succédané de fantôme[5] ». Crick, moins catégorique, admet qu'il « faudra peut-être effectivement faire entrer en jeu des concepts radicalement nouveaux : souvenons-nous des modifications que la mécanique des quanta nous a forcés à accepter », dit-il[6]. Penrose, tout en faisant appel à la mécanique quantique, adopte un point de vue résolument platonicien – « point de vue qui n'est pas du goût de tout le monde[7] », commente sèchement Crick – et considère que la conscience, directement et instantanément, établit un « contact avec l'univers platonicien » des concepts et des idées[8]. Telle est, d'après Penrose, l'essence de la découverte mathématique : elle ne consiste en rien de plus que de « voir » une vérité qui préexistait de toute éternité. Les vérités mathématiques sont-elles des découvertes ou bien des inventions de l'esprit humain ? Question très controversée. C'est le sujet d'un passionnant dialogue entre deux scientifiques français, le neurobiologiste Jean-Pierre Changeux, partisan convaincu de l'école matérialiste, et le mathématicien Alain Connes[9]. Changeux défend une conception relativiste et contingente de la vérité mathématique, tandis que Connes croit, comme Penrose, qu'il existe une mathématique universelle indépendante des mathématiciens.

L'intelligence artificielle

Avant d'achever notre rapide exploration de ce domaine si complexe que sont les sciences du cerveau, il nous faut encore poser une question. Est-ce que le cerveau humain fonctionne comme un ordinateur ? Cette question est suggérée par les performances très médiatisées de ce qu'on appelle l'IA (intelligence artificielle). Il s'agit des exploits réalisés par des ordinateurs de plus en plus perfectionnés qui non seulement exécutent des calculs bien au-delà des capacités humaines, mais commencent même à surpasser leurs créateurs dans d'autres activités « mentales » telles que l'apprentissage, la traduction, l'adaptation au changement, la résolution de problèmes et le jeu d'échecs. Ces victoires sont impressionnantes. Néanmoins, il semble qu'il faille répondre à la question par la négative. Le cerveau humain ne fonctionne pas à la manière d'un ordinateur, bien que des simulations informatiques puissent s'avérer précieuses pour l'étude du cerveau humain.

Telle est la conclusion à laquelle est parvenue Howard Gardner, psychologue à l'université Harvard ; son livre, publié en 1985, donne de ce domaine nouveau une excellente description historique, à la fois bienveillante et critique[10]. Edelman aboutit à un verdict similaire, en faisant observer que la structure morphologique et fonctionnelle du cerveau est entièrement différente de celle d'un ordinateur et ne saurait s'y réduire. Cerveau et ordinateur sont également dissemblables du point de vue philosophique d'après Searle, et d'un point de vue mathématique d'après Penrose, dont la thèse principale est que le cerveau, ou du moins le cerveau conscient, fonctionne sur un mode qui ne repose pas sur des algorithmes. D'après toutes les descriptions, le cerveau humain opère de façon beaucoup plus souple et imprévisible que tous les ordinateurs existants ou concevables, et rien dans ce que nous savons de son architecture ne laisse supposer qu'il y ait en lui un programmateur incorporé. Même le dualiste le plus convaincu refuserait d'admettre pareille suggestion. La « révolution cognitive » a engendré de nombreux et importants progrès en théorie de l'information, en logique symbolique, en linguistique, et dans les domaines apparentés, mais elle n'apporte aucun soutien à certains des espoirs que suscite l'expression « intelligence artificielle ».

Cela signifie-t-il qu'il est impossible de construire des machines fonctionnant comme telle ou telle partie du cerveau ? Pas nécessairement, si l'on en croit Edelman[11], et il a mis à son actif quelques belles réussites avec sa famille de robots appelés Darwin, qui sont conçus pour accomplir leur propre câblage grâce à un mécanisme de sélection. De même, Crick pense que « si nous savions construire des machines possédant ces étonnantes caractéristiques [celles du cerveau] [...] le mystère dont s'entourent certains aspects de la conscience pourrait se dissiper[12] ». Est-ce que ces machines nous apparaîtraient comme douées de conscience ? Crick estime que « à la longue, cette possibilité n'est pas exclue[13] ». Edelman est du même avis, tout comme plusieurs autres partisans de la théorie de l'identité. Si jamais nous en arrivons là, le problème sera de savoir comment déterminer si la machine se sent consciente ou non.

29

Les valeurs

L'homme, comme beaucoup de ses précurseurs, est un animal social. Les sociétés humaines sont régies par des lois fondées sur un mélange de coutumes traditionnelles, de mesures pragmatiques et de valeurs partagées. Dans ce mode d'organisation, quelle est la part de l'évolution biologique et de l'évolution culturelle ? La science ne fournit pas de réponse définitive à cette question, mais elle est en mesure d'apporter un certain nombre de faits dont doit tenir compte quiconque prétend répondre.

Comment les sociétés humaines ont pris forme

En 1975, le zoologiste Edward O. Wilson, de l'université Harvard, un spécialiste de l'étude des insectes sociaux, a fait la une des journaux avec un gros ouvrage somptueusement illustré dont le titre *Sociobiology: The New Synthesis*[1] (« Sociobiologie : la nouvelle synthèse ») constituait un défi. Dans ce livre ambitieux et érudit, Wilson passait en revue toutes les formes d'association entre animaux, depuis les plus primitifs des invertébrés vivant en colonies, tels que les coraux et les polypes, jusqu'aux primates les plus évolués, prêtant dans chaque cas une attention particulière aux facteurs évolutifs qui pourraient avoir favorisé la sélection de certains comportements sociaux génétiquement déterminés.

Le point de vue adopté par Wilson s'inspirait (quoique de façon plus détaillée et plus complète) d'une tendance générale de l'éthologie moderne qui interprète la sociabilité des animaux dans le cadre de la théorie darwinienne, dont le principe est que l'évolution sélectionne tout trait génétique qui accroît la fréquence du gène ou des gènes concernés dans le pool génétique de l'espèce en question. L'Anglais Richard Dawkins[2] a donné dans *The Selfish Gene* (« le gène égoïste ») un exposé très clair de cette façon d'aborder le problème. Son livre, publié peu après la *Sociobologie* de Wilson, couvre à peu près le même domaine, mais avec plus de concision, dans un langage attrayant et accessible au profane. Le point capital est que les sociétés animales sont en général constituées d'individus apparentés qui ont beaucoup de gènes en commun. Pour un membre d'une telle société, il y a deux manières de propager ses gènes. Il peut le faire en engendrant une progéniture ; c'est cette faculté qui expliquerait, selon certains, que soient sélectionnés des traits « égoïstes » tels que l'agressivité, la défense du territoire, la tendance dominatrice des mâles, la polygynie, la tendance des femelles à se montrer difficiles dans le choix de partenaires, la protection des jeunes par les parents, et autres comportements qui contribuent au succès reproducteur de l'individu. Mais un membre d'une telle société peut aussi contribuer à la propagation de ses gènes en adoptant des comportements qui mettent en péril sa propre réussite reproductrice, ou même la réduisent à néant, pourvu que ces comportements apportent à d'autres individus des avantages suffisamment importants. On a proposé plusieurs modèles ingénieux pour expliquer la sélection de ce type de comportement où l'individu se sacrifie. Un des plus simples est celui de la sélection fondée sur la famille. Prenons par exemple une fratrie dont les membres ont en commun la moitié de leurs gènes. Si la mort de l'un d'entre eux en sauve plus de deux autres qui sans cela auraient été hors d'état de se reproduire, le bilan de l'opération est positif, génétiquement parlant, et la sélection naturelle favorisera le gène « altruiste ». Les populations qui possèdent ce gène se reproduiront de façon à dépasser celles qui ne l'ont pas.

Dans ce contexte, le livre de Wilson méritait d'être accueilli favorablement, comme une contribution au progrès d'un domaine en plein développement. Bien entendu, il fut aussi l'objet de toutes sortes de critiques, comme il est d'usage lorsque l'enjeu théorique des faits observés est important. Les réactions se seraient limitées à cela, si l'ouvrage n'avait comporté deux chapitres bien particuliers (le premier et le dernier des vingt-sept qui composent l'ouvrage), l'un intitulé « La moralité du gène », et l'autre « L'homme : de la sociobiologie à la sociologie », dans lesquels Wilson franchissait la sacro-sainte frontière qui sépare les sciences naturelles des sciences humaines. Qu'une science « dure », la biologie, vienne ainsi empiéter sur une science « douce », la sociologie, provoqua un tollé général. Le principal sujet de controverse était l'assertion de Wilson selon laquelle une grande partie des comportements humains obéit à une détermination génétique. La dispute entre l'inné et l'acquis, qui couvait sous la cendre, connut un soudain retour de flamme. Le clivage, comme c'était prévisible, était essentiellement de nature idéologique. Le feu de brousse tourna à la conflagration majeure au moment où entrèrent en lice un certain nombre d'activistes politisés particulièrement bruyants, qui ne faisaient pas mystère de leurs convictions marxistes ; ironie du sort, plusieurs appartenaient comme Wilson à l'université Harvard. Alimenté par une prolifération d'articles hostiles ou favorables, le conflit fit rage pendant plusieurs années[3]. Maintenant que les choses se sont un peu calmées, quel jugement pouvons-nous porter sur cette bataille épique ?

Sous sa forme radicale, elle mettait en conflit deux absolus : le déterminisme génétique (le comportement est tout entier inné) et le déterminisme environnemental (c'est le milieu et lui seul qui a le pouvoir de façonner les comportements). La première position correspond à la doctrine appelée darwinisme social, dont le défenseur le plus vigoureux fut Herbert Spencer[4], philosophe anglais du XIXe siècle : les inégalités sociales sont le résultat de la sélection naturelle, il faut donc les accepter comme inévitables puisque fondées sur notre nature même. La deuxième position soutient l'opinion marxiste selon laquelle le comportement humain est malléable presque à l'infini : il suffirait de mesures appropriées, politiques, sociales, éducatives et économiques, pour que soit instaurée une société juste et égalitaire. Même les plus radicaux des adversaires en présence reconnaissaient que la vérité se trouve quelque part entre ces deux extrêmes. C'est une question de dosage : combien d'inné ? combien d'acquis ?

La réponse réside dans l'impact relatif qu'ont eu sur le comportement humain actuel d'une part l'évolution biologique, d'autre part l'évolution culturelle. Du point de vue génétique, notre espèce est le produit de plusieurs milliards d'années d'évolution, couronnées par cette dernière période cruciale de six millions d'années qui a vu un ancêtre proche du chimpanzé se transformer en un être humain moderne. Ce qui a fait de nous spécifiquement des êtres humains, au sein des groupes plus vastes que sont les primates, les mammifères, les animaux, etc., est inscrit dans nos gènes. Selon toute probabilité, cette hérédité inclut certains schémas de comportement[5]. Wilson ne risque guère de se tromper lorsqu'il affirme que nous sommes porteurs de certains caractères héréditaires qui étaient utiles à nos ancêtres vivant de la chasse et de la cueillette ainsi qu'à leurs prédécesseurs hominiens. Il a raison de souligner combien il serait dangereux pour nous de ne pas tenir compte du caractère atavique de certains de nos instincts sociaux. Mais savoir quels sont ces instincts, voilà une question à laquelle ni les reconstructions simplistes ni les extrapolations naïves ne sauraient apporter de réponse. Le cliché de « l'homme des cavernes » est une justification trop facile et inacceptable de la brute machiste.

Il nous faut prendre en considération l'importance prépondérante de l'évolution culturelle et le pouvoir qu'elle a d'infléchir le cheminement de l'évolution biologique. Quand on examine l'histoire des structures sociales et leur diversité actuelle, on ne peut éviter de conclure que rares sont les règles de comportement social prescrites par les gènes humains. Les plus spécifiquement humains d'entre nos gènes sont ceux qui ont ouvert à la pensée les voies de l'innovation, de la communication, de l'intentionnalité et du choix, et par là ont contribué à libérer les populations humaines de la camisole de force sociale où l'emprisonnait la sélection naturelle. Saurons-nous exploiter avec sagesse cette libération ? Cela reste à voir. Voici notre privilège et tout à la fois notre fardeau : l'usage que nous ferons de cette liberté donnée par l'évolution décidera de notre avenir et de celui d'une portion considérable du monde vivant.

Tous créés égaux ?

Ce qui a le plus irrité les adversaires de la sociobiologie, c'est qu'elle implique l'existence d'inégalités innées entre les individus quant à l'intelligence, au talent et aux autres capacités psychologiques, dont il faut tenir compte pour assurer au mieux leur éducation, leur orientation professionnelle et leur intégration sociale. Ils considèrent qu'admettre la possibilité de telles différences et essayer de les mesurer, c'est ouvrir la voie au fascisme, au racisme, au sexisme, à l'exploitation capitaliste des masses et autres formes de discrimination sociale. Que dit la science là-dessus ?

La réponse est illustrée par l'anecdote suivante. La grande danseuse américaine Isadora Duncan proposa, paraît-il, un jour à George Bernard Shaw de faire un enfant avec lui. « Songez-y, dit-elle, un enfant qui aurait ma beauté et votre intelligence ! » À quoi le célèbre dramaturge irlandais, réputé pour être aussi laid que spirituel, avait répliqué en déclinant poliment la proposition : « Et s'il avait ma beauté et votre intelligence ? »

Tout enfant reçoit de sa mère la moitié de ses gènes, et de son père l'autre moitié, mais on ne peut pas prédire ce que ces gènes seront dans chaque cas. En raison des réarrangements complexes et aléatoires de chromosomes qui ont lieu pendant la méiose, lorsque des cellules souches diploïdes sont transformées en cellules germinales haploïdes, il est pratiquement certain que chacun des ovules (environ 600) qu'une femme produit dans sa vie, et même chacun des milliards de spermatozoïdes que peut produire un homme, contient un assortiment unique des gènes du progéniteur. Chacun des enfants auxquels un couple est susceptible de donner naissance (à l'exception des jumeaux univitellins, qui proviennent d'un seul et même œuf fécondé) possédera par conséquent à coup sûr une combinaison unique des gènes de ses parents. C'est là-dessus que se fonde l'individualité des êtres humains.

Ce n'est seulement que dans certains cas, généralement lorsque des gènes d'« entretien » sont concernés, qu'il est possible de prévoir l'hérédité en se fondant sur les lois de Mendel. Mais il faut savoir que cette prédiction est fondée uniquement sur les statistiques. Dans cette catégorie entrent un certain nombre de maladies congénitales dues à la déficience d'un seul enzyme ou autre protéine, qu'on sait maintenant déceler par des tests prénataux et combattre par des recommandations appropriées : par exemple la dystrophie musculaire, la drépanocytose, la maladie de Tay-Sachs, la maladie de Gaucher, et bien d'autres. La stature, les traits du visage et bien d'autres caractéristiques physiques, ainsi que des traits psychologiques comme l'intelligence, les aptitudes mathématiques, les dons musicaux, les talents artistiques et le don des langues, ne se réduisent pas à l'effet d'un seul gène, même s'ils sont (peut-être) déterminés génétiquement. Ils reposent sur une mosaïque de gènes et sont affectés par les hasards de la méiose et de la fécondation. Si, vers le 1er mai 1755, un autre des spermatozoïdes de Léopold Mozart était arrivé le premier à l'ovule produit par Anna Maria Pertl, l'une des plus belles musiques du monde n'aurait jamais été composée. Il y a quelques années, on a échafaudé le sot projet de propager « les qualités Nobel » en conservant des spermatozoïdes provenant de lauréats ; il se fondait non seulement sur une erreur d'appréciation quant aux facteurs qui valent à un individu d'être distingué par le jury de Stockholm, mais aussi sur l'ignorance des lois de l'hérédité. La seule façon scientifiquement établie de reproduire exactement un individu, c'est le clonage. Ce procédé, que le biologiste britannique John Gurdon[6] fut le premier à appliquer, sur des amphibiens, consiste à remplacer le noyau d'un ovule non fécondé par le noyau d'une cellule diploïde somatique (venant du corps et non du germe). Il arrive que l'œuf ainsi « greffé » se développe normalement et devienne un individu génétiquement identique (sauf les gènes mitochondriaux) à celui qui a fourni le noyau greffé. On n'a pas encore réussi un tel clonage chez les mammifères. En dehors du récit avancé sans preuves par un écrivain plein d'imagination[7], aucun millionnaire n'a encore été perpétué de cette manière. Il se pourrait cependant qu'une telle opération devienne un jour praticable, ce qui soulèverait d'intéressantes considérations éthiques. Le débat a déjà commencé lorsqu'on a annoncé récemment que des cellules cultivées à partir d'un ovule humain fécondé *in vitro* avaient été « clonées » dans une éprouvette, bien qu'elles n'aient atteint qu'un stade fort primitif de leur développement[8].

Les faits sont clairs. Nous naissons tous différents, et ces différences incluent des inégalités portant sur nos aptitudes innées. Dans une société organisée de façon rationnelle, on souhaiterait que soit offerte à chaque individu la possibilité de réaliser pleinement son potentiel génétique. Quant aux moyens d'atteindre ce but, c'est une question à laquelle seule la société peut répondre. Dans la mesure où des différences existent, le nœud du problème, enjeu de maintes controverses, consiste à décider s'il vaut mieux faire comme si elles n'existaient pas ou s'il faut les mesurer et les prendre en considération. Même les scientifiques sont divisés sur ce point, tout dévoués qu'ils sont à la recherche de la vérité, parce qu'ils ne portent pas le même jugement sur la possibilité d'appliquer aux caractères en question des tests objectifs et précis.

La biologie des valeurs éthiques

« Les scientifiques et les humanistes devraient examiner de concert si le moment n'est pas venu d'enlever provisoirement l'éthique des mains des philosophes, pour l'intégrer à la biologie[9]. » Cette phrase, que j'emprunte à la *Sociobiologie* de Wilson, a suscité plus d'effervescence chez les scientifiques et les humanistes qu'aucune autre partie du livre. Non point que la recommandation soit nouvelle. Elle nous vient d'Aristote, par l'intermédiaire de Jean-Jacques Rousseau : « L'homme est bon, la société le rend mauvais », et d'une pléiade d'autres philosophes de l'école « naturaliste ». L'éthique naturaliste a bénéficié du renfort de la théorie évolutionniste, grâce notamment aux efforts du philosophe Herbert Spencer[10], père du darwinisme social, et à ceux du biologiste Thomas H. Huxley[11], célèbre pour avoir ainsi défendu Darwin contre l'évêque d'Oxford Samuel Wilberforce : « Je préférerais avoir pour grand-père un misérable singe plutôt qu'un homme richement doué par la nature, influent, en possession de moyens financiers considérables, et qui n'emploie pourtant ces capacités et cette influence à rien de mieux qu'à introduire la dérision dans un débat scientifique grave. » Ces deux éminents victoriens firent beaucoup pour répandre l'opinion selon laquelle c'est dans la biologie qu'il faut chercher les origines tant de la moralité que de ses prescriptions et de ses limites. Spencer anticipait de près d'un siècle sur Wilson lorsqu'en 1892 il proclamait « la nécessité de préluder à l'étude des sciences morales par l'étude de la science biologique[12] ».

Dans sa forme la plus inconditionnelle, l'éthique naturaliste exige que le code moral non seulement soit compatible avec ce qu'on sait de la biologie et de l'évolution, mais aussi en découle. Est bon ce qui se produit naturellement. Ainsi les inégalités de la société victorienne étaient présentées comme résultant de la sélection naturelle, et donc moralement justifiées. On va même plus loin : dans la mesure où les règles de moralité actuelles paraissent être en conflit avec la nature humaine, il faut les corriger pour les y conformer. Comme le disent Wilson et son collaborateur Charles J. Lumsden, physicien de Harvard : « Si l'on en savait assez sur les gènes et sur le développement mental, on pourrait élaborer une sorte d'ingénierie sociale qui modifie non seulement les chances qu'il y a d'aboutir à tel ou tel résultat, mais même le sentiment du bien et du mal dans ce qu'il a de plus profond, autrement dit les préceptes éthiques mêmes[13]. » Cette philosophie, qui laisse peser la menace implicite d'un asservissement de la pensée, s'est heurtée à l'hostilité de l'*establishment* sociologique. Elle a aussi été attaquée par la plupart des philosophes du point de vue de ses fondements conceptuels.

Pour beaucoup de théoriciens de l'éthique, les sociobiologistes commettent « l'erreur naturaliste[14] » qu'avait dénoncée David Hume, philosophe écossais qui fut le contemporain de Rousseau et, jusqu'à leur brouille, son ami. D'après Hume, l'erreur consiste à tirer une prescription d'une description, de déduire « cela se doit » de « cela est ». L'éthique, soutiennent les critiques, s'occupe de règles de conduite qui elles-mêmes sont fondées sur des principes généraux. Il ne faut pas confondre l'éthique avec l'observation empirique de la façon dont les gens se conduisent ou sont enclins à se conduire. Quand la majorité triche, il ne s'ensuit pas qu'il est bon et louable de tricher.

Il existe diverses formes d'éthique idéaliste, selon les principes sur lesquels elles se fondent. Sa forme la plus puissante prend racine dans la philosophie de Platon. À l'époque moderne, le défenseur le plus illustre et le plus convaincant d'un système de valeurs idéaliste – bien que décidément non platonicien – a été le philosophe allemand du XVIIIe siècle Emmanuel Kant, qui fondait l'éthique sur l'idée transcendantale de liberté et voulait que le comportement éthique repose, en dernière analyse, sur un seul « impératif catégorique ». L'éthique idéaliste peut aussi prendre une forme plus faible, relativiste, qui admet que les principes éthiques soient subordonnés à des choix et sujets au changement. Par exemple, un code éthique pourra être libertaire, utilitariste ou égalitaire selon qu'on considérera la liberté individuelle, le bonheur du plus grand nombre ou l'égalité au sein de la société comme le but le plus désirable qu'on puisse fixer aux rapports humains.

À première vue, l'anthropologie comparée et l'histoire apportent un vigoureux soutien à la conception relativiste de l'éthique. Les diverses civilisations obéissent à des codes différents. Une action que la société des Inuit considère comme une marque élémentaire de courtoisie risque bien de valoir la décapitation en Arabie Saoudite. Même au sein d'une seule civilisation, les codes moraux évoluent et parfois assez vite. Au cours de ma vie, j'ai observé un changement majeur dans les attitudes à l'égard de la contraception, de l'avortement et, tout récemment, de l'euthanasie. Ce type de changement affecte non point tant les principes éthiques eux-mêmes que la manière dont ils sont interprétés et traduits en préceptes. Ce à quoi j'ai assisté au cours de ma vie ne constitue pas une modification des convictions de la société sur le « caractère sacré de la vie humaine », mais bien plutôt un changement de la définition de ce que sont la vie humaine, son commencement et sa fin. Ce changement subit l'influence du progrès des connaissances scientifiques, il est rendu nécessaire par les avancées de la médecine, et il reste le sujet de discussions passionnées.

Une conception relativiste et évolutionniste de l'éthique n'exclut pas forcément l'absolu kantien. La moralité a évolué progressivement de conserve avec la pensée humaine. Il se peut même qu'elle plonge des racines dans certains comportements animaux, comme le soutiennent les sociobiologistes. Il est possible que les règles éthiques aient été formées et sélectionnées tout au long de l'évolution biologique et, plus spécialement, de l'évolution culturelle, par un processus d'essais et d'erreurs où leurs effets sur l'aptitude individuelle à survivre et sur la cohésion sociale jouaient le rôle de facteurs de sélection. Mais ceci n'exclut pas la possibilité que cette évolution reflète aussi une perception de plus en plus affinée de certaines valeurs absolues : à partir de notions vaguement aperçues et maladroitement appliquées, l'humanité passerait à des impératifs plus nettement discernés et raisonnés. Ces deux formes de développement ne sont pas incompatibles.

Indépendamment du contenu des codes moraux, il faut se préoccuper de l'origine de notre sens moral. Nous pouvons bien ne pas appeler bonnes ou mauvaises les mêmes choses, mais nous sommes tous d'accord qu'il y a une différence entre celles qui sont bonnes, donc recommandables, et celles qui sont mauvaises, à éviter. Question fondamentale : la distinction entre le bien et le mal, l'avons-nous *inventée* ou *découverte* ? Le même débat se poursuit autour d'autres abstractions, par exemple : la vérité mathématique, le concept de beauté. Nous avons vu que les mathématiciens Roger Penrose[15] et Alain Connes[16] défendent une conception platonicienne de la vérité mathématique, que rejette le neurobiologiste Jean-Pierre Changeux[17]. Sans doute la beauté réside-t-elle dans le regard plutôt que dans l'objet regardé ; mais qu'en est-il de la notion abstraite de beauté et du sentiment qui nous attire vers elle ?

Dans beaucoup de sociétés, les préceptes éthiques sont formulés et imposés par des groupements religieux organisés, souvent dans le cadre conceptuel d'une croyance. En raison de leur caractère en partie irrationnel, les religions sont la cible d'attaques de la part de sociobiologistes et de neurobiologistes matérialistes. Et pourtant les religions survivent et prospèrent dans le monde de plus en plus matérialiste et hédoniste qui est le nôtre. Comme l'écrit Wilson : « Le paradoxe persistant de la religion est que malgré la fausseté démontrée d'une portion si considérable de son contenu, elle demeure une force agissante dans toutes les sociétés. Les êtres humains aiment mieux croire que savoir[18]. » Jean-Pierre Changeux se fait l'écho de cette lamentation désabusée : « En dépit du caractère invérifiable de leur contenu, de leur implausibilité tant physique qu'historique, les croyances se maintiennent et même se répandent[19]. » Face à ce paradoxe, ces biologistes et beaucoup d'autres scientifiques proposent une rationalisation du « phénomène religieux » et des nombreuses mythologies qu'il a engendrées : au cours de l'évolution, ces phénomènes seraient apparus en concomitance avec la formation des société parce qu'ils se sont trouvés renforcer le potentiel collectif de survie des croyants, à l'encontre des sociétés dont aucune croyance n'unissait les membres, ou auxquelles une croyance moins ferme conférait une unité moins solide. Pour qu'une idéologie l'emporte, il n'est pas nécessaire qu'elle soit vraie, il suffit qu'elle soit plus forte que les autres. Le succès croissant des fondamentalismes en apporte aujourd'hui la démonstration éclatante.

Nous devons cependant nous demander s'il n'y a pas dans notre nature, à côté de notre besoin intellectuel d'explications rationnelles, une profonde soif affective de croyance religieuse. Même les scientifiques, dont la motivation la plus intense est la recherche des explications, ne sauraient travailler sans système de valeurs. La plupart adhèrent à ce que le biologiste français Jacques Monod a appelé « l'éthique de la connaissance », fondée sur le « postulat d'objectivité », code de conduite qui exige l'honnêteté intellectuelle et le respect des faits. La réprobation générale que suscitent les fraudes scientifiques, comparée à l'indulgence relative à l'égard de la fraude fiscale ou des illégalités commises dans les milieux d'affaires, montre que la société attend des scientifiques un niveau de moralité particulièrement élevé. Pourtant les scientifiques eux-mêmes auraient peine à justifier rationnellement le code auquel ils s'astreignent. Comme l'énonce clairement Jacques Monod, « poser le postulat d'objectivité comme condition de la connaissance vraie *constitue un choix éthique et non un jugement de connaissance* » (les italiques sont de Monod)[20]. Ce choix est-il gratuit ou reflète-t-il un précepte kantien de respect de la vérité ? La question mérite au moins d'être débattue.

L'éthique pose aux scientifiques un problème encore plus fondamental. Par définition, un code éthique implique la possibilité de choisir entre des conduites qui n'ont pas la même valeur morale. Cette condition n'est guère compatible avec les théories strictement monistes et matérialistes du cerveau, car celles-ci impliquent l'inexistence du libre arbitre et, par là, celle de la responsabilité morale. J'ai mentionné au chapitre 27 le malaise qu'éprouvent, face à ce problème, certains philosophes et spécialistes des neurosciences. Les sociobiologistes éprouvent le même embarras. Dans *Promethean Fire* (Le feu prométhéen), Lumsden et Wilson s'affirment convaincus que « les événements mentaux sont identiques aux événements physiologiques qui ont lieu dans le cerveau[21] » et que « tout notre comportement est effectivement prédéterminé[22] ». Cela ne les empêche pas de compter le libre arbitre au nombre des qualités essentielles de la pensée humaine. Nulle part je n'ai trouvé d'exposé sur la façon de concilier ces deux types d'énoncés. Heureusement, le besoin de les réconcilier n'est pas encore contraignant. Nous n'en savons pas encore suffisamment sur la pensée humaine pour affirmer catégoriquement qu'elle n'est qu'une simple émanation de l'activité neuronale et n'a pas le pouvoir d'influencer cette activité.

Septième partie

L'ÂGE DE L'INCONNU

30

L'avenir de la vie

Nous avons atteint un stade crucial dans l'histoire de la vie. Le visage de la Terre a changé d'une manière spectaculaire au cours des derniers millénaires, à peine un instant dans la durée de l'évolution, et il continue de changer toujours plus vite. Ce qui aurait pris un millier de générations par le passé peut maintenant n'en prendre qu'une seule. L'évolution biologique a pris en quelque sorte le mors aux dents et court vers une dangereuse instabilité.

D'une certaine manière, notre époque rappelle l'une de ces cassures majeures dans le cours de l'évolution, marquées par des extinctions massives. À une différence près : la cause de cette instabilité-ci n'est pas l'impact d'un gros astéroïde ou quelque autre événement impossible à maîtriser. La perturbation provient de la vie elle-même, agissant à travers une espèce qu'elle a elle-même créée, une espèce dont la réussite est immense et qui peuple chaque recoin de la Terre de multitudes sans cesse croissantes, asservissant et exploitant toujours plus la planète. Pour la première fois également dans l'histoire de la vie, la sélection naturelle a été remplacée, ne fût-ce que partiellement cela va sans dire, par l'intervention volontaire d'un membre de la communauté biosphérique. Les faits sont sous nos yeux, clairs et sans équivoque. N'importe qui peut lire le message et en tirer les conclusions qui s'imposent.

Le dérèglement de la sélection naturelle

L'espèce humaine est le produit de la sélection naturelle : celle-ci donna la primeur aux mutations qui libérèrent les mains et les façonnèrent de sorte qu'elles puissent tenir des objets, faire des signes, manier des armes, fabriquer des outils et pratiquer d'autres activités manuelles, ainsi qu'aux mutations qui dotèrent le cerveau de réseaux capables de commander les mains, de planifier l'avenir et de communiquer avec les autres membres de l'espèce. Il en est résulté un être possédant le pouvoir unique de modifier le cours des processus naturels auxquels il doit la vie. Les manifestations de ce pouvoir nous environnent à chaque instant.

Tout a commencé il y a environ 40 000 ans. Jusque-là, les premiers humains avaient cohabité assez harmonieusement avec le reste de la biosphère. Organisés en petites tribus nomades, ils vivaient de fruits, de baies, et d'autres produits végétaux, ainsi que des animaux qu'ils parvenaient à capturer principalement des rongeurs, des grenouilles, des lézards, des escargots, des larves d'insectes et les petits, sans défense, d'oiseaux et de mammifères plus gros. Ils vivaient au jour le jour, dépendant entièrement de ce que la nature avait à offrir. Mais ils apprirent à exploiter chaque parcelle de leur biotope, se déplaçant d'un endroit à un autre au gré des saisons et des changements climatiques, bousculant rarement les équilibres naturels au point de mettre en danger leur propre approvisionnement. Décrit tantôt comme grossier, tantôt comme paradisiaque, le mode de vie du chasseur-cueilleur était peut-être précaire, mais il était écologique.

Les choses changèrent lorsque la chasse devint plus efficace, dans le cadre du développement général des techniques et de l'organisation sociale humaine qui commencèrent il y a environ 40 000 ans. Cette explosion culturelle comprenait la fabrication d'armes plus performantes et l'élaboration d'efficaces techniques de chasse collective qui permettaient de tuer les plus gros animaux. La chasse au gros gibier remplaça progressivement la capture laborieuse de petits animaux et ouvrit l'accès à de nouvelles sources d'alimentation particulièrement riches. L'abondance favorisa la prolifération et peut-être, aussi, le gaspillage. Seuls les morceaux de choix étaient réservés à la consommation humaine, le reste étant laissé aux charognards. Peut-être même que la chasse devint un sport pratiqué pour le plaisir. Quoi qu'il en soit, cela suffit à bouleverser l'équilibre cyclique entre prédateur et proie. Le premier assaut de l'homme contre la biosphère était donné. En l'espace de quelques milliers d'années, les chasseurs exterminèrent les aurochs, les mammouths, les paresseux géants et les autres mammifères préhistoriques, en Europe comme en Amérique. Le fait que ces extinctions massives se soient produites à des moments différents dans des régions différentes, mais toujours en coïncidence avec une invasion humaine, indique que c'est bien la chasse et non les changements de climat ou quelque autre perturbation du milieu qui en est responsable[1].

Le coup suivant fut amorcé de manière plus insidieuse, presque inoffensive. Quelque part au Moyen-Orient, il y a environ 10 000 ans, un groupe d'humains découvrit le moyen de cultiver des plantes et d'élever des animaux dans le but de les manger, découvrant de ce fait l'intérêt de rester au même endroit et de faire venir la nourriture à eux plutôt que d'aller la chercher. Ces groupes sédentaires bâtirent des habitations permanentes qui les protégeaient mieux, eux et leur descendance, contre les intempéries, les prédateurs dangereux et les voisins hostiles. Ils renforcèrent leurs liens sociaux et tissèrent des réseaux plus étroits d'organisation communautaire, de division du travail et de coopération active. Grâce à ces avantages, ils engendrèrent et élevèrent davantage d'enfants, s'accroissant plus rapidement que les chasseurs-cueilleurs nomades. Dès que le nombre de bouches à nourrir dépassait les possibilités des terres environnantes, un groupe se détachait, comme d'une ruche, pour aller fonder une nouvelle colonie un peu plus loin, expulsant ou exterminant toute tribu errante qui se trouvait sur le même territoire. D'après les dernières données génétiques et paléontologiques, c'est ainsi que le mode de vie agraire s'est répandu à cette époque, non par la voie pacifique de l'association et du transfert de technologie[2].

L'extension s'est produite à ce qui paraît être une allure d'escargot, à peine un kilomètre par an. Mais elle progressait sans cesse. D'hectare en hectare, les forêts vierges laissèrent la place aux prés et aux terres arables, dont une partie à son tour fut remplacée par des déserts arides, en raison de l'excès de labours, de la dégradation du biotope, de l'érosion du sol et d'autres effets secondaires de l'agriculture[3]. D'hectare en hectare, les riches communautés interdépendantes de microbes, de plantes, de mycètes et d'animaux qu'abritaient les voûtes fécondes des grandes forêts firent place aux mêmes champs uniformes de blé et d'orge, aux mêmes pâturages, aux mêmes troupeaux de bovins, chèvres, moutons et porcs, aux mêmes troupeaux d'oies et de poules rendues incapables de voler, aux mêmes chiens et chats, aux mêmes rongeurs, aux mêmes mouches et cancrelats, aux mêmes parasites, symbiotes, charognards, moisissures et autres profiteurs des nouveaux biotopes artificiellement créés. L'ingéniosité humaine a façonné les plantes et les animaux ainsi adoptés pour en faire d'étranges variétés que la sélection naturelle n'aurait jamais épargnées et qui ont progressivement remplacé et supplanté leurs ancêtres sauvages.

En l'espace de quelques millénaires, pratiquement toute l'humanité avait adopté le mode de vie agraire, et de grandes surfaces de forêt avaient laissé la place aux terres cultivées. En même temps, l'extension des techniques, la naissance de la science moderne, l'éclosion de l'industrie portèrent autant de coups supplémentaires à la biosphère par l'irrigation, la fertilisation et d'autres mesures destinées à accroître le rendement agricole et à améliorer les conditions de vie de l'homme. Mais à peu près personne ne s'inquiétait. La nature paraissait inépuisable, ce qui fut d'une certaine façon le cas jusqu'à la seconde moitié du XIXe siècle.

Le coup final fut infligé par les progrès de la médecine et de l'hygiène, qui sauvèrent de plus en plus de vies humaines qui auraient succombé par le passé au manque d'hygiène, à la malnutrition et à la maladie. Grâce à ces progrès, la limitation de la population humaine par la sélection naturelle fut enrayée, d'où l'explosion démographique des 150 dernières années. Davantage de bouches à nourrir a signifié davantage de nourriture à produire, davantage de surface forestière à détruire, davantage de biotopes à bouleverser, davantage d'appauvrissement du monde vivant. La sélection naturelle a déraillé, mais elle ne s'est pas arrêtée. Elle continue d'agir dans le cadre des limites que nous lui imposons, forcée par ces limites à emprunter des directions qui pourraient, à long terme, se révéler plus néfastes pour la biosphère et l'espèce humaine que n'importe quelle autre. À moins que nous n'agissions suffisamment vite pour rectifier le cap, la sélection naturelle pourrait resurgir en vengeresse.

Sept têtes, un corps

L'un des douze travaux que l'Hercule de la légende fut mis au défi d'accomplir consistait à terrasser l'Hydre de Lerne, monstrueux serpent de mer qu'on disait habiter les profondeurs du lac marécageux de Lerne, dans le sud de la Grèce. L'Hydre avait sept têtes, certains disent neuf, d'autres cinquante, ou même cent. Les têtes repoussaient immédiatement après avoir été sectionnées, propriété partagée, du reste, avec un minuscule polype du même nom, connu pour sa capacité de régénération. Après avoir vainement essayé de couper une tête après l'autre, Hercule parvint à tuer la bête grâce à un puissant coup qui les fracassa toutes en même temps. La force brutale l'emporta. Mais l'on peut se demander pourquoi Hercule n'a pas plutôt fait fonctionner sa propre tête et ne s'en est pas pris au corps du monstre.

L'humanité affronte aujourd'hui un monstre pluricéphale qu'elle a elle-même engendré : déforestation, perte de la biodiversité, épuisement des ressources naturelles, surconsommation d'énergie, pollution de l'environnement et détérioration de l'humanité elle-même[4]. Combattre chaque tête séparément est inefficace. Les combattre toutes en même temps risque d'être une tâche trop herculéenne pour nos capacités. Seule solution envisageable : attaquer le corps, c'est-à-dire modifier le comportement de l'espèce humaine lui-même.

L'une des menaces majeures qui pèsent sur notre avenir est la déforestation. Plus de 50 % des forêts du monde ont disparu (plus de la moitié de cette surface dans ce siècle) et elles continuent de rétrécir à une vitesse alarmante sous le coup de l'exploitation des terres, de l'agriculture, des coupes de bois, des brûlis et des dégâts causés par la sécheresse, les pluies acides, les parasites et autres maux. De vastes régions, privées d'arbres protecteurs, ne parviennent pas à résister aux assauts conjugués des éléments et de la surexploitation par les populations humaines et animales. Partout le désert avance et gagne les terres dévitalisées. Le Sahara, qui à une époque était vert, gagne chaque année des millions d'hectares. Dans la région du Sahel, le désert avance à une vitesse d'environ cinq kilomètres par an. Les forêts tropicales se portent moins bien encore, perdant chaque année 15 millions d'hectares (à peu près la surface de la Floride), c'est-à-dire presque 2 % de leur surface actuelle. À ce train-là, il ne restera rien des forêts tropicales dans cinquante ans.

La télévision a introduit chez nous, au point de les banaliser, les tragiques conséquences de la déforestation. Les enfants au corps émacié portés contre une poitrine décharnée, les mères au regard désespéré, les hommes et les femmes squelettiques qui attendent la mort nous sont devenus si familiers que nous avons pratiquement cessé d'être émus par ces images. Mais les famines sont des drames locaux. La plus grande partie du monde est bien nourrie. La production de nourriture est excédentaire dans de nombreuses régions : silos et entrepôts débordent, les agriculteurs sont subventionnés pour laisser leurs terres en friche. La faim est un problème tout autant politique et économique que biologique. Mais la disparition des forêts a d'autres conséquences, moins évidentes mais plus globales et irréparables.

L'une d'entre elles est la perte de la biodiversité. Personne ne sait combien la Terre renferme d'espèces. Dans un récent plaidoyer pour sauver les espèces menacées, Edward O. Wilson énumère un total de 1 402 900 espèces cataloguées[5]. Plus de la moitié d'entre elles sont des insectes (751 000), auxquels il faut ajouter 123 400 arthropodes d'autres natures et 106 300 autres invertébrés. En regard de cela, il n'existe que 42 300 espèces de vertébrés recensées, dont moins de 10 % sont des mammifères. Les végétaux sont représentés par 248 400 espèces, les mycètes par 69 000, les protistes par 57 700 (parmi lesquels 26 900 algues phototropiques), et les bactéries par 4 800 seulement. Tout le monde s'accorde pour dire que certains de ces chiffres sont largement sous-estimés. Le monde bactérien est presque totalement inexploré. Il se peut que des millions d'espèces d'insectes attendent d'être recensées. Wilson pense que « le nombre total [d'espèces] vivant sur la Terre se situe quelque part entre 10 et 100 millions[6] ». Le spécialiste d'Oxford Robert M. May propose une évaluation plus modeste mais encore considérable : entre 5 et 8 millions[7].

Plus de la moitié des espèces connues habitent les forêts tropicales qui sont aussi le principal habitat des millions d'espèces non cataloguées. Les dégâts que le déboisement leur inflige sont épouvantables. Selon l'estimation la plus optimiste de Wilson, à l'allure à laquelle va actuellement l'éradication des forêts tropicales, « le nombre des espèces condamnées chaque année est de 27 000. Chaque jour il en disparaît 74, soit trois par heure[8] ». Ce chiffre – entre mille et dix mille fois l'estimation du taux d'extinction préhistorique – rend négligeable, sans toutefois lui ôter toute signification, le nombre d'espèces en voie de disparition des régions tempérées du monde, telles que le panda géant, la chouette mouchetée ou la perche mangeuse d'escargots *(snail darter)*, pour lesquels on se mobilise le plus.

La disparition d'espèces vivantes n'est pas simplement un coup porté aux cultivateurs d'orchidées, aux collectionneurs de papillons et aux passionnés de coléoptères. Elle induit une irrémédiable perte d'informations précieuses, l'équivalent pour le monde biologique de l'incendie de la bibliothèque d'Alexandrie en 641. Il s'agit de la destruction d'une grande partie du livre de la vie, avant même qu'il ait pu être lu, de la perte irremplaçable d'indices essentiels concernant l'évolution biologique et notre propre histoire. Des ressources d'un immense intérêt pratique potentiel pourraient aussi se perdre. Chaque jour qui passe voit se réduire davantage la biosphère, et peut-être disparaître définitivement une source d'alimentation non négligeable ou une molécule qui aurait peut-être guéri le paludisme, le SIDA ou un autre fléau.

Autre effet menaçant de la déforestation : l'affaiblissement de la défense du monde contre une production de dioxyde de carbone excessive. Les forêts sont les poumons de la Terre, ou, plutôt, ses « poumons inversés ». Les arbres (comme les autres végétaux), lorsqu'ils sont à la lumière, consomment du dioxyde de carbone et produisent de l'oxygène. Ils compensent de ce fait la consommation d'oxygène et la production de dioxyde de carbone par les autres êtres vivants et, de plus en plus, l'utilisation de combustibles fossiles aussi bien que vivants, comme cela a été pratiqué à grande échelle dans les forêts d'Amazonie. Depuis 150 ans, et de façon toujours croissante, il y a plus d'oxygène consommé que produit, et plus de dioxyde de carbone produit qu'utilisé. Ce déséquilibre affecte à peine la proportion d'oxygène dans l'atmosphère, mais influe sérieusement sur la teneur en dioxyde de carbone qui est de trois ordres de grandeur plus basse que celle de l'oxygène. La proportion de dioxyde de carbone de l'atmosphère s'est élevée de 0,031 5 à 0,036 0 % entre 1958 et 1993, et augmente toujours plus vite ; il est prévu qu'elle atteigne 0,060 % entre 2050 et 2100[9]. Nombreux sont ceux qui croient que ce changement pourrait provoquer un important réchauffement de la température de la Terre par ce que l'on appelle l'effet de serre.

Ce phénomène est dû à la présence d'un filtre à sens unique – le verre d'une serre ou le dioxyde de carbone de l'atmosphère – qui laisse entrer la lumière visible du soleil, mais empêche de ressortir une partie des rayons infrarouges, dont la longueur d'onde est plus grande. De ce fait, l'énergie solaire est retenue et provoque l'élévation de la température à l'intérieur de la serre ou à la surface de notre planète. Il est généralement admis que l'augmentation du dioxyde de carbone atmosphérique – et du méthane, sous-produit gazeux de l'élevage de bovins exhalé par des microbes anaérobies qui se trouvent dans l'estomac des ruminants – produira un réchauffement du globe, dont l'ampleur et les conséquences dans un monde inévitablement exposé à l'alternance de périodes caractérisées par la chaleur et la glaciation sont vigoureusement débattues. Certains scientifiques prédisent un changement climatique désastreux, une altération majeure de la composition des biotopes et de la végétation, la fonte des glaces polaires, des inondations côtières catastrophiques et autres bouleversements planétaires. D'autres minimisent les dangers et s'en remettent à Gaia. Même le père de Gaia, cependant, l'Anglais James Lovelock, reconnaît que la réaction de celle-ci, bien qu'appropriée à long terme, risque d'arriver trop tard ou d'être trop discrète pour épargner à notre espèce des désastres majeurs[10].

Les forêts jouent un rôle important dans le cycle de l'eau ; elles en conservent d'énormes quantités, régulent l'assèchement des terres et induisent des perturbations atmosphériques qui apportent à ces dernières des nuages chargés de pluie. Les sécheresses qui ont suivi la déforestation dans de nombreux endroits du monde illustrent d'une façon dramatique l'importance des « cathédrales vertes » de la Terre dans la constitution des réserves d'eau. L'irrigation artificielle peut rendre la fertilité au désert, mais le coût en énergie en est exorbitant, ce qui nous conduit à une autre tête de l'Hydre : la surconsommation d'énergie.

L'humanité est la seule espèce vivante à dépenser plus d'énergie qu'il ne lui en faut pour sa subsistance et sa reproduction. Longtemps cette énergie supplémentaire n'a été puisée que dans le monde vivant, principalement le bois pour fournir de la chaleur, et les muscles des animaux (ou de l'homme) pour fournir le travail. Puis on fabriqua des voiles pour utiliser les vents et on domestiqua la puissance des chutes d'eau pour faire fonctionner les moulins. Toutefois, le changement majeur eut lieu lorsque l'on découvrit le moyen de convertir la chaleur en travail : l'invention de la machine à vapeur. De façon presque symbolique, les premiers engins de ce genre furent utilisés pour pomper l'eau qui envahissait les mines de charbon.

Intimement liés depuis le début, la vapeur et le charbon établirent une association qui engendra l'ère industrielle, sillonna les mers avec des bateaux à vapeur, quadrilla les continents de voies ferrées, poussant les géologues à trouver de nouveaux gisements de charbon et les mineurs à aller chercher plus profond les filons d'où tirer l'énergie. Le ciel s'obscurcit, la pluie s'acidifia, les façades noircirent et se désagrégèrent, les inondations et explosions souterraines tuèrent des milliers d'hommes ; la silicose et la tuberculose en tuèrent davantage encore. Peu s'en souciaient. L'humanité était entrée dans l'ère de la débauche d'énergie.

Puis vint le deuxième raz de marée, plus meurtrier que le premier. On inventa le moteur à explosion ; la fièvre de l'or noir s'alluma, envoyant de nouvelles armées forer les puits jaillissants qui feraient leur fortune. C'est ainsi que fut inaugurée l'ère Ford-Rockefeller qui fait courir, telles des fourmis, des centaines de millions de machines mangeuses de pétrole aux quatre coins de la planète.

Parce que des stocks considérables de biomasse fossilisée se sont accumulés lorsque la photosynthèse végétale excédait la dégradation hétérotrophique, les nouvelles machines ont pu être développées bien au-delà de la capacité de la biosphère à les alimenter. Quel que fût l'appétit des esclaves mécaniques, il y avait toujours suffisamment de charbon et de pétrole pour le satisfaire. Un autre pas de géant fut accompli lorsqu'on trouva le moyen de transformer l'énergie mécanique en énergie électrique, de transporter le courant électrique et de convertir l'énergie électrique en énergie mécanique, en chaleur et en lumière. Ces progrès rendirent accessible à chaque foyer et à chaque usine la puissance produite par la combustion de carburants fossiles dans d'énormes centrales.

Aujourd'hui, aux États-Unis, chaque homme, chaque femme et chaque enfant dépense pour le transport et le confort cent fois l'énergie nécessaire à son métabolisme[11]. Beaucoup d'autres pays du monde industrialisé approchent ce chiffre. Les pays en voie de développement sont loin derrière, mais s'efforcent d'améliorer leur niveau de vie au prix de dépenses en énergie plus grandes. La majeure partie de l'énergie consommée par l'humanité à travers le monde provient de la combustion de carburants fossiles : charbon, pétrole et gaz naturel. Et ce n'est pas sans conséquences.

La surconsommation de combustibles fossiles est largement responsable de la surproduction de dioxyde de carbone et donc de la menace d'effet de serre. De plus, la combustion de carburant, en particulier de charbon, libère dans l'atmosphère des oxydes toxiques de soufre et d'azote, principales causes des pluies acides qui mettent en péril les forêts et les lacs, altèrent la santé de l'homme et bouleversent l'équilibre écologique de bien des régions du globe. En outre, les combustibles fossiles, en particulier le pétrole, constituent la matière première principale utilisée par les industries pétrochimiques pour la fabrication de produits plastiques et chimiques qui, à leur tour, contribuent à polluer la planète. L'extraction et le transport de ces produits, nécessaires pour répondre à la demande croissante, ne sont pas non plus sans conséquences : paysages défigurés par les mines en surface, lourd bilan en vies humaines et sur le plan de la santé dans les exploitations minières et pétrolières, dégâts infligés à l'environnement par l'incendie de puits de pétrole, désastres écologiques consécutifs aux marées noires. Le plus inquiétant est que les combustibles fossiles sont une ressource non renouvelable qui sera un jour épuisée. On estime que la production de pétrole et de gaz naturel plafonnera d'ici quelques années, et commencera à décliner jusqu'à épuisement total dans environ un siècle. Le charbon est plus abondant, mais il est lui aussi limité. Son exploitation devrait atteindre un maximum vers le milieu du XXIe siècle et s'épuiser entre 2400 et 2600[12].

Ces faits sont bien connus et ont été portés à l'attention des dirigeants de ce monde par la crise de l'énergie des années soixante-dix. Déjà en 1976, l'activiste écologiste et politique Barry Commoner, de l'université Washington à Saint Louis dans le Missouri, publiait une analyse lucide de la production et de la consommation d'énergie aux États-Unis[13]. Il n'est pas nécessaire de partager avec lui la condamnation de la structure économique du pays pour apprécier la valeur des objections qu'il élève contre la consommation actuelle d'énergie, qui apparaît, à la lumière des principes thermodynamiques, comme un vaste gaspillage.

L'erreur, selon Commoner, consiste à ne calculer le rendement que d'après la fraction de l'énergie consommée (combustible brûlé) convertie en travail utile (rendement selon la Première Loi, c'est-à-dire dérivé de la première loi de la thermodynamique). Cette façon de faire n'est pas fausse en soi, et c'est elle qui a inspiré les fameuses « économies d'énergie » (voitures économiques en carburant, maisons mieux isolées, etc.). Mais, dit-il, nous ne prêtons pas une attention suffisante au rendement de nos convertisseurs d'énergie selon la Seconde Loi (dérivé de la seconde loi de la thermodynamique), c'est-à-dire à l'énergie qu'ils consomment relativement à la quantité minimale nécessaire pour obtenir le résultat désiré dans les meilleures conditions. Selon le second critère, les transports en commun sont supérieurs au transport individuel, quel que soit le rendement des moteurs selon la Première Loi. Il est également absurde d'utiliser l'électricité pour le chauffage, en raison du gaspillage induit par la double conversion : de la chaleur en électricité, puis de l'électricité en chaleur. Il serait, ajoute-t-il, plus économique de chauffer nos maisons au moyen de pompes à chaleur plutôt que de brûleurs. (Les pompes à chaleur sont des machines telles que les réfrigérateurs, qui utilisent de l'énergie pour faire passer de la chaleur d'un environnement plutôt froid –

l'intérieur du réfrigérateur ou l'extérieur de la maison – à un autre, plus chaud – l'intérieur de la maison dans les deux cas.)

D'importantes recherches ont été consacrées à l'exploitation de sources d'énergie de substitution, inépuisables et non polluantes, telles que le vent, les chutes d'eau naturelles ou artificielles, les marées, les vagues, les courants océaniques, les différences de température entre la surface et les profondeurs de l'eau, les sources chaudes, la chaleur souterraine et, bien sûr, le soleil. On s'efforce également de mettre au point un combustible transportable, capable de remplacer un jour les combustibles fossiles, l'idéal étant l'hydrogène, non polluant et qui se transforme en eau lorsqu'il brûle. On progresse sur tous les fronts, mais sans réussir de véritables percées. Il est généralement reconnu que le soleil serait la source d'énergie idéale pour notre planète, mais de nombreux obstacles pratiques s'opposent à son exploitation à grande échelle. L'un des nombreux problèmes à résoudre est soulevé par la façon diffuse et irrégulière dont les rayons du soleil touchent la surface de la Terre. Il faudrait consacrer des surfaces immenses à recueillir de la lumière (0,4 % de la surface du pays) pour couvrir la totalité des besoins des États-Unis[14]), et disposer d'imposantes possibilités de stockage pour assurer l'approvisionnement en énergie lorsque le soleil est caché. Peut-être qu'un jour, de vastes déserts reviendront à la vie, grâce à des milliers de kilomètres carrés d'écrans solaires nourrissant en énergie des centrales géantes génératrices d'hydrogène, qui alimenteront le monde entier en carburant. C'est aujourd'hui un rêve, mais il vaut la peine qu'on le poursuive.

En attendant, seule la puissance nucléaire peut fournir de l'énergie à un prix abordable et sous une forme non polluante pour l'essentiel (mis à part le réchauffement local des eaux). Plusieurs pays, notamment la France et la Belgique, couvrent à présent une part importante de leurs besoins grâce à cette forme d'énergie. De nombreux autres, comme l'Autriche, la Suède et les États-Unis, soumis à la pression de l'opinion publique, ont dû abandonner ou ralentir le développement de leur puissance nucléaire.

Le nucléaire a mauvaise réputation, et celle-ci n'est pas tout à fait imméritée. Apparu sous les traits hideux de l'enfer d'Hiroshima et de Nagasaki, il reste associé aux visions apocalyptiques de guerre et de mort massive. Il est aussi intimement lié dans la mentalité collective à la radioactivité, force invisible et terrifiante, qui, on le sait, provoque cancer, leucémie et autres défauts génétiques. En outre, la production d'énergie nucléaire n'est pas aussi sûre que certains scientifiques et ingénieurs l'ont soutenu : l'inquiétude qu'elle soulève à l'heure actuelle a pour noms Windscale, Three Mile Island et Tchernobyl. D'un autre côté, des observateurs objectifs soulignent que rien n'est totalement sans danger et que le nombre de victimes du nucléaire non militaire depuis son inauguration est remarquablement modeste (seulement une fraction du bilan annuel des victimes de la route ou de la cigarette, rien qu'aux États-Unis). Mais la peur du nucléaire ne se guérira pas avec de froides statistiques. Elle nécessitera une démonstration parfaitement convaincante de maîtrise technologique.

Considérée de façon rationnelle, la technique nucléaire comporte quelques graves inconvénients, outre le risque relativement faible de provoquer des catastrophes majeures. Elle produit des déchets fortement radioactifs qu'il faut conserver en toute sécurité pour des millénaires, problème non encore résolu. En outre, les réserves d'uranium mondiales, qui fournissent le principal carburant des réacteurs nucléaires, ne sont pas illimitées. Les réacteurs générateurs, qui produisent plus de carburant qu'ils n'en consomment, apportent en théorie une solution durable à ce problème ; mais ils produisent du plutonium, matériau idéal pour bricoler une bombe, ce qui évoque le spectre terrifiant de piraterie et de terrorisme nucléaires.

Tous les réacteurs nucléaires actuellement en fonctionnement reposent sur la fission atomique, phénomène exploité dans les premières bombes atomiques. La fusion de l'hydrogène, qui alimente le soleil et la bombe H, serait plus sûre et presque entièrement non polluante, mais elle requiert de très hautes températures dans un espace très strictement confiné, conditions dont on se rapproche de plus en plus sur le plan expérimental mais qu'on n'a pas encore atteintes en dépit d'un effort considérable en matière de recherche. Il faudra attendre de nombreuses années, voire des décennies, avant que cette source d'énergie soit maîtrisée, si elle l'est un jour.

La pollution est peut-être la plus malfaisante et la plus invincible des têtes de l'Hydre. Pratiquement toutes les industries engendrent des sous-produits qui polluent l'air, les cours d'eau, les océans, ainsi que le sol et sa précieuse eau. Lacs rendus sans vie par les métaux lourds, rivières soudain couvertes de poissons morts, tuyaux déversant des liquides nauséabonds, cieux lourds de fumée et de brouillards, bois où l'on n'entend plus que le croassement des corbeaux, champs rendus stériles excepté pour quelques mauvaises herbes à la vie dure, tout cela était courant à l'entour des usines et réapparaît parfois, par accident ou par négligence.

De nombreux produits de l'industrie font eux aussi du tort, involontaire ou accepté comme le prix à payer pour les avantages qui en résultent. On a arrosé la planète de pesticides à l'avantage des agriculteurs jusqu'à ce que Rachel Carson tire la sonnette d'alarme. On considérait les chlorofluorocarbones (CFC) comme idéalement adaptés au rôle de liquide pour réfrigérateurs et de propulseur pour atomiseurs, mais maintenant on les condamne comme contribuant à l'effet de serre et détruisant la couche d'ozone qui protège la planète contre l'excès de rayons ultraviolets en provenance du soleil. Les antibiotiques, proclamés à juste titre remèdes miracles, se sont avérés de puissants sélectionneurs de pathogènes dangereux. La liste semble sans fin.

Même des matériaux dépourvus de toxicité peuvent, par leur simple volume, créer des problèmes d'ordre écologique. Les sacs et emballages plastiques qui enveloppent presque tous les produits en vente dans les supermarchés ; les articles « jetables », depuis le petit matériel de laboratoire jusqu'aux briquets, appareils photo, vaisselle et couverts ; les matériaux artificiels qui remplacent à présent le bois ou les métaux dans d'innombrables domaines ; les tissus synthétiques qui remplacent la laine, le coton ou la fourrure, tout cela s'ajoute à la « plastosphère ». Résistants à la biodégradation, presque impossibles à brûler proprement, ces matériaux s'accumulent, transformant les terres et les mers en dépotoirs. Les immondices posent un problème majeur à elles seules, submergeant les communautés et la nature elle-même.

Des forêts qui rétrécissent, des déserts qui s'étendent, des espèces qui disparaissent, des ressources qui diminuent, des gaz à effet de serre qui augmentent, une couche d'ozone trouée, des cieux pollués, des eaux empoisonnées, des égouts qui empestent, des déchets radioactifs, des montagnes d'ordures : l'Hydre a de trop nombreuses têtes.

Quelques mois avant sa mort, Lord (Solly) Zuckerman, l'un des scientifiques les plus influents de Grande-Bretagne, qui avait participé à Stockholm, en 1972, à la conférence sur l'environnement à l'échelle mondiale, résuma ses impressions après celle de Rio, en 1992 : « Comme à Stockholm, écrivit-il, les leçons significatives qu'on a tirées à Rio sont que les intérêts nationaux diffèrent ; qu'il existe une différence entre les problèmes d'ordre écologique à l'échelle nationale et à l'échelle mondiale ; que les questions écologiques et sociales à court et long terme n'appartiennent pas à la même catégorie ; et que le développement des pays plus pauvres apporte presque inévitablement avec lui des problèmes non seulement de financement et de gestion, mais aussi d'ordre écologique. Une autre leçon majeure est que, en pratique, les solutions à la plupart des problèmes d'ordre écologique sont presque entièrement du ressort de la politique et de l'économie[15]. » Le ton, on en conviendra, est plus résigné qu'optimiste.

En 1992, les responsables de l'Académie nationale des sciences des États-Unis et de la Société royale de Londres, les deux plus respectables corps scientifiques du monde anglo-saxon, ont lancé un appel conjoint et solennel à la conscience mondiale[16]. La déclaration s'ouvre par une mise en garde alarmante : « Si les prédictions actuelles concernant la croissance de la population se révèlent exactes et si les structures de l'activité humaine sur la planète restent inchangées, il se peut que science et technologie soient incapables d'empêcher l'irréversible dégradation de l'environnement ou la pauvreté persistante d'une partie importante du monde. » Malheureusement, les conclusions de ce document relèvent plus du vœu pieux que de la recommandation précise : « Il est urgent de prendre des mesures à l'échelle mondiale pour promouvoir un développement économique plus rapide dans le monde entier, des structures d'activité humaine moins néfastes pour l'environnement et une stabilisation plus rapide de la population mondiale. » Et les auteurs d'ajouter : « Il est possible de parvenir à un développement susceptible d'être poursuivi à long terme, mais seulement si la dégradation irréversible de l'environnement peut être enrayée à temps[17]. »

Cette tendance à un optimisme mesuré est partagée par bon nombre d'experts, en particulier des économistes, des sociologues et des politologues. Ils tirent la sonnette d'alarme mais font confiance à l'humanité pour s'en sortir, comme elle l'a si souvent fait. Ils rappellent que Thomas Malthus, qui, il y a deux siècles, dans son célèbre *Essai sur le principe de population tel qu'il affecte l'amélioration future de la société*[18], prétendait prouver que des ressources croissant arithmétiquement ne suffiraient pas à subvenir aux besoins d'une population croissant géométriquement, ne pouvait prévoir que la révolution industrielle allait développer des ressources bien au-delà des besoins de la population croissante de l'Angleterre et considérablement augmenter son niveau de vie. La technologie, soutient-on, n'a pas dit son dernier mot et pourrait une fois encore sauver l'humanité de la crise esquissée par Malthus.

La situation aujourd'hui n'est pas la même qu'à l'époque de Malthus. En dépit de tous nos efforts, le monde a empiré au cours des vingt dernières années et l'avenir paraît sombre. La raison en est simple. Les têtes de l'Hydre tirent leur vigueur d'un corps qui grandit sans cesse. Nous sommes trop nombreux sur Terre ; nous sommes trop nombreux à naître chaque année. Si l'expansion de la population humaine se poursuit, notre espèce sera prise au piège de son propre succès.

Le cœur du problème

À chaque seconde, trois êtres humains meurent et deux fois autant naissent. Il y a un siècle, la mortalité infantile aurait compensé cet excès. Grâce à la médecine et à l'hygiène modernes, ce n'est plus le cas. En conséquence, il y a 100 millions d'êtres humains en plus sur la Terre chaque année[19].

La planète portait un milliard d'êtres humains en 1825. Ce chiffre a doublé en un siècle, doublé encore dans le demi-siècle suivant, pour atteindre 5,6 milliards en 1994 ; on s'attend qu'il excède les 10 milliards aux environs de 2050 si les choses continuent à ce rythme. Or il n'est rien moins que certain que notre fragile planète soit capable de supporter cette hypertrophie d'une seule espèce. La question n'est pas de savoir si nous pouvons éviter de dégrader davantage la planète – ce qu'un partisan résolu de la puissance de la science et de la technologie pourrait considérer comme un but à notre portée – mais plutôt de savoir si tant d'hommes peuvent vivre ensemble en harmonie.

Nous ne sommes pas des êtres pacifiques. À travers les conflits, les invasions, les conquêtes, les croisades, les massacres et les guerres, l'histoire révèle une succession ininterrompue d'affrontements entre groupes humains. Le règne animal n'offre pas d'équivalent à cette propension au combat au sein d'une même espèce. Et il n'y a rien de rituel dans nos querelles. Nous nous battons pour de vrai. Le Mahatma Gandhi et Mère Teresa sont moins représentatifs de notre espèce qu'Alexandre le Grand, Gengis Khan, Napoléon, Hitler ou le Parrain. Dans quelle mesure cette agressivité est-elle génétique ou acquise, on ne peut le dire avec certitude. Mais quelle que soit la réponse à cette question, le fait est que nous sommes des animaux agressifs. Nous soumettrons-nous sans broncher à la pression de notre nombre croissant ? C'est peu probable.

Un type de conflit dont nous connaissons déjà les prémisses dressera les uns contre les autres les pauvres et les nantis, en particulier dans les grandes villes. Aux environs de l'an 2000, il y aura vingt-trois villes de plus de 10 millions d'habitants chacune, dix-sept d'entre elles dans les pays en voie de développement[20]. Quiconque a visité São Paulo, ou même New York, se rend compte du cocktail explosif de mépris des lois et de violence que pauvreté et désespoir peuvent engendrer. Une autre forme de conflit imminent oppose les populations jeunes et les populations âgées[21], peut-être un jour les bien-portants et les malades, en particulier dans les pays avancés en matière de médecine, ceux dont la démographie est stable ou va en décroissant. Le plus inquiétant de tout est le fossé qui ne cesse de se creuser entre le Nord et le Sud, et les tensions croissantes qui en résultent[22]. En tant que biologiste, j'observe deux faits. À quelques exceptions près, la population des pays en voie de développement augmente plus vite que leur capacité de satisfaire les besoins élémentaires de leur peuple. Famine, épidémies, misère insoutenable, instabilité sociale et politique, etc., tous ces maux sont en augmentation, en grande partie en raison du déséquilibre croissant entre la population et les ressources. Au contraire, dans les pays développés, des populations relativement peu nombreuses jouissent d'un niveau de vie dont celles du Sud n'ont même pas idée. La conséquence de ce déséquilibre est prévisible et on ne peut plus évidente dans de nombreux pays développés.

Dans la vision à court terme que doivent adopter la plupart des hommes politiques pour rester au pouvoir, cette tendance peut ne pas paraître trop inquiétante. À long terme, au vu de l'histoire de la vie et de l'humanité sur la Terre telle que nous l'avons observée dans ce livre, la perspective est plus qu'inquiétante : elle est terrifiante. Avec 100 millions d'habitants de plus sur cette planète chaque année, en majorité dans le Sud, la pression ne peut que s'accentuer et la réaction se produire à brève échéance. On ne peut exclure des conflits majeurs. Souvenez-vous du passé. Nous n'avons pas changé. Pas encore.

La conclusion est inévitable. Si nous ne parvenons pas, dans un avenir proche, à enrayer la croissance de la population de façon attentive et rationnelle, *la sélection naturelle le fera pour nous sans ménagements,* au prix d'épreuves sans précédent pour la population humaine et de dégâts irréparables pour l'environnement. Telle est la leçon de quatre milliards d'années d'histoire de la vie sur la Terre.

Le rôle de la science

Le facteur le plus problématique affectant notre avenir est peut-être le rôle que doit jouer la science, accusée d'être en même temps la meilleure et la pire des choses au monde, selon la manière dont elle est utilisée. Les bienfaits de la science nous entourent. La santé, le confort, la sécurité, l'exemption des corvées, la communication à l'échelle mondiale, la conservation illimitée d'informations et l'immense développement de la civilisation que ces progrès ont permis, ils sont tous des produits de la science et de la technologie dont nos ancêtres chasseurs-cueilleurs ou même, dans une large mesure, nos aïeux du siècle dernier ne disposaient pas. Mais il en va de même pour tous les maux qui menacent l'avenir de l'humanité et de la planète.

Alors, la science : bonne ou mauvaise ? La question est de plus en plus souvent posée. Après le scientisme triomphant du XIXe siècle, cette conviction que la science peut tout expliquer et la technologie tout résoudre, le XXe siècle a vu s'élever une vague d'antiscientisme[23]. Ce n'est pas ici le lieu de discuter les nombreux problèmes d'ordre social, politique, économique et idéologique soulevés par ces questions ; quelques points méritent cependant qu'on s'y attarde un peu.

Tout le monde, hormis quelques radicaux extrémistes, est prêt à reconnaître que les bienfaits de la science et de la technologie dépassent de loin leurs inconvénients. Qui voudrait revenir au « bon vieux temps » où la moitié des enfants n'atteignait jamais l'âge de deux ans ? où un tiers des femmes mourait en couches ? où la variole, le typhus, le choléra, la peste décimaient les populations ? où la tuberculose faisait des ravages ? où la pneumonie, la diphtérie, la méningite et la polio tuaient ou handicapaient des millions de gens ? où la malnutrition arrêtait la croissance ? où les crises d'épilepsie étaient considérées avec terreur et les victimes de l'ergotisme étaient brûlées sur un bûcher comme sorcières ? Qui peut aspirer à l'époque où l'homme devait peiner jour et nuit pour survivre ? Certainement pas les millions d'humains dont le mode de vie précaire ressemble encore suffisamment à cela pour qu'ils sachent d'expérience ce que cela veut dire.

Même si un tel retour vers le passé était souhaitable, il ne serait pas réalisable. Il est impossible de gommer les acquis de la science et de la technologie. Ils sont là et y restent. Il n'est pas simplement question de brûler une bibliothèque. Le savoir est devenu planétaire, conservé dans des millions de

« mémoires », virtuellement indestructible. Sans un changement radical de la nature humaine, il ne serait même pas possible de contrecarrer globalement ou durablement la curiosité humaine. Tout au plus pourrait-on la confiner à l'intérieur de certaines limites, dans l'espace et dans le temps. La science est le produit de l'intelligence, cette émanation des fonctions cérébrales supérieures, qui doivent elles-mêmes leur existence au développement du cerveau humain, lui-même produit d'une programmation génétique qui est elle-même un produit de l'évolution et de la sélection naturelle. Bref, la science est le produit des qualités, y compris le besoin de comprendre, qui ont façonné notre succès évolutif. Nous ne pourrions pas, même si nous le voulions, renoncer soudain à notre héritage et cesser d'observer le monde avec émerveillement, de nous poser des questions et d'user de notre intelligence pour les résoudre. Seule la disparition de l'espèce humaine peut accomplir cela. Si la science doit être notre ruine, alors ce sera parce que nous, en tant qu'espèce, sommes affectés d'un vice inhérent, d'une mutation mortelle.

Une telle issue ne doit pas être prise à la légère. L'analyse objective de la situation fâcheuse dans laquelle nous nous trouvons révèle un défaut qui pourrait nous être fatal. Car si nous devons notre succès à notre intelligence, l'absence de sagesse pourrait signer notre perte. Nous sommes capables d'acquérir des connaissances mais non de les utiliser avec sagesse. Cette affirmation n'a guère besoin d'être argumentée. Il suffit de regarder les informations à la télévision pour en saisir la vérité.

Notre salut exige non pas moins de science, mais plus de sagesse. Sur ce terrain, les scientifiques ne sont pas les seuls guides, peut-être même pas les meilleurs. La sagesse n'est pas le corollaire du savoir, de la compréhension, ou même de l'intelligence. Mais il ne faut pas pour autant chercher la sagesse dans l'ignorance, la stupidité, les préjugés ou la superstition. Il existe dans certains milieux une propension à refuser de rechercher la vérité afin de rester confortablement installé dans l'ignorance. Cette attitude a été poussée si loin que certains secteurs de la recherche ont été tenus à l'écart parce que leurs résultats auraient pu entrer en conflit avec certaines opinions ou idéologies dominantes. De telles démarches sont compréhensibles. Mais elles sont doublement perverses. Elles sont insultantes, du fait qu'elles traitent les humains comme des enfants immatures que l'on doit préserver de la vérité, et elles sont vouées à l'échec. La vérité, quoi que nous fassions pour la nier ou pour l'ignorer, nous rattrapera forcément un jour.

Les grands progrès réalisés dans les dernières décennies dans le domaine de la compréhension de la nature et de l'évolution de la vie, y compris de notre propre espèce, méritent que l'on y prête attention. Il est urgent et nécessaire que ceux qui nous gouvernent soient mieux informés des réalités de la vie, au sens premier de ces mots. Nous faisons partie de la biosphère et en sommes devenus les gardiens. Quelles que soient nos autres préoccupations, nous ne pouvons nous permettre de négliger notre propre nature. Nous devons apprendre à penser biologiquement.

La science est aussi notre meilleure chance de résoudre nos problèmes actuels et à venir. Il est vrai que le choix des moyens soulève de graves difficultés. Même ceux qui reconnaissent que tout ce qui peut être connu doit l'être ne sont pas prêts à déclarer que tout ce qui peut être fait doit l'être. C'est sur ce point que nous aurons besoin de sagesse. La tendance actuelle autorise une lueur d'espoir.

Les vingt dernières années ont vu s'affirmer la notion de responsabilité à l'égard de la planète. Le mouvement écologique, en dépit de ses excès, mérite d'être applaudi. Le développement de la bioéthique est lui aussi remarquable. Hôpitaux et centres de recherche à travers le monde sont maintenant contrôlés par des comités pluridisciplinaires qui sont consultés dès qu'est envisagé un traitement ou une recherche potentiellement hasardeux. Le fait que des organisations mondiales préoccupées par les problèmes de santé, d'environnement, de développement économique et de croissance démographique à une échelle planétaire existent, est lui aussi encourageant, même si leur fonctionnement reste souvent lourd et inefficace. En moins d'une génération, la biosphère a acquis une conscience, condition nécessaire à l'exercice d'une sagesse collective et informée.

Les cinq prochains milliards d'années

En 1953, Sir Charles Galton Darwin, petit-fils du grand Charles Darwin, publia un livre intitulé *Le Prochain Million d'années*[24]. Le hasard veut que la même année, Watson et Crick aient annoncé la découverte de la double hélice, tandis que l'endocrinologue Gregory Pincus, à la Fondation Worcester près de Boston, s'appliquait à tester les effets biologiques d'une substance que le chimiste américain d'origine autrichienne Carl Djerassi venait de créer par synthèse dans les laboratoires de la Syntex Company à Mexico, produit qui devait devenir la « pilule[25] ». Ainsi sommes-nous avertis qu'il est hasardeux de faire des prédictions, dans la mesure où celles-ci peuvent être radicalement remises en cause par des découvertes ultérieures, qui, par nature, ne peuvent être incluses dans nos évaluations.

La vision du prochain million d'années par Sir Charles est étonnamment fade, simple extrapolation du présent, à quelques points près. Il fait état du problème démographique, mais sans céder à la panique et en se contentant de déplorer avec un fatalisme résigné que population et ressources en nourriture continueront à s'équilibrer aux dépens d'une inévitable « marge d'affamés ». Il regrette même le faible taux de natalité des pays développés, qu'il accuse de saper les remparts de la civilisation. Il prend acte du problème de l'énergie, mais ne propose pratiquement pas de solutions. Il fait montre de peu de confiance à l'égard du nucléaire, pense que l'énergie solaire sera difficile à maîtriser, et semble avoir une préférence pour la puissance hydraulique. Cela le conduit à cette étrange idée que les montagnards, maîtres de cette source d'énergie, seront en position de la marchander aux habitants des plaines, producteurs de nourriture. Sir Charles ne mentionne ni la pollution, ni la surpopulation, ni la perte de la biodiversité et il ne fait aucune allusion à d'éventuelles catastrophes à venir, excepté celles qui seraient causées par des facteurs climatiques ou cosmiques, que l'homme de toute façon ne saurait maîtriser.

Pouvons-nous faire de meilleures prédictions aujourd'hui ? C'est ce que pense l'astrophysicien de Princeton Richard Gott. Dans un article récent[26], il a utilisé ce qu'il appelle le principe copernicien pour tracer nos perspectives d'avenir. Par principe copernicien, Gott entend la supposition que nous n'avons aujourd'hui rien de particulier, ni dans le temps ni dans l'espace. C'est-à-dire que nous ne sommes qu'un échantillon, pris au hasard, de notre espèce. Il se peut que nous ne le soyons pas, bien entendu, mais la mesure dans laquelle nous différons réellement de cette moyenne idéalisée obéit à une fonction mathématique dont il est possible de tenir compte. En se fondant sur cette affirmation, Gott calcule notre avenir probable comme une simple fonction de notre passé. Selon sa formule, si nous existons depuis un temps *t*, alors il y a 50 % de chances que nous soyons encore là dans *t*/3 et que nous n'y soyons plus dans 3*t*. Au niveau de confiance de 95 %, les limites deviennent *t*/39 et 39*t*. Pour l'espèce humaine, à supposer qu'elle soit apparue il y a 200 000 ans, ce calcul donne des limites de 67 000 et 600 000 ans au niveau de 50 % et de 5 100 ans et 7,8 millions d'années au niveau de 95 %. Plus simplement, il y a 95 % de chances pour que l'espèce humaine survive plus de 5 100 ans et soit éteinte dans 7,8 millions d'années. Les chances sont déjà d'une sur deux concernant la disparition de notre espèce dans 600 000 ans. Il est à noter que la limite inférieure au niveau de 95 % tombe à une valeur de 12 ans si l'accroissement de la population est pris en compte. Le jour du jugement dernier est peut-être bien tout proche, comme les prêcheurs des rues nous le prédisent !

La vie elle-même se porte mieux dans l'arithmétique de Gott. Étant présente depuis environ 3,8 milliards d'années, la vie est à 95 % assurée de subsister dans quelque 100 millions d'années et a 50 % de chances de durer plus de 11 milliards d'années, c'est-à-dire plus longtemps que la Terre ne sera capable de l'entretenir. Selon les dernières estimations cosmologiques, la Terre devrait être engloutie par l'explosion du soleil dans environ six milliards d'années et est censée devenir inhabitable bien avant[27].

La vie continuera tant qu'il y aura sur la Terre une niche écologique capable de l'entretenir. Nous n'avons pas besoin des calculs de Gott pour prédire cela avec certitude. Son histoire vieille de 3,8 milliards d'années nous indique que non seulement la vie persistera, mais qu'elle continuera à s'épanouir et à évoluer vers une variété et une complexité croissantes, en dépit de changements géographiques et climatiques majeurs et même de cataclysmes planétaires. En réalité, la vie semble même profiter des catastrophes. Chaque fois qu'une extinction massive s'est produite dans son histoire, un flot tumultueux de nouvelles formes vitales s'en est suivi.

La vie continuera. Mais sera-ce avec ou sans nous ? Comme le fait remarquer Gott, la longévité moyenne est, pour la plupart des espèces, d'un à onze millions d'années, et, pour les mammifères, de deux millions d'années. Ses prédictions concernant la durée de vie de notre espèce correspondent donc aux normes. On peut cependant se demander si la méthode de Gott – qui n'a pas manqué d'être contestée[28] – peut s'appliquer au cas unique d'une espèce qui couvre la totalité de la surface de la planète et qui a amassé un large et puissant héritage culturel partagé par tous et conservé sous une forme presque impérissable. Quoi qu'il en soit, il est difficile de prévoir ce qui pourrait se produire à très long terme (environ 40 000 générations sur un million d'années) une fois qu'un processus de dégénérescence, peut-être déclenché par un holocauste majeur, se serait enclenché. Pendant notre ère, des populations entières ont été éliminées. Pourquoi pas, un jour, toute la population du globe ?

Si *Homo sapiens* s'éteint, qu'est-ce qui le remplacera ? Peut-être rien de comparable. Auquel cas, l'intelligence humaine n'aura été qu'une étincelle dans l'obscurité, « rien qu'une arrière-pensée », comme le dit Stephen Jay Gould, « une sorte d'accident cosmique, une simple babiole sur l'arbre de Noël de l'évolution[29] ». Comme je l'expliquerai dans le prochain chapitre, ma propre lecture du livre de la vie est différente et voit à l'œuvre tout au long de l'évolution animale une forte pression sélective favorisant la création de réseaux neuronaux d'une complexité croissante. Si notre espèce disparaît, je suis enclin à prédire son remplacement par une autre espèce intelligente dotée peut-être de pouvoirs plus grands que les nôtres, notamment en sagesse. Cette espèce pourrait être un rejeton direct d'*Homo*, comme elle pourrait provenir d'une autre espèce animale. La vie sur la Terre a le temps de rejouer un millier de fois l'apparition de l'espèce humaine depuis le dernier ancêtre qu'elle a en commun avec le chimpanzé, et quelque vingt fois toute l'histoire des mammifères. De nombreux événements merveilleux peuvent encore se produire dans les cinq milliards d'années à venir, et c'est sans doute ce qui va se passer.

Autre possibilité : il se peut que notre espèce évolue vers une sorte de superorganisme planétaire, une société dans laquelle les individus abandonneraient une partie de leur liberté au bénéfice de la société entière. Quelque chose de ce genre s'est produit chez les protistes qui se joignirent pour former les premiers organismes multicellulaires, ainsi que, dans une certaine mesure, chez les insectes sociaux, encore que je m'attendrais à ce que la « ruche humaine » soit moins stéréotypée et plus élaborée qu'une ruche d'abeilles ou qu'une fourmilière. Une telle transformation pourrait bien être déjà en cours[30].

31

Le sens de la vie

Nous sommes parvenus au terme de notre voyage. Nous avons retracé étape par étape, dans la mesure où le permettent les connaissances actuelles, l'histoire de la vie sur la Terre, depuis les premières biomolécules jusqu'à la vaste panoplie des microbes, des mycètes, des plantes et des animaux existants, y compris notre propre espèce. Nous nous sommes appuyés sur notre compréhension des forces et des contraintes qui ont influencé le cours de cette aventure afin d'avancer quelques hypothèses quant à son avenir. Dans ce dernier chapitre, je contemple le tissu biosphérique de notre planète dans un contexte cosmique, afin de discerner s'il contient quelque réponse à la question que chacun d'entre nous s'est posée : que signifie tout cela ? Je commence par présenter deux points de vue opposés, lesquels nous viennent tous deux de France.

L'histoire de deux Français

Notre premier protagoniste est Pierre Teilhard de Chardin[1], né en 1881 dans la montagneuse province d'Auvergne, non loin de la source de la Dordogne sur les berges de laquelle on découvrit, treize ans avant sa naissance, des vestiges de l'homme de Cro-Magnon. Teilhard grandit dans l'un de ces petits châteaux qui veillent sur chaque village français ou presque et constituent, avec le clocher de l'église, les deux piliers des vertus traditionnelles. Ainsi s'expliquent les deux impératifs qui régissent la vie de Teilhard. Les montagnes environnantes lui inspirèrent une passion précoce pour la géologie et la paléontologie, qui le dirigèrent vers une carrière scientifique à la recherche des vestiges humains recelés par le sol d'Asie et d'Afrique. De son milieu familial profondément religieux et protégé, il nourrit une foi sans faille qui le conduisit au sacerdoce sous l'austère discipline de l'ordre jésuite.

Tout au long de sa vie, Teilhard tâcha de concilier les exigences de la science et celles de la foi. Il élabora une sorte de théologie naturaliste, qui suscita la méfiance de ses supérieurs, qui lui interdirent de publier ses idées. Ce n'est qu'après sa mort en semi-exil à New York, en 1955, que ses travaux furent édités. Son œuvre majeure, *Le Phénomène humain*, fut écrite dans les années 1938-1940, puis retravaillée en 1947 et 1948, et enfin publiée en 1955. Sa traduction en anglais parut en 1959[2].

La philosophie de Teilhard subit l'influence d'Henri Bergson (1859-1941), évolutionniste convaincu, lauréat du prix Nobel de littérature en 1927. Dans *L'Évolution créatrice*, publié en 1907, Bergson défendait une vision vitaliste, spiritualiste de l'évolution biologique, qu'il décrivait comme inexorablement dirigée vers une complexité croissante par une force créatrice, l'*élan vital*. Teilhard adopta cette vision, substituant à l'*élan vital* la notion d'« énergie radiale », apparemment plus orthodoxe mais tout aussi nébuleuse (l'énergie de la physique classique étant qualifiée de « tangentielle »).

Selon Teilhard, l'esprit et la matière coexistent sous une forme élémentaire depuis la naissance de l'univers et sont inexorablement dirigés vers une complexité croissante par les puissances associées et complémentaires de ces deux formes d'énergie. La vie émergea naturellement de cette « complexification » et entreprit de tisser autour de la planète un réseau d'organismes vivants de plus en plus perfectionnés. L'apex de l'évolution de cette « biosphère » se situe au moment de l'apparition de l'humanité et de la conscience. L'étape suivante, qui, selon lui, est en train de se dérouler, est la création d'une « noosphère » (du mot grec pour esprit ou âme), entité spirituelle planétaire destinée à converger finalement, peut-être en association avec d'autres noosphères nées ailleurs dans l'espace, pour former le point Omega, nom « scientifique » donné par Teilhard au Dieu de sa religion.

Notre second Français est Jacques Monod[3] (1910-1976). Descendant d'une éminente famille de huguenots qui produisit plusieurs philosophes et hommes d'Église influents, Monod ne fut pas élevé dans le milieu calviniste traditionnel de ses ancêtres. Il passa sa jeunesse dans la ville ensoleillée de Cannes où son père, peintre connu, s'était installé avec son épouse américaine. Il fut donc très tôt exposé aux influences latine et anglo-saxonne. Sa femme, qu'il épousa juste avant la guerre, était juive, petite-fille d'un rabbin qui avait été Grand Rabbin de France, chef spirituel de la communauté juive de France, à l'époque de la tristement célèbre Affaire Dreyfus.

Le jeune Monod partageait son temps entre deux passions : la biologie et la musique. Il était un excellent violoncelliste, dirigea aussi une chorale, et aurait pu embrasser la carrière musicale s'il avait été certain d'arriver au sommet. Son frère aîné, lorsqu'il apprit que Jacques était très bon musicien mais peut-être pas un prodige, fit le commentaire suivant : « Ainsi il ne sera pas un nouveau Bach, il sera un nouveau Pasteur » – qualité que Jacques Monod a été assez près d'atteindre. Il partagea le prix Nobel de médecine 1965 avec son mentor André Lwoff et son collaborateur, plus jeune, François Jacob, pour le travail qu'ils avaient accompli à l'Institut Pasteur de Paris, dont il était le directeur à l'époque de sa mort.

Comme Teilhard, Monod aspirait à placer la biologie dans un contexte philosophique plus large, mais la structure idéologique qu'il défendait était totalement différente. Il rejeta sans appel son héritage religieux, comme il renonça avec tout autant de vigueur, plus tard, au marxisme, après une brève idylle avec le Parti communiste dans les rangs duquel il combattit les nazis durant la Seconde Guerre mondiale. Comme beaucoup de membres de sa génération en France, il finit par trouver un climat intellectuel à sa convenance dans la philosophie existentialiste de Jean-Paul Sartre et, plus particulièrement, d'Albert Camus, pour lequel il avait une véritable vénération. La culture scientifique de Monod était, elle, aussi très différente de celle de Teilhard. Formé à la rigoureuse discipline de la biochimie, c'est par ses études sur l'adaptation microbienne qu'il avait été conduit à devenir l'un des fondateurs de la biologie moléculaire moderne, science qui donna une substance concrète aux concepts abstraits de la génétique et de la biologie évolutionniste.

« Essai sur la philosophie naturelle de la biologie moderne », *Le Hasard et la Nécessité* parut en 1970. Sa traduction en anglais, *Chance and Necessity,* fut publiée en 1971[4]. Le principal message philosophique de cette œuvre est que l'évolution biologique, loin d'être dirigée d'une façon ou d'une autre par une sorte d'*élan vital*, d'énergie radiale ou par quelque autre force mystique, dépend entièrement du hasard des mutations (le hasard) qui passent à travers le filtre de la sélection naturelle (la nécessité). Il n'y a aucune signification, aucun but ou dessein à lire dans l'apparition et l'évolution de la vie, même de la vie intelligente. « L'Univers, écrit Monod, n'était pas gros de la vie, ni la biosphère de l'homme[5]. » Et il conclut, dans un mélange de grandeur austère et de romantisme stoïque : « L'ancienne alliance est rompue ; l'homme sait enfin qu'il est seul dans l'immensité indifférente de l'Univers, d'où il a émergé par hasard. Non plus que son destin, son devoir n'est écrit nulle part. À lui de choisir entre le Royaume et les ténèbres[6]. »

Le Royaume de Monod n'a rien à voir avec le paradis, bien sûr ; il s'agit de ce qu'il appelle l'« éthique de la connaissance », la règle librement choisie que le scientifique s'est imposée à lui-même, fondée sur le « postulat d'objectivité ». Ses ténèbres désignent toute forme d'« animisme », terme qui englobe les mythes, les superstitions, les croyances religieuses, les explications vitalistes et téléologiques de la vie, ainsi que les idéologies marxistes. L'« ancienne alliance » est l'alliance millénaire entre l'homme et la nature placée sous l'égide de l'une ou l'autre forme d'animisme.

Deux livres portant sur le même sujet général ne peuvent pas être plus dissemblables dans la forme et sur le fond que *Le Phénomène humain* et *Le Hasard et la Nécessité.* Mais ils ont un point commun : ils suscitèrent un nombre étonnant de réactions passionnées, certaines favorables, d'autres, bien plus nombreuses, négatives. Teilhard, en particulier, alors qu'il était acclamé par une petite fraction progressiste de laïcs catholiques, se heurta à un net rejet de la part de la communauté scientifique. Non sans raison. Je me souviens d'avoir lu son livre lors de sa parution et d'avoir été intensément irrité par son style grandiloquent et son manque de rigueur scientifique. Monod le condamna en quelques mots cinglants. La philosophie de Teilhard, écrivit-il, « ne mériterait pas qu'on s'y arrête, n'était le surprenant succès qu'elle a rencontré, jusque dans les milieux scientifiques[7]. » Plus loin, il se déclarait lui-même « choqué par le manque d'austérité intellectuelle de cette philosophie[8] ». Peter Medawar, l'un des scientifiques les plus remarquables et les plus lettrés de Grande-Bretagne en matière philosophique, démolit le livre de Teilhard en des termes encore plus méprisants. « La majeure partie de ce livre », soulignait-il, « est inepte, truquée par diverses prétentions métaphysiques... [il] ne peut être lu sans provoquer un sentiment de suffocation, d'étouffement, de recherche désespérée d'un sens[9]. » Stephen Jay Gould, célèbre vulgarisateur américain de biologie, alla jusqu'à accuser Teilhard de fraude et de complicité dans la supercherie de Piltdown, où on avait enterré en catimini une mâchoire de primate traitée chimiquement, censée avoir appartenu à quelque « chaînon manquant » préhumain[10].

C'est une condamnation étonnamment sévère pour un homme qui était hautement considéré dans les milieux paléontologiques de son époque et qui, aux dires de tous, était aimable et modeste. Aujourd'hui, Teilhard n'est guère lu, ni a fortiori estimé par les biologistes, à l'exception du biochimiste de Yale, Harold J. Morowitz, qui a adopté sa vision et l'a intégrée dans une conception panthéiste et mystique de l'Univers[11].

Contre toute attente, la philosophie de Teilhard a suscité l'attention bienveillante d'un certain nombre de physiciens et de cosmologues préoccupés par l'éternelle énigme : pourquoi l'Univers est-il tel qu'il est ? Leur réponse : afin qu'il soit connu. En 1974, le physicien américain Brandon Carter nomma cet argument le « principe anthropique » (du mot grec pour homme). La forme « faible » de ce principe autorise l'existence d'autres univers, mais pas leur connaissance : seul un univers bâti comme le nôtre peut produire la vie intelligente nécessaire à sa connaissance. La version « forte » du principe anthropique pose que l'Univers doit être tel qu'il puisse produire une forme de vie intelligente. La version « participatoire » de ce principe, avancée par le physicien américain John A. Wheeler, affirme que les observateurs sont en réalité nécessaires à l'existence de l'Univers, définition qui semble faire appel à une sorte de création rétroactive opérée par l'esprit humain après qu'il eut émergé.

Ces réflexions sont âprement discutées aujourd'hui, comme en témoigne l'œuvre massive et abondamment documentée – 700 pages, 600 équations mathématiques, 1 500 notes et références – publiée en 1986 par l'astronome britannique John D. Barrow et le physicien-mathématicien américain Frank J. Tipler, sous le titre *The Anthropic Cosmological Principle.* Dans ce livre, les auteurs alignent des données et arguments puisés dans l'histoire, la philosophie, la religion, la biologie, la physique, l'astrophysique, la cosmologie, la mécanique quantique et la biochimie pour étayer leur thèse d'ensemble. À propos de Teilhard, ils n'hésitent pas à affirmer : « La structure fondamentale de sa théorie est vraiment la seule structure dans laquelle le cosmos en évolution de la science moderne puisse être associé à une signification ultime de la réalité[13]. » En considérant l'avenir de l'Univers, ils voient la vie et la pensée envahir tout le cosmos et converger vers le point Omega. Ils concluent (les italiques sont d'eux) : « À l'instant où le point Omega sera atteint, la vie aura acquis la maîtrise de *toutes* matières et forces, non seulement dans un univers unique, mais dans tous les univers dont l'existence est logiquement possible ; la vie se sera étendue à *toutes* les régions spatiales de tous les univers dont l'existence est logiquement possible et aura emmagasiné une quantité infinie d'informations, y compris *tous* les bits de connaissance qu'il est logiquement possible de connaître. Et ceci est la fin[14]. »

Vertigineux. On se demande à quels mots de son riche vocabulaire Medawar, qui malheureusement mourut en 1987, aurait fait appel pour qualifier ce genre d'annonce prophétique dans un contexte scientifique. Les physiciens, cependant, se sont aventurés dans des territoires si étranges en poursuivant leur exploration qu'ils ont maintenant dépassé de loin tout ce que les écrivains de science-fiction les plus imaginatifs ont pu inventer en matière de scénarios cosmologiques. Après la relativité d'Einstein, les quanta de Planck et les incertitudes de Heisenberg, après les trous noirs, les « fils » cosmiques, l'antimatière et la danse étourdissante des quarks et des gluons, ils savent mieux que personne que le monde réel est plus étrange que les descriptions qu'en font des cerveaux adaptés aux contraintes humaines de temps et d'espace.

Un autre physicien distingué séduit par le principe anthropique, bien qu'il ne mentionne pas ce terme, est Freeman Dyson, Américain d'origine britannique, membre de l'Institute for Advanced Study de Princeton dans le New Jersey (où Einstein passa ses dernières années). Dans *Disturbing the Universe*, Dyson a écrit : « Plus j'examine l'Univers et étudie les détails de son architecture, plus je trouve de preuves que l'Univers doit, d'une certaine manière, avoir su que nous arrivions. Il y a dans les lois de la physique nucléaire quelques exemples frappants d'accidents numériques qui semblent conspirer à rendre l'Univers habitable[15]. » Par « accidents numériques », Dyson fait référence, comme les défenseurs du principe anthropique, aux valeurs d'un certain nombre de constantes physiques qui, si elles avaient été autres, auraient rendu la matière impropre au développement de la vie. Bien que plus circonspect que ses collègues partisans du principe anthropique, Dyson n'en permet pas moins à son imagination de prendre de la hauteur. Il rêve d'un avenir où l'humanité envahirait et coloniserait l'espace grâce à une « technologie verte » et à des adaptations évolutives appropriées, et il évoque l'existence d'« une pensée universelle ou âme cosmique qui sous-tend les manifestations de la pensée que nous observons[16] ».

Les physiciens et cosmologues ne sont pas tous d'accord avec une telle vision « anthropique », idéaliste. J'en veux pour preuve les citations suivantes extraites de *The First Three Minutes*, la « vision moderne de l'origine de l'Univers » publiée en 1977 par le physicien et théoricien américain, lauréat du prix Nobel, Steven Weinberg : « Il est presque impossible pour l'être humain de ne pas croire que nous avons quelque relation particulière avec l'Univers, que la vie humaine n'est pas seulement le résultat plus ou moins grotesque d'un enchaînement d'accidents remontant aux trois premières minutes, que notre existence était d'une manière ou d'une autre programmée depuis le début... Il est très difficile de croire que tout cela [la Terre, vue d'avion] n'est qu'une minuscule partie d'un univers éminemment hostile... Plus l'Univers paraît compréhensible, plus il paraît aussi dépourvu de sens[17]. » Weinberg n'avait peut-être pas lu Monod lorsqu'il écrivit ces lignes (il ne le cite pas). Pourtant, si ce n'est qu'il substitue « grotesque » à « hasard », et « hostile » et « dépourvu de sens » à « indifférent », sa conclusion est étonnamment proche de celle de Monod, y compris lorsqu'il projette l'angoisse humaine dans un cosmos sans pensée.

Le livre de Monod ne s'attira pas les mêmes foudres que celui de Teilhard. Il est en grande partie tissé d'arguments scientifiques précis, rendus accessibles à un plus large public par des exposés clairs et inattaquables. Son excursion hors du domaine des sciences exactes lui a fait, néanmoins, prêter le flanc à une bordée d'attaques, y compris de la part de certains scientifiques qui niaient la validité de ses revendications selon lesquelles la biologie moderne impose ses conclusions concernant, par exemple, la faible probabilité de l'émergence de la vie ou de la conscience. Tel fut mon cas, mais la longue critique que j'ai écrite à l'époque est restée enfouie dans une obscure revue[18] et ne fut peut-être même pas lue par Monod, bien que je lui en aie adressé une copie. Une autre critique émana de Gunther Stent, neurobiologiste moléculaire américain d'origine allemande intéressé par l'histoire de la science et la philosophie, et qui a le privilège d'avoir travaillé avec Max Delbrück, le père de la biologie moléculaire moderne, et avec Jacques Monod lui-même. Dans *Paradoxes of Progress*[19], étrange ouvrage où il prophétise « la fin des arts et de la science », Stent fait remarquer que l'« éthique de la connaissance » de Monod repose sur un a priori kantien, exactement comme les systèmes éthiques « animistes » – Monod ne l'a pas contesté – à cette différence près que l'éthique de la connaissance est auto-imposée, alors que les éthiques animistes sont dérivés de l'un ou l'autre système de croyances religieuses ou idéologiques.

Les philosophes réagirent à l'intrusion de Monod dans leur domaine avec plus de vigueur encore. Leur opposition fut presque unanime, bien qu'inspirée par différentes raisons. Leur mépris, soit dit en passant, n'est pas réservé à Monod. Il s'étend à la plupart des autres scientifiques qui s'aventurent hors de leurs frontières et empiètent sur les verts pâturages de la philosophie. Dans un livre paru en 1992, par exemple, la philosophe britannique Mary Midgley met dans le même sac, pour les exécuter, Monod, Dyson et les défenseurs du principe anthropique[20]. La leçon est claire : les scientifiques doivent se cantonner à la science et laisser la philosophie aux philosophes professionnels.

Un dialogue nécessaire

La science et la philosophie sont l'une comme l'autre tellement exigeantes qu'il est pratiquement impossible d'être compétent dans les deux disciplines à la fois (il est déjà si difficile de l'être dans une seule !), si ce n'est dans un rôle d'observateur livresque, qui ne saurait prétendre rivaliser avec l'initié nourri dans le sérail. Cependant, il faut que les scientifiques et les philosophes discutent ensemble. Si la philosophie ne veut pas être un exercice purement intellectuel, il faut qu'elle tienne compte de la science. Les scientifiques posent des questions métaphysiques, comme tout un chacun, mais cherchent des réponses au départ de leur expertise.

Traditionnellement, le dialogue avec les philosophes a été entretenu par des physiciens théoriciens et des mathématiciens, probablement en raison du terrain de rencontre commun qu'est l'abstraction. Le tableau cosmologique issu de cette confrontation comprenait toutes les facettes du monde physique, depuis les particules élémentaires jusqu'aux galaxies ; cependant, soit la vie était laissée de côté, soit on la prenait en compte, avec la pensée, mais alors comme une entité distincte en recourant implicitement, ou parfois explicitement, au vitalisme et au dualisme. C'est une erreur. La vie fait partie intégrante de l'Univers ; il s'agit même de la partie la plus complexe et la plus signifiante de l'Univers connu. Ses manifestations devraient dominer notre tableau du monde et non pas en être exclues. Cela est devenu particulièrement nécessaire au vu des progrès révolutionnaires réalisés par notre compréhension des processus fondamentaux de la vie.

Tout au long de ce livre, j'ai raconté l'histoire de la vie sur la Terre de façon à en révéler les causalités sous-jacentes ainsi que les forces directrices. Un schéma prend forme, dominé au début par des facteurs déterministes, de plus en plus affecté par la contingence au fur et à mesure de l'évolution, bien que soumis à des contraintes plus strictes qu'on ne croit souvent. En regardant ce vaste tableau, nous pouvons maintenant poser la question : qui, de Teilhard ou de Monod, était le plus proche de la vérité ?

Le cosmos vivant

L'Univers foisonne de vie. Lorsque j'étais étudiant, la chimie organique était considérée comme ésotérique, comme une chimie pratiquée seulement par des organismes vivants, y compris les chimistes organiciens eux-mêmes. Nous ne croyions pas au vitalisme, bien sûr, mais certains résidus de la mystique vitaliste coloraient nos pensées. La chimie spatiale a détruit ce fantasme. La chimie organique n'est que la chimie du carbone, pas plus mystérieuse que n'importe quelle autre chimie, seulement immensément plus riche en raison des propriétés associatives uniques de l'atome de carbone. Les composés organiques du carbone sont partout. Ils constituent 20 % de la poussière interstellaire, et la poussière interstellaire constitue 0,1 % de la matière galactique.

Dans ce nuage organique qui imprègne tout l'Univers, la vie doit presque nécessairement naître, sous une forme moléculaire qui ne serait pas très différente de sa forme terrestre, partout où les conditions physiques seraient semblables à celles qui régnaient sur notre planète il y a quelque quatre milliards d'années. Cette conclusion me paraît inéluctable. Ceux qui prétendent que la vie est un accident hautement improbable et vraisemblablement unique n'ont pas observé avec assez d'attention les réalités chimiques qui sous-tendent l'origine de la vie. La vie est soit une manifestation reproductible, voire banale de la matière dans certaines conditions, soit un miracle. Trop d'étapes sont impliquées pour qu'on puisse envisager une solution intermédiaire.

Si j'ai raison, il y a à peu près autant de planètes abritant la vie dans l'Univers qu'il y a de planètes capables d'engendrer et de nourrir la vie. Comme cela est mentionné au chapitre 13, même une estimation prudente porte ce nombre du côté des milliers de milliards. À moins que cette estimation soit totalement erronée, nous pouvons donc envisager l'existence de milliers de milliards de foyers de vie passée, présente ou future. Des milliers de milliards de biosphères accompagnent à travers l'espace des milliers de milliards de planètes, canalisant matière et énergie vers les flux créateurs de l'évolution. Quelle que soit la direction dans laquelle nous portons notre regard lorsque nous observons le ciel, nous pouvons nous dire qu'il y a de la vie là-bas, quelque part. Cela change complètement le tableau cosmologique. La Terre n'est pas un petit grain insolite tournant autour d'une étoile insolite, dans une galaxie insolite, perdue dans un immense tourbillon « indifférent » d'étoiles et de galaxies lancées dans le temps et l'espace depuis le Big Bang. La Terre fait partie, tout comme des milliers de milliards d'autres corps qui lui sont semblables, d'un nuage cosmique de « poussière de vie » qui existe parce que l'Univers est tel qu'il est. Tout en évitant d'évoquer une quelconque intention, nous pouvons, en un sens purement factuel, constater que l'Univers est bâti de telle sorte que cette multitude de planètes porteuses de vie devait nécessairement naître. Parmi les milliards d'étoiles qui constituent chaque galaxie, il est inévitable qu'un grand nombre soient entourées de planètes, dont quelques-unes, au moins, doivent posséder la taille et l'orientation spatiale par rapport à leur soleil (peut-être une grande lune serait-elle aussi nécessaire pour régir les marées) qui conviennent pour offrir un berceau à la vie. L'Univers n'est pas le cosmos inerte des physiciens, doté d'un petit peu de vie pour faire bonne mesure. L'Univers *est* vie, avec autour les infrastructures nécessaires ; il consiste en premier lieu en des milliers de milliards de biosphères engendrées et nourries par le reste.

Le cosmos pensant

L'évolution opère dans chaque biosphère suivant les mêmes principes universels. En raison du jeu incessant des mutations aléatoires et des circonstances environnementales qui déterminent le cours de la sélection naturelle, deux biosphères ne pourraient pas avoir la même histoire. Le nuage de poussière vitale dans son entier forme un gigantesque laboratoire cosmique dans lequel la vie expérimente depuis des milliards d'années. Ce que cela peut avoir produit défie l'imagination. La biodiversité de la Terre, si étonnante soit-elle, ne représente peut-être qu'un petit échantillon de la diversité des formes de vie à travers le cosmos. Dans ce schéma général, à quel point est-il vraisemblable que d'autres biosphères, outre la nôtre, aient produit des organismes conscients et pensants ?

Selon de nombreux évolutionnistes, cette vraisemblance est très réduite, peut-être si réduite que la chose ne s'est produite qu'une seule fois dans tout l'Univers, et cela seulement par un coup de chance extraordinaire. Le biologiste américain d'origine allemande Ernst Mayr, de l'université Harvard, n'hésite pas à écrire, dans un ouvrage rassemblant les fruits de toute une vie passée à scruter l'évolution biologique : « Ce qui impressionne l'évolutionniste, c'est l'incroyable improbabilité qu'une forme de vie intelligente ait jamais été produite par l'évolution[21]. »

Stephen Jay Gould fait écho à cette opinion dans un livre consacré aux fossiles découverts dans les schistes de Burgess, site géologique situé dans les Rocheuses canadiennes, vieux d'environ 530 millions d'années, où abondent les fossiles d'animaux étranges. « Rembobinez la bande de l'évolution jusqu'aux temps primitifs des schistes de Burgess, écrit-il, laissez-la se dérouler à nouveau à partir d'un point de départ identique et toute chance d'y retrouver quelque chose comme l'intelligence humaine s'évanouit[22]. » Il revient sur ce thème à la fin du livre, en s'exclamant : « Ce que la biologie a révélé de plus profond sur la nature, la place et les capacités humaines réside dans cette simple expression : l'incarnation de la contingence[23]. »

Jared Diamond croit lui aussi que les êtres humains sont un cas unique. Son argument : il n'y a pas de piverts en Australie, en Nouvelle-Guinée, en Nouvelle-Zélande ou à Madagascar. « Si l'évolution n'avait pas fait naître le pivert une fois en Amérique ou sur le Vieux Continent, une merveilleuse niche aurait d'une manière flagrante été laissée vide sur la Terre[24]. » L'idée de Diamond est qu'on ne peut pas faire confiance à l'évolution convergente. Les piverts, bien que parfaitement adaptés, ne sont apparus qu'une seule fois. Ainsi doit-il en être des êtres humains. De ce fait : « En pratique, nous sommes uniques et seuls dans un univers peuplé[25]. » À quoi le chroniqueur du « troisième chimpanzé » ajoute, désenchanté : « Dieu merci. »

Edward O. Wilson, le promoteur de la sociobiologie, remarque aussi les piverts, mais pour la raison opposée. « Les piverts et autres êtres vivants du même type », écrit-il dans *The Diversity of Life*, « illustrent le double schéma de la radiation adaptative et de l'évolution convergente. Quand diverses espèces d'oiseaux ont rayonné pour coloniser différentes parties du monde, des lignées distinctes se sont développées afin d'occuper la niche des piverts[26]. » Wilson, cependant, n'extrapole pas à partir des piverts pour aller jusqu'aux humains, bien que dans un autre livre écrit en collaboration avec Charles J. Lumsden, il affirme qu'« il y a de la vie autour de certaines étoiles » et qu'« il y a probablement aussi des civilisations avancées[27] ».

Les raisons pour lesquelles de nombreux évolutionnistes croient au caractère unique de la vie intelligente sont faciles à comprendre. L'humanité est l'aboutissement d'une succession de nombreux événements clés dans lesquels le hasard a joué un rôle important. Pour n'en citer que quelques-uns, il fallut d'abord qu'un procaryote évolue jusqu'à une cellule eucaryotique primitive, transformation qui prit plus d'un milliard d'années, nécessita un grand nombre d'innovations génétiques ainsi qu'un environnement particulier et, pour autant qu'on sache, pourrait ne s'être produite qu'une seule fois. Du moins n'a-t-on pas trouvé trace de plus d'une lignée eucaryotique jusqu'à présent parmi les organismes actuels. Pendant que se déroulait cette phase de transition entre le procaryote et l'eucaryote, d'autres événements majeurs ont dû se produire dans le monde bactérien, en particulier le développement évolutif de la phototrophie génératrice d'oxygène et de l'aérobiose consommatrice d'oxygène, suivi tôt ou tard par l'adoption endosymbiotique des ancêtres des mitochondries et des chloroplastes. Puis, en partant de quelques protistes eucaryotiques, il fallut qu'apparaissent des animaux d'une complexité croissante, précédés des plantes, dont ils devaient se nourrir. La reproduction sexuée dut aussi être inaugurée. Plusieurs plans corporels d'une complexité croissante ont dû se succéder : organismes à deux feuillets cellulaires à symétrie radiale, à trois feuillets à symétrie bilatérale, inversion de la polarité bouche-anus, création d'un cœlome, formation d'une corde dorsale et d'un tube neural, adaptation à la vie terrestre, avec apparition successive des amphibiens, des reptiles et des mammifères, développement des primates, et enfin le passage fatidique du singe à l'homme.

Chacune de ces étapes décisives, tout comme les nombreuses autres qui les relient entre elles, exigeait que les changements génétiques qu'il fallait se produisent au moment qu'il fallait dans les conditions qu'il fallait. Un seul petit événement eût été différent et c'est toute l'histoire de la vie qui aurait pu être autre. C'est un exemple typique de contingence historique, comme l'illustrent les fameuses histoires en « si » : si le nez de Cléopâtre avait été plus court ; si un grain de sable n'avait pas obstrué l'urètre de Cromwell ; si..., la face du monde en eût peut-être été changée. Ce raisonnement ne peut être mis en défaut sans démanteler le solide édifice de la théorie évolutionniste moderne. La conclusion qui en ressort est incontestable. Si les choses recommençaient depuis le début, ici ou ailleurs, le résultat final ne serait pas le même. Mais dans quelle mesure serait-il différent ?

Pour répondre à cette question, nous devons tenir compte de ce que j'ai appelé les contraintes du hasard. L'évolution ne se réalise pas dans un monde où les possibilités sont infinies et dans lequel seul un jet de dés décide de la possibilité qui deviendra réalité. Voici la liste de quelques-unes de ces limites.

1. Les mutations ne sont pas l'œuvre du seul hasard, au sens où elles seraient entièrement régies par lui. Certaines régions du génome sont plus sensibles aux influences mutagènes que d'autres, et cette sensibilité elle-même varie selon des influences génétiques et environnementales. La mutabilité des gènes a été tissée par la sélection naturelle au sein d'un réseau de réactions qui toutes, d'une manière ou d'une autre, facilitent ou entravent la mutabilité de certains gènes d'une manière favorable à l'organisme. Cette régulation complexe a même conduit certains chercheurs à évoquer la possibilité de mutations « sélectives » ou « adaptatives[28] ».

2. Tous les changements génétiques n'ont pas la même signification. On est en général d'accord pour admettre que les mutations ponctuelles, celles qui conduisent simplement au remplacement d'un nucléotide par un autre dans un acide nucléique ou d'un acide aminé par un autre dans une protéine, jouent rarement un rôle dans ce que l'on appelle la macroévolution, c'est-à-dire le type d'évolution dont nous parlons. La plupart du temps, les mutations vraiment créatrices impliquent de gros morceaux d'ADN qui sont dupliqués, inversés, transposés ou autrement réarrangés.

3. Tous les gènes ne sont pas d'égale importance en tant que cibles de mutation. Les gènes concernés par les étapes décisives de l'évolution appartiennent le plus souvent à la petite classe des gènes régulateurs, tels que les gènes homéotiques. Les gènes ordinaires qui « vaquent aux soins du ménage » sont rarement concernés. Il est frappant de constater que la perte d'enzymes, plutôt que le gain d'enzymes, est souvent allée de pair avec le « progrès » dans l'évolution. Nous autres humains, en particulier, en avons perdu beaucoup, et c'est pourquoi nous devons trouver dans notre nourriture tant de vitamines et autres aliments essentiels fabriqués par des formes de vie prétendument « inférieures » qui sont, en fait, plus riches que nous sur le plan biochimique.

4. Puis vient l'organisme chez lequel la mutation se produit. Ce n'est que dans un type d'organisme donné qu'une mutation génétique donnée peut influer sur l'évolution. Les plans corporels préexistants limitent les possibilités de mutation viable. Une fois qu'une direction a été prise, le champ ouvert aux mutations à venir rétrécit, et il rétrécit encore davantage à chaque étape importante de l'évolution. C'est ce qui explique l'existence de lignées évolutives ainsi que l'allure croissante à laquelle l'évolution avance souvent dans ces lignées. Celle du cheval en est un exemple classique. La transformation du singe en humain en est un autre particulièrement frappant.

5. Un facteur historique et hiérarchique est lié à la condition ci-dessus. À chaque niveau de complexité, un type de mutation génétique différent devient pertinent. Pour ne donner que quelques exemples, très tôt dans le développement de la vie, les mutations les plus décisives furent celles qui

accrurent la précision de la réplication de l'ARN. Au cours de la transformation du procaryote en eucaryote, l'apparition de protéines structurelles, telles que l'actine et la tubuline, constitua une condition essentielle de l'accroissement du volume cellulaire. Dans la formation d'animaux pluricellulaires, les molécules d'adhésion aux cellules (MAC) et les molécules d'adhésion aux substrats (MAS) devinrent des facteurs innovateurs limitant les progrès de l'évolution. Et ainsi de suite. À chaque phase de l'évolution son propre genre de mutations.

6. On doit ajouter à ces nombreuses conditions internes l'importance capitale de l'environnement. Certaines modifications génétiques ne peuvent être bénéfiques et, de ce fait, retenues par la sélection naturelle que sous certaines conditions. Très souvent, c'est un changement du milieu qui fait la différence. Lorsque nous avons étudié l'évolution des plantes et des animaux, nous avons rencontré de nombreux exemples de profonds changements provoqués par un bouleversement climatique ou géologique. Nous avons aussi exposé que la transition de la forêt à la savane pourrait avoir joué un rôle clé dans l'hominisation.

7. Enfin, toutes les mutations génétiques retenues par la sélection naturelle ne sont pas aussi décisives les unes que les autres. De nombreuses mutations n'ont en fait qu'un impact marginal sur le déroulement de l'évolution, ne contribuant qu'à une diversification biologique d'importance secondaire. La plupart des branches et brindilles visibles de l'arbre de la vie ne sont pas plus que cela, c'est-à-dire des variations sur un même thème fondamental, sources de ravissement ou de cauchemar taxonomique selon votre tempérament, mais sans signification pour le cours de l'évolution. Les fameux pinsons de Darwin, qui avaient évolué différemment selon l'île de l'archipel des Galapagos où ils se trouvaient, en sont un parfait exemple. Les mutations clés sont celles qui déterminent une bifurcation majeure dans l'arbre de la vie, comme celles qui conduisirent à la structure segmentée du corps chez le ver, à l'inversion de la polarité chez les annélides ou à la néoténie chez les singes hominidés.

Tous ces faits sont illustrés par le cours irrégulier de l'évolution, mis en relief sous le nom d'équilibre ponctué par Stephen Jay Gould et son collègue Niles Eldredge, du Musée américain d'histoire naturelle de New York[29]. L'évolution progresse à travers de courtes phases de changement rapide séparées par de longues périodes de stagnation ou de dérive lente. Les changements rapides ont lieu lorsque toutes les conditions énumérées plus haut sont réunies. Le hasard joue encore un rôle, mais dans le cadre de contraintes qui limitent si strictement l'éventail des possibilités ouvertes à son exploration que des systèmes en évolution doivent parfois attendre des millions d'années pour que le dé tombe à l'intérieur des limites autorisées.

Considérée sous cet angle, l'histoire de la vie sur la Terre laisse moins de latitude au contingent et à l'imprévisible que ne prétend la vogue actuelle. De même que, selon le proverbe, la forêt est cachée par les arbres, l'arbre de la vie est à son tour caché par sa luxuriante ramure (voir figure 31.1). Le domaine de la contingence se situe essentiellement dans les millions de rameaux et de brindilles, c'est-à-dire là où le hasard a eu tout loisir de produire d'innombrables variations à partir du plan de base fourni par la branche mère. Émondez l'arbre, ôtez-lui sa diversité visible et il vous reste un tronc aux fourches majeures relativement peu nombreuses, dont chacune a inauguré un plan significativement différent.

C'est ici que des contraintes internes et externes ont canalisé le plus strictement la contingence, forçant presque parfois l'évolution à s'immobiliser jusqu'à ce que se produise le type de mutation qu'il fallait. Ce qui corrobore cette opinion, c'est que le bon type de mutation – ou du moins *un* bon type de mutation – s'est effectivement produit lorsque les circonstances le réclamaient. Pour ne citer qu'un exemple : quand le besoin se fit sentir d'une protéine capable d'échafauder de solides étançons intracellulaires par auto-assemblage, les mutations appropriées ne se produisirent pas une fois mais deux, menant à l'actine et à la tubuline. Mais qu'on ne se méprenne pas. Je ne suis pas en train d'évoquer l'intervention d'une entité qui aurait produit le bon type de mutation *parce qu*'il était nécessaire. Ce que je soutiens, c'est que les mutations qui ont produit l'actine et la tubuline furent probable-

FIGURE 31.1

Deux visions de l'arbre de vie

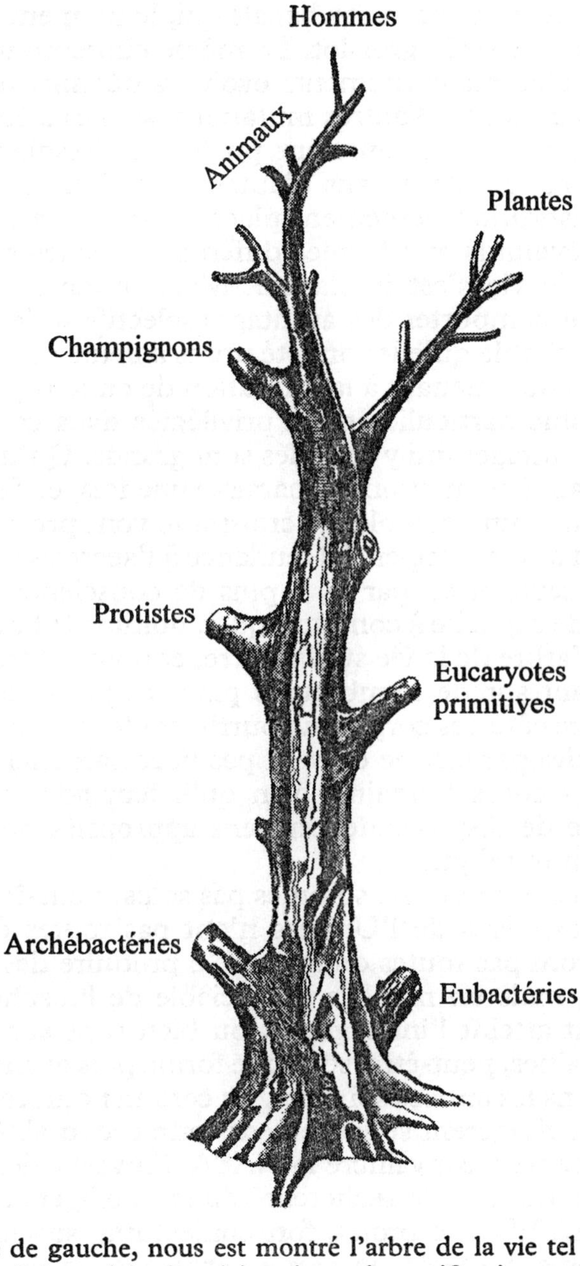

Sur la page de gauche, nous est montré l'arbre de la vie tel qu'il nous apparaît, doté de sa riche frondaison issue de ramifications extrêmement diversifiées cachant le tronc. Ci-dessus, nous voyons le même arbre émondé. La structure du tronc, s'élançant progressivement vers une complexité plus grande, est évidente. (Dessin par Ippy Patterson.)

ment des événements assez banals qui, le moment venu, ont permis de gagner le gros lot. La même chose pourrait avoir été vraie d'autres événements évolutifs décisifs, mais sûrement pas de tous. D'autres mutations, si elles s'étaient produites les premières, auraient pu être à l'origine d'autres bifurcations, pointant dans d'autres directions. Il y a, dans ma reconstitution, largement place pour le développement d'arbres évolutifs aux formes différentes sur les autres planètes où la vie s'est implantée. Mais certaines directions pourraient comporter des avantages sélectifs si décisifs qu'il est fort probable qu'elles ont été prises ailleurs comme ici.

La direction menant à la formation de circuits polyneuronaux semble particulièrement privilégiée dans ce domaine, tant les avantages qui y sont liés sont grands. Qu'une cellule ressemblant à un neurone apparaisse une fois, et des réseaux neuronaux d'une complexité croissante vont presque nécessairement se développer. La tendance à l'accroissement de la taille du cerveau et, par là, à plus de conscience, d'intelligence et de capacité à communiquer, domine la branche animale de l'arbre de la vie sur la Terre, et pourrait très bien en faire autant sur de nombreuses planètes porteuses de vie. D'un autre côté, les corps qui nourrissent les cerveaux et sont commandés par eux ne doivent pas nécessairement ressembler à des corps humains, bien qu'il leur soit sans doute nécessaire de disposer des moyens appropriés pour sentir, agir et communiquer.

Conclusion : nous ne sommes pas seuls. Peut-être que les autres biosphères de l'Univers n'ont pas toutes évolué ou n'évolueront pas toutes de manière à produire des cerveaux pensants, mais un nombre appréciable de biosphères existantes ont atteint l'intelligence, ou bien sont sur la bonne voie, certaines, peut-être, sous une forme plus avancée que la nôtre. Dans les années soixante, un certain nombre de scientifiques envisagèrent sérieusement cette éventualité. Ils parvinrent même à convaincre la NASA d'investir des sommes considérables dans la recherche d'une intelligence extraterrestre (SETI[30]). Ce projet, fort conjectural, suscite aujourd'hui moins d'intérêt, en partie parce que les doutes grandissent sur l'éventualité d'une intelligence extraterrestre et plus encore parce que l'on a le sentiment que priorité devrait être donnée à des problèmes « terrestres » plus urgents tels que la pollution de l'environnement, le SIDA et d'autres problèmes de société. Je suis d'accord avec la seconde raison, mais pas avec la première.

Selon la théorie que je défends, il est dans la nature même de la vie d'engendrer l'intelligence, partout où (et dès que) les conditions requises sont réunies. Tout autour de nous, dans l'espace éloigné, il existe des petits îlots où des êtres vivants utilisent leur intelligence individuellement et en association, comme nous le faisons, afin de créer des cultures. La pensée consciente appartient au tableau cosmologique, non pas comme un quelconque épiphénomène propre à notre biosphère, mais comme une manifestation fondamentale de la matière. La pensée est engendrée et nourrie par la vie, qui est elle-même engendrée et nourrie par le reste du cosmos.

Y a-t-il la moindre chance que ces petits îlots de pensée communiquent jamais entre eux et partagent leurs cultures ? Selon les lois de la physique, seule une minuscule partie de la pensée cosmique le pourrait dans un laps de temps raisonnable. En utilisant les moyens de communication les plus rapides à notre disposition, c'est-à-dire un certain type de signaux radio se déplaçant à la vitesse de la lumière, nous ne pourrions pas communiquer de notre vivant – c'est-à-dire envoyer un message et recevoir une réponse – avec des civilisations distantes de plus de quelque trente années-lumière. Nous pourrions, si les générations futures poursuivent notre œuvre dans ce sens, étendre cette limite jusqu'à quelques centaines d'années-lumière, mais certainement pas beaucoup plus loin. Comparez cette distance avec le diamètre de notre galaxie (environ 100 000 années-lumière) et vous en conclurez à juste titre que nous ne serons capables d'accéder qu'à un petit nombre de systèmes solaires situés dans notre propre galaxie, minuscule parcelle de l'Univers, lequel contient des milliards d'autres galaxies séparées de nous par des distances atteignant des milliards d'années-lumière. Peut-être pourrions-nous, par une chance extraordinaire, établir un contact avec une ou deux civilisations extraterrestres – ce qui serait déjà en soi un exploit d'une importance inégalée – d'où le projet SETI – mais la plus grande partie du cosmos pensant, même dans les limites de notre propre galaxie, restera pour toujours hors de notre atteinte. Pour obtenir une communication cosmique d'une portée assez large, il nous faudrait pouvoir faire exception au postulat fondamental de la théorie de la relativité d'Einstein, à savoir que rien ne peut se déplacer plus vite que la lumière.

Les physiciens, toujours débordant d'imagination, ont joué avec quantité d'hypothèses pour contourner la loi d'Einstein, en agitant toutes sortes de choses comme les tachyons, l'hyperespace et la déformation de l'espace. Mais ces fantasmes appartiennent encore au domaine de la science-fiction. Les platoniciens comme Penrose suggèrent un contact instantané entre la pensée et le « monde de Platon[31] », mais n'évoquent pas la possibilité que deux pensées communiquent entre elles de cette façon. Une fusion des pensées, réalisant la « noosphère » de Teilhard ou l'« âme universelle » de Dyson, ne sont rien de plus aujourd'hui que des images poétiques. Mais tel aurait aussi été le cas de la télévision par satellite pour Lucy si celle-ci avait été un tant soit peu capable de concevoir une telle chose. Qui peut dire ce que l'avenir nous réserve ?

Un Univers signifiant

Il peut sembler que j'ai opté pour Teilhard contre Monod, mais il n'en est rien : sur le plan scientifique, je me sens beaucoup plus proche de Monod que de Teilhard. Mais il est vrai que j'ai opté en faveur d'un Univers signifiant et non vide de sens. Non pas parce que je désire qu'il en soit ainsi, mais parce que c'est ainsi que j'interprète les données scientifiques dont nous disposons, données qui incluent beaucoup de choses que Monod ne pouvait connaître, lui qui en savait déjà bien davantage que Teilhard. En outre, j'ai tenté de cerner l'histoire de la vie dans sa totalité et pas seulement dans la partie que je connais le mieux, annexion dangereuse mais nécessaire de territoires qui me sont peu familiers.

Les raisons que j'ai de considérer l'Univers comme signifiant résident en ce que je perçois comme ses nécessités intrinsèques. Monod a mis l'accent sur le caractère improbable de la vie et de la pensée, ainsi que sur le rôle prépondérant du hasard dans leur apparition, d'où l'absence de dessein dans l'Univers, d'où son absurdité et son manque de sens. Ma lecture des mêmes faits est différente. Elle attribue le même rôle au hasard, mais le fait intervenir dans le cadre de contraintes si strictes que la production de la vie et de la pensée en devient obligatoire, et ce à maintes reprises. À la fameuse phrase de Monod : « L'Univers n'était pas gros de la vie, ni la biosphère, de l'homme[32] », je réponds : « Vous avez tort. Il l'était. »

Même si la vie et la pensée étaient rares, elles n'en seraient pas moins d'impressionnantes manifestations de la matière. Leurs produits – l'ensemble de la biodiversité, toute la culture humaine – n'en devraient pas moins inspirer des sentiments de vénération et d'émerveillement.

Le concept d'absurdité cosmique peut trouver écho chez les scientifiques du fait du syndrome du « chat échaudé ». Nous nous sommes glorifiés pendant des siècles dans la certitude d'être les maîtres du monde et que celui-ci existait à notre seul usage. Copernic nous fit tomber de notre piédestal ; chaque avancée subséquente de la science a réduit un peu plus notre importance. Notre Terre fut détrônée de sa position centrale dans le cosmos pour être placée dans la situation d'une simple planète tournant autour du soleil. Le soleil lui-même nous fut montré comme n'étant qu'une étoile parmi des centaines de milliards d'autres dans l'une des centaines de milliards de galaxies, une petite moucheture perdue dans l'immensité de l'Univers. Le coup d'assommoir nous fut porté par Darwin, qui détrôna l'humanité de la position dominante qu'elle s'était attribuée et la contraignit à se représenter comme l'extrémité d'une brindille, parmi des millions d'autres brindilles de l'arbre de la vie. Cette leçon d'humilité mina notre confiance en une autorité externe et en une certitude interne. Nous sommes devenus des sceptiques.

Mais il ne faut pas exagérer la portée de cette leçon. Il ne faut pas la considérer comme un motif de dénigrement systématique de l'humain et recourir à la science pour dégrader notre espèce et étayer l'opinion selon laquelle nous autres humains n'aurions pas de place dans l'ordonnancement des choses, selon laquelle il n'y a pas, en fait, d'ordonnancement des choses où nous caser. Le philosophe William Barret, le principal spécialiste aux États-Unis de l'existentialisme européen, a dénoncé ce qu'il considère comme « l'une des ironies suprêmes de l'histoire moderne : l'édifice qui démontre de la façon la plus évidente la puissance de la pensée conduit néanmoins à dénigrer la pensée humaine[33] ». Avant lui, le scientifique et philosophe britannique d'origine hongroise Michael Polanyi avait écrit : « C'est le comble de la perversité intellectuelle de refuser, au nom de l'objectivité scientifique, de considérer notre espèce comme la forme vivante la plus évoluée sur terre et notre avènement à travers un processus évolutif comme le problème le plus important de l'évolution[34]. »

Si l'Univers n'est pas vide de sens quel est donc ce sens ? Pour moi, cette signification gît dans la structure même de l'Univers, qui se trouve être capable de produire la pensée par le truchement de la vie et du fonctionnement cérébral. La pensée, à son tour, est une faculté grâce à laquelle l'Univers peut réfléchir sur lui-même, découvrir sa propre structure et comprendre des entités immanentes telles que la vérité, la beauté, le bien et l'amour. Telle est la signification de l'Univers comme je l'entends.

Vu sous cet angle, ce qui est important n'est pas la vérité absolue, probablement inaccessible à notre niveau de développement, mais la recherche de la vérité. De la même manière, il n'est pas de beauté absolue, mais une aspiration commune à la beauté, pas de bien absolu, mais un effort commun vers le bien. Voyez seulement ce que différents peuples ont tenu ou tiennent pour beau ou pour bon dans les différentes régions du monde et à différentes époques. Pour moi, le principal message à tirer de tout cela doit être de tolérance envers autrui et d'humilité quant à soi-même. J'ai une foi inébranlable en la science moderne et y ai consacré ma vie. Mais j'ai la conviction qu'elle doit s'interdire toute arrogance. La pensée humaine n'est peut-être après tout qu'un chaînon – peut-être une simple branche secondaire – de l'épopée évolutive, qui, loin d'être achevée, pourrait bien un jour ou l'autre produire une pensée beaucoup plus puissante que la nôtre. Selon la durée de vie présumée du soleil, il reste à la biosphère pensante sur notre seule planète encore cinq milliards d'années, mille fois la durée de l'étape du singe à l'homme. Nous devons nous incliner devant le mystère.

Épilogue

J'ai opposé deux personnalités paradigmatiques, Monod et Teilhard ; deux philosophies, l'une soulignant l'absurdité et l'autre le sens. Il appartient à chacun d'entre nous de trancher. Devons-nous déclarer avec Macbeth que la vie est « une histoire contée par un idiot, pleine de bruit et de fureur, ne signifiant rien » ? Ou devons-nous écouter Hamlet : « Il y a plus de choses au ciel et sur la Terre, Horatio, que tu n'en rêves dans ta philosophie » ?

J'ai affirmé mon choix et les raisons qui m'y ont conduit. Bien que fondées sur la science, ces raisons ne sont pas impartiales. Teilhard, en pieux jésuite, désirait de toutes ses forces découvrir dans le monde vivant une preuve objective capable de soutenir sa foi. Monod, en existentialiste fier de son désespoir, désirait tout aussi passionnément que le monde vivant étaye son sentiment d'isolement et d'absurdité. Ni l'un, ni l'autre, certainement, n'a cru manifester autre chose qu'une honnêteté et une rigueur intellectuelles sans failles. Il serait vain de ma part de prétendre à une telle impartialité lorsque de si brillants esprits ne sont pas parvenus à surmonter leurs propres a priori.

Je laisserai le dernier mot à deux autres Français. Voici, extrait des *Pensées* de Pascal, le message de Dieu au chercheur : « Console-toi ; tu ne me chercherais pas si tu ne m'avais trouvé[35]. » Tout le monde ne trouvera pas le réconfort dans ce message ; certains même penseront qu'il n'a pas de sens. Ceux qui préfèrent se garder de toute métaphysique peuvent, comme Medawar[36], se contenter de suivre le dernier conseil que Voltaire a prêté à son Candide : « Il faut cultiver notre jardin[37]. »

NOTES

Dans les notes, les numéros de référence renvoient aux ouvrages donnés dans la bibliographie complémentaire.

Préface

L'épigraphe est extrait d'un texte d'Einstein d'abord publié dans le numéro d'octobre 1930 de *The Forum*, puis réimprimé dans *Wise Men Worship*, édité par M. Hill (New York, E.P. Dutton, 1931), page i.

Introduction

1. Les chiffres relatifs au séquençage comparatif du cytochrome c sont empruntés à R.E. Dickinson et I. Geis, *Structure and Action of Proteins* (Menlo Park, Californie, Benjamin/Cummings, 1969), pp. 64-65.

2. Dans son ouvrage célèbre *On the Origin of Species by Natural Selection* (Londres, Murray, 1859), disponible en français sous le titre *L'Origine des espèces* (Paris, Flammarion, coll. « G.F. », 1992), Charles Darwin définit la sélection naturelle comme « la préservation des variations utiles et le rejet des variations nuisibles ». En des termes plus modernes, il s'agit du processus par lequel, au sein d'une population génétiquement diverse d'organismes qui se disputent les mêmes ressources limitées, les organismes doués de la capacité héréditaire de produire le plus grand nombre de descendants possédant la même capacité, quelle qu'en soit la raison, vont peu à peu devenir plus nombreux que les autres. Ce processus est considéré comme le principe moteur de l'évolution biologique. Pour un complément d'informations, voir Michael Ruse, *Darwinism Defended* (Reading, Mass., Addison-Wesley Company, 1982).

3. Dans la référence 7 et dans L. Margulis et L. Olendzenski (ed.), *Environmental Evolution* (Cambridge, Mass., MIT Press, 1992), on trouvera exposées de façon très accessible les preuves de l'ancienneté de la vie fournies par les microfossiles et les stromatolithes. Pour des exposés plus techniques et détaillés, voir la référence 1.

4. On appelle isotopes des atomes du même élément dont la masse atomique est différente. Ils possèdent le même nombre de protons et d'électrons, mais la différence réside dans le nombre de neutrons présents dans leur noyau. Doté de six électrons périphériques, le ^{12}C (le carbone 12) possède six protons et six neutrons dans son noyau, alors

que le ^{13}C possède six protons et sept neutrons. L'assimilation du carbone par les organismes phototrophes opère une discrimination en faveur de l'isotope le plus léger. C'est pourquoi, en mesurant l'abondance relative des deux isotopes dans un dépôt de carbone ancien, on peut obtenir une information sur la présence d'une activité biologique à l'époque où ce dépôt s'est formé. La référence 1 fournit des détails sur cette technique et sur les résultats qu'elle a fournis.

5. Les estimations portant sur les conditions qui ont régné pendant les 800 premiers millions d'années de l'existence de la Terre varient beaucoup, car elles dépendent du modèle adopté pour la formation de la Terre. Voir G. Arrhenius dans *Earth, Moon and Planets* (1987) : 37, 187-99.

6. Dans la référence 5, R. Shapiro donne une vue d'ensemble instructive, critique et attrayante des principales théories concernant l'origine de la vie.

7. F. Hoyle et N.C. Wickramasinghe ont exposé leur théorie dans *Lifecloud* (New York, Harper & Row, 1978). Traduction française : *Le Nuage de la vie* (Paris, Albin Michel, 1986).

8. L'hypothèse de la panspermie dirigée est proposée par F.H. Crick dans *Life Itself* (New York, Simon and Schuster, 1981).

9. Alan Truscott, qui tient la rubrique du bridge au *New York Times*, a relaté deux donnes où quelqu'un avait reçu une couleur complète, mais il me dit qu'on ne peut exclure la possibilité que les mains aient été préarrangées.

10. Référence 64, p. 161.

11. Cette analogie est mentionnée dans la référence 5, p. 127.

Chapitre 1

1. La formation de la planète Terre est discutée dans la référence 2. Les références 1 et 4 examinent les conditions qui régnaient sur la Terre aux époques primitives. Certains des articles de la référence 8 portent sur le même sujet. Voir aussi l'introduction, note 5.

2. Une autre possibilité est qu'avant la vie, le phosphate ait été présent sur la Terre sous des formes plus solubles. C'est l'opinion que défendent G. Arrhenius, B. Gedulin et S. Mojzsis, qui pensent que la formation d'apatite dépend de la présence d'organismes vivants. (Voir *Proceedings: Conferences on Chemical Evolution and the Origin of Life*, édité par C. Ponnamperuma et J. Chela-Flores, Hampton, Virginie, Deepak Publishing, 1993.)

3. La thèse selon laquelle la vie doit avoir pris naissance à une température basse a été plusieurs fois défendue par S.L. Miller, pionnier de la chimie abiotique. Voir son article, pp. 1-28 de la référence 7.

4. Des informations sur les jaillissements hydrothermaux sous-marins et les diverses formes de vie qu'ils abritent sont rassemblées dans *Marine Hydrothermal Systems and the Origin of Life*, édité par N.G. Holm (Norwell, Mass., Kluwer, 1992). Voir aussi la recension

du livre de Holm par A. Lazcano dans *Science* 260 (1993) : 1154-55, et l'intrigante suggestion de T. Gold qu'une vaste biosphère pourrait se cacher dans les profondeurs brûlantes de la Terre (*Proc. Natl. Acad. Sci. USA* 89 [1992] : 6045-49). Divers organismes nouveaux habitant cette biosphère particulière à haute température ont été isolés par le microbiologiste allemand Karl O. Stetter. Un résumé de ses premières découvertes figure dans la référence 8, pp. 195-219.

5. Cette citation est tirée d'une lettre écrite par Charles Darwin à son ami le botaniste Joseph Dalton Hooker et reproduite dans *The Life and Letters of Charles Darwin*, édité par F. Darwin, vol. 2 (New York, D. Appleton, 1887).

6. Voir A.I. Oparine, *The Origin of Life on Earth*, 3e éd. (New York, Academic Press, 1957). Traduction française : *L'Origine de la vie sur la Terre* (Paris, Masson, 1965).

7. Cet article historique parut dans *Nature* 171 (1953) : 737-38. Des récits de cette découverte, personnels et contradictoires, se trouvent, d'une part, dans J.D. Watson, *The Double Helix* (New York : Atheneum, 1968), traduction française : *La Double Hélice* (Paris, Hachette, 1984), voir aussi la réédition, augmentée de critiques, éditée par G.S. Stent (New York : Norton, 1980) ; et, de l'autre, dans F. Crick, *What Mad Pursuit* (New York, Basic Books, 1988).

8. L'article classique de Stanley Miller fut publié dans *Science* 117 (1953) : 528-29.

9. Voir H. Urey, *The Planets : Their Origin and Development* (New Haven, Yale University Press, 1952).

10. Une excellente revue d'ensemble de la chimie abiotique est donnée par J. Oró, S.L. Miller et A. Lazcano dans *Ann. Rev. Earth Planet. Sci.* 18 (1990) : 317-56. Pour un aperçu du domaine, voir l'article de S.L. Miller dans la référence 7, p. 1-28.

11. Un exposé de la chimie extraterrestre est donné par S. Green dans *Annu. Rev. Phys. Chem.* 32 (1981) : 103-38. Plusieurs articles de la référence 8 portent sur la chimie de l'espace.

12. A.H. Delsemme a résumé ses opinions dans *Orig. Life Evol. Biosp.* 21 (1992) : 279-98. Voir aussi le livre de Delsemme mentionné dans l'addendum à la bibliographie complémentaire.

13. Né en 1892, J.B.S. Haldane a laissé le souvenir d'un des scientifiques et penseurs anglais les plus brillants et les plus polyvalents. Il a apporté d'importantes contributions à la génétique des populations et à la théorie de l'évolution, et a écrit nombre d'essais incisifs sur des sujets très variés. C'était aussi un membre actif du Parti communiste, et il se prit d'une vive admiration pour l'Inde, où il passa ses dernières années. Sur l'origine de la vie, il n'écrivit qu'un article, mais celui-ci eut une influence considérable. Il fut publié en 1929 dans *The Rationalist Annual.* (Voir J.B.S. Haldane, *On Being the Right Size and Other Essays*, édité par J.M. Smith [Oxford et New York, Oxford University Press], 1985, pp. 101-12.)

14. Dans un article déjà ancien, portant sur la synthèse des protéines (in *Symp. Soc. Exp. Biol.* 12 [1958] : 138-63), Crick définit le Dogme Central comme suit : « Une fois qu'une "information" a été incorporée à une protéine elle ne peut plus en sortir. En termes plus détaillés, un transfert d'information d'un acide nucléique à un autre acide nucléique ou d'un acide nucléique à une protéine est possible, mais son transfert de protéine à protéine, ou d'une protéine à un acide nucléique, est impossible. »

15. Sur les ribozymes, voir T.R. Cech, dans *Sc. Am.* 255, n° 5 (1986) : 64-75.

16. W. Gilbert dans *Nature* 319 (1986) : 618.

17. W. Gilbert dans *Cold Spring Harbor Symp. Quant. Biol.* 52 (1987) : 903.

18. Sur des molécules ressemblant à l'ARN, voir L.E. Orgel dans *Nature* 358 (1992) : 203-9.

19. L'APN est décrit dans des articles de D.Y. Cherny et coll. dans *Proc. Natl. Acad. Sci. USA* 90 (1993) : 1667-70, et de P. Wittung et coll. dans *Nature* 368 (1994) : 561-63.

20. Plusieurs citations d'experts portant sur les difficultés de la synthèse prébiotique de l'ARN sont reproduites dans la référence 6, p. 177. Voir aussi G.F. Joyce dans *New Biologist* 3, n° 4 (1991) : 399-407 ; et, pour une collection d'articles de niveau technique élevé : *The RNA World,* édité par R.F. Gesteland (Cold Spring Harbor, New York, Cold Spring Harbor Laboratory Press, 1993).

21. Les arguments en faveur de la congruence sont développés avec plus de détails dans mon article « The RNA World : Before and After? », *Gene* 135 (1993) : 29-31.

Chapitre 2

1. J. Oró dans *Biochem. Biophys. Res. Commun.* 2 (1960) : 407-12.

2. R. Shapiro dans *Orig. Life Evol. Biosp.* 18 (1988) : 71-85.

3. J.D. Bernal, éminent spécialiste britannique de la chimie physique et de la cristallographie, est l'auteur de *The Origin of Life* (London, Weidenfeld and Nicholson, 1968), l'un des premiers livres sur le sujet.

4. J.P. Ferris et G. Ertem dans *Science* 257 (1992) : 1387-89.

5. La référence se trouve à la note 5 de l'Introduction.

6. G. Wächtershäuser a décrit son modèle dans *Microbiol. Rev.*, 52 (1988) : 452-84, et dans *Proc. Natl. Acad. Sci. USA* 87 (1990) : 200-204. Une critique de ce modèle par C. de Duve et S.L. Miller a paru dans *Proc. Natl. Acad. Sci. USA* 88 (1991) : 10014-17. G. Wächtershäuser a publié une réponse dans *Proc Natl. Acad. Sci. USA* 91 (1994) : 4283-87.

7. R.E. Eakin dans *Proc. Natl. Acad. Sci. USA* 49 (1963) : 360-66.

8. D'après L. Dillon dans *The Genetic Mechanism and the Origin of Life* (New York, Plenum Press, 1978), F. Dyson dans *Origins of Life*

(Cambridge, Cambridge University Press, 1985) et R. Shapiro dans la référence 5, des protéines auraient pu jouer un rôle de catalyseurs dans le protométabolisme.

9. La formation de « protéinoïdes » a été décrite pour la première fois par S.W. Fox et K. Harada dans *Science* 128 (1958) : 1214. Une description récente des travaux de Fox figure dans son livre *The Emergence of Life* (New York, Basic Books, 1988).

10. T. Wieland a passé ses propres travaux en revue dans *The Roots of Modern Biochemistry*, édité par H. Kleinkauf, H. von Döhren et L. Jaenicke (Berlin : Walter de Gruyter, 1988), p. 213-21.

11. La découverte de l'acétyl-coenzyme A a été annoncée par F. Lynen et E. Reichert dans *Angew. Chem.* 63 (1951) : 47-48.

12. Un survol du rôle des transferts de groupes dans la biosynthèse est donné au chapitre 8 de la référence 12.

13. T. Wieland et W. Schäfer dans *Angew. Chem.* 63 (1951) : 146-47, et dans *Liebig's Annal. Chem.* 576 (1952) : 104-9.

14. La synthèse des peptides bactériens à partir des thioesters est passée en revue par H. Kleinkauf et H. von Döhren dans *Annu. Rev. Microbiol.*, 41 (1987) : 259-89. F. Lipmann a discuté de ce que ce mécanisme pouvait signifier pour l'évolution dans *Science* 173 (1971) : 875-84.

15. La synthèse de thiols clés dans des conditions prébiotiques plausibles est décrite dans deux articles de S.L. Miller et G. Schlesinger, dans *J. Mol. Evol.*, 36 (1993) : 302-7, 308-14. Voir aussi l'article de A.D. Keefe, G.L. Newton et S.L. Miller dans *Nature* 373 (1995) : 683-85.

16. La référence 6 examine si des multimères catalytiques ont pu jouer un rôle dans le protométabolisme.

17. D'après A. Bar-Nun, E. Kochavi, S. Bar-Nun dans *J. Mol. Evol.* 39 (1994) : 116-22, des mélanges d'acides aminés auraient produit des effets catalytiques.

Chapitre 3

1. F.M. Harold, *The Vital Force : A Study of Bioenergetics* (New York, W.H. Freeman, 1986), p. 168.

2. C.E. Folsome, *The Origins of Life : A Warm Little Pond* (San Francisco, W.H. Freeman, 1979). Voir aussi H.J. Morowitz, *Cosmic Joy and Local Pain : Musings of a Mystic Scientist* (New York, Scribner's, 1987) et son livre *Beginnings of Cellular Life* (New Haven, Yale University Press, 1992).

3. Voir P.S. Braterman, A.G. Cairns-Smith et R.W. Sloper dans *Nature* 303 (1983) : 163-64, et Z.K. Borowska et D.C. Mauzerall dans *Orig. Life* 17 (1987) : 251-59.

4. Des détails sur les formations de fer stratifiées figurent dans la référence 1.

5. E. Drobner et coll. dans *Nature* 346 (1990) : 742-44.

6. Sur les protéines fer-soufre, voir la revue d'ensemble par R. Cammack dans *Chem. Scripta* 21 (1983) : 87-95. À noter également l'article de R.V. Eck et M.O. Dayhoff dans *Science* 152 (1966) : 363-66, qui indique qu'une ancienne protéine fer-soufre bactérienne pourrait descendre d'un tétrapeptide. Ceci suggère la possibilité que de tout petits peptides aient joué un rôle dans le protométabolisme. Voir aussi la note 15 du présent chapitre.

7. La distinction entre liaisons à haute et basse énergie a été faite par F. Lipmann dans un article décisif publié dans *Adv. Enzymol.* 1 (1941) : 99-162.

8. Le rôle du pyrophosphate inorganique dans les organismes actuels et son intervention possible dans les transferts d'énergie prébiotiques ont été examinés par H.G. Wood (pp. 581-602) et par H. Baltscheffsky, M. Baltscheffsky et M. Lundin (pp. 917-22) dans *The Roots of Modern Biochemistry*, édité par H. Kleinkauf, H. von Döhren et L. Jaenicke (Berlin, Walter de Gruyter, 1988).

9. À propos de la production volcanique de pyrophosphates, voir Y. Yamagata et coll. dans *Nature* 352 (1991) : 516-19. G. Arrhenius a récemment décrit des mécanismes de synthèse de polyphosphates catalysés par un minéral, qui auraient pu jouer un rôle dans l'apparition de la vie. La note 5 de l'Introduction en donne la référence.

10. Le rôle prébiotique des thioesters est examiné en détail dans la référence 6. Voir aussi mon article dans la référence 8, pp. 1-20.

11. A. Weber dans *J. Mol. Evol.* 18 (1981) : 24-29, et *BioSystems* 15 (1982) : 183-89.

12. Voir chapitre 1, note 5.

13. Une bonne description d'ensemble des bactéries hyperthermophiles et de leur phylogenèse, suggérant une origine très ancienne, est fournie par K.O. Stetter dans l'ouvrage collectif donné en référence 8, pp. 195-219. Voir aussi chapitre 1, note 4.

14. A. Weber dans *Orig. Life* 15 (1984) : 17-27.

15. L. Kerscher et D. Oesterhelt dans *Trends Biochem. Sci.* 7 (1982) : 371-74. Voir aussi la note 6 du présent chapitre.

16. L'association du fer avec le soufre caractérise également le modèle de Wächtershäuser (voir chapitre 2, note 6). Des membranes faites de sulfure de fer auraient pu servir dans des transductions d'énergie aux ères prébiotiques, comme l'ont récemment proposé M.J. Russell et ses collaborateurs, de l'université de Glasgow dans *Terra Nova* 5 (1993) : 343-47, et *J. Mol. Evol.* 39 (1994) : 231-43.

Chapitre 4

1. Voir chapitre 2, note 1.

2. P.G. Stoks et A.W. Schwartz dans *Geochim. Cosmochim. Acta* 45 (1981) : 563-69.

3. A. Eschenmoser et E. Loewenthal dans *Chem. Soc. Rev.* 21 (1992) : 1-16.

4. La réaction qui pourrait à l'origine avoir donné naissance à l'ATP avec l'aide d'un thioester s'écrit comme suit :

$$\text{R-S-CO-R'} + \text{AMP} + \text{PP}_i \rightleftarrows \text{R-SH} + \text{R'-COOH} + \text{ATP}$$

Lue de droite à gauche, cette réaction est celle qui maintenant sert à activer les acides dans tous les êtres vivants ; le coenzyme A y tient lieu de R-SH.

5. Voir chapitre 1, note 10.

6. Voir le chapitre dû à H.B. White III dans *The Pyridine Nucleotide Coenzymes*, édité par J. Everse, B. Anderson et K.-S. You (New York, Academic Press, 1982), pp. 1-17.

7. S.L. Miller et L.E. Orgel, *The Origins of Life* (Englewood Cliffs, New Jersey, Prentice-Hall, 1973), p. 185.

8. J'ai plusieurs fois entendu Miller prononcer le terme « robust » dans ses conférences. À ma connaissance, il ne l'a jamais écrit.

9. Dans son chapitre de la référence 7 (pp. 1-28), S.L. Miller critique aussi l'idée que l'apparition de la vie a dû s'étendre sur un laps de temps très long. Il cite comme plausible le chiffre de 10 000 ans, mais ceci vaut pour l'ensemble du processus. Mon estimation de quelques années ou moins se réfère au temps qu'il aura fallu pour aboutir à l'ARN.

Chapitre 5

1. Voir chapitre 1, note 14.

2. La phrase clé, que personne n'a remarquée à l'époque, figure dans un bref article de E. Chargaff dans *Experentia* 6 (1950) : 201-9 : « Il vaut cependant la peine de remarquer (sans qu'on puisse encore dire s'il y a là plus qu'une coïncidence) que, dans tous les acides nucléiques du type désoxypentose examinés jusqu'ici, le rapport molaire de l'ensemble des purines par rapport à l'ensemble des pyrimidines, et aussi celui de l'adénine par rapport à la thymine et de la guanine par rapport à la cytosine, n'étaient pas éloignés de l'unité. » Dans son autobiographie, *Heraclitean Fire* (New York, Rockefeller University Press, 1978), Chargaff raconte comment, à cause de sa « manie de compliquer les choses », il a « raté l'occasion de se voir immortalisé dans les diverses galeries consacrées aux grands hommes dans les musées scientifiques » (p. 98).

3. Voir chapitre 1, note 7.

4. Voir référence 11, p. 180.

5. S. Spiegelman a passé en revue son œuvre de pionnier dans *Amer. Sci.* 55 (1967) : 221-64.

6. L.E. Orgel dans *Proc. Roy. Soc. London* B 205 (1979) : 435-42, et *J. Theor. Biol.* 123 (1986) : 127-49.

7. M. Eigen et coll. dans *Sci. Am.* 244, n° 4 (1981) : 88-118.

8. Référence 22.

9. M. Eigen et R. Winkler-Oswatitsch dans *Naturwissenschaften*, 68 (1981) : 282-92.

10. A.M. Weiner et N. Maizels dans *Proc. Natl. Acad. Sci. USA* 84 (1987) : 7383-87.

11. L'interaction entre l'ARN et l'arginine, que décrit M. Yarus dans *Science* 240 (1988) : 1751-58, est un phénomène particulièrement frappant.

12. Le plus probable est que les acides aminés L et D ont coexisté aux époques prébiotiques. Ainsi les multimères catalytiques de mon modèle (voir chapitre 2) sont supposés avoir contenu les deux types d'acides aminés (comme les peptides bactériens, tels que la gramicidine S, qui sont fabriqués à partir de thioesters dans les organismes actuels).

13. Pour citer F. Crick (*J. Mol. Biol.* 38 [1968] : 367-79), il n'était « pas impossible d'imaginer que la machinerie primitive ne contenait pas de protéines du tout et était entièrement composée d'ARN » (p. 50).

14. H.F. Noller, V. Hoffarth et L. Zimniak dans *Science* 256 (1992) : 1416-19.

Chapitre 6

1. Eigen a effectué une étude théorique de ce genre de boucles de rétroaction, qu'il appelle « hypercycles » (voir chapitre 5, note 7). Dans la référence 62, S.A. Kauffman a élargi ces études à des systèmes hautement complexes.

2. F. Lipmann dans *Essays in Biochemistry* 4 (1968) : 1-24.

3. Pour des revues d'ensemble, voir D.D. Buechter et P. Schimmel dans *Crit. Rev. Biochem.* 28 (1993) : 309-22, et M.E. Saks, J.R. Sampson et J.N. Abelson dans *Science* 263 (1994) : 191-97.

4. J'ai décrit ces correspondances primitives entre acides aminés et molécules d'ARN sous le nom « The Second Genetic Code » (Le second code génétique). (*Nature* 333 [1988] : 117-18.)

5. Voir chapitre 5, note 9.

Chapitre 7

1. Voir chapitre 5, note 7.

Chapitre 9

1. Voir chapitre 1, note 6.

2. A.L. Herrera a résumé « quarante-trois ans d'investigations expérimentales » dans une brève note publiée dans *Science* 96 (1942) : 14.

3. Voir chapitre 2, note 9.

4. Voir chapitre 3, notes 1 et 2.

5. Le « mythe de la soupe originelle » a été attaqué par C.R. Woese (*J. Mol. Evol.* 13 [1979] : 95-101) ; C.B. Thaxton, W.L. Bradley et R.L. Olsen (*The Mystery of Life's Origin* [New York, Philosophical

Library, 1984]) ; R. Shapiro (référence 5) ; et G. Wächtershäuser (*Microbiol. Rev.* 52 [1988] : 452-84), entre autres.

6. Chapitre 5, note 7 (p. 101).

7. Par opposition aux forces de Van der Waals, qui régissent les attractions entre molécules non polaires, les forces d'attraction et de répulsion électrostatiques sont souvent appelées forces de Coulomb, du nom du physicien français qui les a découvertes. Les deux forces jouent des rôles essentiels dans la structure des macromolécules et dans toutes sortes d'interactions intermoléculaires. Les liaisons hydrogène, mentionnées au chapitre 5, dépendent d'une espèce particulière d'attraction électrostatique.

8. G. Blobel dans *Proc. Natl. Acad. Sci. USA* 77 (1980) : 1496-1500.

9. T. Cavalier-Smith dans *Ann. N.Y. Acad. Sci.*, 503 (1987) : 55-71.

10. Les différentes sortes de membranes qui sont présentes dans les milliers de milliards de cellules dont se compose un organisme complexe tel que le corps humain sont toutes produites par accrétion, entrecoupée par les divisions cellulaires successives, à partir des membranes correspondantes présentes dans l'ovule fécondé. Il existe ainsi, de génération en génération, une continuité de membranes assurée par transmission maternelle. Il y a des raisons de croire qu'une certaine quantité d'information topologique se transmet de cette façon, les membranes servant de modèles pour des membranes du même type.

11. Les lecteurs qu'intéresse l'épopée de la pénicilline prendront plaisir au livre de D. Wilson, *Penicillin in Perspective* (Londres, Faber & Faber, 1976), qui s'efforce de démêler faits et mythes.

Chapitre 10

1. Dans les fermentations anaérobies – par exemple la fermentation alcoolique, transformation du glucose en éthanol, ou la fermentation lactique, transformation du glucose en acide lactique – le glucose donne naissance, par l'intermédiaire d'un processus de transfert d'électrons du niveau A au niveau B, dépendant de thioesters et produisant de l'ATP, à une substance, l'acide pyruvique, qui sert d'accepteur d'électrons au niveau B de façon à produire soit de l'éthanol et du dioxyde de carbone, soit de l'acide lactique, qui sont dans les deux cas les produits finaux de la fermentation. Grâce à cet aller et retour de la voie métabolique entre les niveaux A et B, la fermentation peut avoir lieu sans l'intervention d'un accepteur d'électrons extérieur (l'oxygène).

Chapitre 12

1. C.F. Amabile-Cuevas et M.E. Chicurel dans *Amer. Scient.* 81 (1993) : 332-41.

2. C.R. Woese dans *Sci. Am.* 244, n° 6 (1981) : 98-122, et *Microbiol. Rev.* 51 (1987) : 221-71.

3. C.R. Woese, O. Kandler et M.L. Wheelis dans *Proc. Natl. Acad. Sci. USA* 87 (1990) : 4576-79.

4. D'après un récent compte rendu d'O. Kandler (*Progr. Bot.* 54 [1993] : 1-24), *tous* les procaryotes les plus anciens, tant archébactéries qu'eubactéries, sont thermophiles. Ceci constitue un argument très fort en faveur de la thèse d'un ancêtre thermophile.

5. P. Forterre et coll. dans *BioSystems* 28 (1993) : 15-32.

6. M. Sogin dans *Curr. Opin. Genet. Dev.* 1 (1991) : 457-63.

Chapitre 13

1. Pour s'informer sur les possibilités que la vie existe ailleurs dans l'Univers, voir G. Feinberg et R. Shapiro, *Life Beyond Earth* (New York, William Morrow, 1980) ; R.T. Rood et J.S. Trefil, *Are We Alone?* (New York, Scribner's, 1981), traduction française : *L'Univers. Sommes-nous seuls ?* (Paris, Belfond, 1985) ; et R. Breuer, *Contact with the Stars* (San Francisco, W.H. Freeman, 1982). Le premier livre conclut que « l'univers est plein de vie ». Les deux autres sont nettement moins optimistes. Frank Drake, l'un des pionniers de la recherche d'intelligences extraterrestres, vient de donner de cette recherche un récit en partie autobiographique, écrit en collaboration avec D. Sobel : *Is Anyone out There?* (New York, Delacorte Press, 1992). Voir aussi le compte rendu de ce livre par R.N. Bracewell dans *Science* 258 (1992) : 1012-14.

2. Les lecteurs qui s'intéressent à cette nouvelle science qu'est la modélisation informatique des processus vitaux et au Santa Fe Institute, le haut lieu de cette recherche, ont le choix entre deux livres récents écrits dans un style familier et très journalistique (références 60 et 61), auxquels on peut ajouter S. Levy, *Artificial Life: The Quest for a New Creation* (New York, Capel Pantheon, 1992). Ceux qui désirent un exposé plus substantiel se tourneront vers la référence 62. S'ils sont pressés, ils peuvent se rabattre sur des articles, celui de S.A. Kauffman dans *Sci. Am.* 265, n° 2 (1991) : 78-84, ou celui de R. Ruthen dans *Sci. Am.* 268, n° 1 (1993) : 130-40.

3. Référence 62.

4. Référence 62, p. 232. Si l'on veut connaître l'histoire du concept « au bord du chaos », lire le chapitre 3 de la référence 61.

Chapitre 14

1. L'hypothèse du répresseur est présentée dans un article qui a fait date, celui de F. Jacob et J. Monod dans *J. Mol. Biol.* 3 (1961) : 318-56. Jacob a donné un récit personnel de cette découverte dans son autobiographie intitulée *La Statue intérieure* (Paris, Éditions Odile Jacob, 1987).

2. F.M. Burnet, *Clonal Selection Theory of Acquired Immunity* (Cambridge, Cambridge University Press ; et Nashville, Tennessee, Vanderbilt University Press, 1959).

3. Pour s'informer sur les archébactéries, voir la revue d'ensemble par W.J. Jones, D.P. Nagle et W.B. Whitman dans *Microbiol. Rev.* 51 (1987) : 135-77 ; *Microbiology of Extreme Environments,* édité par C. Edwards (New York, McGraw-Hill, 1990) ; *The Archaebacteria,* édité par M.J. Danson, D.W. Hough et G.G. Lunt (Londres, Portland Press, 1992) ; et le compte rendu signé par O. Kandler dans *Progr. Botan.* 54 (1993) : 1-24.

4. *Ibid.*

5. Voir l'Introduction, note 3.

6. Les dernières données de J.W. Schopf sont décrites dans *Science* 260 (1993) : 640-46.

Chapitre 15

1. W. Zillig, P. Palm et H.-P. Klenk dans la référence 8, p. 181-93.

2. L'hypothèse d'un ancêtre eucaryote porteur d'un génome d'ADN et antérieur aux procaryotes a été proposée par P. Forterre et coll. (chapitre 12, note 5). L'hypothèse d'un ancêtre similaire porteur d'un génome d'ARN a été présentée par H. Hartman dans *Specul. Sci. Technol.* 7 (1985) : 77-81 et, sous une forme quelque peu différente, par M. Sogin (chapitre 12, note 6).

3. La théorie des endosymbiontes remonte à plus d'un siècle. Elle a été ravivée par L. Margulis (qui s'appelait alors L. Sagan) dans *J. Theor. Biol.*, 14 (1967) : 225-74. Celle-ci a depuis donné plus d'ampleur à la théorie dans *Origin of Eukaryotic Cells* (New Haven, Yale University Press, 1970) ; la référence 23 ; et, en collaboration avec D. Sagan, *Micro-Cosmos* (New York, Summit Books, 1986), traduction française : *L'Univers bactérien. Les nouveaux rapports de l'homme et de la nature* (Paris, Albin Michel, 1989). En collaboration avec M. McMenamin, elle a récemment édité la traduction anglaise : *Concepts in Symbiogenesis* (New Haven, Yale University Press, 1992), d'un livre, publié en Union soviétique en 1979, dans lequel L.N. Khakhina rend compte des travaux des biologistes russes qui, au début de ce siècle, ont exploré le concept d'endosymbiose. On trouve également à ce sujet de nombreuses contributions intéressantes dans *Endocytobiology* III, édité par J.J. Lee et J.F. Fredrik (*Ann. N.Y. Acad. Sci.* 503 [1987]) ; *Endocytobiology* IV, édité par P. Nardon et coll. (Paris, Institut national de la recherche agronomique, 1990) ; et *The Origin and Evolution of the Cell,* édité par H. Hartman et K. Matsuno (Singapour, World Scientific, 1992).

4. Un microfossile qu'on croit être celui d'une algue eucaryotique a été trouvé par T.-M. Han et B. Runnegar (*Science,* 257 [1992] : 232-35), dans une formation géologique ferrugineuse du Michigan

vieille de 2,1 milliards d'années. S'il se confirme qu'il s'agit bien d'un eucaryote, il faudra reculer d'au moins 500 millions d'années la date de l'adoption des endosymbiontes.

5. Ma description de *Giardia* s'appuie essentiellement sur les travaux de K.S. Kabnick et D.A. Peattie, passés en revue dans leur article de *Amer. Sci.* 79 (1991) : 34-43. Un point de vue différent est défendu par M.E. Siddall, H. Hong et S.S. Desser dans *J. Protozool.* 39 (1992) : 361-67. La grande ancienneté de *Giardia* a été rapportée par M.L. Sogin et coll. dans *Science* 243 (1989) : 75-77.

6. Bien que le même nom les désigne, les flagelles des bactéries et ceux des eucaryotes sont totalement différents, aussi bien d'un point de vue chimique que structurel ou fonctionnel. Pour éviter la confusion, L. Margulis (voir référence 23) recommande depuis longtemps de grouper les flagelles et les cils des eucaryotes sous le nom « ondulipodes » qu'elle emprunte à de vieux ouvrages allemands. Jusqu'ici cette proposition n'a pas été adoptée par beaucoup d'auteurs.

7. Aucun texte ne décrit la capture par *Giardia* de bactéries à proprement parler. Mais il existe des preuves claires que cet organisme est capable d'englober des matériaux extracellulaires et de les digérer en son sein. Qui plus est, plusieurs organismes étroitement apparentés à *Giardia* sont connus comme dévoreurs de bactéries. Ma description de *Giardia* en chasse reste dans les limites de la licence poétique.

8. L'expression « prédateur féroce » vient de *Micro-Cosmos* (voir note 3 ci-dessus), p. 129.

9. M. McCarty, dernier survivant du célèbre trio, a donné un récit captivant de cette découverte historique dans *The Transforming Principle* (New York, Norton, 1985).

10. Selon le spécialiste des diplomonades, G. Brugerolle (*Protistologia,* 11 [1975] : 111-18), *Giardia* ne possède pas de Golgi détectable, ce qui suggère que cet appareil cellulaire ne s'était pas encore constitué à l'époque où l'ancêtre de *Giardia* a divergé de la lignée des eucaryotes. On peut cependant détecter chez *Giardia* la présence d'un système sécrétoire caractéristique associé à un appareil de Golgi, lorsque cet organisme se prépare à s'enkyster et, pour ce faire, se construit une coquille externe en protéines et glucides. Voir F.D. Gillin, D.S. Reiner et M. McCaffery dans *Parasitology Today* 7 (1991) : 113-16.

11. Pour l'ancienneté des microsporidies, voir C.R. Vossbrinck et coll. dans *Nature* 326 (1987) : 411-14.

12. Sur l'évolution de l'appareil mitotique, voir D.F. Kubai dans *Int. Rev. Cytol.* 43 (1975) : 167-227, et I.B. Heath dans *Int. Rev. Cytol.* 64 (1980) : 1-80.

Chapitre 16

1. Une croissance associée à un plissement de la surface peut se produire chez des cellules possédant une paroi. Des bactéries géantes

contenues dans une paroi cellulaire ont été décrites. Elles comprennent une bactérie vivant à l'état libre en milieu soufré, isolée par E. Fauré-Frémiet et C. Rouiller (*Exp. Cell. Res.* 14 [1958] : 29-46), et un parasite de l'intestin de poissons décrit par K.D. Clements et S. Bullivant (*J. Bacteriol.* 173 [1991] : 5359-62), et identifié sans ambiguïté comme procaryote par E.R. Angert, K.D. Clements et N.R. Pace (*Nature* 362 [1993] : 239-41). Ces deux organismes possèdent une membrane cellulaire très plissée.

2. La théorie qui lie le développement d'un eucaryote primitif à l'acquisition de la phagocytose a été d'abord proposée par C. de Duve et R. Wattiaux (*Annu. Rev. Physiol.* 28 [1966] : 435-92). Elle a été avancée indépendamment par R.Y. Stanier (*Symp. Soc. Gen. Microbiol.* 20 [1970] : 1-38), et développée davantage par T. Cavalier-Smith (*Ann. N.Y. Acad. Sci.* 503 [1987] : 17-54). Voir aussi référence 6.

3. K.S. Kabnick et D.A. Peattie dans *Amer. Sci.* 79 (1991) : 34-43. Noter par contraste l'opinion de M.E. Siddall, H. Hong et S.S. Desser dans *J. Protozool.* 39 (1992) : 361-67, qui ne parlent pas d'haploïdie et attribuent la présence de deux noyaux à une division cellulaire retardée.

4. L'expérience cruciale qui produisit pour la première fois un anticorps monoclonal a été relatée par G. Köhler et C. Milstein dans *Nature*, 231 (1975) : 87-90. Une vue d'ensemble du sujet est donnée par J.W. Goding, *Monoclonal Antibodies : Principles and Practice* (2e éd., New York, Academic Press, 1987).

Chapitre 17

1. Voir cependant chapitre 15, note 4.

2. Ce film raconte l'histoire des parents d'un jeune garçon atteint d'adrénoleucodystrophie, qui cherchent désespérément le moyen de le guérir. C'est un excellent film, mais son message risque d'égarer gravement le public dans la mesure où la recherche médicale, pourtant particulièrement prometteuse dans ce domaine, est aujourd'hui en butte à de nombreuses attaques irrationnelles. Voir le compte rendu de F. Rosen dans *Nature* 361 (1993) : 695.

3. Voir la revue d'ensemble par M. Müller dans *J. Gen. Microbiol.* 129 (1993) : 2879-89. Voir aussi T. Fenchel et B.J. Finlay dans *Amer. Sci.* 82 (1994) : 22-29.

4. Voir chapitre 15, note 3, et le chapitre de L. Margulis dans *Environmental Evolution*, édité par L. Margulis et L. Olendzenski (Cambridge, Mass., MIT Press, 1992), pp. 173-99.

5. Qu'un endosymbionte soit à l'origine du noyau des eucaryotes, c'est ce qu'a proposé H. Hartman dans *Specul. Sci. Technol.* 7 (1985) : 77-81, et, sous une forme quelque peu différente, M. Sogin (voir chapitre 12, note 6).

6. F. Jacob dans *Science* 196 (1977) : 1161-66.

7. En réalité, deux molécules distinctes, l'α-tubuline et la β-tubuline, s'unissent pour former les microtubules. Mais elles se ressemblent étroitement et descendent d'un ancêtre moléculaire commun.

Chapitre 18

1. D'après J.A. Shapiro dans *Sci. Am.* 258, n° 6 (1988) : 82-89, certaines colonies bactériennes se comportent comme de véritables organismes.
2. G.M. Edelman, *Topobiology* (New York, Basic Books, 1988).

Chapitre 19

1. D'après certains indices, il se peut que des bactéries se soient installées sur la terre ferme déjà il y a 1,2 milliard d'années. Voir R.J. Horodyski et L.P. Knauth dans *Science* 263 (1994) : 494-98.
2. Une excellente vue synoptique de l'évolution des plantes et moisissures est fournie par la référence 16. Si on cherche un récit simplifié, la référence 24 est à la fois instructive et distrayante.
3. La grande crise du permien est décrite dans la référence 21. Des données supplémentaires sont fournies par I.H. Campbell et coll. dans *Science* 258 (1992) : 1760-63.
4. Référence 16, pp. 556-7.
5. P.O. Wainright et coll. dans *Science* 260 (1993) : 340-42.
6. Voir chapitre 9, note 11.

Chapitre 20

1. Comme ouvrage de référence à portée générale sur l'évolution des animaux, je recommande la référence 18. La référence 24 offre un récit simplifié et attrayant.
2. Dans la référence 17, S.J. Gould analyse de façon complète et critique la loi de la récapitulation.
3. Certaines bactéries (voir chapitre 18, note 1) et algues se disposent en sphères creuses formées de nombreuses cellules. Une de ces algues, le volvoce, en fournit l'exemple classique.
4. Le rapport phylogénétique entre diploblastes et triploblastes reste encore incertain. Tout le monde est à peu près d'accord pour dire que les deux groupes se sont séparés à une époque très ancienne, mais on ne sait pas très bien s'ils ont parmi les protistes un ancêtre commun ou bien deux ancêtres distincts. Les résultats exposés par R. Christen et coll. dans *EMBO J.* 10 (1991) : 499-503, « n'excluent pas la possibilité que les triploblastes et les diploblastes descendent de protistes différents, par des lignées indépendantes ». Selon P.O. Wainright et coll. dans *Science* 260 (1993) : 340-42, tous les animaux des-

cendent d'un ancêtre unique choanoflagellé qu'ils partagent avec les mycètes.

5. Pour un résumé, présenté de façon attrayante, des travaux sur le nématode *Cænorhabditis elegans*, voir l'article de M. Pines dans la référence 25, pp. 30-38.

6. Pour des données récentes sur l'explosion cambrienne, voir A.H. Knoll dans *Sci. Am.* 265, n° 4 (1991) : 64-73 ; J.S. Levinton dans *Sci. Am*, 267, n° 5 (1992) : 84-91 ; A.H. Knoll et M.R. Walter dans *Nature* 356 (1992) : 673-78 ; A.H. Knoll dans *Science* 256 (1992) : 622-27 ; S.C. Morris dans *Nature* 361 (1993) : 219-25 ; et S.A. Bowring et coll. dans *Science* 261 (1993)) : 1293-98.

7. La théorie de Knoll qui lie l'explosion cambrienne à une augmentation du taux d'oxygène dans l'atmosphère est évoquée dans les articles cités ci-dessus (note 6).

8. Voir l'Introduction, note 3.

9. L'œuvre maîtresse de Claude Bernard est son *Introduction à l'étude de la médecine expérimentale* publiée à Paris en 1865 et rééditée, avec un commentaire de C. Bourquin, à Genève (À l'enseigne du cheval ailé, 1945). L'ouvrage est également disponible en édition de poche (Paris, Flammarion, coll. « Champs », 1984).

Chapitre 21

1. Une introduction simplifiée au problème complexe que posent les gènes homéotiques est fournie par l'article de P. Radetsky dans la référence 25, pp. 18-29.

2. Voir chapitre 20, note 2.

Chapitre 22

1. La saga de la découverte du cœlacanthe est racontée dans la référence 24.

2. Le tableau mural de Zallinger est reproduit, avec nombre de commentaires intéressants, dans V. Scully, R.F. Zallinger et J.H. Ostrom, *The Age of Reptiles* (New York, Abrams, 1990).

3. Certaines des premières descriptions de l'anomalie de l'iridium se trouvent dans les références 21 et 24. L.W. Alvarez, dans son autobiographie *Adventures of a Physicist* (New York, Basic Books, 1987) et W. Alvarez et F. Asaro, dans le chapitre qu'ils ont écrit pour *Understanding Catastrophe*, édité par J. Bourriau (Cambridge et New York, Cambridge University Press, 1992), pp. 28-56, donnent un récit personnel de leurs investigations concernant cette anomalie. Les indices récents d'après lesquels Chicxulub serait le site de la chute de l'astéroïde dont on suppose qu'elle aurait causé l'extinction des dinosaures et de maintes autres espèces sont fournis par V.L. Sharpton et coll. dans *Science* 261 (1993) : 1564-67.

4. La phrase exacte de Pasteur dit ceci : « Dans les champs de l'observation, le hasard ne favorise que les esprits préparés. »

Chapitre 23

1. Alfred Lotka et Vito Volterra étaient deux spécialistes de biologie mathématique qui, au début des années vingt, firent une étude théorique de l'influence mutuelle des populations de prédateurs et de celles de leurs proies. Cette étude reste classique. Voir référence 26.
2. J.F. Kasting dans *Science* 259 (1993) : 920-26.
3. J. Lovelock a développé son hypothèse Gaia dans la référence 26. Dans la référence 61, l'auteur scientifique R. Lewin relate sa visite à Lovelock et ses conversations avec lui.
4. Un portrait de L. Margulis décrivant comment elle a pris parti en faveur de l'hypothèse Gaia est brossé par C. Mann dans *Science* 252 (1991) : 378-81.
5. Scientifique, médecin et administratif, Lewis Thomas, décédé en décembre 1993, laisse essentiellement derrière lui des essais scientifico-poétiques d'un genre qui n'appartient qu'à lui, et qui ont été rassemblés dans *The Lives of a Cell* (New York, Viking, 1974) et plusieurs autres livres. La citation est extraite de son avant-propos à la référence 26.
6. F. Dyson, *From Eros to Gaia* (New York, Pantheon, 1992), p. 344. Traduction française : *D'Éros à Gaia. Pour une science à l'échelle humaine* (Paris, Seuil, 1995).
7. Référence 26.

Chapitre 24

1. W. Gilbert dans *Nature* 271 (1978) : 501, et *Science* 228 (1985) : 823-24.
2. L.E. Orgel et F.H.C. Crick dans *Nature* 284 (1980) : 604-7.
3. Emprunté au titre d'un livre de R. Dawkins (référence 22), le concept de l'égoïsme de l'ADN a été encore développé par W.F. Doolittle et C. Sapienza dans *Nature* 285 (1980) : 601-3, et par Orgel et Crick (voir note 2 ci-dessus). Voir aussi le chapitre 9 de la référence 19.
4. Référence 22.
5. La preuve que les gènes contiennent des séquences intercalées qui sont enlevées après leur transcription en ARN a été rapportée simultanément par S.M. Berget, C. Moore et P.A. Sharp dans *Proc. Natl. Acad. Sci. USA* 74 (1977) : 3171-75, et par L.T. Chow et coll. dans *Cell* 12 (1977) : 1-8. Voir aussi J.A. Witkowski dans *Trends Biochem. Sci.* 13 (1988) : 110-113.
6. Voir note 1 ci-dessus.
7. Les preuves s'accumulent qui montrent que les protéines sont le produit d'une construction modulaire. Certaines de ces preuves sont

examinées dans *Intervening Sequences in Evolution and Development*, édité par E.M. Stone et R.J. Schwartz (New York, Oxford University Press, 1990). Voir aussi l'article de M. Gō et M. Mitzutani dans *The Origin and Evolution of the Cell*, édité par H. Hartman et K. Matsuno (Singapour, World Scientific, 1992), et la revue d'ensemble par R.F. Doolittle et P. Bork dans *Sci. Am.* 269, n° 4 (1993) : 50-56. Les procaryotes et les eucaryotes ont en commun plusieurs modules de ce genre, qui pourraient donc remonter à l'époque lointaine où furent assemblés les premiers gènes (voir P. Green et coll. dans *Science* 259 [1993] : 1711-16). Il est intéressant de constater que ces modules, qu'on appelle aussi domaines ou motifs, consistent souvent en un fragment de protéine qui joue un rôle dans l'attachement ou la reconnaissance d'une entité moléculaire, par exemple l'ADN ou le NAD, ce qui explique que l'évolution les ait préservés. Mais les avis sont partagés quant à la mesure dans laquelle les exons sont des séquences qui codent pour des modules.

8. W. Gilbert, M. Marchionni et G. McKnight dans *Cell* 46 (1986) : 151-54.

9. Voir la revue d'ensemble par B. Dujon dans *Gene* 82 (1989) : 91-114.

10. B. McClintock a rendu compte de ses travaux dans la conférence prononcée à l'occasion de la remise de son prix. Voir *Les Prix Nobel 1983* (Stockholm, Almquist & Wiksell, 1984), pp. 174-93.

11. Selon un article récent de A. Stoltzfus et coll. dans *Science* 265 (1994) : 202-7, « la théorie exonique des gènes est indéfendable ».

12. Le nombre d'exons est estimé à quelque 7 000 par R.L. Dorit, L. Schœnbach et W. Gilbert dans *Science* 250 (1990) : 1377-82. R.F. Doolittle, dans *Science* 253 (1991) : 677-79, a critiqué la méthode utilisée, et les auteurs lui ont répondu dans le même numéro (pp. 679-80).

Chapitre 25

1. Mary Leakey a raconté l'histoire des empreintes de Laetoli dans le *Nation. Geogr.* 155 (1979) : 446-57. Dans cet article, elle ne parle que de deux individus. Elle en mentionne un troisième dans une description publiée dans un recueil hollandais, *De Evolutie van de Mens* (Maastricht, Natuur en Techniek, 1981).

2. La découverte de Lucy est rapportée par D. Johanson, dans la référence 32.

3. Pour des récits fort lisibles sur les origines humaines, voir les références 31, 32 et 34. Comme introduction au sujet, les lecteurs peuvent se reporter aux articles de B. Wood dans *Nature* 355 (1992) : 783-90 ; K.S. Thomson dans *Amer. Sci.* 80 (1992) : 519-22 ; et P. Andrews dans *Nature* 360 (1992) : 641-46. On trouve davantage de détails sur l'évolution récente de l'espèce humaine chez M.C. Corballis, *The Lopsided Ape* (New York, Oxford University Press, 1991) ;

C. Wills, *The Runaway Brain* (New York, Basic Books, 1993) ; et référence 33. On trouve un récit agréablement romancé et joliment illustré de l'origine et de l'évolution des premiers humains ainsi que de leur mode de vie chez P. Angela et A. Angela, *The Extraordinary Story of Human Origins,* traduit de l'italien par G. Tonne (Buffalo, New York, Prometheus Books, 1993). Écrit en grande partie comme un roman historique, ce livre se fonde sur des faits scientifiques solides et comprend des entretiens avec de nombreux spécialistes de cette discipline.

4. On peut suivre les hauts et les bas de l'Ève africaine dans les articles de R.L. Cann, M. Stoneking et A.C. Wilson dans *Nature* 325 (1987) : 31-36 ; C.B. Stringer dans *Sci. Am.* 263, n° 6 (1990) : 98-104 ; L. Vigilant et coll. dans *Science* 253 (1991) : 1503-7 ; A.C. Wilson et R.L. Cann dans *Sci. Am.* 266, n° 4 (1992) : 68-73 ; A.G. Thorne et M.H. Wolpoff dans *Sci. Am.* 266, n° 4 (1992) : 76-83 ; A. Gibbons dans *Science* 257 (1992) : 873-75 ; et J. Klein, N. Takahata et F. Ayala dans *Sci. Am.* 269, n° 6 (1993) : 78-83. Voir aussi référence 34 et *The Runaway Brain* de C. Wills (voir note 3 ci-dessus). La confirmation d'une origine africaine unique des humains modernes est donnée par D.M. Waddle dans *Nature* 368 (1994) : 452-54 ; A.M. Bowcock et coll., *ibid.,* 455-57 ; et Y. Coppens dans *Sci. Am.* 270, n° 5 (1994) : 88-95.

5. P. Lieberman, E.S. Crelin et D.H. Klatt dans *Amer. Anthropol.* 74 (1972) : 287-307, et P. Lieberman, *On the Origin of Language* (New York, Macmillan, 1975).

6. La découverte d'un os hyoïde fossile en Israël a été alléguée pour réfuter l'assertion de Lieberman selon laquelle l'homme de Neandertal n'avait pas la capacité de parler. Voir B. Arensburg et coll. dans *Nature* 338 (1989) : 758-60. Ces dernières années, nombre d'auteurs se sont portés à la défense de l'homme de Neandertal, accusé à tort, disent-ils, de bestialité. Voir, par exemple, la référence 34 et *The Runaway Brain* de C. Wills (voir note 3 ci-dessus).

7. Référence 33.

Chapitre 26

1. On peut trouver une excellente introduction à la structure et à l'évolution du cerveau humain dans la référence 42. Pour les lecteurs pressés, la référence 46 donne un bon aperçu du sujet.

2. À propos de Paley et de sa théologie, voir référence 20.

3. *Ibid.*

4. Selon une étude par simulation informatique de D.-E. Nilsson et S. Peiger, publiée dans *Proc. R. Soc.* B 256 (1994) : 53-58, un total de 1829 étapes successives, étendues sur 400 000 générations, pourrait avoir été suffisant pour transformer un assemblage plat de cellules sensibles à la lumière, prises en sandwich entre une couche protectrice transparente et une couche de pigment sombre, en un honnête dis-

positif optique avec lentille réfringente. Voir aussi sur cette recherche le commentaire de R. Dawkins dans *Nature* 368 (1994) : 691-92.

5. J.H. Brooke traite des préoccupations religieuses de Darwin dans J. Durant (ed.), *Darwinism and Divinity* (Oxford et New York, Basil Blackwell, 1985), pp. 40-75.

6. Voir chapitre 20, note 5.

7. D.H. Hubel et T.N. Wiesel dans *Sci. Am.* 241, n° 3 (1979) : 150-62.

8. Référence 38.

9. G.M. Edelman a fait un exposé détaillé de sa théorie dans *Neural Darwinism* (New York, Basic Books, 1987). Dans la référence 47, il donne les grandes lignes de cette théorie, à l'intention d'un lectorat plus large.

10. F. Crick dans *Trends Neurosci.* 12 (1989) : 240-48.

11. Référence 38, p. 359.

12. H. Keller, *The World I Live In* (New York, Century, 1908).

13. La néoténie est traitée en détail dans la référence 17.

14. Référence 33, p. 48.

Chapitre 27

1. Voir *The Mind's Eye*, recueil d'articles publiés à l'origine dans *Scientific American*, avec des introductions de J.M. Wolfe (New York, W.H. Freeman, 1986), et référence 48.

2. Dans *The Remembered Present: A Biological Theory of Consciousness* (New York, Basic Books, 1989), G.M. Edelman explique en détails sa théorie de la conscience. Ce livre, traduit en français sous le titre *Biologie de la conscience* (Paris, Odile Jacob, 1992), fait suite à *Neural Darwinism* (voir chapitre 26, note 9). Edelman résume ses idées pour un public plus large dans la référence 47. Voir aussi la critique de ce dernier livre, en fait un véritable essai, de O. Sacks dans le *New York Review of Books* du 8 avril 1993, pp. 42-49. Il se peut que les lecteurs apprécient en outre l'article de Steven Levy, « Dr. Edelman's Brain », dans le *New Yorker* du 2 mai 1994, pp. 62-73.

3. Pour un bref historique du béhaviorisme et son remplacement par une nouvelle science cognitive, voir référence 39. Les lecteurs seront peut-être intéressés par une biographie récente, *B.F. Skinner : A Life*, par D.W. Bjork (New York, Basic Books, 1993).

4. D. Griffin a exposé ses idées dans les références 35, 37 et 44. Voir aussi M.S. Dawkins, *Through Our Eyes Only ? The Search for Animal Consciousness* (New York, W.H. Freeman, 1993).

5. Jane Goodall raconte cette histoire dans *The Chimpanzees of Gombe : Patterns of Behavior* (Cambridge, Mass., Harvard University Press, 1986).

6. Référence 40.

7. Dans *A History of the Mind* (New York, Simon & Schuster, 1992), N. Humphrey souligne la distinction entre le temps physique,

simple succession d'instants, et le temps subjectif, succession de segments d'une certaine durée qui se chevauchent.

8. *Consciousness Explained* (Boston, Little-Brown, 1991) de D.C. Dennett (traduit en français sous le titre *La Conscience expliquée*, Paris, Odile Jacob, 1993), démantèle les représentations populaires de la conscience au point qu'il n'en reste pas grand-chose.

9. Patricia Smith Churchland a le rare mérite de tenter de concilier neurobiologie et philosophie, deux disciplines qui tendent à rester soigneusement chacune de son côté. Dans *Neurophilosophy* (Cambridge, Mass., MIT Press, 1986), elle défend la doctrine du « matérialisme éliminateur », aussi défendue par son époux, Paul M. Churchland (*Matter and Consciousness : A Contemporary Introduction to the Philosophy of Mind* [Cambridge, Mass., MIT Press, 1984]). Les allusions à la « psychologie populaire » sont tirées de son livre (pp. 299 et *sq*).

10. Référence 45, p. 3.

11. *Ibid.*

12. Référence 47.

13. Référence 48.

14. Descartes différa la publication de son *Discours de la méthode* de 1633 à 1637, après avoir entendu parler de la condamnation de Galilée par le Saint-Office. Afin d'éviter un sort semblable, il prit de grandes précautions pour expliquer que sa théorie était un exposé purement spéculatif et qu'elle ne prétendait en aucune façon à la vérité absolue. Un principe clé de cette théorie est celui selon lequel le corps de l'homme, ainsi que celui de l'animal, peut être considéré comme une machine entièrement automatique, coordonnée par le cerveau au moyen de certains « esprits animaux », fluides, qui circuleraient au travers des nerfs. Les hommes diffèrent de l'animal en cela qu'ils possèdent une âme immortelle, siège de l'intelligence et de la conscience, qui entrerait en interaction avec les esprits animaux dans la glande pinéale.

15. Référence 36.

16. P.J.G. Cabanis a résumé ses idées philosophiques dans le *Traité du physique et du moral de l'homme* (1802).

17. Né en Hollande, J. Moleschott enseigna principalement en Allemagne. Ses opinions matérialistes sont exposées dans son livre *Der Kreislauf des Lebens* (1852).

18. Voir note 8 ci-dessus.

19. G. Ryle, *The Concept of Man* (London, Hutchinson, 1949). Traduction française : *La Notion d'esprit. Pour une critique des concepts mentaux* (Paris, Payot, 1978).

20. A. Koestler, *The Ghost in the Machine* (New York, Macmillan, 1967).

21. *Consciousness Explained* (voir note 8 ci-dessus), p. 268.

22. Voir note 2 ci-dessus.

23. *The Remembered Present* (voir note 2 ci-dessus), p. 308.

24. Référence 47.

25. *The Remembered Present* (voir note 2 ci-dessus), p. 260.
26. Référence 48.
27. *Ibid.*
28. Référence 45, p. 212.
29. *Ibid.*, p. 112.
30. R. Sperry, *Science and Moral Priority* (New York, Columbia University Press, 1983), p. 79.
31. *Ibid.*
32. Référence 43, p. 404.
33. *Ibid.*, p. 408.
34. *Ibid.*
35. *Ibid.*, p. 399.
36. *Ibid.*, p. 438.
37. Dans *Biophilosophy*, traduit de l'allemand par C.A.M. Sym (New York, Columbia University Press, 1971), B. Rensch développe une théorie « panpsychique, identistique, polynomistique » de la pensée (p. 296).
38. *Ibid.*, p. 217.
39. *Ibid.*, p. 233.
40. *Ibid.*, p. 310.
41. Jean 8 : 32.
42. *Neurophilosophy* (voir note 9 ci-dessus), pp. 299 *sq.*
43. Référence 42.
44. Référence 36.
45. Référence 45, p. 26.
46. *Ibid.*, p. 227.
47. *Ibid.*, p. 228.

Chapitre 28

1. P. Marler dans *Amer. Sci.* 58 (1970) : 669-73, et P. Marler et S. Peters dans *Science* 146 (1981) : 1483-86.
2. Évoqué par D.R. Griffin dans la référence 44, p. 41, le comportement des mésanges mangeuses de crème fut à l'origine raconté par J. Fisher et R.A. Hinde dans *Brit. Birds* 42 (1949) : 347-57, et R.A. Hinde et J. Fisher dans *Brit. Birds* 44 (1951) : 393-96.
3. Référence 36.
4. Référence 45.
5. Référence 47.
6. F. Crick et C. Koch dans *Sci. Am.* 267, n° 3 (1992) : 152-59.
7. Référence 48.
8. Référence 43, pp. 158 *sq* et 426 *sq.*
9. Référence 41.
10. Référence 39. Pour un historique récent de l'intelligence artificielle, voir référence 63. Pour une bonne vue d'ensemble de la simulation des réseaux neuronaux et de leur relation à l'intelligence artifi-

cielle, voir J.D. Cowan et D.H. Sharp dans *Daedalus*, 117, n° 1 (1988) : 85-121.

11. Edelman a décrit ses robots Darwin dans *The Remembered Present* (voir note 2, chapitre 27).

12. Référence 48.

13. *Ibid.*

Chapitre 29

1. Référence 50.

2. Référence 22.

3. Une excellente vue d'ensemble du champ de bataille est offerte dans la référence 51, recueil d'essais pour et contre la nouvelle doctrine. On trouvera les travaux majeurs effectués côté sociobiologie dans les références 52 et 53, ainsi que dans le plus technique *Genes, Mind, and Culture*, de C.J. Lumsden et E.O. Wilson (Cambridge, Mass., Harvard University Press, 1981) ; et, côté opposé, dans les références 54 et 55. Voir aussi P. Thuillier, *Les biologistes vont-ils prendre le pouvoir ?* (Bruxelles, Éditions Complexe, 1981).

4. L'œuvre maîtresse de Herbert Spencer sur l'éthique est intitulée *The Principles of Ethics* (New York, D. Appleton, 1892).

5. La relation entre gènes et comportement, chez l'animal comme chez l'homme, est traitée en détail dans un numéro spécial de *Science* 164 (1994) : 1685-1739.

6. J.B. Gurdon dans *Sci. Am.* 219, n° 6 (1968) : 24-35.

7. Dans *In His Image* (Philadelphie et New York, Lippincott, 1978), D. Rorvik raconte l'histoire d'un millionnaire qui aurait réussi à se faire cloner. L'auteur « protège l'identité des personnes concernées ». D'un autre côté, il étaye son histoire d'une documentation scientifique fournie, ce qui rend le livre intéressant, que l'histoire soit vraie ou non. Traduction française : *À son image. La prodigieuse histoire du premier clone humain* (Paris, Grasset, 1982).

8. Le clonage réussi d'embryons humains – jusqu'à un stade de développement très limité – a été rapporté par J.L. Hall et ses collaborateurs de la George Washington University School of Medicine de Washington D.C. Voir R. Kolberg dans *Science* 262 (1993) : 652-53.

9. Référence 50.

10. Voir note 4 ci-dessus.

11. T.H. Huxley est l'auteur de *Evolution and Ethics* (New York, D. Appleton, 1894). Huxley raconte sa controverse historique avec l'évêque Wilberforce dans une lettre à un ami, citée par G. de Beer dans *Charles Darwin* (Garden City, New York, Doubleday, 1964), p. 167.

12. Référence 51, p. 23.

13. Référence 53, p. 179.

14. A. Flew, référence 51, pp. 142-62.

15. Référence 43.

16. Référence 41.
17. *Ibid.*
18. Référence 50.
19. Référence 41, p. 254.
20. Référence 64, p. 191.
21. Référence 53, p. 76.
22. *Ibid.*, p. 174.

Chapitre 30

1. Le rôle de la chasse pratiquée par l'homme dans l'extinction des grands mammifères est traité dans les références 21, 29 et 33.
2. L.L. Cavalli-Sforza, P. Menozzi et A. Piazza dans *Science* 259 (1993) : 639-46.
3. Pour une vision de l'agriculture comme « arme à double tranchant », voir référence 33.
4. Références 57, 58 et 59.
5. Référence 29.
6. *Ibid.*
7. R.M. May dans *Sci. Am.* 267, n° 4 (1992) : 42-48.
8. Référence 29.
9. La teneur de l'atmosphère en dioxyde de carbone est enregistrée depuis 1958 à l'observatoire du Mauna Loa de Hawaii. Le graphique qui en montre l'ascension continue est reproduit dans la référence 58.
10. Référence 26.
11. Référence 57, p. 164.
12. *Ibid.*, p. 176.
13. B. Commoner, *The Poverty of Power* (New York, Knopf, 1976).
14. Référence 57, p. 185.
15. Lord Zuckerman dans *Nature* 358 (1992) : 273.
16. L'appel conjoint de la Royal Society of London et de l'U.S. National Academy of Sciences fut publié en 1992 sous le titre *Population Growth, Resource Consumption, and a Sustainable World.*
17. Heureusement, l'appel a été suivi d'une action plus énergique, bien qu'encore sous la forme de recommandations. Les représentants de cinquante-huit académies des sciences du monde entier, réunis à New Delhi en octobre 1993, publièrent un constat commun en appelant à des mesures et initiatives de la part des gouvernements destinées à contribuer à « atteindre une croissance zéro de la population, avant que les enfants d'aujourd'hui soient devenus des vieillards ». Voir *Population Summit of the World's Scientific Academies* (Washington, D.C., National Academy Press, 1994).
18. Le livre de Malthus, qui eut une influence prépondérante sur Darwin, fut publié en 1798.
19. Le problème démographique est traité dans nombre des livres déjà mentionnés. Il constitue le principal sujet du livre de P. Ehrlich, publié en 1968, *The Population Bomb* (référence 49), aujourd'hui suivi

de *The Population Explosion* (référence 56), qui s'ouvre par un chapitre intitulé : « Pourquoi tout le monde n'a-t-il pas aussi peur que nous ? »

20. Référence 57, p. 293.

21. S.J. Olshansky, B.A. Carnes et C.K. Cassel dans *Sci. Am.* 268, n° 4 (1993) : 46-52.

22. T.F. Homer-Dixon, J.H. Boutwell et G.W. Rathjens dans *Sci. Am.* 268, n° 2 (1993) : 38-45.

23. À commencer par *Algeny* (New York, Viking, 1983) de Jeremy Rifkin, un nombre croissant d'ouvrages ont attaqué la science, en particulier la biologie, à la fois en tant que mythe pervers et puissance dangereuse. Voir, par exemple, M. Midgley, *Evolution as a Religion* (Londres et New York, Methuen, 1985) ; R.C. Lewontin, *Biology as Ideology* (New York, HarperCollins, 1991) ; B. Appleyard, *Understanding the Present* (Londres, Picador, 1992) ; R. Hubbard et E. Wald, *Exploding the Gene Myth* (Boston, Beacon Press, 1993), ainsi que les références 54, 55, 66 et 67. Pour des opinions opposées, voir B.D. Davis, *Storm Over Biology* (Buffalo, N.Y., Prometheus Books, 1986) ; M.F. Petruz, *Is Science Necessary ?* (New York, Dutton, 1989), traduction française : *La Science est-elle nécessaire ?* (Paris, Odile Jacob, 1991) ; J.E. Bishop et M. Waldholz, *Genome* (New York, Simon & Schuster, 1990) ; B.D. Davis (ed.), *The Genetic Revolution* (Baltimore, Johns Hopkins University Press, 1991) ; R. Shapiro, *The Human Blueprint* (New York, St Martin's Press, 1991) ; G. Holton, *Science and Anti-Science* (Cambridge, Mass., Harvard University Press, 1993) ; et P.R. Gross et N. Levitt, *Higher Superstition : The Academic Left and Its Quarrels with Science* (Baltimore, Johns Hopkins University Press, 1994). Voir aussi les références 28 et 30, ainsi que M. Salomon, *L'Avenir de la vie* (Paris, Seghers, 1981).

24. C.G. Darwin, *The Next Million Years* (London, Rupert Hart-Davis, 1953).

25. C. Djerassi, *The Pill, Pigmy Chimps, and Degas' Horse* (New York, Basic Books, 1992).

26. J.R. Gott III dans *Nature* 363 (1993) : 315-19.

27. Référence 3.

28. Dans un article intitulé « Horoscopes for Humanity ? » publié dans la page réservée aux éditoriaux du numéro du 14 juillet 1993 du *New York Times*, le physicien et écrivain Eric J. Lerner, de Lawrenceville dans le New Jersey, a écrit : « Les prédictions de M. Gott tiennent, comme les prédictions astrologiques, de la pseudo-science, simple manipulation de chiffres afin de déguiser l'absence de plausibilité d'une argumentation. » Voir aussi l'échange de correspondance dans *Nature* 368 (1994) : 106-8.

29. S.J. Gould, *Wonderful Life* (New York, Norton, 1989), p. 44. Traduction française : *La vie est belle*, Paris, Éditions du Seuil, 1991.

30. C'est là l'opinion défendue par G. Stock dans *Metaman : The Merging of Humans and Machines into a Global Superorganism* (New York, Simon & Schuster, 1993).

Chapitre 31

1. On trouvera des informations sur la vie et la philosophie de Teilhard de Chardin dans la référence 65 et dans le livre de H.J. Morowitz, *Cosmic Joy and Local Pain* (New York, Scribner's, 1987). Pour une biographie de Teilhard, voir C. Cuénot, *Pierre Teilhard de Chardin* (Monaco, Rocher, 1993).

2. *Le Phénomène humain*, de P. Teilhard de Chardin, fut publié à Paris en 1955 aux Éditions du Seuil, et à New York en 1959 sous le titre *The Phenomenon of Man* chez Harper & Row.

3. On trouvera des informations sur la vie de Jacques Monod dans la référence 11 et dans *La Statue intérieure*, Paris, Odile Jacob, 1987, l'autobiographie du collaborateur de Monod, François Jacob.

4. Référence 64.

5. *Ibid.*, p. 161.

6. *Ibid.*, pp. 194-95.

7. *Ibid.*, p. 44.

8. *Ibid.*, p. 45.

9. Sir Peter Medawar (1915-1987), qui reçut le prix Nobel de médecine en 1960 pour ses travaux d'immunologie, est l'auteur de plusieurs livres sur la science et la philosophie. Sa critique du livre de Teilhard parut dans *Mind* 70 (1961) : 99-106, et est reproduite dans son *Pluto's Republic* (New York, Oxford University Press, 1982), pp. 242-51. La phrase citée se trouve à la première page de sa critique.

10. S.J. Gould dans *Natural History* (août 1980) : pp. 8-28. Selon le paléo-anthropologue sud-africain expérimenté qu'est Philip V. Tobias, l'accusation n'est pas fondée. Les coupables de la machination de Piltdown ont été identifiés avec quasi-certitude comme étant Charles Dawson, l'archéologue amateur de la région qui « découvrit » les faux ossements, et Sir Arthur Keith, anatomiste respecté, qui apporta les compétences nécessaires à la confection du faux. Voir *The Sciences* 34, n° 1 (1994) : 38-42.

11. H.J. Morowitz, *Cosmic Joy and Local Pain* (voir note 1 ci-dessus).

12. Référence 65.

13. *Ibid.*

14. *Ibid.*, p. 677.

15. Référence 68.

16. *Ibid.*

17. S. Weinberg, *The First Three Minutes* (New York, Basic Books, 1977), p. 148.

18. La critique du livre de Monod que j'ai faite a paru sous le titre « Les contraintes du hasard » dans le second numéro de 1972 de la *Revue générale* (une revue culturelle belge), pp. 15-42.

19. G. Stent, *Paradoxes of Progress* (San Francisco, W.H. Freeman, 1978).

20. Référence 67.

21. E. Mayr, *Toward a New Philosophy of Biology* (Cambridge, Mass., Harvard University Press, 1988), p. 69.
22. S.J. Gould, *Wonderful Life* (traduction française : voir chapitre 30, note 29).
23. *Ibid.*
24. Référence 33, p. 192.
25. *Ibid.*, p. 195.
26. Référence 29.
27. Référence 53, p. 53.
28. Une vue d'ensemble éclairante sur l'« intelligence génétique » est donnée par D.S. Thaler dans *Science* 264 (1994) : 224-25.
29. S.J. Gould et N. Eldredge ont célébré récemment le vingt et unième anniversaire de leur théorie, qui substitue un cours irrégulier de l'évolution au cours graduellement progressif prétendument postulé par Darwin (*Nature* 366 [1993] : 223-27). Offrant un point de vue contrasté, l'un des chapitres de la référence 20 est intitulé « Puncturing Punctuationism » (crevaison du ponctuationisme).
30. Le projet SETI a été mentionné au chapitre 13.
31. Voir chapitre 28, note 8.
32. Référence 64, p. 161.
33. Référence 66, p. 75.
34. M. Polanyi, *The Tacit Dimension* (New York, Doubleday, 1966), p. 47.
35. Blaise Pascal, *Pensées,* section VII, 553.
36. P.B. Medawar, *The Limits of Science* (New York, Harper & Row, 1984), p. 99.
37. Il s'agit de la dernière phrase du *Candide* de Voltaire.

GLOSSAIRE

Accepteur. Voir *Électron.*

Acide. Substance qui, en solution aqueuse, libère des ions hydrogène. Les acides organiques se caractérisent par la présence d'un groupe carboxyle. Voir aussi *Carboxyle, Groupe, Proton.*

Acide aminé. Substance qui possède à la fois un groupe amine et un groupe carboxyle, et qui sert à la construction des peptides et des protéines. Voir aussi : *Amine, Carboxyle, Groupe, Peptide, Protéine.*

Acide nucléique. Longue molécule en forme de chaîne formée de l'association d'un grand nombre de nucléotides. Voir aussi *ADN, ARN, Nucléotide.*

Actine. Protéine de structure, présente seulement chez les eucaryotes, qui par polymérisation donne des fibres hélicoïdales à deux brins ; celles-ci figurent parmi les principales composantes du cytosquelette et, associées à la myosine, des systèmes moteurs. Voir aussi *Myosine.*

Actif. Voir *Transport actif.*

Adénine. Base purique présente tant dans l'ADN que dans l'ARN. Voir aussi *ADN, Appariement de bases, Guanine, Purines, ARN.*

ADN. Acide désoxyribonucléique. Acide nucléique constitué de désoxyribonucléotides, dans lequel réside l'information génétique de toute cellule vivante ainsi que d'un certain nombre de virus. Voir aussi *ARN, Désoxyribonucléotide.*

ADP. Adénosine diphosphate. Association de l'AMP et d'un phosphate, liés par une liaison pyrophosphate. Voir aussi *AMP, ATP, Pyrophosphate.*

Aérobiose. Mode de vie qui exige de l'oxygène. Voir aussi *Anaérobiose.*

Agoniste. Substance qui produit un effet biologique. Voir aussi *Récepteur.*

Alcool. Substance qui contient un groupe hydroxyle. Voir aussi *Hydroxyle.*

Allantoïde. Membrane embryonnaire des œufs amniotiques. Elle joue un rôle dans les échanges gazeux et l'excrétion.

Allèle. L'une des variantes (deux ou plus) d'un même gène. Voir aussi *Gène.*

Alternance des générations. Mode de prolifération de certaines plantes. Des organismes haploïdes, provenant de spores et produisant des gamètes, alternent avec des organismes diploïdes provenant d'œufs fécondés et produisant des spores. Voir aussi *Diploïde, Ovule, Fécondation, Gamète, Haploïde, Spore.*

Amine (groupe *amine*). $-NH_2$, groupe qui caractérise les acides aminés.

Amnios. Membrane embryonnaire qui enveloppe une poche remplie de liquide à l'intérieur de laquelle se développe l'embryon au sein des œufs des reptiles, des oiseaux et des mammifères.

AMP. Adénosine monophosphate. Ribonucléotide dont l'adénine est la base. Voir aussi *Adénine, ADP, ATP, Ribonucléotide.*

Amphiphile, ou amphipathique. Molécule dont une extrémité est hydrophile et l'autre hydrophobe. Voir aussi *Hydrophile, Hydrophobe.*

Anaérobiose. Vie en l'absence d'oxygène. Voir aussi *Aérobiose.*

Angiospermes. Plantes à fleurs et à fruits. Voir aussi *Fleur, Fruit, Gymnospermes.*

Anticodon. Ensemble de trois bases grâce auquel, dans la synthèse des protéines, un ARN de transfert porteur d'un acide aminé et situé en un endroit approprié du ribosome, se lie par appariement de bases spécifique à un codon qui, dans un ARN messager, correspond à cet acide aminé. Voir aussi *Acide aminé, Appariement de bases, ARN messager, ARN de transfert, Codon, Protéine, Ribosome, Traduction.*

Anticorps. Protéine que le système immunitaire produit en réagissant à une substance appelée antigène et qui possède la propriété de se combiner spécifiquement à cet antigène. Voir aussi *Antigène, Monoclonal.*

Antigène. Substance, généralement étrangère à l'organisme, susceptible de déclencher une réaction immunitaire. Voir aussi *Anticorps.*

Appareil de Golgi. Voir *Golgi.*

Appariement de bases. Phénomène, fondé sur la complémentarité chimique, par lequel l'adénine se lie à l'uracile ou à la thymine, et la guanine à la cytosine, au sein des acides nucléiques.

Archæa. Synonyme d'archébactérie dans la nouvelle classification proposée par le microbiologiste américain Carl Woese. Voir aussi *Archébactérie, Bactérie.*

Archébactérie. Groupe majeur de procaryotes, reconnu comme formant un règne ou domaine distinct. Voir aussi *Eubactérie.*

ARN. Acide ribonucléique. Acide nucléique formé de ribonucléotides, le plus souvent transcrit à partir de l'ADN sauf chez certains virus, et dont les représentants servent surtout à la synthèse des protéines et à l'épissage de certains ARN. Voir aussi *Épissage, Ribonucléotide, Ribozyme, Transcription, Virus.*

ARN messager. Molécule d'ARN qui code pour une protéine. Voir aussi *Code génétique, Codon, Traduction.*

ARN ribosomial. ARN qui entre dans la composition des ribosomes. Voir aussi *Nucléole, Ribosome.*

ARN de transfert. Molécule d'ARN servant de transporteur pour un acide aminé déterminé et portant un triplet de bases, ou anticodon, qui est spécifiquement reconnu par un codon d'ARN messager lorsque la molécule est correctement positionnée à la surface d'un ribosome. Voir aussi *Anticodon, Appariement de bases, ARN messager, Codon, Flottement, Protéine, Ribosome.*

ATP. Adénosine triphosphate. Composé d'ADP et d'un phosphate, réunis par une liaision pyrophosphate. Assure l'essentiel du transport de l'énergie métabolique, grâce à ses deux liaisons pyrophosphate terminales. Voir aussi *ADP, AMP, Phosphorylation, Pyrophosphate.*

Autotrophie. Capacité de croître et de se développer en se nourrissant de minéraux relativement simples tels que le dioxyde de carbone, l'azote moléculaire, ou des nitrates, sulfates, etc. Voir aussi *Chimioautotrophie, Hétérotrophie, Phototrophie.*

Axone. Filament au moyen duquel un neurone produit un effet. Voir aussi *Dendrite, Neurone, Synapse.*

Bacteria. Dans la nouvelle classification de Woese, synonyme d'*Eubactérie.* Voir aussi *Archæa, Eubactérie, Procaryotes.*

Bactérie. Synonyme de procaryote dans l'usage courant, adopté ici.

Bicouche lipidique. Structure caractéristique de toutes les membranes biologiques, formée de deux couches monomoléculaires de lipides amphiphiles, accollées par leur face hydrophobe. Voir aussi *Amphiphile.*

Bifurcation. Voir *Organisme de bifurcation.*

Biosphère. Ensemble des organismes qui vivent sur la Terre.

Blastopore. Ouverture par laquelle la gastrula, stade primitif du développement de l'embryon, communique avec l'extérieur. Il devient la bouche chez les protostomiens et l'anus chez les deutérostomiens. Voir aussi *Blastula, Deutérostomiens, Gastrula, Protostomiens.*

Blastula. Stade primitif du développement de l'embryon, elle consiste en une poche sphérique qui, par la suite, s'aplatit et se replie pour former un sac à double paroi, la gastrula. Voir aussi *Gastrula.*

Carboxyle (groupe carboxyle). –COOH, caractéristique de tous les acides organiques.

Catalyse. Processus par lequel une substance, appelée *catalyseur*, facilite une réaction chimique sans être elle-même consommée. Voir aussi *Enzyme, Ribozyme.*

Centriole. Structure cellulaire apparentée au corpuscule basal, la racine des flagelles et des cils des eucaryotes. Voir aussi *Cil, Flagelle, Ondulipodes.*

Chaîne de transfert d'électrons. Chaîne composée de plusieurs transporteurs d'électrons organisés dans le tissu d'une membrane d'une manière qui permet aux électrons de migrer d'un transporteur à l'autre. Voir aussi *Phosphorylation au niveau du transporteur, Transfert d'électrons.*

Chaîne respiratoire. Synonyme de *Chaîne de transfert d'électrons.*

Chimioautotrophie. Propriété des autotrophes capables d'alimenter leurs processus biosynthétiques à l'aide de l'énergie produite par un transfert d'électrons entre un donneur minéral et l'oxygène ou un autre accepteur minéral. Voir aussi *Autotrophie.*

Chimiotaxie. Mouvement d'une cellule vers une source chimique (chimiotaxie positive) ou dans la direction opposée (chimiotaxie négative).

Chiralité. Propriété des molécules qui existent sous deux formes dont chacune revêt une configuration spatiale qui est l'image en miroir de celle de l'autre. Par exemple : les acides L-aminés et les acides D-aminés. Voir aussi *Acide aminé, Protéine.*

Chlorophylle. Dérivé de porphyrine qui s'apparente à l'hème mais où le fer est remplacé par du magnésium. C'est la substance verte qui, en absorbant la lumière, sert de catalyseur principal dans la phototrophie. Voir aussi *Hème, Phototrophie.*

Chloroplastes. Organites qui chez tous les phototrophes eucaryotes jouent un rôle central dans l'utilisation de la lumière. Descendants évolutifs de cyanobactéries endosymbiontiques, ce sont des particules oblongues, denses, d'environ 2,5 millièmes de millimètre, entourées de deux membranes et remplies de piles (grana) de petites poches membraneuses aplaties (les thylacoïdes), lesquelles portent, insérés dans leurs membranes, les photosystèmes I et II ainsi que les chaînes de transfert d'électrons qui y sont associées. Voir aussi *Chlorophylle, Chaîne de transfert d'électrons, Cyanobactérie, Endosymbionte, Photosystèmes I* et *II.*

Chordés ou *cordés.* Animaux qui, à un stade au moins de leur développement, possèdent une corde dorsale. Ils incluent tous les vertébrés ainsi que quelques groupes plus primitifs. Voir aussi *Corde dorsale.*

Chromosome. Structure cellulaire qui contient de l'ADN génétique. Chez les eucaryotes, les chromosomes sont situés dans le noyau et, au cours de la mitose, on peut les détecter sous forme de bâtonnets compacts. Les chromosomes des procaryotes sont circulaires et de structure plus simple. Voir aussi *Mitose.*

Ciblage. Voir *Séquence.*

Cil. Chez les cellules eucaryotes, appendice moteur court et animé d'un battement rythmique. Il se compose entre autres de microtubules et son architecture est semblable à celle du flagelle des eucaryotes. Voir aussi *Centriole, Flagelle, Microtubule, Ondulipodes.*

Cis. Voir *Épissage.*

Clathrine. Protéine structurelle qui se polymérise selon une disposition en treillis, parfois en forme de panier, disposition qui joue un rôle caractéristique dans certains phénomènes d'invagination et de vésiculation (formation d'une vésicule) d'une membrane. Voir aussi *Cytosquelette, Endocytose, Transport vésiculaire.*

Clone. Population de cellules qui proviennent toutes d'une même cellule mère par divisions successives.

Code génétique. Ensemble d'équivalences entre les acides aminés protéinogéniques et les triplets de nucléotides, ou codons, qui codent pour les acides aminés et les signaux de fin de chaîne dans les ARN messagers.Voir aussi *Acide aminé, ARN messager, Codon, Traduction.*

Codon. Dans les ARN messager, triplet de bases qui code pour un acide aminé ou (dans les cas de 3 sur 64 des combinaisons de bases formant des triplets) pour un signal de fin de chaîne. Voir aussi *Acide aminé, Anticodon, Appariement de bases, ARN messager, Code génétique, Traduction.*

Cœlome. Cavité à l'intérieur du corps, tapissée de cellules mésodermiques, et qu'on trouve chez tous les animaux à un stade au moins de leur développement, sauf chez les diploblastes et les vers les plus primitifs. Voir aussi *Diploblastes, Mésoderme, Triploblastes.*

Coenzyme. Substance organique, contenant souvent une vitamine comme composant principal, qui sert de cofacteur dans des réactions catalysées par des enzymes. La plupart des coenzymes sont des transporteurs d'électrons ou des transporteurs de groupe. Voir aussi *Enzyme, Transporteur, Vitamine.*

Coenzyme A. Composé thiolé contenant de la pantéthéine et qui sert de transporteur de groupe dans un certain nombre de réactions synthétiques où sont impliqués des acides organiques. Voir aussi *Pantéthéine, Thiol, Transfert de groupe, Transporteur.*

Condensation (réaction de condensation). Processus chimique dans lequel deux molécules se lient l'une à l'autre en libérant une molécule d'eau.

Conjugaison. Phénomène par lequel deux cellules bactériennes s'unissent temporairement et procèdent à un échange de matériel génétique. Voir aussi *Pilus, Plasmide.*

Convergence évolutive. Acquisition évolutive indépendante du même caractère par deux ou plusieurs lignées.

Corde dorsale ou Notochorde. Appareil dorsal en forme de tige qui sert d'épine dorsale aux chordés inférieurs et d'épine dorsale temporaire au cours du développement de l'embryon des vertébrés. Voir aussi *Chordés.*

Cortex cérébral. Pan de tissu nerveux, replié en de nombreuses circonvolutions, qui enveloppe le cerveau et est particulièrement développé chez les primates supérieurs et chez l'être humain.

Coulomb. Voir *Force de Coulomb.*

Crossing over. Voir *Enjambement.*

Cyanobactéries. Bactéries phototrophes qui, étant équipées de photosystèmes I et II, sont capables d'utiliser l'énergie de la lumière pour extraire l'hydrogène de l'eau, ce qui produit de l'oxygène moléculaire. Ce sont les ancêtres des chloroplastes. Voir aussi *Chlorophylle, Chloroplaste, Photosystèmes I* et *II, Phototrophie.*

Cytochrome. Protéine contenant de l'hème et qui sert de transporteur d'électrons dans les réactions de transfert d'électrons. Le mieux connu est le cytochrome c. Voir aussi *Hème, Transfert d'électrons, Transporteur.*

Cytomembranes. Voir *Système cytomembranaire.*

Cytoplasme. Tout ce que contient une cellule eucaryote, sauf le noyau.

Cytosine. Base pyrimidique présente dans l'ADN et dans l'ARN. Voir aussi *ADN, Appariement de bases, ARN, Pyrimidines, Thymine, Uracile.*

Cytosquelette. L'ensemble des structures internes, formées de protéines, qui consolident les cellules eucaryotes. Voir aussi *Actine, Clathrine, Microtubule, Tubuline.*

Cytosol ou succellulaire. La partie non structurée du cytoplasme.

Défécation cellulaire. L'expulsion par exocytose du contenu de lysosomes vieillis ou de vacuoles digestives. Voir aussi *Exocytose, Lysosome.*

Dendrite. Touffe proéminente par laquelle un neurone reçoit des signaux. Voir aussi *Axone, Neurone, Synapse.*

Dérive génétique. Phénomène par lequel, au cours de l'évolution, des mutations se propagent sans être triées par la sélection naturelle. Voir aussi *Mutation, Sélection naturelle.*

Désoxyribonucléotide. Nucléotide dont le sucre à cinq carbones est du désoxyribose. Voir aussi *Désoxyribose, Nucléotide, Ribonucléotide.*

Désoxyribose. Sucre à cinq carbones dont la présence caractérise l'ADN. Il correspond au ribose, moins un atome d'oxygène en position 2. Voir aussi *ADN, Désoxyribonucléotide, Nucléotide, Ribose.*

Déterminisme. Doctrine d'après laquelle des causes semblables produisent toujours des effets semblables et, inversement, des événements sont toujours entièrement explicables par les causes qui les précèdent.

Deutérostomiens. Animaux chez qui le blastopore donne naissance à l'anus au cours du développement embryonnaire. Ils comprennent les chordés et quelques êtres plus primitifs (protochordés), ainsi que les échinodermes. Voir aussi *Blastopore, Chordés, Protostomiens.*

Différenciation. Processus par lequel une cellule souche acquiert les caractéristiques d'un type cellulaire spécifique.

Digestion. Processus par lequel des molécules nutritives complexes sont démantelées par hydrolyse. Voir aussi *Hydrolyse.*

Diploblastes. Animaux qui se constituent à partir d'une structure embryonnaire faite de deux couches de cellules : un ectoderme et un endoderme. Ils comprennent les placozoaires, les éponges, ainsi que les cœlentérés et espèces voisines. Voir aussi *Ectoderme, Endoderme, Triploblastes.*

Diploïde. Se dit d'une cellule possédant deux jeux de chromosomes. Voir aussi *Chromosome, Haploïde.*

Division cellulaire. Processus par lequel une cellule, après duplication de son matériel génétique, se divise en deux cellules filles.

Dogme central. Le physicien et biologiste moléculaire Francis Crick appelle ainsi la règle d'après laquelle l'information moléculaire peut passer des acides nucléiques aux acides nucléiques ou aux protéines, mais non pas des protéines aux protéines ou aux acides nucléiques.

Double fécondation. Phénomène qui, dans la formation d'un fruit à partir d'une fleur, implique la fusion de deux cellules haploïdes, et celle d'une cellule haploïde avec une cellule diploïde. Voir aussi *Diploïde, Fécondation, Fleur, Fruit, Haploïde.*

Double hélice. Structure caractéristique de l'ADN, faite de deux brins complémentaires de polydésoxyribonucléotides entrelacés et stabilisée par appariement de bases. Voir aussi *ADN, Appariement de bases.*

Dualisme. La doctrine, défendue par Descartes, qui considère le corps et l'esprit humains comme deux entités distinctes, reliées dans le cerveau. Voir aussi *Monisme.*

Dynéine. Protéine qui scinde l'ATP et sert d'élément moteur lié aux microtubules, dans les cils et les flagelles. Voir aussi *Cil, Flagelle, Microtubule, Ondulipodes.*

Ectoderme. Chez l'embryon, couche de cellules de laquelle proviennent la peau et les organes dérivés de celle-ci, ainsi que le tissu nerveux. Voir aussi *Endoderme, Mésoderme.*

Effet de serre. Voir *Serre.*

Électron. Particule élémentaire de charge négative qui a environ un demi-millième de la masse du proton. Avec les protons et les neutrons, qui constituent le noyau d'un atome, les électrons sont l'une des trois parties constitutives des atomes, dont ils occupent la périphérie. Voir aussi *Accepteur d'électrons, Chaîne de transfert d'électrons, Donneur d'électrons, Neutron, Noyau, Proton, Transfert d'électrons, Transporteur.*

Endocytose. Engloutissement de matériaux extracellulaires par une invagination de la membrane qui se referme, parfois à l'aide de clathrine, pour former une vésicule intracellulaire contenant les matériaux ainsi captés. Voir aussi *Clathrine, Exocytose, Phagocytose, Pinocytose.*

Endoderme. Chez l'embryon, couche de cellules qui forme ensuite le revêtement du canal alimentaire et les tissus qui en dérivent. Voir aussi *Ectoderme, Mésoderme.*

Endogamie. Reproduction sexuée entre individus génétiquement identiques ou étroitement apparentés. Voir aussi *Exogamie, Reproduction sexuée.*

Endosome. Vésicule intracellulaire, limitée par une membrane, qui provient de la membrane cellulaire par endocytose. Voir aussi *Endocytose.*

Endosymbionte. Cellule, généralement du type procaryote, qui a été adoptée par une cellule eucaryotique, pour en former un composant stable. Plusieurs organites cellulaires, y compris les chloroplastes, les mitochondries et, peut-être, les peroxysomes et les hydrogénosomes, proviennent de bactéries endosymbiontiques. Voir aussi *Chloroplaste, Hydrogénosome, Mitochondrie, Peroxysome.*

Enjambement. Phénomène par lequel des segments d'ADN homologues font l'objet d'un échange entre chromosomes au cours de la méiose. Voir aussi *Méiose, Recombinaison.*

Enzyme. Protéine catalytique qui joue un rôle dans le métabolisme. Voir aussi *Catalyse, Protéine.*

Épigenèse. Le processus par lequel certains caractères qui ne sont pas strictement déterminés par des facteurs génétiques sont acquis au cours du développement de l'organisme. Le câblage précis du réseau de neurones d'un cerveau est épigénétique.

Épissage. Union bout à bout de deux segments d'ARN appartenant soit à des molécules distinctes (épissage *trans*), soit à la même molécule, où ils sont séparés par un intron qui est excisé au cours du processus (épissage *cis*). Voir aussi *ARN, Exon, Intron.*

Ester. Substance formée par la combinaison, avec perte d'eau, du groupe carboxyle d'un acide organique avec le groupe hydroxyle d'un alcool, tandis que se constitue une liaison ester : –CO–O–. Voir aussi *Carboxyle, Hydroxyle, Thioester.*

Éther. Substance formée par la combinaison, avec perte d'eau, du groupe hydroxyle d'un alcool avec le groupe hydroxyle d'un autre alcool, tandis que se constitue une liaison éther : –O–. Voir aussi *Hydroxyle.*

Eubactéries. Important groupe de procaryotes dont on s'accorde à voir un règne ou domaine distinct. Voir aussi *Archébactéries, Bactéries.*

Eucaryotes. Organismes vivants, comprenant les protistes, les plantes, les mycètes et les animaux, dont l'homme, qui sont composés de cellules volumineuses possédant un noyau clos et un cytoplasme dans lequel se trouvent des cytomembranes, des éléments du cytosquelette et, le plus souvent, des mitochondries, des peroxysomes, ainsi que (dans le cas des algues et des plantes) des chloroplastes. Voir aussi *Chloroplaste, Cytosquelette, Mitochondrie, Noyau, Peroxysome, Procaryotes, Système cytomembranaire.*

Exocytose. Ou endocytose inverse. Déversement extracellulaire du contenu de vésicules intracellulaires par fusion de la membrane vésiculaire avec la membrane cellulaire. Voir aussi *Endocytose.*

Exogamie. Reproduction sexuée entre individus non apparentés génétiquement. Voir aussi *Endogamie, Reproduction sexuée.*

Exon. Partie d'un gène segmenté qui est exprimée. Voir aussi *Épissage, Gènes segmentés, Intron.*

Facteur de transcription. Substance, généralement de nature protéique, qui règle l'expression de gènes en commandant ou empêchant la transcription de l'ADN. Voir aussi *Gène homéotique, Homéobox, Transcription.*

Fécondation. Union d'un gamète mâle, ou spermatozoïde, avec un gamète femelle ou ovule. Voir aussi *Ovule, Gamète, Reproduction sexuée, Spermatozoïde.*

Fermentation. Processus métabolique où un intermédiaire sert d'accepteur pour les électrons donnés par un autre intermédiaire, ce qui fait qu'un accepteur d'électrons extérieur n'est pas nécessaire. Voir aussi *Métabolisme, Transfert d'électrons.*

Fer ferreux. Ion fer porteur de deux charges positives, Fe^{2+}.

Fer ferrique. Ion fer porteur de trois charges positives, Fe^{3+}.

Flagelle. Chez les procaryotes, tige spiralée rigide formée de protéines, qui propulse la cellule par rotation axiale. Chez les eucaryotes, c'est un long appendice moteur ondulatoire formé de microtubules et autres composants, organisés selon la même architecture que les cils. Voir aussi *Cil, Ondulipodes.*

Flottement (wobble). Dans l'association d'un codon avec un anticodon, appariement imparfait de la troisième base du codon avec une base non complémentaire de l'anticodon. Ce phénomène permet à certains anticodons de reconnaître plus d'un codon et explique pourquoi le nombre des ARN de transfert (anticodons) est inférieur au nombre de codons. Voir aussi *Anticodon, Appariement de bases, ARN de transfert, Codon.*

Fleur. Organe sexuel des angiospermes. Voir aussi *Angiospermes, Fruit.*

Force de Coulomb. Force électrostatique qui fait que des groupes chimiques de charge ou de polarisation opposée s'attirent, alors qu'ils se repoussent si leur polarisation ou leur charge est de même signe. Voir aussi *Force de Van der Waals, Hydrophile.*

Force de Van der Waals. Force à courte portée qui fait que deux groupes hydrophobes s'attirent. Voir aussi *Force de Coulomb, Hydrophobe.*

Force proton-motrice. Force engendrée par des protons se déplaçant avec l'aide d'un potentiel de protons. Voir aussi *Phosphorylation au niveau du transporteur. Potentiel de protons.*

Fruit. Structure contenant des graines, qui se développe à partir d'une fleur après fécondation chez les angiospermes. Voir aussi *Angiospermes, Double fécondation, Fleur.*

Gamète. Cellule germinative haploïde. Voir aussi *Fécondation, Haploïde, Ovule, Reproduction sexuée, Spermatozoïde.*

Gastrula. Stade primitif du développement de l'embryon provenant de la blastula et consistant en un sac à double paroi qui s'ouvre à l'extérieur par le blastopore. Voir aussi *Blastopore, Blastula.*

Gène. Unité du matériel génétique.

Gène homéotique. Gène régulateur qui contient une séquence homéobox. Voir aussi *Homéobox.*

Gène segmenté. Gène composé de deux ou plusieurs exons (parties exprimées) séparés par des introns (parties non exprimées). Voir aussi *Épissage, Exon, Intron.*

Génome. Ensemble des gènes d'un organisme. Voir aussi *Génotype.*

Génotype. Ce terme, qui équivaut à « génome », s'utilise par opposition à « phénotype » pour désigner l'information génétique cachée responsable des propriétés exprimées d'un organisme (phénotype). Voir aussi *Phénotype.*

Germination. Démarrage du développement d'un embryon de plante jusque-là à l'état dormant.

Glucides. Très important groupe de substances naturelles qui comprend les sucres simples et autres molécules apparentées, ainsi que des substances plus complexes faites principalement de l'association de plusieurs ou d'un grand nombre de molécules de ce type. Appelés aussi hydrates de carbone. Voir aussi *Polysaccharides.*

Glycérol. Substance à trois carbones qui comporte trois groupes hydroxyles ; c'est un composant important des lipides. Voir aussi *Ester, Éther, Hydroxyle, Lipide, Phospholipide.*

Golgi. Cet appareil, du nom du scientifique italien qui l'a découvert, fait partie du système cytomembranaire et consiste en une pile de sacs membraneux aplatis. Il joue un rôle dans le traitement des protéines lysosomales et sécrétoires nouvellement synthétisées. Voir aussi *Lysosome, Protéine, Réticulum endoplasmique, Sécrétion, Système cytomembranaire.*

Graine. Structure qui contient l'embryon d'une plante ainsi que des substances nutritives, le tout entouré d'une coque protectrice. Les graines sont nues chez les gymnospermes, et incorporées à un fruit chez les angiospermes. Voir aussi *Angiospermes, Fruit, Gymnospermes.*

Gram-négatif. Une bactérie gram-négative possède deux membranes extérieures et réagit négativement, c'est-à-dire se laisse décolorer par l'alcool, dans le test conçu par le bactériologiste danois Hans Christian Joachim Gram.

Gram-positif. Une bactérie gram-positive possède une seule membrane extérieure entourée par une épaisse paroi, et réagit positivement, c'est-à-dire ne se laisse pas décolorer, dans le test de Gram. Voir précédente.

Groupe. Une partie caractéristique d'une molécule. Voir *Transfert, Transporteur.*

Guanine. Base, du groupe des purines, qui fait partie de l'ADN et de l'ARN. Voir aussi *Adénine, ADN, Appariement de bases, ARN, Purines.*

Gymnospermes. Plantes qui produisent des graines non contenues dans un fruit. Voir aussi *Angiospermes.*

Haploïde. Caractère d'une cellule qui ne possède qu'un seul jeu de chromosomes. Voir aussi *Diploïde.*

Hème. Dérivé de porphyrine, doté en son centre d'un atome de fer. Combiné avec une protéine (hémoprotéine), il joue un rôle dans le transfert d'électrons, le transport de l'oxygène et d'autres réactions apparentées. Voir *Chlorophylle, Cytochrome, Transfert d'électrons.*

Hémoprotéine. Voir *Hème.*

Hermaphrodite. Organisme qui possède les organes sexuels de l'un et l'autre sexe.

Hétérotrophie. Caractéristique des organismes qui, pour survivre et se développer, ont besoin d'aliments organiques produits par des organismes vivants. Voir aussi *Autotrophie.*

Homéobox. Séquence de 180 nucléotides hautement conservée au cours de l'évolution et commune à beaucoup de gènes régulateurs.

Elle code pour la partie des protéines régulatrices correspondantes qui se lient à l'ADN. Voir aussi *Facteur de transcription, Gène homéotique.*

Homéostasie. Capacité qu'ont les organismes vivants de maintenir constantes par autorégulation certaines de leurs propriétés physiques ou chimiques.

Horizontal. Se dit du transfert de gènes d'un organisme à un autre par opposition à la transmission de gènes de parent à progéniture, dite verticale.

Hormone. Transmetteur chimique véhiculé par le sang ou une autre connexion humorale depuis les cellules qui le sécrètent jusqu'à celles sur lesquelles il agit. Voir aussi *Transmetteur chimique.*

Hydrates de carbone. Voir *Glucides.*

Hydrocarbure. Substance, tels les composants caractéristiques du pétrole, qui se compose exclusivement de carbone et d'hydrogène.

Hydrogène. Ion hydrogène : voir *Proton.* Liaison hydrogène : variété particulière de liaison électrostatique entre un groupe comportant de l'hydrogène et un groupe chargé ou polarisé négativement. Voir aussi *Force de Coulomb.*

Hydrogénosome. Organite cytoplasmique entouré d'une membrane, présent chez quelques protistes et mycètes, caractérisé par la capacité de produire de l'hydrogène moléculaire. Il pourrait être d'origine endosymbiontique. Voir aussi *Endosymbionte.*

Hydrolase. Enzyme qui catalyse une réaction d'hydrolyse. Voir aussi *Hydrolyse.*

Hydrolyse. Scission d'une liaison chimique à l'aide d'une molécule d'eau.

Hydrophile. Qui a de l'affinité pour l'eau ; propriété commune à toutes les substances chargées ou polarisées électriquement (y compris l'eau elle-même). Voir aussi *Amphiphile, Hydrophobe.*

Hydrophobe. Qui exclut l'eau ; propriété commune à toutes les substances non polaires. Voir aussi *Amphiphile, Force de Van der Waals, Hydrophile.*

Hydroxyle. Groupe –OH caractéristique des alcools. On appelle ion hydroxyle l'ion de charge négative OH^-, produit en même temps qu'un ion hydrogène ou proton lors de la dissociation de l'eau. Voir *Proton.*

Intron ou *séquence interposée.* Segment de gène qui est transcrit mais qui par la suite est éliminé de l'ARN produit et n'est donc pas exprimé.Voir aussi *ARN, Épissage, Exon, Gène segmenté.*

Ion. Atome ou molécule chargé électriquement.

Isotopes. Atomes d'un même élément qui ont des masses atomiques différentes. Les isotopes possèdent le même nombre de protons et d'électrons, mais diffèrent par le nombre de neutrons que contient leur noyau. Voir aussi *Électron, Neutron, Proton.*

Jaillissements hydrothermaux sous-marins. Crevasses du fond des océans au travers desquelles de l'eau chaude est expulsée sous pression depuis le sous-sol.

Kérogène. Matériau géologique d'origine organique contenant du carbone.

Lipide. Substance grasse.

Lipide ester. Lipide où des acides gras sont liés à des groupes hydroxyle du glycérol par des liaisons ester. Voir aussi *Glycérol, Lipide, Lipide éther.*

Lipide éther. Lipide où des alcools dérivés d'acides gras sont liés à des groupes hydroxyle du glycérol par des liaisons éther. Voir aussi *Glycérol, Lipide, Lipide ester.*

Liposome. Vésicule artificielle entourée d'une ou plusieurs bicouches lipidiques. Voir aussi *Bicouche lipidique.*

Lisse. Voir *Réticulum endoplasmique lisse.*

Lysosome. Vésicule entourée d'une membrane et qui contient divers enzymes hydrolytiques d'activité maximale en milieu acide. Il y en a dans toutes les cellules eucaryotes, où ils servent à la digestion intracellulaire. Voir aussi *Digestion, Endocytose, Golgi, Réticulum endoplasmique, Système cytomembranaire.*

Lysozyme. Enzyme qui hydrolyse la muréine. Voir aussi *Muréine.*

Méiose. Division mitotique particulière, responsable de la maturation des gamètes, dans laquelle une cellule diploïde unique donne naissance, après duplication de son génome, à quatre cellules haploïdes. Voir aussi *Diploïde, Enjambement, Fécondation, Gamète, Haploïde, Mitose, Ovule, Spermatozoïde.*

Membrane. Structure biologique en forme de feuillet, constituée d'une bicouche lipidique où sont insérées diverses protéines. Voir aussi *Bicouche lipidique.*

Membrane plasmique. Ou membrane cellulaire : c'est celle qui circonscrit et entoure toute cellule.

Mésoderme. Chez l'embryon, couche de cellules qui, présente chez les triploblastes mais non chez les diploblastes, donne naissance à de nombreux tissus internes, dont les muscles, le tissu conjonctif, le sang et les os. Voir aussi *Diploblastes, Ectoderme, Endoderme, Triploblastes.*

Métabolisme. L'ensemble de réactions chimiques, catalysées par des enzymes, qui entretiennent l'activité d'un organisme vivant. Voir aussi *Enzyme.*

Microcorpuscule. Terme morphologique désignant un organite intracellulaire, entouré d'une membrane et qui, le plus souvent, possède les propriétés fonctionnelles d'un peroxysome. Voir aussi *Peroxysome.*

Microtubule. Appareil tubulaire, creux, formé par l'association latérale de treize alignements de tubuline. Il sert entre autres à construire le cytosquelette, l'appareil mitotique, les cils et les flagelles des eucaryotes. Voir aussi *Centriole, Cil, Cytosquelette, Flagelle, Mitose, Neurotubule, Ondulipodes, Tubuline.*

Mitochondrie. Organite d'origine endosymbiontique présent dans la plupart des cellules eucaryotes et jouant un rôle capital dans le métabolisme respiratoire et la récupération d'énergie. Les mitochondries sont des particules allongées, relativement denses, d'environ un millième de millimètre, entourées de deux membranes dont l'interne, siège des chaînes respiratoires phosphorylantes, forme un grand nombre de replis appelés cristæ (*crêtes* en latin). Voir aussi *Endosymbionte, Phosphorylation, Respiration.*

Mitose. Mode de division des noyaux eucaryotiques à l'aide d'un appareil complexe en forme de fuseau fait de microtubules. Voir aussi *Microtubules.*

Monisme. Doctrine qui, s'opposant au dualisme, considère que le corps et l'esprit de l'être humain ne font qu'un. Voir aussi *Dualisme.*

Monoclonal. On appelle monoclonal un anticorps qui fait partie d'une population de molécules identiques fabriquées par un clone de lymphocytes. Voir aussi *Anticorps, Clone.*

Multimère. Terme utilisé dans ce livre pour désigner une molécule en forme de chaîne, de longueur modérée, composée surtout d'acides aminés mais de structure peut-être moins régulière qu'un peptide et contenant d'autres composants en dehors de représentants des vingt acides aminés protéinogéniques. Voir aussi *Oligomère, Peptide, Polymère.*

Muréine. Principal composant de la paroi cellulaire des eubactéries. Voir aussi *Eubactéries, Lysozyme, Paroi cellulaire.*

Mutation. Altération d'un gène, transmissible par réplication. Voir aussi *Dérive génétique, Gène, Sélection naturelle.*

Myosine. Protéine capable de scinder l'ATP et constituant l'élément moteur associé aux fibres d'actine, dans les fibrilles musculaires et d'autres parties motrices cellulaires. Voir aussi *Actine.*

Néoténie. Conservation de caractéristiques juvéniles, produite par un retard du développement du corps.

Neurone. Cellule nerveuse qui consiste typiquement en un corps cellulaire, un prolongement émetteur, ou axone, et un prolongement récepteur ramifié formé de dendrites. Voir aussi *Axone, Dendrite, Synapse.*

Neurotransmetteur. Substance chimique qui, typiquement sécrétée au niveau des synapses, joue un rôle dans la transmission d'un influx nerveux à une cellule voisine. Voir aussi *Synapse, Transmetteur chimique.*

Neurotubule. Espèce particulière de microtubule qui sert de support aux extensions des neurones. Voir aussi *Microtubule, Neurone.*

Neutron. Partie constitutive du noyau atomique, de masse égale à celle d'un proton mais dépourvue de charge électrique. Voir aussi *Électron, Isotopes, Noyau, Proton.*

Notochorde. Voir *Corde dorsale.*

Noyau. En physique, ensemble de protons et de neutrons qui constitue le centre d'un atome. Voir aussi *Électron, Isotopes, Neutron, Proton.* En biologie, appareil central caractéristique des eucaryotes, contenant les chromosomes et les systèmes enzymatiques qui jouent un rôle dans la réplication et la transcription de l'ADN et dans le traitement de l'ARN. Voir aussi *Chromosome, Réplication, Transcription.*

Nucléole. Structure interne du noyau eucaryotique, dans laquelle les ARN ribosomiaux sont transcrits et traités. Voir aussi *ARN, Noyau, Ribosome, Transcription.*

Nucléotide. Molécule faite d'une base purique ou pyrimidique, d'un sucre à cinq carbones, soit le ribose, soit le désoxyribose, et d'une molécule de phosphate. Élément constitutif des acides nucléiques. Voir aussi *Acide nucléique, Désoxyribonucléotide, Désoxyribose, Purines, Pyrimidines, Ribonucléotide, Ribose.*

Œuf. Ovule fécondé (parfois utilisé abusivement pour un ovule non fécondé). Voir aussi *Fécondation, Gamète, Ovule, Vitellus.*

Oligomère. Molécule constituée par l'association d'un petit nombre d'unités moléculaires identiques ou similaires. Voir aussi *Multimère, Polymère.*

Ondulipodes. Terme sous lequel on groupe les cils et les flagelles des eucaryotes. Voir aussi *Cil, Flagelle, Microtubule.*

Ontogenèse. Déroulement de la vie d'un individu, par opposition à phylogenèse, l'histoire évolutive d'un groupe d'organismes. Voir aussi *Phylogenèse, Récapitulation.*

Organisme de bifurcation. Organisme ancestral dont la mutation a inauguré une nouvelle ramification de l'évolution.

Osmotique. Voir *Pression osmotique.*

Ovule. Gamète femelle. Voir aussi *Fécondation, Gamète, Œuf, Reproduction sexuée, Spermatozoïde.*

Oxydation. Soustraction d'un ou plusieurs électrons ou atomes d'hydrogène (électrons + protons), à partir d'un atome ou d'une molécule. Voir aussi *Électron, Proton, Réduction.*

Oxydo-réduction. Le processus de transfert d'électrons qui lie nécessairement l'oxydation d'un donneur d'électrons à la réduction d'un accepteur d'électrons. Voir aussi *Oxydation, Réduction, Transfert d'électrons.*

Ozone. O_3, molécule gazeuse formée de trois atomes d'oxygène, qui forme dans la haute atmosphère une couche qui protège la Terre des rayonnements ultraviolets excessifs.

Pantéthéine. Combinaison thiolée complexe qui se trouve sous la forme de phosphate de pantéthéine, soit combinée à une protéine, soit faisant partie du coenzyme A. Elle sert de transporteur de groupe dans nombre de réactions de synthèse impliquant des acides organiques. Voir aussi *Coenzyme A, Thiol, Transfert de groupe, Transporteur.*

Paroi cellulaire. Enveloppe assez solide, faite de muréine chez les eubactéries et d'une substance différente chez les archébactéries, qui entoure la plupart des cellules procaryotes. Voir aussi *Archébactérie, Eubactérie, Muréine.*

Peptide. Substance formée par l'union de deux ou plusieurs acides aminés associés par des liaisons peptidiques (–CO–NH–), liaisons qui unissent avec perte d'eau le groupe carboxyle d'un acide aminé et le groupe amine d'un autre. Voir aussi *Acide aminé, Amine, Carboxyle, Multimère, Polypeptide, Protéine.*

Périplasmique. On appelle ainsi l'espace situé entre la membrane intérieure et la membrane extérieure des bactéries gram-négatives. Voir aussi *Gram-négatif.*

Peroxysome. Organite intracellulaire des cellules eucaryotes, entouré d'une membrane, peut-être d'origine endosymbiontique, qui intervient dans le métabolisme de l'eau oxygénée (peroxyde d'hydrogène) et des réactions apparentées. Voir aussi *Endosymbionte, Microcorpuscule.*

Phagocyte. Cellule dont l'alimentation repose principalement sur la phagocytose et la digestion lysosomiale des matériaux ainsi captés. Voir aussi *Digestion, Lysosome, Phagocytose.*

Phagocytose. Engloutissement de gros objets par une cellule. Voir aussi *Endocytose, Pinocytose.*

Phénotype. Terme utilisé par opposition au génotype, qui est l'information génétique cachée, pour désigner les propriétés qui sont exprimées par un organisme. Voir aussi *Génotype.*

Phospholipide. Substance grasse phosphorée à propriétés amphiphiles, composant caractéristique des bicouches lipidiques dans les membranes biologiques. Voir aussi *Amphiphile, Bicouche lipidique, Membrane.*

Phosphorylation. Désigne de manière générale l'attachement d'un groupe phosphate à une molécule ; et, plus particulièrement, l'assemblage d'ATP à partir d'ADP et de phosphate inorganique, couplé à un transfert d'électrons. Voir aussi *Phosphorylation oxydative.*

Phosphorylation oxydative. Le processus couplant l'assemblage d'ATP à partir d'ADP et de phosphate inorganique à une réaction de transfert d'électrons avec, habituellement mais non pas nécessairement, l'oxygène comme accepteur final d'électrons. Voir aussi *ATP, Phosphorylation au niveau du transporteur, Phosphorylation au niveau du substrat, Transfert d'électrons.*

Phosphorylation au niveau du substrat. Assemblage d'ATP à partir d'ADP et de phosphate inorganique, souvent par l'intermédiaire de thioesters, à l'aide d'énergie fournie par un transfert d'électrons en direction descendante entre un substrat métabolique et un transporteur d'électrons. Voir aussi *ADP, ATP, Phosphorylation au niveau du transporteur, Thioester, Transfert d'électrons, Transporteur d'électrons.*

Phosphorylation au niveau du transporteur. Assemblage d'ATP à partir d'ADP et de phosphate inorganique, à l'aide de force proton-motrice générée par un transfert d'électrons en direction descendante faisant intervenir des transporteurs d'électrons insérés dans une membrane. Voir aussi *ADP, ATP, Chaîne de transfert d'électrons, Force proton-motrice, Phosphorylation au niveau du substrat, Transfert d'électrons, Transporteur d'électrons.*

Photophosphorylation. Phosphorylation à l'aide d'énergie lumineuse. Voir aussi rubriques précédentes.

Photosynthèse. Construction d'un organisme par lui-même à l'aide d'énergie lumineuse. Voir aussi *Phototrophie.*

Photosystème I. La plus primitive des deux machineries catalytiques servant à l'utilisation d'énergie lumineuse, commune à tous les phototrophes dépendant de chlorophylle. Voir aussi *Phototrophie.*

Photosystème II. Machinerie catalytique plus évoluée, qui utilise l'énergie lumineuse pour extraire l'hydrogène de l'eau avec libération d'oxygène moléculaire. Elle manque à certaines bactéries phototrophes mais existe chez les cyanobactéries, les algues eucaryotes, et les plantes vertes. Voir aussi *Chloroplaste, Cyanobactérie, Phototrophie.*

Phototrophie. Ou photoautotrophie : autotrophie entretenue par la lumière. Voir aussi *Autotrophie, Chimioautotrophie.*

Phylogenèse. Histoire évolutive d'un groupe d'organismes par opposition à ontogenèse, qui est le déroulement de la vie d'un individu. Voir aussi *Ontogenèse, Récapitulation.*

Pilus (pluriel *pili*). Long prolongement mince en forme de poil qui se trouve à la surface de certaines cellules bactériennes et joue un rôle dans l'accolement et la conjugaison cellulaires. Voir aussi *Conjugaison.*

Pinocytose. Engloutissement de gouttelettes liquides par une cellule. Voir aussi *Endocytose, Phagocytose.*

Placozoaires. Petit phylum qui comprend les plus simples des diploblastes et dont on pense qu'il contient les formes animales les plus primitives. Voir aussi diploblastes.

Plasmide. Petit fragment circulaire d'ADN génétique, distinct du chromosome et qui, présent chez certaines bactéries, peut se transmettre par conjugaison. Voir aussi *Conjugaison.*

Polymérase de l'ADN. Enzyme qui synthétise l'ADN et assure sa réplication. Voir aussi *ADN, Enzyme.*

Polymère. Molécule formée par l'association d'un grand nombre d'unités moléculaires identiques ou similaires. Voir aussi *Multimère, Oligomère.*

Polynucléotide. Voir *Acide nucléique.*

Polypeptide. Macromolécule formée par l'association d'un grand nombre d'acides aminés unis par des liaisons peptidiques. Voir aussi *Acide aminé, Peptide, Protéine.*

Polyphosphate. Molécule constituée par un grand nombre de molécules de phosphate unies par des liaisons pyrophosphate. Voir aussi *Pyrophosphate.*

Polysaccharide. Macromolécule formée par l'association d'un grand nombre de sucres ou unités moléculaires similaires. Voir aussi *Glucides.*

Pompe. Système de transport actif. Voir aussi *Transport actif.*

Pompe à protons. Machinerie insérée dans une membrane, qui force les protons au travers de celle-ci grâce à l'énergie fournie par la scission de l'ATP ou par un transfert d'électrons. Voir aussi *Pompe.*

Potentiel de membrane. Déséquilibre électrochimique créé par la disparité de charge électrique entre les deux faces d'une membrane. Voir aussi *Potentiel de protons.*

Potentiel de protons. Différence d'énergie que crée un déséquilibre combiné de protons et de charges électriques positives de part et d'autre d'une membrane. Voir aussi *Force proton-motrice, Potentiel de membrane, Proton.*

Pression osmotique. La force qu'exerce la tendance d'un solvant, par exemple l'eau, à diffuser à partir d'un site où la concentration des substances dissoutes est plus faible, vers un site où elle est plus forte.

Procaryotes. Par opposition aux eucaryotes, micro-organismes de type bactérien. Voir aussi *Eucaryotes.*

Protéine. Macromolécule formée par l'association d'un grand nombre d'acides aminés choisis dans un groupe de vingt acides L-aminés déterminés et unis par des liaisons peptidiques. Voir aussi *Acide aminé, Chiralité, Peptide, Polypeptide.*

Protistes. Terme qui embrasse tous les micro-organismes unicellulaires eucaryotes. Voir aussi *Eucaryotes.*

Protométabolisme. L'ensemble des réactions chimiques qui ont entretenu la vie à ses débuts jusqu'au développement du métabolisme catalysé par des enzymes. Voir aussi *Métabolisme.*

Proton. Particule élémentaire chargée positivement, de masse égale à celle du neutron et environ deux mille fois supérieure à celle de l'électron. Avec les neutrons, il fait partie de tout noyau atomique. Il constitue le noyau de l'atome d'hydrogène. Ion hydrogène H^+ produit soit par enlèvement de l'électron périphérique d'un atome d'hydrogène, soit par la dissociation d'une molécule d'eau avec libération d'un ion hydroxyle. Voir aussi *Électron, Hydroxyle, Isotopes, Neutron, Noyau.*

Protostomiens. Animaux chez qui le blastopore, au cours du développement de l'embryon, donne naissance à la bouche. Ils comprennent tous les invertébrés à l'exception des échinodermes. Voir aussi *Blastopore, Deutérostomiens.*

Purines. Groupe de bases qui comprend deux des principaux composants des acides nucléiques, l'adénine et la guanine. Voir aussi *Acide nucléique, Appariement de bases, Nucléotide.*

Pyrimidines. Groupe de bases qui comprend trois des principaux composants des acides nucléiques, la cytosine, l'uracile (seulement dans l'ARN) et la thymine (seulement dans l'ADN). Voir aussi *Acide nucléique, Appariement de bases, Nucléotide.*

Pyrophosphate. Molécule formée par l'union de deux molécules de phosphate avec perte d'une molécule d'eau. La liaison pyrophosphate relie entre eux les phosphates au sein du pyrophosphate et des polyphosphates. Elle unit aussi les trois phosphates terminaux de l'ATP, où elle sert comme principal transporteur de l'énergie biologique. Voir aussi *ATP, Polyphosphate.*

RE. Voir *Réticulum endoplasmique.*

Récapitulation. Le phénomène par lequel, selon Ernst Haeckel, biologiste et philosophe allemand du XIXe siècle, l'ontogenèse reprend certaines des étapes de la phylogenèse. Voir aussi *Ontogenèse, Phylogenèse.*

Récepteur. Substance généralement située à la surface de la cellule par l'intermédiaire de laquelle un agoniste produit ses effets biologiques. Voir aussi *Agoniste.*

Recombinaison. Réarrangement de molécules d'ADN par l'échange de segments homologues, comme cela se produit dans le phénomène d'enjambement. Voir aussi *Enjambement.*

Réduction. Gain d'un ou de plusieurs électrons ou atomes d'hydrogène (électrons + protons) par un atome ou une molécule. Voir aussi *Électron, Oxydation, Proton.* En biologie cellulaire, la réduction chromosomique désigne la diminution de moitié du nombre de chromosomes, qui se produit lors de la méiose. Voir aussi *Diploïde, Haploïde, Méiose.*

RE lisse. Partie du réticulum endoplasmique dont les membranes ne sont pas ponctuées de ribosomes et pour cette raison présentent un aspect lisse quand on les examine en coupe. Voir aussi *RE rugueux, Réticulum endoplasmique, Ribosome.*

Réplicase. Enzyme viral qui effectue la réplication de molécules d'ARN. Voir aussi *Réplication, Virus.*

Réplication. Processus qui copie les acides nucléiques grâce à la synthèse d'une molécule complémentaire d'un brin du même genre servant de modèle : d'ADN pour l'ADN, d'ARN pour l'ARN. Voir aussi *Appariement de bases.*

Répresseur. Molécule, généralement une protéine, qui bloque la transcription de certains gènes. Voir aussi *Transcription.*

Reproduction sexuée. Mode de reproduction reposant sur la fusion de gamètes haploïdes (le spermatozoïde et l'ovule) qui forment ensemble un ovule fécondé diploïde (œuf). Voir aussi *Diploïde, Fécondation, Gamète, Haploïde, Méiose, Œuf, Ovule, Spermatozoïde.*

RE rugueux. Partie du réticulum endoplasmique dont les membranes sont ponctuées de ribosomes et pour cette raison présentent un aspect rugueux quand on les examine en coupe. Voir aussi *RE lisse, Réticulum endoplasmique, Ribosome.*

Respiration. Utilisation de l'oxygène comme accepteur d'électrons. Le fait d'inspirer de l'air qui apporte l'oxygène nécessaire. Voir aussi *Chaîne de transfert d'électrons, Transfert d'électrons.*

Réticulum endoplasmique ou *RE.* Partie du système cytomembranaire des cellules eucaryotes, il consiste en poches ou vésicules membraneuses aplaties qui servent à l'entreposage temporaire et au traitement chimique précoce des protéines sécrétoires et lysosomiales récemment synthétisées, qui ensuite sont transférées à l'appareil de Golgi. Voir aussi *Golgi, Lysosome, Protéine, RE lisse, RE rugueux, Sécrétion, Système cytomembranaire, Transport vésiculaire.*

Rétrovirus. Virus possédant un génome d'ARN dont la réplication et l'expression s'effectuent par l'intermédiaire de l'ADN complémentaire synthétisé par la transcriptase réverse virale. Voir aussi *Transcriptase réverse, Virus.*

Ribonucléotide. Nucléotide dont le sucre à 5 carbones est du ribose. Voir aussi *Désoxyribonucléotide, Nucléotide, Ribose.*

Ribose. Sucre à 5 carbones qui entre dans la composition des ARN et des ribonucléotides. Voir aussi *ARN, Désoxyribose, Nucléotide, Ribonucléotide.*

Ribosome. Particule compacte, de 25 millionièmes de millimètre, qui constitue le site où, dans toute cellule vivante, s'effectue l'assemblage des protéines. Il est formé de deux sous-unités de taille inégale, chacune constituée de protéines et d'ARN. Voir aussi *ARN ribosomial, Protéine.*

Ribozyme. ARN catalytique. Voir aussi *ARN, Catalyse, Enzyme.*

Sécrétion. Processus par lequel des substances synthétisées dans les cellules sont déversées hors de celles-ci. La sécrétion de protéines, notamment, dépend chez les procaryotes de leur transfert cotraductionnel ou posttraductionnel à travers la membrane plasmique et, chez les eucaryotes, de leur transfert cotraductionnel à travers des membranes du RE rugueux, suivi de leur traitement et de leur passage par le RE lisse, l'appareil de Golgi et les vésicules sécrétoires avec, comme terme, leur expulsion par exocytose. Voir aussi *Exocytose, Golgi, RE lisse, RE rugueux, Transfert cotraductionnel, Transfert posttraductionnel.*

Sélection naturelle, ou *darwinienne.* Le processus naturel de sélection par lequel les organismes produisant une descendance plus nombreuse finissent par éliminer les organismes de la même espèce, génétiquement différents, dont la reproduction est moins efficace. Voir aussi *Mutation.*

Séquençage. Détermination de l'ordre dans lequel se suivent les nucléotides au sein d'un acide nucléique, ou les acides aminés dans une protéine. Voir aussi *Acide nucléique, Protéine.*

Séquence de ciblage. Dans une protéine, séquence d'acides aminés qui dirige la protéine, pendant ou après sa synthèse, vers sa localisation à l'intérieur ou à l'extérieur de la cellule. Voir aussi *Transfert cotraductionnel, Transfert posttraductionnel.*

Serre. Dans l'effet de serre, l'énergie lumineuse se trouve piégée sous forme de chaleur par un écran atmosphérique (formé par exemple de méthane ou de dioxyde de carbone) qui, comme les vitrages d'une serre, laisse entrer la lumière visible (de longueur d'onde plus petite) mais empêche en partie la sortie de lumière infrarouge (de longueur d'onde plus grande).

Sexe. Voir *Reproduction sexuée.*

Spermatozoïde. Gamète mâle. Voir aussi *Fécondation, Gamète, Ovule, Reproduction sexuée.*

Spore. Forme protégée et dormante d'un organisme procaryote ou eucaryote. Chez les plantes, cellule germinale haploïde protégée qui, lorsque les circonstances sont favorables, se développe en une structure ou un organisme produisant des gamètes. Voir aussi *Alternance des générations, Diploïde, Gamète, Haploïde.*

Stomates. À la surface d'une feuille, ouvertures qui permettent l'absorption du dioxyde de carbone et le dégagement de l'oxygène.

Stromatolithe. Formation rocheuse stratifiée, produite par la fossilisation de tapis bactériens superposés, dont la couche supérieure est faite de bactéries phototrophes.

Suc cellulaire. Voir *Cytosol.*

Synapse. Connexion entre l'axone d'un neurone et un dendrite d'un autre neurone. En général, la communication s'établit par l'intermédiaire d'un neutrotransmetteur qui diffuse de l'axone au dendrite à travers un interstice étroit, la fente synaptique, qui sépare les deux prolongements cellulaires. Voir aussi *Axone, Dendrite, Neurone, Neurotransmetteur.*

Système cytomembranaire. Le système de membranes internes des cellules eucaryotes. Il se compose d'un grand nombre de structures sacculaires, qui communiquent entre elles par des connexions permanentes ou, plus fréquemment, par transport vésiculaire. Voir aussi *Endosome, Golgi, Lysosome, Réticulum endoplasmique, Transport vésiculaire.*

Thioester. Substance produite par l'union, avec perte d'eau, du groupe carboxyle d'un acide organique avec le groupe d'un thiol, et formation d'une liaison thioester –CO–S–. Voir aussi *Carboxyle, Ester, Phosphorylation au niveau du substrat, Thiol.*

Thiol. Substance qui comporte un groupe thiol –SH. Voir aussi *Thioester.*

Thymine. Ou 5–méthyl–uracile : base pyrimidique qui ne se rencontre que dans l'ADN. Voir aussi *ADN, Appariement de bases, Cytosine, Pyrimidines, Uracile.*

Traduction. Le processus par lequel l'information inscrite dans la séquence des nucléotides d'un gène est exprimée dans la séquence des acides aminés du polypeptide ou de la protéine correspondants. Voir aussi *Code génétique, Polypeptide, Protéine.*

Trans. Voir *Épissage.*

Transcriptase. L'enzyme qui catalyse la transcription. Voir aussi *Enzyme, Transcription, Transcriptase réverse.*

Transcriptase réverse. L'enzyme, caractéristique des rétrovirus, qui catalyse la transcription réverse. Voir aussi *Enzyme, Rétrovirus.*

Transcription. Synthèse d'ARN d'après un modèle formé d'ADN. Voir aussi *Appariement de bases, Facteur de transcription, Transcription réverse.*

Transcription réverse. Synthèse d'ADN d'après un modèle formé d'ARN. Voir aussi *Appariement de bases.*

Transfection. Introduction artificielle d'un ADN étranger dans une cellule.

Transfert cotraductionnel. Translocation d'une protéine à travers une membrane se produisant au cours de la synthèse de cette molécule. Voir aussi *Transfert posttraductionnel, Séquence de ciblage.*

Transfert de groupe. Processus biosynthétique fondamental par lequel un groupe chimique est transféré d'un donneur à un accepteur. Voir aussi *Transporteur.*

Transfert d'électrons. Processus clef du métabolisme, par lequel des électrons sont transférés d'un donneur à un accepteur. Voir aussi *Oxydation-réduction, Phosphorylation.*

Transfert d'électrons réverse. Processus par lequel des électrons remontent d'un donneur situé à un niveau d'énergie plus bas vers un accepteur situé à un niveau d'énergie plus élevé, l'énergie nécessaire étant fournie par la scission de l'ATP ou par la force proton-motrice. Voir aussi *ATP, Force proton-motrice.*

Tranfert posttraductionnel. Translocation d'une protéine à travers une membrane se produisant après la synthèse de cette molécule. Voir aussi *Séquence de ciblage, Transfert cotraductionnel.*

Transmetteur chimique. Substance par laquelle une cellule influence une autre cellule. Voir aussi *Hormone, Neurotransmetteur.*

Transporteur. Cofacteur métabolique qui sert au transfert d'électrons ou de groupe. Voir aussi *Coenzyme.*

Transport vésiculaire. Transport de matériaux d'un espace intracellulaire clos par une membrane à un autre espace semblable, par le moyen de vésicules qui se détachent du premier pour fusionner avec le second. Voir aussi *Système cytomembranaire.*

Triploblastes. Animaux qui se développent à partir d'une structure embryonnaire faite de trois couches de cellules : l'ectoderme, le mésoderme et l'endoderme. Ils comprennent tous les animaux sauf les diploblastes. Voir aussi *Diploblastes, Ectoderme, Endoderme, Mésoderme.*

Tube neural. Appareil embryonnaire provenant de l'ectoderme et qui donne naissance au système nerveux central chez les animaux supérieurs. Voir aussi *Ectoderme.*

Tubuline. Protéine qui est l'élément de base de la construction des microtubules. Voir aussi *Microtubules.*

Uracile. Base pyrimidique qui ne se trouve que dans l'ARN. Voir aussi *ARN, Cytosine, Pyrimidines, Thymine.*

Van der Waals. Voir *Force de Van der Waals.*

Vésiculaire. Voir *Transport vésiculaire.*

Virus. Particule infectieuse qui consiste essentiellement en un génome formé d'ADN ou d'ARN, revêtu de protéines ou enveloppé d'une membrane ; ce génome code pour les composants du virus. Certains génomes viraux contiennent des gènes supplémentaires, dont les produits font, ou non, partie du virus selon les cas. Les virus à ARN, notamment, doivent produire la réplicase ou la transcriptase réverse, nécessaire à leur réplication. Un virus pénètre dans une cellule procaryote ou eucaryote et s'y multiplie en en utilisant le métabolisme et les mécanismes enzymatiques. Souvent les cellules infectées sont lésées ou tuées. Voir aussi *Réplicase, Rétrovirus, Transcription réverse.*

Vitamine. Substance indispensable qu'un organisme est incapable de synthétiser et doit trouver dans ses aliments.

Vitellus. Matériau nutritif d'une cellule-œuf. Voir aussi *Œuf, Ovule.*

Wobble. Voir *Flottement.*

Zygote. Produit diploïde de la fécondation d'un ovule par un spermatozoïde. Voir aussi *Diploïde, Fécondation, Gamète, Haploïde, Ovule, Reproduction sexuée, Spermatozoïde.*

Zymogène. Précurseur inactif d'un enzyme hydrolytique ou hydrolase. Voir aussi *Hydrolase.*

BIBLIOGRAPHIE COMPLÉMENTAIRE

Les ouvrages que nous mentionnons ici ont été retenus pour la valeur d'information de leur contenu, ainsi que pour leur présentation. Les autres sources sont données en notes.

Cosmologie et géochimie

1. *Earth's Earliest Biosphere,* recueil édité par J.W. Schopf (Princeton, New Jersey, Princeton University Press, 1983).

Cette œuvre massive est une mine d'informations précieuses. Elle est peut-être trop détaillée pour le lecteur non spécialisé.

2. *The Solar System,* par R. Smoluchowski (New York, Scientific American Books, 1983).

Ce livre, abondamment illustré, traite de la naissance du Soleil et des planètes, ainsi que de leurs principales caractéristiques.

3. *Sun and Earth,* par H. Friedman (New York, Scientific American Books, 1986).

Pouvant servir de complément au précédent, ce livre d'une lecture attrayante décrit le Soleil et son influence sur la Terre.

4. *Biogeochemistry,* par W.H. Schlesinger (San Diego, Academic Press, 1991).

Conçu comme manuel destiné aux étudiants des second et troisième cycles, ce résumé un peu aride mais instructif et solidement documenté montre comment la chimie de la Terre agit sur la vie, et vice versa.

Origine de la vie

5. *L'Origine de la vie : le sceptique et le gourou,* par R. Shapiro (Paris, Flammarion, coll. « Champs », 1994). Traduction française de *Origins: A Skeptic's Guide to the Creation of Life on Earth* (New York, Summit Books, 1986).

Bien qu'il date maintenant un peu, cet aperçu des diverses théories de l'origine de la vie, amusant et plein d'esprit critique, reste une excellente introduction. Il offre par ailleurs de brefs portraits des principaux chercheurs qui étudient ce domaine, ainsi que le récit d'un certain nombre de communications personnelles.

6. *Construire une cellule,* par C. de Duve (Bruxelles, De Boeck-Wesmael ; Paris, InterEditions, 1990). Traduction française de *Blueprint*

for a Cell (Burlington, Caroline du Nord, Neil Patterson Publishers, Carolina Biological Supply Company, 1991).

La première moitié du livre résume les principales propriétés communes à toutes les cellules vivantes. La seconde est consacrée à un examen critique de l'origine de la vie. Il étaie sur une documentation plus détaillée les théories proposées dans le présent ouvrage.

7. *Major Events in the History of Life,* édité par J.W. Schopf (Boston, Jones and Bartlett, 1992).

Six chapitres, écrits par des spécialistes à l'intention des étudiants de première et deuxième année d'études supérieures, traitent quelques-uns des événements les plus importants de l'évolution de la vie.

8. *Frontiers of Life,* édité par J. Tran Thanh Van, J.C. Mounolou, J. Schneider et C. McKay (Gif-sur-Yvette, éditions Frontières, 1992).

Comptes rendus d'un colloque qui a réuni, à Blois, en octobre 1991 un certain nombre de cosmologues, physiciens, chimistes, biologistes et théoriciens qui travaillent sur l'origine de la vie et les débuts de son évolution.

Biochimie

9. *Principles of Biochemistry,* par H.R. Horton, L.A. Moran, R.S. Ochs, J.D. Rawn et K.G. Scrimgeour (Englewood Cliffs, New Jersey, Neil Patterson Publishers, Prentice-Hall, 1993).

Cet ouvrage correspond exactement à ce qu'annonce le titre : il est clair, agréablement illustré et informé des développements les plus récents.

10. *Biochimie,* par L. Stryer (Paris, Flammarion, Médecine/Sciences, 1985). Traduction française de *Biochemistry* (New York, W.H. Freeman), dont une 3ᵉ édition est sortie en 1988.

À sa première parution en 1975, ce livre inaugura un nouveau style de manuels. Il reste l'un des plus appréciés en raison de sa clarté et grâce à des remises à jour régulières.

Biologie cellulaire et moléculaire

11. *The Eighth Day of Creation : The Makers of The Revolution in Biology,* par H.F. Judson (New York, Simon & Schuster, 1979).

Excellente histoire de la biologie moléculaire, fondée principalement sur des entretiens avec certains des principaux chercheurs, et écrite dans un style journalistique plein de vivacité.

12. *Une visite guidée de la cellule vivante,* par C. de Duve (Bruxelles, De Boeck-Wesmael ; Paris, Pour la Science, 1987). Traduction française de *A Guided Tour of the Living Cell* (New York, Scientific American Books, 1984).

Fondé sur le principe d'une visite par des « cytonautes », ce récit abondamment illustré s'efforce de mettre en relation structures et fonctions de manière à donner une présentation cohérente de l'organisation d'une cellule, avec une attention spéciale accordée à la bioénergétique.

13. *La Cellule : biologie moléculaire,* par J. Darnell, H. Lodish et D. Baltimore (Montréal-Paris, Decarie-Vigot, 1988). Traduction française de *Molecular Cell Biology,* 2e éd. (New York, Scientific American Books, 1986).

À sa parution en 1983, cet excellent manuel fut le premier à étendre la biologie moléculaire aux cellules eucaryotes. Il contient d'intéressants exposés sur l'immunologie, la biologie du développement et la neurobiologie.

14. *Biologie moléculaire de la cellule,* par B. Alberts, D. Bray, J. Lewis, M. Raff, K. Roberts et J.D. Watson (Paris, Flammarion-Médecine/Sciences, 1986). Traduction française de *Molecular Biology of the Cell* (New York, Garland), dont la 3e édition est sortie en 1994.

Comparable au précédent par l'étendue, le niveau et la qualité de son traitement, ce manuel en diffère par l'importance relative qu'il accorde à divers sujets. On a souvent intérêt à consulter les deux.

15. *Biologie moléculaire du gène,* par J.D. Watson, N.H. Hopkins, J.W. Roberts, J.A. Steitz et A.M. Weiner (Paris, InterEditions, 1989). Traduction française de *Molecular Biology of the Gene,* 2 vol., 4e éd. (Menlo Park, Californie, Benjamin/Cummings, 1987).

Ce classique, publié à l'origine par Watson en 1965, a été enrichi de chapitres sur la biologie moléculaire des procaryotes et des eucaryotes. La biochimie de l'ARN et sa biologie moléculaire font l'objet d'un traitement particulièrement détaillé.

Évolution

16. *An Evolutionary Survey of the Plant Kingdom,* par R.F. Scagel, R.J. Bandoni, G.E. Rouse, W.B. Schofield, J.R. Stein et T.M.C. Taylor (Belmont, California, Wadsworth, 1966).

Hormis quelques notions désuètes, cet abrégé, illustré de magnifiques dessins au trait, offre un précieux survol de l'évolution des plantes ainsi que des algues unicellulaires et des mycètes.

17. *Ontogeny and Phylogeny,* par S.J. Gould (Cambridge, Mass., Harvard University Press, 1977).

Exposé érudit sur les relations entre le développement de l'individu et l'évolution de l'espèce, inspiré de la « loi de récapitulation » du biologiste et philosophe allemand Ernst Haeckel.

18. *Biological Science,* 2 vol., 5e éd., par W.T. Keeton (New York, Norton, 1993).

Bon manuel, complet, de niveau universitaire, couvrant toute la biologie. À juste titre, il met l'accent sur les aspects plus généraux plutôt que sur les menus détails taxonomiques.

19. *The Extended Phenotype,* par R. Dawkins (San Francisco, W.H. Freeman, 1982).

Ce livre fait pendant, et apporte un complément, au *Selfish Gene* du même auteur (référence 22), publié antérieurement.

20. *L'Horloger aveugle,* par R. Dawkins (Paris, Laffont, 1989). Traduction française de *The Blind Watchmaker* (New York, Norton, 1986).

Présentation très claire de la théorie darwinienne moderne, écrite par un passionné, convaincu que « notre propre existence était jadis le plus grand des mystères, mais qu'elle n'est plus un mystère car la solution est trouvée. »

21. *Extinction,* par S.M. Stanley (New York, Scientific American Books, 1987).

Au cours de l'histoire de la vie sur la Terre, il est arrivé périodiquement que des espèces végétales ou animales s'éteignent et disparaissent en masse. Ce livre essaie de faire le lien entre les indices paléontologiques de ces événements et les causes qui les ont peut-être provoqués ; il s'agit en général de changements de climat associés à des mouvements tectoniques de la croûte terrestre.

22. *Le Gène égoïste,* par R. Dawkins (Paris, Armand Colin, 1990). Traduction française de *The Selfish Gene* (New York, Oxford University Press, 1976 ; nouvelle édition augmentée, 1989).

Écrit par un jeune partisan convaincu de la théorie darwinienne, ce livre a donné un fondement conceptuel solide à l'idée de « tyrannie des gènes ». Par ailleurs, il a suscité une certaine irritation en étendant cette notion au comportement et à l'évolution de l'homme.

23. *Symbiosis in Cell Evolution,* par L. Margulis (San Francisco, W.H. Freeman, 1981 ; 2e éd., 1992).

La parution de la première édition de cet ouvrage a marqué une étape décisive de la théorie, généralement admise à l'heure actuelle, qui place des endosymbiontes à l'origine des mitochondries et des chloroplastes.

24. *On Methuselah's Trail,* par P.D. Ward (New York, W.H. Freeman, 1992).

Présentation agréablement écrite et particulièrement lisible des « fossiles vivants et des grandes extinctions ».

25. *From Egg to Adult,* Report n° 3 (Bethesda, Maryland, Howard Hugues Medical Institute, 1992).

Ce court volume rassemble six brefs articles, magnifiquement illustrés, met clairement en relief les mystères du développement des animaux, ainsi que les nouvelles méthodes si prometteuses par lesquelles la biologie moléculaire s'attache à clarifier les processus de développement.

Biodiversité et écologie

26. *Les Âges de Gaia,* par J. Lovelock (Paris, Laffont, 1990). Traduction française de *The Ages of Gaia* (New York, Norton, 1988).

Le père de Gaia défend sa théorie en des termes d'une belle éloquence. On ne parvient pas toujours à y démêler ce qui est poétique de ce qui est scientifique.

27. *Biodiversity,* édité par E.O. Wilson (Washington, D.C., National Academy Press, 1988).

Il s'agit des actes du National Forum on Biodiversity organisé en 1986 par la National Academy of Sciences et la Smithsonian Institution, avec la participation de spécialistes venus d'horizons intellectuels très divers, depuis des chercheurs de laboratoire jusqu'à des travailleurs de terrain, économistes, décideurs politiques, philosophes et même poètes.

28. *Discordant Harmonies,* par D.B. Botkin (New York, Oxford University Press, 1990).

Un écologiste confronte faits et théories à la lumière des expériences dérangeantes qu'il a vécues. Il souligne la complexité des relations mutuelles qui unissent la vie et l'environnement.

29. *La Diversité de la vie,* par E.O. Wilson (Paris, Odile Jacob, 1993). Traduction française de *The Diversity of Life* (Cambridge, Mass., Harvard University Press, 1992).

Un biologiste éminent montre comment les assauts de l'humanité contre la diversité de la vie causent des dégâts immensément plus graves que les catastrophes naturelles qui, dans le passé, ont marqué l'extinction en masse d'espèces importantes. Ce plaidoyer solidement documenté mérite d'être entendu.

30. *Green Delusions,* par M.W. Lewis (Durham, Caroline du Nord, Duke University Press, 1992).

L'auteur, qui fit naguère partie de l'aile radicale du mouvement écologiste, se livre à une dissection de l'« éco-radicalisme », dont il distingue cinq variantes : l'anarchisme anti-humaniste, le primitivisme, l'éco-anarchisme humaniste, l'éco-marxisme et l'éco-féminisme. Cette excursion est amusante mais présente un caractère plus anecdotique que pertinent, parce que l'étude porte surtout sur des mouvements fort marginaux.

Origines de l'homme

31. *Les Origines de l'homme,* par L.E. Leakey et R. Lewin (Paris, Flammarion, coll. « Champs », 1985). Traduction française de *Origins* (New York, Dutton, 1977).

Dans ce livre, Richard Leakey, fils du célèbre couple kenyan Louis et Mary Leakey, devenu lui aussi un éminent paléo-anthropologue, s'est associé à l'écrivain scientifique Roger Lewin pour donner un exposé coloré et personnel de la recherche sur les origines de l'homme.

32. *Lucy, une jeune femme de 3 500 000 ans,* par D.C. Johanson (Paris, Laffont, 1983). Traduction française de *Lucy : The Beginnings of Humankind* (Londres, Granada, 1981).

L'histoire de Lucy, jeune femme de 3,5 millions d'années, racontée par celui qui l'a découverte, l'Américain Donald Johanson, principal rival de Leakey dans la chasse aux vestiges humains.

33. *The Rise and Fall of the Third Chimpanzee,* par J. Diamond (Londres, Radius, 1991).

Un zoologiste qui s'intéresse aux oiseaux de Nouvelle-Guinée examine sans complaisance l'espèce humaine, ses caractéristiques et les raisons qui expliquent son extraordinaire succès évolutif, raisons qui pourraient aussi être à l'origine de son échec à l'avenir. L'auteur oscille entre sombre pessimisme et optimisme prudent.

34. *Origins Reconsidered,* par R.E. Leakey et R. Lewin (New York, Doubleday, 1992).

Version mise à jour de la référence 31, portée par une inflexion plus philosophique. Cet ouvrage, comme celui de Johanson et Edey (référence 32), évoque aussi certaines des rivalités dramatiques que suscite la recherche sur les origines de l'homme.

Cerveau et pensée

35. *The Question of Animal Awareness,* par D. Griffin (New York, Rockefeller University Press, 1976).

Un éthologue de premier plan examine le comportement des animaux pour mettre au jour la naissance et le développement de la conscience. Voir aussi les références 37 et 44.

36. *The Self and its Brain,* par K.R. Popper et J.C. Eccles (New York, Springer International, 1977).

Un philosophe et un neurobiologiste, l'un et l'autre très réputés dans leur domaine respectif, exposent en détail leur « argumentation en faveur de l'interactionnisme ». Les deux premières parties du livre ont été écrites séparément par chacun des deux auteurs. Elles sont suivies de douze entretiens. Fort impressionnant, cet ouvrage mérite toujours qu'on lui prête attention, même si sa thèse principale, qui défend une conception dualiste des rapports entre cerveau et pensée, a aujourd'hui perdu presque tout crédit auprès des spécialistes. Voir aussi la référence 42.

37. *Animal Thinking,* par D. Griffin (Cambridge, Mass., Harvard University Press, 1984).

Considérations fort étendues sur un thème dont l'auteur a souvent traité (voir aussi les références 35 et 44).

38. *L'Homme neuronal,* par J.-P. Changeux (Paris, Fayard, 1983).

Excellent exposé du fonctionnement du cerveau, qui s'adresse aux lecteurs non spécialisés mais cultivés. Il plaide pour une conception strictement matérialiste de la pensée. Voir aussi la référence 41.

39. *Les Fondements des sciences cognitives,* par H. Gardner (Paris, Payot, 1993). Traduction française de *The Mind's New Science* (New York, Basic Books, 1985).

Dans cette « histoire de la révolution cognitive », un psychologue de haut niveau donne une analyse pénétrante de l'intelligence humaine et des tentatives qu'on a faites de la remplacer par des ordinateurs.

40. *Mind from Matter?*, par M. Delbrück (Palo Alto, Californie, Blackwell Scientific Publications, 1986).

À partir d'une série de conférences données par l'auteur quelques années avant sa mort en 1981, un groupe de ses disciples a rassemblé ces notes qui contiennent nombre de réflexions intéressantes sur le problème du cerveau et de la pensée par un physicien devenu, de l'avis unanime, le père de la biologie moléculaire moderne.

41. *Matière à pensée*, par J.-P. Changeux et A. Connes (Paris, Odile Jacob, 1989).

Un intéressant dialogue entre un neurobiologiste, d'un matérialisme intransigeant (voir référence 38), et un mathématicien, qui développe une conception plus platonicienne de la vérité mathématique. Voir aussi à ce propos la référence 43.

42. *Évolution du cerveau et création de la conscience*, par J.C. Eccles (Paris, Fayard, 1992). Traduction française de *Evolution of the Brain: Creation of the Self* (Londres et New York, Routledge, 1989).

Claire et bien documentée, cette introduction à la structure et au développement du cerveau humain donne à l'auteur, neurobiologiste et prix Nobel, l'occasion de réaffirmer sa ferme adhésion au dualisme cartésien (voir aussi référence 36).

43. *The Emperor's New Mind*, par R. Penrose (New York, Oxford University Press, 1989).

Dans ce livre ambitieux, un mathématicien de premier plan étudie le problème de la relation pensée-cerveau dans le vaste contexte offert par les mathématiques, la mécanique quantique et la physique théorique. L'auteur estime avoir trouvé dans un problème de théorie des quanta non encore résolu une faille à la faveur de laquelle la conscience pourrait se glisser dans le mécanisme déterministe de fonctionnement des neurones. Sa philosophie est nettement platonicienne.

44. *Animal Minds*, par D. Griffin (Chicago, University of Chicago Press, 1992).

Il s'agit du prolongement des références 35 et 37.

45. *The Rediscovery of the Mind*, par J.R. Searle (Cambridge, Mass., MIT Press, 1992).

Ce livre, écrit par un philosophe, offre une présentation claire, instructive et critique des publications modernes sur la pensée et le cerveau. Parmi les meilleurs auteurs qui se sont penchés sur ce sujet, il en est peu qui ressortent indemnes de cette analyse. Searle définit d'utiles lignes de conduite pour les recherches à venir, sans toutefois laisser entrevoir de solution.

46. *Mind and Brain*, numéro spécial de *Scientific American*, 267, n° 3 (1992) : 48-159.

Ensemble d'articles très agréables à lire, portant sur divers aspects du problème pensée-cerveau, avec une excellente introduction par G.D. Fischbach.

47. *Bright Air, Brilliant Fire* par G.M. Edelman (New York, Basic Books, 1992).

L'auteur qui, après un prix Nobel reçu pour avoir déchiffré la structure d'une molécule d'anticorps, s'est tourné vers l'étude du cerveau humain, résume, pour un public plus étendu, les résultats de ses recherches sur les circuits et le fonctionnement du cerveau. Il les avait précédemment exposés dans trois livres d'une haute technicité. Même cette version simplifiée n'est pas d'une lecture facile, mais elle offre une riche gamme d'idées inspirées par une perspective darwinienne.

48. *L'Hypothèse stupéfiante,* par F. Crick (Paris, Plon, 1995). Traduction française de *The Astonishing Hypothesis: The Scientific Search for the Soul* (New York, Scribner's, 1994).

Célèbre dans le monde entier pour avoir découvert avec James D. Watson la structure en double hélice de l'ADN, l'auteur résume les acquis des explorations qu'il a menées plus récemment dans le domaine du cerveau. Consacré surtout au mécanisme de la vision, l'ouvrage avance une quantité impressionnante de faits à l'appui de « l'étonnante hypothèse » que la pensée et la conscience ne sont que des produits du fonctionnement des neurones. Il conclut que « la recherche de l'âme par les moyens de la science » (sujet à peine effleuré dans le livre) ne mène à rien.

Questions sociales et politiques

49. *The Population Bomb,* par P.R. Ehrlich (New York, Ballantine, 1968).

L'un des premiers livres à faire entendre un avertissement vraiment alarmant sur les conséquences dont nous sommes menacés par l'expansion démographique. Voir aussi la référence 56.

50. *Sociobiologie,* par E.O. Wilson (Monaco, Rocher, 1987). Traduction française de *Sociobiology: The New Synthesis* (Cambridge, Mass., Harvard University Press, 1975).

Cette monumentale revue d'ensemble du comportement social des animaux s'efforce d'expliquer l'origine des traits du comportement en termes de sélection darwinienne. En étendant cette approche aux comportements humains, l'auteur a suscité un tollé général (voir référence 51).

51. *The Sociobiology Debate,* édité par A.L. Caplan (New York, Harper & Row, 1978).

Captivant recueil d'essais choisis dans des publications antérieures ou écrites en réaction au *Sociobiology* de Wilson (référence 50).

52. *On Human Nature,* par E.O. Wilson (Cambridge, Mass., Harvard University Press, 1978).

Insensible aux tempêtes qu'il a soulevées, l'auteur développe avec plus de détails et plus de force sa conception du comportement humain comme produit de la sélection naturelle.

53. *Promethean Fire,* par C.J. Lumsden et E.O. Wilson (Cambridge, Mass., Harvard University Press, 1983).

Version condensée, destinée à un public plus large, d'une monographie spécialisée dans laquelle le physicien Lumsden s'est associé au biologiste Wilson pour analyser le développement de la pensée humaine au cours de l'évolution et la dichotomie nature-culture, ceci dans le cadre d'une doctrine sociobiologique quelque peu assouplie.

54. *Nous ne sommes pas programmés : Génétique, hérédité, idéologie,* par R.C. Lewontin, S. Rose et L.J. Kamin (Paris, La Découverte, 1985). Traduction française de *Not in Our Genes* (New York, Pantheon, 1984).

Attaque passionnée contre la sociobiologie, fondée sur des données scientifiques solides mais chargée d'arrière-pensées nettement politiques, par un généticien américain, un neurobiologiste britannique et un psychologue américain.

55. *The Dialectical Biologist,* par R. Levins et R. Lewontin (Cambridge, Mass., Harvard University Press, 1985).

Plus radical encore que le précédent, ce livre tente de révéler les idéologies sociales et politiques qui se cachent derrière l'attitude scientifique « bourgeoise » conventionnelle. Les auteurs n'hésitent pas à déclarer leur propre idéologie, qui est ouvertement marxiste. Ce chef-d'œuvre de dialectique risque de ne pas convaincre les sceptiques, mais il oblige à la réflexion.

56. *The Population Explosion,* par P.R. Ehrlich et A.H. Ehrlich (New York, Simon & Schuster, 1990).

Déçu que l'opinion publique n'ait pas réagi pratiquement à son avertissement précédent (référence 49), Paul Ehrlich, à qui se joint cette fois son épouse Anne, sonne l'alarme de façon encore plus pressante : « En 1968, la mèche était allumée ; aujourd'hui, la bombe démographique a explosé. »

57. *Only One World, Our Own to Make and to Keep,* par G. Piel (New York, W.H. Freeman, 1992).

Exposé sobre, truffé de faits, sur les problèmes de notre planète, par un homme qui a été pendant quarante ans le rédacteur en chef du *Scientific American.*

58. *Sauver la planète,* par A. Gore (Paris, Albin Michel, 1993). Traduction française de *Earth in the Balance* (Boston, Houghton Mifflin, 1992).

Al Gore, qui était sénateur lorsqu'il écrivit ce livre et est maintenant le vice-président des États-Unis, traite à peu près des mêmes sujets que Piel (référence 57), mais avec plus de ferveur évangélique et une documentation plus fragile. Sa conclusion est un plaidoyer politique passionné en faveur d'un plan Marshall planétaire inspiré de considérations écologiques.

59. *Préparer le XXIe siècle,* par P. Kennedy (Paris, Odile Jacob, 1994). Traduction française de *Preparing for the Twenty-first Century* (New York, Random House, 1993).

À la différence des deux précédents, ce livre étudie le caractère critique de notre situation du point de vue d'un économiste, en faisant porter l'accent non seulement sur les questions planétaires mais aussi sur les problèmes spécifiques à chacune des grandes régions du monde.

Complexité

60. *Complexity : The Emerging Science at the Edge of Order and Chaos,* par M.M. Waldrop (New York, Simon & Schuster, 1992).

61. *La Complexité : une théorie de la vie au bord du chaos,* par R. Lewin (Paris, InterEditions, 1994). Traduction française de *Complexity: Life at the Edge of Chaos* (New York, Macmillan, 1992).

Deux écrivains scientifiques ont simultanément publié deux livres sur le même sujet (un institut de recherches et de réflexions appelé le Santa Fe Institute), presque sous le même titre et centrés l'un et l'autre sur les individus qui y travaillent. Il était inévitable que malgré certaines différences, ils se recoupent en grande partie. Le n° 60 traite surtout de la fondation et de l'histoire de l'institut, tandis que le n° 61 se préoccupe davantage des travaux qui s'effectuent dans son enceinte. Tous deux exhalent la ferveur et l'excitation qui caractérisent les néophytes récemment convertis à quelque croyance ésotérique.

62. *The Origins of Order : Self-Organization and Selection in Evolution,* par S.A. Kauffman (New York, Oxford University Press, 1993).

Dans cet ouvrage rigoureux et érudit, l'un des membres les plus brillants du Santa Fe Institute expose de façon assez dense les tentatives qu'il a faites de modéliser la tendance inhérente des systèmes complexes à s'organiser spontanément sous certaines conditions bien précises : lorsqu'ils évoluent « au bord du chaos ». Grâce à de nombreux exemples, il montre l'importance en biologie de ce genre de comportement, qui constitue selon lui un complément essentiel à la sélection darwinienne.

63. *A.I.: The Tumultuous History of the Search for Artificial Intelligence,* par D. Crevier (New York, Basic Books, 1993).

Récit enthousiaste de l'histoire de ce domaine scientifique nouveau, écrit par quelqu'un qui le connaît de l'intérieur. Voir aussi la référence 39.

Philosophie

64. *Le Hasard et la Nécessité,* par J. Monod (Paris, Éditions du Seuil, 1970).

Dans ce livre, qui a suscité d'importantes controverses à sa parution, l'un des maîtres de la biologie moderne (décédé en 1976) défend une conception existentialiste de la condition humaine, imprégnée d'un désespoir stoïque et romantique. Très beau livre, à lire même s'il commence à dater.

65. *The Anthropic Cosmological Principle,* par J.D. Barrow et F.J. Tipler (New York, Oxford University Press, 1986).

Dans ce gros ouvrage, les auteurs mobilisent des données tirées de l'histoire, de la philosophie, des religions, de la biologie, de la physique, de l'astrophysique, de la cosmologie, de la mécanique quantique et de la biochimie, pour étayer un concept général dont il existe plusieurs formulations distinctes : à savoir que l'Univers est constitué comme il l'est parce que, s'il ne l'était pas, il n'existerait pas de formes de vie intelligentes par lesquelles l'Univers pût être connu.

66. *Death of the Soul : From Descartes to the Computer,* de W. Barrett (Garden City, New York, Anchor Press/Doubleday, 1986).

Un philosophe montre comment la pensée humaine, lorsqu'elle s'est penchée sur elle-même, a fini par perdre peu à peu contact avec les réalités, jusqu'au point où « l'on envisage, et l'on soutient dans la discussion, une position intellectuelle qu'on ne pourrait absolument pas assumer dans sa vie personnelle ». Le livre fournit aussi une introduction à trois siècles de philosophie que le lecteur non philosophe pourra trouver utile ; il constitue un complément à la référence 45.

67. *Science as Salvation,* par M. Midgley (Londres et New York, Routledge, 1992).

À mi-chemin entre le traité et le pamphlet, ce livre habile écrit par un philosophe éminent s'efforce de redonner à la science la place qui revient à celle-ci. Il exprime une grande partie de la méfiance à laquelle la science se heurte depuis quelques années. Il mérite, pour cette raison, d'être lu par tous les scientifiques.

68. *Les Dérangeurs de l'Univers,* par F. Dyson (Paris, Payot, 1986). Traduction française de *Disturbing the Universe* (New York, Harper & Row, 1979).

Dans ce récit en grande partie autobiographique, écrit dans un style attrayant, un physicien puise dans la richesse de son expérience personnelle des réflexions qui portent sur des problèmes très divers, notamment la fonction de la science dans la société ainsi que la place de la vie et de la pensée dans l'Univers.

Addendum

On trouve, ci-dessous, la référence de quelques ouvrages que j'ai souhaité ajouter à destination du public francophone.

Origine de la vie

Les Origines cosmiques de la vie, par A. Delsemme (Paris, Flammarion, 1994). Écrit par un spécialiste des comètes, ce livre replace l'origine et l'évolution de la vie, « du big bang à l'homme », dans leur contexte cosmique et planétaire.

Évolution

Biologie, par K. Arms et P.S. Kamp, traduction française de *Biology* (Philadelphie, Saunders College Publishing Co., 3e éd., 1987) par J. Fontaine et L. Morin (Bruxelles, De Boeck-Wesmael, 1988).

Réorganisé par ses traducteurs en deux tomes susceptibles d'être utilisés séparément, ce traité américain, richement illustré, fournit une introduction très didactique à la biologie. Le tome 1 est centré sur les aspects chimiques et cellulaires des êtres vivants et convient pour un cours de biologie générale. Le tome 2 donne une vision plus complète et systématique de la diversité des êtres vivants.

Traité du vivant, par J. Ruffié (Paris, Arthème Fayard, 1982).

Bien qu'il commence à dater, cet ouvrage reste une riche somme d'informations et de réflexions. Il couvre toute l'histoire du vivant, vu surtout sous l'angle de la génétique des populations, du polymorphisme génétique et de la sociologie.

L'Évolution biologique en 20 propositions, par M. Delsol (Paris, Vrin, 1991). Très bon livre sur l'évolution en général.

Origines de l'homme

Le singe, l'Afrique et l'homme, par Y. Coppens (Paris, Arthème Fayard, 1983). L'avènement de l'humanité conté par un éminent spécialiste de la question.

Cerveau et pensée

Fondements naturels de l'éthique, sous la direction de J.-P. Changeux (Paris, Odile Jacob, 1993).

Comptes rendus d'un débat qui a réuni les 22 et 23 novembre 1991 un certain nombre d'éminents biologistes, psychologues, sociologues et philosophes. Excellent survol du problème des valeurs éthiques dans leur contexte biologique.

Philosophie

Le Principe anthropique, par J. Demaret et D. Lambert (Paris, Armand Colin, 1994).

Cet exposé bien structuré constitue une utile exégèse du principe anthropique (référence 65) à l'intention du public francophone. Les auteurs inscrivent ce principe dans une vision finaliste de l'Univers.

TABLEAU ET FIGURES

INDEX THÉMATIQUE

TABLE DES MATIÈRES

DEUXIÈME PARTIE
L'âge de l'Information

TROISIÈME PARTIE
L'âge de la Protocellule

QUATRIÈME PARTIE
L'âge des Unicellulaires

CINQUIÈME PARTIE

L'âge des Multicellulaires

SIXIÈME PARTIE

L'âge de la Pensée

LE TEMPS DES SCIENCES

Claude ALLÈGRE, *La Défaite de Platon.*
Claude ALLÈGRE, *L'Écume de la Terre.*
Claude ALLÈGRE, *Économiser la planète.*
Claude ALLÈGRE, *Introduction à une Histoire naturelle.*
Claude ALLÈGRE, *Écologie des villes, écologie des champs.*
Jacques ARSAC, *La Science et le sens de la vie.*
Jean-Pierre CHANGEUX, *L'Homme neuronal.*
Gilles COHEN-TANNOUDJI et Michel SPIRO, *La Matière espace-temps. La logique des particules élémentaires.*
Yves COPPENS, *Le Singe, l'Afrique et l'homme.*
Antoine DANCHIN, *L'Œuf et la poule. Histoire du code génétique.*
Jean-Pierre DGIGARD, *L'Homme et les animaux domestiques. Anthropologie d'une passion.*
Pierre DOUZOU, *Le Chaud et le froid. Les conflits du vivant.*
Pierre DOUZOU, *Les Bricoleurs du septière jour.*
Pierre DOUZOU, *Nouveaux regards entomologiques.*
John C. ECCLES, *Évolution du cerveau et création de la conscience.*
Bernard D'ESPAGNAT et Étienne KLEIN, *Regards sur la matière. Des quanta et des choses.*
Alain FOUCAULT, *Climat. Histoire et avenir du milieu terrestre.*
Stephen Jay GOULD, *Quand les poules auront des dents. Réflexions sur l'histoire naturelle.*
Claude HAGÈGE, *L'Homme de paroles.*
Émile HÉNOCQ, *Un mal étrange : l'allergie.*
François JACOB, *Le Jeu des possibles. Essai sur la diversité du vivant.*
Marc JEANNEROD, *Le Cerveau-machine. Physiologie de la volonté.*
Ervin LASZLO, *Aux racines de l'univers.*
André LEROI-GOURHAN, *Mécanique vivante. Le crâne des vertébrés, du poisson à l'homme.*
André LEROI-GOURHAN, *Le Fil du temps. Ethnologie et préhistoire 1920-1970.*
André LWOFF, *Jeux et combats.*
Paolo MAFFEI, *La Comète de Halley. Une révolution scientifique.*

Philippe MEYER, *L'Homme et le sel.*
Philippe MEYER, *La Révolution des médicaments. Mythes et réalités.*
Claude OLIEVENSTEIN, *Destin du toxicomane.*
Jean-Claude PECKER, *Sous l'étoile Soleil.*
Jean-Jacques PETTER, *Le Propre du singe.*
David et Ann PREMACK, *L'Esprit de Sarah.*
Jacques RUFFIÉ, *Traité du vivant.*
Émilio SEGRÉ, *Les Physiciens classiques et leurs découvertes. De la chute des corps aux ondes hertziennes.*
Émilio SEGRÉ, *Les Physiciens modernes et leurs découvertes. Des rayons X aux quarks.*
Pierre THUILLIER, *D'Archimède à Einstein. Les faces cachées de l'invention scientifique.*
Pierre THUILLIER, *Les Passions du savoir. Essais sur les dimensions culturelles de la science.*
TRINH XUAN THUAN, *La Mélodie secrète.*
Jean-René VANNEY, *Le Mystère des abysses. Histoires et découvertes des profondeurs océaniques.*
Daniel WIDLOCHER, *Les Logiques de la dépression.*
Bernard PULLMAN, *L'Atome dans l'histoire de la pensée humaine.*

Le présent ouvrage est publié
dans la collection « Le temps des sciences »
grâce à la collaboration de Jean Staure.

Cet ouvrage a été réalisé par
PARIS PHOTOCOMPOSITION
36, avenue des Ternes, 75017 PARIS

Impression réalisée sur CAMERON par
BRODARD ET TAUPIN
La Flèche

pour le compte des Éditions Fayard
en janvier 1996

Imprimé en France
Dépôt légal : janvier 1996
N° d'édition : 3290 – N° d'impression : 1581N-5
ISBN : 2-213-59560-7
35-60-9560-01/0